高等学校"十三五"规划教材

固体废物
污染控制工程

张小平 编著

第三版

GUTI FEIWU
WURAN KONGZHI GONGCHENG

化学工业出版社

·北京·

本书以固体废物处理与利用流程为主线,从其源流、集运、预处理、处理、处置和资源化等方面,阐明固体废物物流过程的基本概念、基本理论和基本方法。主要总结了固体废物的来源、组成和性质,固体废物的产生方式、污染途径和控制方法;重点介绍了固体废物的物理预处理技术(压实、破碎、分选等),热化学处理技术(焚烧、热解等)和生物处理技术(堆肥化等),固体废物填埋处置技术以及固体废物的资源利用技术等,包括过程原理、设备特征、技术方法和工艺流程。章后附有思考题和计算题。

本书适于环境工程、环境科学及相关专业的本科生、研究生作为教材使用,也可供相关学科的技术人员和管理人员阅读与参考。

图书在版编目(CIP)数据

固体废物污染控制工程/张小平编著. —3 版. —北京:化学工业出版社,2017.10(2023.1重印)

高等学校"十三五"规划教材

ISBN 978-7-122-30439-1

Ⅰ.①固… Ⅱ.①张… Ⅲ.①固体废物-污染控制-高等学校-教材 Ⅳ.①X705

中国版本图书馆 CIP 数据核字(2017)第 195864 号

责任编辑:唐旭华 王淑燕 装帧设计:张 辉
责任校对:王素芹

出版发行:化学工业出版社(北京市东城区青年湖南街 13 号 邮政编码 100011)
印 装:天津盛通数码科技有限公司
787mm×1092mm 1/16 印张 18½ 字数 486 千字 2023 年 1 月北京第 3 版第 5 次印刷

购书咨询:010-64518888 售后服务:010-64518899
网 址:http://www.cip.com.cn
凡购买本书,如有缺损质量问题,本社销售中心负责调换。

定 价:48.00 元

第三版前言

随着我国经济、社会的快速发展，固体废物产生量逐年剧增，其污染也日趋严重，对其污染的控制和治理亦受到全社会的普遍关注。为适应这一形势，全国各类高校的环境类专业均开设了有关固体废物的课程，并将其作为本科和研究生的专业主干课程之一。本书自2004年第一次出版以来，多次印刷，被许多学校及有关单位选用。2010年对该书进行了修订，以便更好地满足专业课程建设和教学的需求。

本次修订，使教材具有以下特点：首先，编排更注重教学的需要，更符合人们思维的习惯，即以处理方法而不是处理对象为次序进行编排，这是因为尽管处理对象千差万别，但各单元在方法学上的相对稳定性和独立性却是永恒不变的，即各处理单元具有共同的规律，如焚烧单元，其过程机理不因处理对象不同而变化；其次，按照废物流特征和"循环经济"理念，对于固体废物的污染防治，无论是无害化还是资源化，都应首先追溯到废物产生过程的"始端"进行减量，对于"末端"无可避免产生的少量废物才予以处理和利用，即固体废物的处理应是一个从"始"到"终"的全流程闭路循环的污染防治过程，而以往的处理处置、资源化，更多的是针对已经产生的固体废物的处理和利用；第三，作为教材，书中有较多的例题、思考题和计算题，使学生更易掌握所学的内容。

全书共12章，第1、2章主要介绍固体废物的来源、组成、性质、分类方法以及固体废物污染对环境和人类健康的影响和危害，固体废物物流特征及其与循环经济的关系；第3章介绍了城市垃圾、工业固体废物和危险废物收集、运输及贮存方式，以及城市固体废物收集方案和运输路线的初步设计；第4章主要介绍固体废物的预处理即压实、破碎及分选技术的基本原理和方法，以及各种方法的优缺点和适用范围；第5~8章重点介绍固体废物的处理过程，包括热化学法即焚烧（第5章）、热解（第6章），生物法即堆肥化（第7章），固化法（第8章）的基本概念、基本原理和基本方法；第9章介绍污泥处理、处置和资源化的技术原理和方法特点；第10章介绍固体废物地质处置的基本概念、土地填埋的原理和方法、垃圾渗滤液处理技术和方法以及填埋气利用技术和方法；第11章主要介绍了城市和工业固体废物资源化的途径与方法，为城市和工业固体废物的综合开发与循环利用奠定基础；第12章介绍了废弃电器电子产品（电子废弃物）的处理与资源化。总之全书从其源流、集运、预处理、处理、处置和资源化等方面，重点介绍固体废物物流过程的基本概念、基本理论和基本方法，以及固体废物污染控制的过程原理、设备特征、技术方法和工艺流程。

本书由张小平编著，在编著过程中参考了部分资料和学者的研究结果，编者对他们表示谢意。

固体废物相对于废水、废气来说，其污染控制还比较落后，技术也相对不够成熟，加之编著者水平所限，时间仓促，资料收集不够全面，书中的不足和疏漏在所难免，敬请专家、同行和广大读者批评、指正。

需要电子课件的读者，可联系：cipedu@163.com。

编著者

2017 年 7 月于华南理工大学

目　　录

1 绪 论

1.1 固体废物的定义、特性和分类

1.1.1 固体废物的定义及范畴

《中华人民共和国固体废物污染环境防治法》中表明，固体废物，是指在生产、生活和其他活动中产生的丧失原有利用价值或者虽未丧失利用价值但被抛弃或者放弃的固态、半固态和置于容器中的气态的物品、物质以及法律、行政法规规定纳入固体废物管理的物品、物质。

根据物质的物理状态划分，废物包括固态、液态和气态废弃物质。在液态和气态废弃物中，若其污染物质混掺在水和空气中，直接或经处理后排入水体或大气，习惯上，将它们称为废水和废气，纳入水环境或大气环境管理范畴；而对于其中不能排入水体的液态废物和不能排入大气的置于容器中的气态废物，因其具有较大的危害性，则将其归入固体废物管理体系。

固体废物从物质层面看它与有用产品含有同样的材料，不同之处在于其缺乏或丧失原有用价值，而丧失价值主要归因于它的混合性且不知其构成和组成。废弃物的混合程度与价值之间反比关系是它的重要属性，即从废弃物中分离物质，就会增加它们的价值。

1.1.2 固体废物的特点和特征

（1）"资源"和"废物"的相对性

从固体废物定义可知，它是在某一时间和地点丧失原有利用价值甚至未丧失利用价值而被丢弃的物质，是在一定时间放错地方的资源。因此，此处的"废"，具有明显的时间和空间的特征。

① 从时间方面看 固体废物仅仅相对于目前的科技水平还不够高、经济条件还不允许的情况下暂时无法加以利用。但随着时间的推移，科技水平的提高，经济的发展，资源滞后于人类需求的矛盾将日益突出，今天的废物势必会成为明日的资源。

② 从空间角度看 废物仅仅相对于某一过程或某一方面没有使用价值，但并非在一切过程或一切方面都没有使用价值，某一过程的废物，往往会成为另一过程的原料。例如，煤矸石发电、高炉渣生产水泥、电镀污泥中回收贵重金属等。

事实上，进入经济体系中的物质，仅有 **10%～15%** 以建筑物、工厂、装置器具等形式积累起来，其余都变成了所谓废物。因此固体废物成为一类量大而面广的新的资源将是必然趋势。"资源"和"废物"的相对性是固体废物最主要的特征。需注意的是，固体废物的资源属性有其前提和条件。如对生活垃圾而言，从环境保护角度看，它是污染源，在其收集运

1

输、处理处置、资源能源回收利用的各个环节都可能对大气、水体、土壤等环境介质产生一定程度的污染；从经济学角度来看，生活垃圾中蕴含着物质和能量，但它是具有负价值的物质，要实现垃圾中蕴含的物质和能量的回收利用，必须有新的物质和能量输入，同时必然产生新的污染排放，既要付出相应的经济成本，也要付出相应的环境代价；从物质属性上看，生活垃圾主要是由碳、氢、氧、氮、硫、钙、硅、铁、铝等元素组成的有机物和无机物，如果不计成本，不惜代价，的确可以做到物尽其用，甚至全量回收利用，但是如果回收利用的经济成本高于其固有价值，全生命周期污染排放也高于其他方案，那么这样的回收利用就是得不偿失的和不可持续的。因此，如果说生活垃圾是资源，也是在特定时空背景下，有严格条件限制的资源，这个限制条件就是经济上可承受、社会上可接受、环境上有效果。

（2）成分的多样性和复杂性

固体废物成分复杂、种类繁多、大小各异，既有无机物又有有机物，既有非金属又有金属，既有有味的又有无味的，既有无毒物又有有毒物，既有单质又有化合物，既有小分子化合物又有高分子聚合物，既有边角料又有设备配件。其构成可谓五花八门、琳琅满目。

（3）危害的潜在性、长期性和灾难性

固体废物对环境的污染不同于废水、废气和噪声。它呆滞性大、扩散性小，它对环境的影响主要是通过水、气和土壤进行的。其中由于污染成分在环境介质中的迁移、转化使其危害更大并在较短时间内难以发现，如浸出液在土壤中的迁移，是一个比较缓慢的过程，其危害可能在数年以致数十年后才能呈现。从某种意义上讲，固体废物，特别是有害废物对环境造成的危害可能要比水、气造成的危害严重得多。

（4）污染"源头"和富集"终态"的双重性

废水和废气既是水体、大气和土壤环境的污染源，又是接受其所含污染物的环境。固体废物则不同，它们往往是许多污染成分的终极状态。例如一些有害气体或飘尘，通过治理，最终富集成废渣；一些有害溶质和悬浮物，通过治理最终被分离出来成为污泥或残渣；一些含重金属的可燃固体废物，通过焚烧处理，有害金属浓集于灰烬中。但是，这些"终态"物质中的有害成分，在长期的自然因素作用下，又会转入大气、水体和土壤，又成为大气、水体和土壤环境污染的"源头"。

1.1.3　固体废物的分类

分类是任何一门科学研究的基础工作，是对事物的深刻认识，固体废物的科学分类对其进行深入研究以及处理、处置和资源化利用具有重要意义。

固体废物按组成可分为有机废物和无机废物；按物理形态可分为固态、半固态和液（气）态废物；按污染特性或安全等级可分为危险废物和一般废物；按来源分为工业固体废物、矿业固体废物、农业固体废物、有害固体废物和城市垃圾；还可依其应用属性（包装废物、食物废物等）、材料类型（玻璃、纸等）、物理性质（可燃的、可堆肥的、可循环的）等方式进行分类。

《中华人民共和国固体废物污染环境防治法》中将固体废物分为：①城市固体废物或城市生活垃圾（**Municipal Solid Waste，MSW**）；②工业固体废物（**Industrial Solid Wastes or Commercial Solid Wastes，ISW**）；③危险废物（**Hazardous Wastes**）三大类。本书以此分类原则，主要就上述三类固体废物作一介绍。将固体废物类型、来源和组成总结于表 1-1 中，其中农业固体废物量大面广，在我国其产量已超过工业固体废物的产生量，故也将其列入表中予以介绍。

表 1-1　固体废物的分类、来源和主要组成物

城市生活垃圾	居民生活	指日常生活过程中产生的废物。如食品垃圾、纸屑、衣物、庭院修剪物、金属、玻璃、塑料、陶瓷、炉渣、碎砖瓦、废器具、粪便、杂品、废旧电器等
	商业、机关	指商业、机关日常工作过程中产生的废物。如废纸、食物、管道、碎砌体、沥青及其他建筑材料、废汽车、废电器、废器具，含有易爆、易燃、腐蚀性、放射性的废物以及类似居民生活栏内的各类废物
	市政维护与管理	指市政设施维护和管理过程中产生的废物。如碎砖瓦、树叶、死禽死畜、金属、锅炉灰渣、污泥、脏土等
工业固体垃圾	冶金工业	指各种金属冶炼和加工过程中产生的废弃物。如高炉渣、钢渣、铜铅铬汞渣、赤泥、废矿石、烟尘、各种废旧建筑材料等
	矿业	指各类矿物开发、利用加工过程中产生的废物。如废矿石、煤矸石、粉煤灰、烟道灰、炉渣等
	石油与化学工业	指石油炼制及其产品加工、化学品制造过程产生的固体废物。如废油、浮渣、含油污泥、炉渣、碱渣、塑料、橡胶、陶瓷、纤维、沥青、油毡、石棉、涂料、化学药剂、废催化剂和农药等
	轻工业	指食品工业、造纸印刷、纺织服装、木材加工等轻工部门产生的废弃物。如各类食品糟渣、废纸、金属、皮革、塑料、橡胶、布头、线、纤维、染料、刨花、锯末、碎木、化学药剂、金属填料、塑料填料等
	机械电子工业	指机械加工、电器制造及其使用过程中产生的废弃物。如金属碎料、铁屑、炉渣、模具、砂芯、润滑油、酸洗剂、导线、玻璃、木材、橡胶、塑料、化学药剂、研磨料、陶瓷、绝缘材料以及废旧汽车、冰箱、微波炉、电视、电扇等
	建筑工业	指建筑施工、建材生产和使用过程中产生的废弃物。如钢筋、水泥、黏土、陶瓷、石膏、砂石、砖瓦、纤维板等
	电力工业	指电力生产和使用过程中产生的废弃物。如煤渣、粉煤灰、烟道灰等
危险废物	核工业、化学工业、医疗单位、科研单位等	主要来自于核工业、核电站、化学工业、医疗单位、制药业、科研单位等产生的废弃物。如放射性废渣、粉尘、污泥等，医院使用过的器械和产生的废物、化学药剂、制药厂废渣、废弃农药、炸药、废油等
农业固体垃圾	种植业	指作物种植生产过程中产生的废弃物。如稻草、麦秸、玉米秸、根茎、落叶、烂菜、废农膜、农用塑料、农药等
	养殖业	指动物养殖生产过程中产生的废弃物。如畜禽粪便、死禽死畜、死鱼死虾、脱落的羽毛等
	农副产品加工业	指农副产品加工过程中产生的废弃物。如畜禽内容物、鱼虾内容物、未被利用的菜叶、菜梗和菜根、秕糠、稻壳、玉米芯、瓜皮、果皮、果核、贝壳、羽毛、皮毛等

1.2　城市固体废物的来源、组成和性质

1.2.1　城市固体废物的来源及特点

1.2.1.1　定义

城市固体废物或城市生活垃圾是指在城市居民日常生活中或为日常生活提供服务的活动中产生的固体废物以及法律、行政法规规定视为生活垃圾的固体废物。如厨余物、废纸、废塑料、废织物、废金属、废玻璃陶瓷碎片、粪便、废旧电器、庭院废物等。

1.2.1.2　来源

城市居民家庭、城市商业、餐饮业、旅馆业、旅游业、服务业、市政环卫业、交通运输业、文教卫生业和行政事业单位、工业企业单位以及水和污水处理厂等。

1.2.1.3　分类（类型）

城市固体废物种类繁多、组成复杂、性质多样，因而也有多种分类方法，主要有如下几种分类。

（1）按城市垃圾的性质分

① 可燃烧垃圾和不可燃烧垃圾；②高热值垃圾与低热值垃圾；③有机垃圾和无机垃圾；④可堆肥垃圾和不可堆肥垃圾。①和②可作为热化学处理的判断指标，而③和④可作为垃圾

能否以堆肥化和其他生物处理的判断依据。

（2）按资源回收利用和处理处置方式分

①可回收废品；②易堆腐物；③可燃物；④无机废物。可为资源回收利用和选择合适的处理处置方法提供依据。

（3）按垃圾产生或收集来源分

①食品垃圾（厨房垃圾），居民住户排出垃圾的主要成分。②普通垃圾（零散垃圾），纸类、废旧塑料，罐头盒等。以上两项包括无机炉灰，统称为家庭垃圾，是城市垃圾可回收利用的主要对象。③庭院垃圾，包括植物残余、树叶及其他清扫杂物。④清扫垃圾：指城市道路、桥梁、广场、公园及其他露天公共场所由环卫系统清扫收集的垃圾。⑤商业垃圾：指城市商业、服务网点、营业场所产生的垃圾。⑥建筑垃圾：指建筑物、构筑物兴建、维修施工现场产生的垃圾。⑦危险垃圾，医院传染病房、放射治疗系统、试验室等场所排放的各种废物。⑧其他垃圾，以上所列以外的场所排放的垃圾。为城市垃圾分类收集、加工转化、资源回收以及选择合适的处理处置方法提供依据。

1.2.1.4 特点

（1）增长速度快，产生量不均匀

随着全球经济的持续发展和商品消费的增加，城市垃圾的产生和排放量也随之剧增。

① 全球 垃圾产量以 1%～3% 的增长率增长。如美国城市垃圾增长比人口增长快 3 倍，约为 5%；发展中国家有 6%～8% 的年增长率。

② 中国 近年来我国国民经济持续快速发展，城市化进程加快，人民生活水平不断提高。垃圾的产量和增长率也逐年增加。自 1979 年以来，中国城市生活垃圾以每年约 9% 的增长率增长。目前，垃圾的年产量 1.4 亿～1.5 亿吨，占全世界产量的 1/4 多，人均日产垃圾 1～1.2kg；清运量方面，1980 年，城市垃圾总清运量为 3132 万吨；1990 年，为 6770 万吨；1999 年，全国城市垃圾清运量达到 1.4 亿吨，2008 年，655 座城市生活垃圾清运量 1.54 亿吨；2015 年，全国城市生活垃圾清运量达到 1.92 亿吨。

总体来讲，城市固体废物的增长率，发展中国家高于发达国家。发达国家约 2%～5%；发展中国家约 6%～8%；中国平均约 9%。

产生量的不均匀性是指，城市固体废物的产生量在一年中随季节，一天中随时间的变化明显不同，并呈现一定规律。随季节不同，与燃料结构等有关；而一天中的波动，与各城市垃圾的收集时间、收集方式和居民生活习惯有关。

（2）成分复杂、多变，有机物含量高

因各地气候、季节、生活水平与习惯、能源结构的不同，使垃圾的成分和种类多种多样，不均匀，而且产量变化幅度也很大。例如：①燃烧构成改变，油改汽，无机炉灰大为减少；②冷冻食品、成品、半成品、净菜上市，食品垃圾也逐年降低；③包装材料的改变，纸、塑料、金属、玻璃则大量增加。

城市固体废物有机物含量高的特点亦很明显。以广州市区为例，通过对 16 个调查点垃圾成分的调查表明，广州市垃圾主要成分有：①厨余物：均值在 56%～71%，大部分为直径 >15mm 的植物茎叶、果皮及较小的动植物碎屑；②易燃成分（竹木、纸类、布织物、橡塑类）：市区垃圾的易燃组分比例在 22%～33%。

（3）主要成分为碳，其次为氧、氢、氮、硫等

分析测试表明：C 15%～30%；O 12%～24%；H 2%～5%；N 0.2%～1.0%；S 0.02%～0.1%。

（4）处理方式以填埋为主导，焚烧迅速发展，堆肥化萎缩

① 国外 自20世纪60年代至今，美国的固体废物处理方式经历了较大的变化，直接回收、焚烧以及堆肥的比例上升，填埋的比例下降。20世纪60～70年代，美国市政固体废物95%以上处理方式主要依赖填埋，到2013年，其回收利用比率约为25.5%，堆肥约为8.8%，燃烧发电约为12.9%，填埋与其他的方法约为52.8%。

欧洲国家，由于人口密度和国土面积与美国相比有着显著差距，其固体废物处理方式也和美国相比有很大的不同。欧洲国家由于国土面积普遍较小，人口众多且人口密度较大，固体废物填埋并不是特别经济的选择，所以焚烧比例相对较高。欧洲较为发达国家的固体废物处理以焚烧方式为主，欧洲经济发达国家，尤其是北欧国家的焚烧占比均接近或超过50%。

日本城市生活垃圾以焚烧为主（处理率达80%以上），填埋处理比例逐年下降，如其直接填埋处理率从2001年的5.3%减为2006年的2.5%。

② 国内 中国内陆城市垃圾基本上采用填埋处理（>70%），收集方式基本上是混合收集，使堆肥和焚烧的发展受到影响，大部分城市甚至采用堆放和简易填埋处理，乱堆乱放还相当普遍。

目前，对于垃圾处理主要有垃圾填埋、垃圾堆肥、垃圾焚烧3种方法。2005年，全国城市生活垃圾清运量为1.56亿吨，城市生活垃圾无害化处理量为0.81亿吨，无害化处理率为51.7%，其中，卫生填埋处理量为0.69亿吨，占85.2%；焚烧处理量为0.079亿吨，占9.8%；其他处理方式（包括堆肥化）约占5%。数据显示，2015年，全国城市生活垃圾清运量为1.92亿吨，城市生活垃圾无害化处理量为1.80亿吨，无害化处理率93.7%，比2014年上升1.9%，其中，卫生填埋处理量为1.15亿吨，占63.9%，焚烧处理量为0.61亿吨，占33.9%，其他处理方式占2.2%。由此可见，我国城市生活垃圾主要还是依靠垃圾填埋方式进行处理，近年其占比下降的趋势亦较为明显。

垃圾焚烧处理从无到有，不断发展。深圳市于1985年从日本三菱重工业公司成套引进两台日处理能力为150t·d^{-1}的垃圾焚烧炉，成为我国第一座现代化垃圾焚烧厂。1994年年底开始扩建的三号炉，结合国家"八五"攻关计划，完成了3号炉国产化工程，设备国产化水平达到80%以上，在技术性能方面达到或超过了原引进设备的水平，为我国大型垃圾焚烧设备国产化打下了基础。

截至2015年，我国城市生活垃圾无害化处理设施总数为890座，其中生活垃圾填埋设施640座，比2014年填埋设施增加36座，填埋处理总量达到1.15亿吨，比2014年增加0.08亿吨，设施数量和处理总量仍持续增长，填埋处理仍然是我国城市生活垃圾处置的最主要方式。但是由于城市生活垃圾焚烧处理总量增长迅速，填埋总量所占无害化处理总量的比例持续下降，2015年填埋所占比例由2014年的65.5%下降到63.7%。图1-1为2010～2015年我国城市生活垃圾处理方式构成情况。

1.2.2 城市固体废物的组成

1.2.2.1 总体情况

城市固体废物的组成受多种因素影响。主要有：①自然环境；②气候条件；③城市发展规模；④居民生活习性（食品结构）；⑤经济发展水平等。

一般来说，垃圾成分工业发达国家，有机物（如厨余、纸张、塑料、橡胶）多，无机物少；不发达国家，无机物多，有机物少；在我国，南方城市较北方城市，有机物多，无机物少。经济发达、生活水平较高的城市，有机物含量较高。以燃煤为主的北方城市，受采暖期影响，垃圾中煤渣、沙石所占的份额较多。表1-2为我国部分城市固体废物的组成。

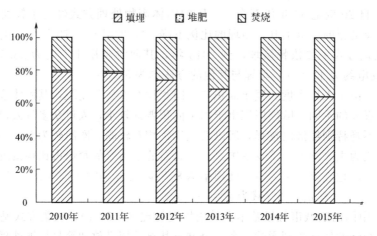

图 1-1 2010～2015 年我国城市生活垃圾处理方式构成情况

数据来源：公开资料整理

表 1-2 我国部分城市固体废物的组成　　　单位：%（质量分数）

城市	有机废物					无机废物			
	厨余	废纸	纤维	竹、木制品	塑料、橡胶	废金属	玻璃、陶瓷	煤灰、水泥、碎砖	其他
北京	39.00	18.18	3.56		10.35	2.96	13.02	10.93	
上海	70.00	8.00	2.80	0.89	12.00	0.12	4.00	2.19	
广州	63.00	4.80	3.60	2.80	14.10	3.90	4.00	3.80	
深圳	58.00	7.91	2.80	5.19	13.70	1.20	3.20	8.00	
天津	50.11	5.53	0.68	0.74	4.81				
南京	52.00	4.90	1.18	1.08	11.20	1.28	4.09	20.64	3.00
无锡	41.00	2.90	4.98	3.05	9.83	0.90	9.47	25.29	2.58
常州	48.00	4.28	1.70	1.01	10.22	1.10	5.80	25.09	3.00
南通	40.05	4.20	1.72	1.31	8.90	0.82	5.10	34.40	3.50
合肥	44.97	3.57	2.98	2.52	10.22	0.80	4.24	28.40	2.30
九江	47.27	4.18	1.93		12.50	0.54	3.50	27.08	2.00
武汉	39.16	4.33	1.33	3.20	7.50	0.69	6.55	32.74	4.50
宜昌	29.54	1.22	0.73	1.05	1.18	0.41	8.03	55.84	2.00
重庆	38.76	1.04	0.97	1.58	9.10	0.53	9.03	37.99	1.00
惠州	20.00	2.10	2.12	3.27	12.00	2.91	2.20	25.40	
肇庆	50.00	2.10	1.89	4.10	12.60	2.50	4.35	22.46	
清远	53.00	2.00	1.51	3.20	11.12	2.40	2.10	24.67	

1.2.2.2 中国城市生活垃圾成分的地域性变化

中国地域辽阔，南北温差大，东西经济发展不平衡，燃料结构差别大，生活习惯也有很大不同，因此，中国城市生活垃圾的成分随地域而变化。如在燃气区，城市生活垃圾中的有机物占 72.12%，高于无机物（占 16.84%）和其他成分（占 12.04%）；在燃煤区，有机物只占 25.09%，无机物却占 70.76%，远远高于燃气区，其他成分只占 4.52%；在发达地区，纸张在城市生活垃圾中所占比例很大，但在欠发达地区食品是生活垃圾的主要成分。

（1）南北差异

表 1-3 是 2000 年对 73 座城市生活垃圾成分按南、北方分别进行统计的结果。从表 1-3 可明显地看出，南方城市生活垃圾中的有机物（特别是植物）和可回收物所占比例高于北方城市。其中，塑胶类（即塑料、橡胶类，下同）所占比例比北方城市高约 1 倍；而灰土等无机物的含量则要低于一半以上。北方城市冬季均需采暖，在燃煤区还需通过燃煤来供暖，由

于家庭采暖产生的大量煤灰全部进入生活垃圾中，因此是造成其成分与南方城市存在差异的主要原因。

表 1-3　2000 年不同地域城市生活垃圾成分统计结果　单位：%（质量分数）

地区	城市数量/座	可 回 收 物					有 机 物			无 机 物		其他
		纸类	塑料橡胶	织物	玻璃	金属	竹木	植物	动物	灰土	砖瓦陶瓷	
南方	41	6.88	13.76	2.13	2.37	0.80	3.01	48.15	2.29	12.73	3.42	4.46
北方	32	6.22	7.40	2.38	2.25	1.50	2.62	28.25	3.08	28.51	7.19	10.60

注："其他"是指除前面 10 类组分外的物质，其中南、北方的划分标准按冬季是否有采暖设施考虑。

（2）城市差异

不同规模的城市，其生活垃圾的成分也存在差异。大城市居民的生活和消费水平比中小城市高，城市居民燃气化率也较高，因而大城市与中小城市之间的垃圾成分存在一定差异。表 1-4 是 2000 年不同规模城市生活垃圾成分的统计结果。可以看出，大城市的渣石、灰土等无机物含量明显低于中小城市，仅为中小城市的 30% 左右；而有机物和可回收物，尤其是可燃物的含量明显高于中小城市（如纸类、塑胶等），可回收物所占比例则高达 30% 左右，比中小城市高 50% 以上。

表 1-4　2000 年不同规模城市生活垃圾成分　单位：%（质量分数）

城市规模	城市数量/座	可 回 收 物					有 机 物			无 机 物		其他
		纸类	塑料橡胶	织物	玻璃	金属	竹木	植物	动物	灰土	砖瓦陶瓷	
大城市	13	7.87	12.07	1.99	3.29	0.83	3.19	53.17	1.51	11.42	2.65	2.01
中小城市	54	4.29	7.88	2.33	2.40	1.46	2.11	33.40	4.14	28.86	8.62	4.51

注：大城市是指市区人口大于等于 50×10^4 人的城市，中小城市是指市区人口小于 50×10^4 人的建制市。

1.2.3　城市固体废物的性质

1.2.3.1　城市固体废物的物理性质

城市固体废物的物理性质与其组成密切相关，组成不同，物理性质亦不同。其物理性质一般用组分、含水率和容重来表示。

（1）组分

城市固体废物的组分以各成分质量占新鲜垃圾的质量分数表示。有湿基率（%）（含水分）和干基率（%）（去掉水分，如烘干）。

当垃圾的含水率已知时，用下式换算

$$G = a(1-W) \times 100\%　\qquad (1-1)$$

式中，G 为新鲜湿垃圾中某成分的质量分数，%；a 为烘干垃圾中同类组分的质量分数，%；W 为垃圾的含水率，%。

（2）含水率

含水率为单位质量垃圾的含水量，用质量分数（%）表示

$$W = \frac{A-B}{A} \times 100\%　\qquad (1-2)$$

式中，A 为湿垃圾试样的原始质量；B 为烘干后垃圾质量。

（3）容重

城市固体废物在自然状态下，单位体积的质量称为垃圾的容重，单位为 $kg \cdot L^{-1}$、$kg \cdot m^{-3}$、$t \cdot m^{-3}$。

1.2.3.2 城市固体废物的化学性质

城市固体废物的化学性质对选择加工处理和回收利用工艺十分重要。表示城市固体废物化学性质的特征参数有：挥发分，灰分、灰分熔点，元素组成，固定碳及发热值。

(1) 挥发分（V_s）

挥发分也叫挥发性固体含量，它是反映垃圾中有机物含量近似值的指标参数，它以垃圾在 600℃温度下的灼烧减量作为指标。

其计算式为

$$V_s = \frac{W_3 - W_4}{W_3 - W_1} \times 100\% \tag{1-3}$$

式中，V_s 为垃圾的挥发性固体含量，%；W_1 为坩埚的质量；W_3 为烘干的垃圾质量（W_2）与坩埚的质量（W_1）之和；W_4 为灼烧残留量（$W_残$）与坩埚质量（W_1）之和。

即

$$V_s = \frac{W_2 - W_残}{W_2} \times 100\%$$

测定方法与步骤：

① 用天平称取一定量的烘干试样 W_2，装入干坩埚内

$$W_2 + W_1 = W_3$$

② 将坩埚置于马弗炉内，在 600℃温度下，灼烧 2h。

③ 取出后，置于干燥器中冷却到室温再称重

$$W_1 + W_残 = W_4$$

有的方法规定，灼烧温度为 700℃，有机质和结合水均消失。

(2) 灰分及灰分熔点

① 灰分 A　灰分指垃圾中不能燃烧也不挥发的物质，即灰分是反映垃圾中无机物含量的参数，常用 A 表示。其数值即是灼烧残留量 $W_残$（%），也就是

$$W_4 - W_1 = W_残 = A$$
$$A = 1 - V_s \tag{1-4}$$

② 熔点 T_A　熔点与灰分的化学组成相关。主要决定于 Si、Al 等元素的含量。

(3) 元素组成

元素组成主要指 C、H、O、N、S 及灰分的含量（%）。

① 意义　测知垃圾的化学元素组成，可以：a. 估算垃圾的发热值，确定焚烧的适用性；b. 估算生化需氧量（BOD）、好氧堆肥化的适用性；c. 选择垃圾的处理工艺。

② 测定　组成复杂，需用到常规的化学分析方法、仪器分析方法及先进的精密测量仪器。

如 C、H 联合测定采用碳、氢全自动测定仪；N 测定用凯氏消化蒸馏法；P 用硫酸过氯酸铜蓝比色法；K 采用火焰光度法；金属元素采用原子吸收分光光度法。由此可见，垃圾化学元素测定较之物理组成分析更难、更复杂，普及也较困难。

据国外资料报道，经元素分析法测得的垃圾化学组成（质量分数，%）大致为：C 15%～30%；H 2%～5%；O 12%～24%；N 0.2%～1.0%；S 0.02%～0.1%；灰分 10%～25%；水分 40%～60%；热值 2930～5020kJ·kg⁻¹（700～1200kcal·kg⁻¹）。

(4) 热值

① 定义　单位质量的垃圾完全燃烧所放出的热量，称为垃圾的热值。可用氧弹量热计来测定垃圾的热值。热值分为高位热值 Q_H（粗热值）和低位热值 Q_L（净热值）。

高位热值是物料完全燃烧产生的全部热量，包括了全部氧化释放的化学能和燃烧产生的水蒸气消耗的汽化热。因此，用氧弹量热计测定的热值为 Q_H。

实际燃烧过程中，温度高于100℃，水蒸气不会凝结，因而这部分汽化潜热不能加以利用。因此，高位热值扣除水蒸气消耗的汽化热，即得 Q_L。

② 热值计算　前面已讲过，当已知垃圾的元素组成时，可求得热值。可用下式（经验式）表示

a. 门氏公式

$$Q_H = 4.187 \times [81C + 300H - 26(O-S)] \tag{1-5}$$

$$Q_L = 4.187 \times [81C + 300H - 26(O-S) - 6(W+9H)] \tag{1-6}$$

式中，C、H、O、S 分别为 C、H、O、S 的质量分数，%；W 为垃圾的含水率，%。

b. Q_L 与 Q_H 间的关系

$$Q_L = Q_H - 25.12(9H+W) \tag{1-7}$$

$$Q_L = Q_H - 2420 \times \left[H_2O + 9\left(H - \frac{Cl}{35.5} - \frac{F}{19} \right) \right] \tag{1-8}$$

式中，H_2O 为焚烧产物中水的质量分数，%；H，Cl，F 分别为废物中 H，Cl，F 含量的质量分数，%。

c. 已知塑料含量

$$Q_L = [4400(1-\alpha) + 8500\alpha]R - 600W \tag{1-9}$$

式中，R 为垃圾中可燃成分含率，%；α 为可燃成分中塑料的百分数，%；W 为垃圾的含水率，%。城市垃圾的热值及元素分析值见表 1-5。

表 1-5　城市垃圾热值及元素分析值

成　分	惰性残余物(燃烧后)		质量 /kg	热值 /kJ·kg⁻¹	质　量　分　数/%				
	范围/%	典型值/%			C	H	O	N	S
食品垃圾	2~8	5	15	4650	48.0	6.4	37.6	2.6	0.4
废纸	4~8	6	40	16750	43.5	6.0	44.0	0.3	0.2
废纸板	3~6	5	4	16300	44.0	5.9	44.6	0.3	0.2
废塑料	6~20	10	3	32570	60.0	7.2	22.8	—	—
破布等	2~4	25	2	17450	55.0	6.6	31.2	4.6	0.15
废橡胶	8~20	10	0.5	23260	78.0	10.0	—	2.0	—
破皮革	8~20	10	0.5	17450	60.0	8.0	11.6	10.0	0.4
园林废物	2~6	4.5	12	6510	47.8	6.0	38.0	3.4	0.3
废木料	0.6~2	1.5	2	18610	49.5	6.0	42.7	0.2	0.1
碎玻璃	6~99	98	8	140					
罐头盒	90~99	98	6	700					
非铁金属	90~99	96	1	—					
铁金属	94~99	98	2	700					
土、灰、砖	60~80	70	4	6980	26.3	3.0	2.0	0.5	0.3
城市垃圾			100	10470					

热值与可燃性的关系：当 $Q_L < 3344$kJ·kg⁻¹，需借助辅助燃料；当 3344kJ·kg⁻¹ $<$ $Q_L < 4180$kJ·kg⁻¹，不需借助辅助燃料，但废物利用价值不高；当 4180kJ·kg⁻¹ $< Q_L <$

$5000kJ \cdot kg^{-1}$，供热、发电均可；当 $Q_L > 5000kJ \cdot kg^{-1}$，可稳定焚烧和能源利用。我国《城市生活垃圾处理及污染防治技术政策》规定垃圾平均低位热值须高于 $5000kJ \cdot kg^{-1}$。

我国一些经济较发达的沿海城市，如深圳、广州、上海等城市混合垃圾（湿样）热值的统计值变化范围在 $6000 \sim 7500kJ \cdot kg^{-1}$，而欧美等发达国家的 Q_L 高达 $10000kJ \cdot kg^{-1}$ 以上。

1.2.3.3 城市固体废物的生物学特性

城市固体废物的生物学特性包括两方面的内容：①城市固体废物本身的生物性质及其对环境的影响；②城市固体废物不同组成进行生物处理的性能，即可生化性。

（1）城市固体废物的生物性质及其对环境的影响

由于城市垃圾成分的复杂性，尤其包括人畜粪便、生活污水处理后污泥等，所以本身含有机生物体很复杂，其中有不少生物性污染物。城市垃圾中腐化的有机物也含有各种有害的病原微生物，还含有植物虫害、草籽、昆虫和昆虫卵，造成生物污染。

在生活污水污泥与粪便污泥中会发现许多病原细菌、病毒、原生动物及后生动物，尤其是肠道病原生物体。据报道，70%的疾病源于粪便未作无害化处理造成给水水体的生物性污染。

（2）可生化性（为生物处理的可行性提供依据）

① 通过 BOD_5/COD 判断。

BOD_5/COD	>0.45	>0.30	<0.30	<0.25
生物法的难易程度	较好	可以	较难	不宜

② 用微生物的呼吸耗氧判断：呼吸好氧可用瓦勃（Warburg）呼吸仪测定。

【例 1-1】 有 100kg 混合垃圾，其物理组成为：食品垃圾 25kg，废纸 40kg，废塑料 13kg，破布 5kg，废木材 2kg，其余为灰、土、砖等，利用表 1-5 中的数据求垃圾的热值。

解：（1）灰、土、砖等量为
$$100 - 25 - 40 - 13 - 5 - 2 = 15 \text{（kg）}$$
（2）采用加权公式计算垃圾的热值
$$Q_L = (25 \times 4650 + 40 \times 16750 + 13 \times 32570 + 5 \times 17450 + 2 \times 18610 + 15 \times 6980)/100$$
$$= 14388 \text{（kJ} \cdot \text{kg}^{-1}\text{）}$$

1.3 工业固体废物的来源、类型及性质

与城市生活垃圾包含各种各样的物质，成分随季节、地理变化大不同，工业固体废物则更趋同质性，且每种物质的数量也更大。

1.3.1 工业固体废物来源

1.3.1.1 产生现状

2009 年，全国工业固体废物产生量为 20.40942 亿吨，比 2008 年增加 7.3%；排放量为 710.7 万吨，比 2008 年减少 9.1%；综合利用量（含利用往年贮存量）、贮存量、处置量分别为 13.83486 亿吨、2.08886 亿吨、4.75137 亿吨。危险废物产生量为 1429.8 万吨，综合利用量（含利用往年贮存量）、贮存量、处置量分别为 830.7 万吨、218.9 万吨、428.2 万吨。

全国工业固体废物，从 21 世纪初的 8 亿吨左右，以年均约 33％增速，达到 2012 年产生量的最大值 32.9 亿吨，增加近 4 倍多。此后，因同期工业企业结构调整、经济放缓，工业固体废物的产量，逐年有所下降。表 1-6 为 1999～2015 年我国工业固体废物产生、排放和综合利用情况。

表 1-6　1999～2015 年全国工业固体废物产生、排放和综合利用情况

年份	工业固体废物产生量/万吨	工业固体废物排放量/万吨	工业固体废物综合利用量/万吨	工业固体废物贮存量/万吨	工业固体废物处置量/万吨	工业固体废物综合利用率/％
1999	78442	3880.5	35756	26295	10764	45.6
2000	81608	3186.2	37451	28921	9152	45.9
2001	88840	2893.8	47290	30183	14491	52.1
2002	94509	2635.2	50061	30040	16618	51.9
2003	100428	1940.9	56040	27667	17751	54.8
2004	120030	1762.0	67796	26012	26635	55.7
2005	134449	1654.7	76993	27876	31259	56.1
2006	151541	1302.1	92601	22399	42883	60.2
2007	175632	1196.7	110311	24119	41350	62.1
2008	190127	781.8	123482	21883	48291	64.3
2009	203943	710.5	138186	20929	47488	67.0
2010	240944	498.2	161772	23918	57264	66.7
2011	326204	433.3	196988	61248	71382	59.8
2012	332509	144.2	204467	60633	71443	60.9
2013	330859	129.3	207616	43445	83671	62.2
2014	325620	59.4	204330.2	45033.2	80387.5	62.1
2015	327079	56	198807	58365	73034	60.3

注：2011 年环境保护部对统计制度中的指标体系、调查方法及相关技术规定等进行了修订，故不能与 2010 年直接比较。数据来自国家统计局。1999 年、2014 年和 2015 年数据来自国家环保部统计公报。

1.3.1.2　分类（类型）

工业固体废物，是指在工业生产过程中产生的固体废物。按行业可分为以下几类。

① 矿业固体废物：产生于采、选矿过程，如废石、尾矿等。

② 冶金工业固体废物：产生于金属冶炼过程，如高炉渣等。

③ 能源工业固体废物：产生于燃煤发电过程，如煤矸石、炉渣等。

④ 石油、化学工业固体废物：产生于石油加工和化工生产过程。

⑤ 轻工业固体废物：产生于轻工业生产过程，如废纸、废塑料、废布头等。

⑥ 其他工业固体废物：产生于机加工过程，如金属碎屑、电镀污泥等。

1.3.1.3　工业固体废物产生、贮存及排放方式

（1）产生方式

① 连续产生；② 定期批量产生；③ 一次性产生；④ 事故性产生或排放。

（2）贮存方式

① 件装容器贮存；② 散状堆积贮存；③ 池、塘、坑贮存。

（3）排放方式

① 连续排放（如连续排放的废液直接排入下水管道）；②定期清运排放；③集中一次性排放。

1.3.1.4 工业固体废物的形态与污染物含量特征

（1）形态

固态（如锅炉渣）和半固态（如废水处理污泥）。

（2）污染物含量特征

① 不同工业产品的生产，产生的固体废物类别因使用的原辅材料不同而不同；②相同工业产品的生产，因工艺和原辅材料的产地不同，主要污染物含量也不同；③同一工业产品，相同的生产工艺和原辅材料，因生产工况条件和员工实际操作的变化，所产生的污染物含量也会变化。

1.3.2 工业固体废物的组成及性质

1.3.2.1 矿业固体废物

（1）来源

矿业固体废物是矿物开采和加工利用过程产生的固体废物。

（2）废物产生量

① 对露天矿的开采：每采 $1m^3$ 矿石，需剥离掉 $8\sim10m^3$ 的剥离物（土岩）。如：开采 $1m^3$ 铝土矿，其至要剥离掉 $13\sim16m^3$ 土岩。

② 对地下矿石开采：开采 1t 矿石，排出石渣约 3.6t。

③ 选矿中：选出 1t 精矿，会产生几十吨、上百吨甚至上千吨尾矿。

④ 冶炼中：每冶炼 1t 金属也要产生数吨的冶炼渣。

中国尾矿产生量很大，占工业固体废物的 30% 以上，年产 1.8×10^5t 以上。此外，每年排放 10^8t 的露天矿山剥离物和地下矿废石，这些都未统计在工业固体废物范围内。

（3）矿业废物主要类别和性质

① 露天矿：其剥离物一般为土岩混杂、块度大小不一的固体废物，其性质随围岩的性质而变化。

② 地下矿：形态上是大小不同的石块，其性质也随围岩的组成而变化。

③ 有色金属的尾矿：一般由矿石、脉石及围岩中所含矿物组成，其主要化学成分为 SiO_2、CaO、MgO、Fe_2O_3、K_2O、Na_2O 等。

1.3.2.2 冶金工业固体废物

（1）来源

冶金固体废物主要包括高炉渣、钢渣、轧钢、铁合金渣、烧结、有色金属冶炼及铝工业固体废物。

（2）产生量

① 高炉渣固体废物：通常每炼 1t 生铁可产生 $300\sim900kg$ 渣。

② 钢渣固体废物：包括：a. 转炉钢渣，一般生产 1t 钢产生 $130\sim240kg$ 钢渣；b. 平炉钢渣，生产 1t 钢产生 $170\sim210kg$ 钢渣；c. 电炉钢渣，以废钢为原料，生产特殊钢，目前，生产 1t 电炉钢产生 $150\sim200kg$ 钢渣。

③ 轧钢固体废物：轧钢时产生的酸洗废液是钢铁厂具有代表性的污染物。

④ 铁合金固体废物：1t 火法冶炼铁合金产生 1t 左右废渣。

⑤ 烧结固体废物：每生产 1t 烧结矿产生 $20\sim40kg$ 烧结粉尘。

⑥ 有色金属冶炼：目前，每年产生有色金属冶炼渣约 425 万吨。

⑦ 铝冶炼固体废物：每生产 1t 氧化铝产生 1～1.75t 赤泥。

⑧ 稀有金属冶炼固体废物：1990 年对 15 家稀有金属工厂统计，产生量为 $11.90 \times 10^4 t$。

1.3.2.3 化学工业固体废物

（1）来源

化肥工业、农药、染料、无机盐等。

（2）产量

目前，全国共产生化工固体废物 2.8 亿～2.9 亿吨，占工业固体废物的 8.9%～9.3%。

（3）主要类别和性质

① 无机盐工业固体废物。

无机盐工业特点：a. 生产厂家多、产量多。b. 布局分散，生产规模小。c. 设备密闭性差，"三废"治理落后。

废物组成：主要有 Cr、CN、Pb、P、As、Cd、Zn、Hg 等，毒性大。

污染源：主要有铬盐、黄磷、氯化物和锌盐等。

年排量：铬渣 10 万～12 万吨，历年积存铬渣 150 万～200 万吨；黄磷 24 万～36 万吨；氰化钠 1.3 万～2.0 万吨；锌盐 0.6 万～1.2 万吨。

② 氯碱工业固体废物。

成分：氯碱工业固体废物主要含汞盐、汞膏、废石棉隔膜、电石渣、废汞催化剂等。

排量：a. 废石棉产生量 0.4～0.5kg·t^{-1}；b. 汞膏排量较小，Hg 含量 97%～99%，Fe 含量 1%；c. 含汞废催化剂排量 1.43kg·t^{-1}，Hg 含量 4%～6%。

③ 磷肥工业固体废物。

废物成分：P、F、Si。

危害：占用大片土地，由于风吹雨淋，使废物中可溶性 F 和 P 进入水体，造成水体污染。

④ 氮肥工业固体废物。

表 1-7 为氮肥工业主要废渣的产生量及组成。

表 1-7 氮肥工业主要废渣的产生量及组成

废渣名称	产 生 量	主 要 成 分
煤造气炉渣	0.7～0.9t(以 1t 氨计)	SO_2、Al_2O_3、Fe_2O_3、CaO、Mg
油造气炭黑	16～25kg	C
变换废催化剂	0.47kg	Fe_2O_3、MgO、Cr_2O_3、K_2O、Mo
合成废催化剂	0.23kg	Fe_2O_3、Al_2O_3、K_2O
甲醇废催化剂	4～18kg(以 1t 甲醇计)	Cu、Zn、Al_2O_3、S$^-$
硝酸氧化炉废渣	0.1kg(以 1t 硝酸计)	Pt、Rh、Pd、Fe_2O_3、SiO_2、Al_2O_3、Ca

⑤ 纯碱工业固体废物。

一般生产 1t 纯碱，产生废液 9～11m³，其中含固体废物量约为 200～300kg，年产废液 1300～1400m³，废渣 $30 \times 10^4 \sim 40 \times 10^4 t \cdot a^{-1}$。

⑥ 硫酸工业固体废物。

主要为粉尘，生产 1t 硫酸产生粉尘约 46～57kg。硫酸工业废水量大，生产 1t 硫酸排出 1～15t 酸性废水。

⑦ 有机原料及合成材料工业固体废物。

废物特点：a. 废渣少。一般生产 1t 产品，产生几千克至几吨废渣。b. 组成复杂。主要为高浓度有机物，具有毒性、易燃性、爆炸性，可通过焚烧处理。

⑧ 染料工业固体废物。

染料工业产生的固体废物主要有：a. 染料生产工艺的硝化、酸化、偶合、水解、氯化等产生的铁泥、铜渣、有机树脂、废母液、废酸等；b. 染料产品分离、精制过程中产生的过滤液及蒸馏残液等。

⑨ 感光材料工业固体废物。

感光材料工业生产中产生的固体废物主要有：a. 胶片涂布及整理过程中产生的废胶片；b. 乳剂制备及胶片涂布中产生的废乳剂；c. 片基生产中产生的过滤用的废棉垫及废片基；d. 涂布含银废水处理回收的银泥及废水生化处理的剩余活性污泥等。

感光材料工业固体废物的组成较复杂，含有大量的有机物及重金属，主要污染物有明胶、卤化银、三醋酸纤维素酯等。若处理不当会对环境造成一定危害。

染料和感光材料工业固体废物大多具有回收价值，搞好综合利用是消除污染、保护环境的重要途径。

1.3.2.4 其他工业固体废物

（1）类别

包括：①煤矸石；②粉煤灰；③炉渣；④放射性废物等。

（2）产生量

① 煤矸石：是指夹在煤层中的岩石，是采煤和选煤过程中产生的固体废物。其对环境的危害很大：侵占土地，影响生态，破坏景观；矸石山的淋溶水（酸性水）污染地下水源和江河，危害农作物和水产养殖业；由于煤矸石中有硫化铁和含碳物质存在，还会自燃发火，排放大量烟尘，严重污染大气，损害人体健康，抑制植物生长，腐蚀建筑物结构；个别煤矸石山还有发生爆炸和崩落事故的隐患，对矿区安全构成严重威胁。

煤矸石产量约为原煤的 10%～15%，截至 2007 年全国历年累计堆放的煤矸石约 43 亿吨，占用土地约 1.5 万公顷。据环境保护部统计，2013 年煤矸石产生量 3.8 亿吨，占一般工业固体废物的 12.3%，综合利用量为 2.8 亿吨，综合利用率为 71.1%；2014 年煤矸石产生量为 37342.5 万吨，占一般工业固体废物的 12.0%，综合利用量为 28328.5 万吨，综合利用率为 74.1%。虽然今后煤炭产量基本保持稳定，但累积煤矸量将逐年增加，加上以往积存的煤矸石，其数量相当巨大。因此，煤矸石的综合利用及生态治理已是一个刻不容缓、亟待研究解决的重要社会问题。

② 粉煤灰：粉煤灰指从燃煤（含煤矸石、煤泥）锅炉烟气中收集的粉尘和炉底渣以及燃煤电厂生产过程中产生的脱硫、脱硝灰渣。电厂燃煤锅炉分煤粉炉、循环流化床锅炉及液态排渣炉三大类型，煤质不同所烧煤的粒度、燃烧温度、炉内停留时间均有不同，所产生的粉煤灰、炉渣比例、形态及物理、化学性质均有较大的不同。据统计 2006～2008 年中国粉煤灰的产生量分别是 3.52 亿吨、3.88 亿吨和 3.95 亿吨，历年积存量约 30 亿吨。2013 年，粉煤灰产生量达到 4.6 亿吨，占一般工业固体废物的 14.8%，综合利用量为 4.0 亿吨，综合利用率为 86.2%；2014 年粉煤灰产生量为 45924.0 万吨，占一般工业固体废物的 14.7%，综合利用量为 40664.3 万吨，综合利用率为 87.5%。

③ 炉渣：全国燃煤炉炉渣的产生量仅次于尾矿、煤矸石、粉煤灰居第四位。

④ 放射性废物：来自三大领域，即核能开发、核技术应用、伴生放射性矿物开采利用。其产生量占工业固体废物产生量的 3%～5%。按近年（2011～2015 年）全国工业固体废物年均产生量近 33 亿吨推算，放射性废物的产生量约 1 亿～1.6 亿吨。

1.4 危险废物的来源及特性

1.4.1 危险废物定义

① 美国环保局（U.S.EPA）："危险废物是固体废物，由于不适当的处理、贮存、运输、处置或其他管理方面，它能引起或明显地影响各种疾病和死亡，或对人体健康或环境造成显著的威胁。"——《资源保护与回收法》（1976年）

② 联合国环境署（UNEP，1985）："危险废物是指除放射性以外的那些废物（固体、污泥、液体和用容器盛装的气体），由于它们的化学反应性、毒性、易爆性、腐蚀性或其他特性引起或可能引起对人类健康或环境的危害。不管它是单独的或与其他废物混在一起，不管是产生的或是被处置的或正在运输中的，在法律上都称为危险废物。"

③《中华人民共和国固体废物污染环境防治法》将危险废物定义为：危险废物是指列入国家危险废物名录或者根据国家规定的危险废物鉴别标准和鉴别方法认定的具有危险特性的固体废物。危险废物通常具有腐蚀性、急性毒性、浸出毒性、反应性、传染性、放射性等一种及一种以上危害特性的废物。

1.4.2 危险废物的来源、产生量及分布情况

危险废物来源于工、农、商、医各部门乃至人类的家庭生活。工业企业是危险废物的最主要来源之一，集中于化学原料及化学品制造业、采掘业、黑色和有色金属冶炼及其压延加工业、石油加工及炼焦业、造纸及其制品业等工业部门，约占工业固体废物总量的1.5%～2.0%。表1-8为1998～2002年中国内地各工业企业危险废物的产生量情况。

表1-8　中国内地各工业企业危险废物的产生量情况　　　　　单位：万吨

行　业	1998年	1999年	2000年	2001年	2002年
采掘业	193	213	167	198	171
造纸与纸制品业	6	5	5	5	11
石油加工及炼焦业	35	34	42	39	42
化工原料及化学制品制造业	618	593	429	513	572
医药制造业	5	5	7	23	17
化学纤维制造业	6	12	6	12	16
黑色金属冶炼及压延工业	37	42	38	47	38
有色金属冶炼及压延工业	56	84	60	61	80
电子设备制造业	11	12	14	6	10

表1-9为我国工业危险废物排放量、危险废物占比、综合利用量、储存量及处置量情况。其显示，1998～2015年中国危险废物占工业固体废物总量的比例，最低约为0.6%，最高为1.3%，且这一比例在1998～2010年间，基本呈降低的趋势，但到2011年，由于统计规则的更改发生变化。

我国工业危险废物产生量中，按种类分，碱溶液和固态碱、无机氟化物、含铜废物、废酸或固态酸、无机氰化物、含砷废物、含锌废物、含铬废物等产生量较大。按地区分，贵州、四川、江苏、辽宁、山东、广西、广东、重庆、湖南、上海、河北、甘肃、云南13个省市产生量占全国总产生量的80%以上，总体来讲，我国工业危险废物产生量最大的是西部地区，占全国的56%，其次是东部和中部地区，分别占全国的34.5%和9.5%。而西部排放量占其产生量的0.17%，比例远远高于全国平均水平，同时，其综合利用率和处置率也较低。按行业分，工业危险废物产生于99个行业，重点有20个行业，其中化学原料及化

学制造业产生的危险废物占总量的 40%。另外，社会生活中也产生了大量废弃的含有镉、汞、铅、镍等的废电池和日光灯管等危险废物。

表 1-9　全国危险废物产生和处理情况（1998～2015 年）[1]

年度	工业固废总产生量/万吨	危废产生量/万吨	危废占比/%	危废综合利用量/万吨	危废贮存量/万吨	危废处置量/万吨	综合利用率/%
1998	80068	974	1.22	428	387	131	43.9
1999	78441.9	1015	1.29	465	397	132.0	45.8
2000	81607.7	830	1.02	408	275.6	179.0	49.2
2001	88746	952	1.07	442	307.1	229.0	46.4
2002	94509	1001	1.06	391	382.8	242.2	39.1
2003	100428	1170	1.17	427	423.0	375.4	36.5
2004	120030	995	0.83	403	343.3	275.2	40.5
2005	134449	1162	0.86	496	337.3	339.0	42.7
2006	151541	1084	0.72	566	266.8	289.3	52.2
2007	175632	1079	0.61	650	153.9	346.0	60.2
2008	190127	1357	0.71	819	196.0	389	60.4
2009	203943	1429.8	0.70	830.7	218.9	428.2	58.1
2010	240944	1586.8	0.66	976.8	166.3	512.7	61.6
2011	322722.3	3431.2	1.06	1773.1	823.7	916.5	51.7
2012	329044.3	3465.2	1.05	2004.6	846.9	698.2	57.8
2013	327701.9	3156.9	0.96	1700.1	810.9	701.2	53.9
2014	325620.0	3633.5	1.12	2061.8	690.6	929.0	56.7
2015	327079	3976.1	1.22	2049.7	810.3	1174.0	51.6

① 数据整理自《全国环境统计公报》。

由此可见，我国危险废物具有产生源数量多、分布广泛的特点，不利于管理，今后必须提高对危险废物的处理处置水平，加强对危险废物的管理，降低危险废物污染的风险，否则后果不堪设想。

据统计，2014 年，全国工业危险废物产生量为 3633.5 万吨，比 2013 年增加 15.1%；综合利用量为 2061.8 万吨，比 2013 年增加 21.3%；处置量为 929.0 万吨，比 2013 年增加 32.5%；储存量为 690.6 万吨，比 2013 年减少 14.8%。工业危险废物处置利用率为 81.2%，比 2013 年增加了 6.4%。工业危险废物按种类分，碱溶液和固态碱、无机氟化物、含铜废物、废酸或固态酸、无机氰化物、含砷废物、含锌废物、含铬废物等产生量较大。按地区分，贵州、四川、江苏、辽宁、山东、广西、广东、重庆、湖南、上海、河北、甘肃、云南 13 个省市产生量占全国总产生量的 80% 以上。按行业分，工业危险废物产生于 99 个行业，重点有 20 个行业，其中化学原料及化学制造业产生的危险废物占总量的 40%。医疗卫生业也是危险废物的主要来源。众多的医院每年都会产生数量巨大的医疗垃圾，这些危险废物或含有有害物质，或附有致病细菌，处理不当将会造成严重的危害。

此外，城市垃圾中的废电池、废日光灯管和某些日用化工品也属于危险废物。资料显示，一节 5 号旧电池能损坏 1m² 土地，使土壤永久失去利用价值，即使是 1 颗纽扣电池也能对数十升水造成污染。我国电池的产量占世界总产量的 30% 以上，居世界第一，年产干电池超过 150 亿只，消费量 70 亿～80 亿只。作为电池生产和消费大国每年必将产生数量庞大的废电池；另据统计，我国每年生产荧光灯 8 亿多只，其中汞的用量超过 12t。如果对其乱丢乱扔，将对人们的健康造成严重危害。

由此可见，我国危险废物具有产生源数量多、分布广泛的特点。

1.4.3 危险废物的特性

危险废物具有毒害性（包括急性毒性、浸出毒性、生物蓄积性、刺激性等）、易燃性、易爆性、腐蚀性、传染性、化学反应性、疾病传染性以及危害的长期性和潜伏性等特性。危险废物的处理处置方法主要有固化、焚烧和填埋三种。表 1-10 为美国对危险废物危害特性的定义及鉴别标准。

表 1-10 美国对危险废物危害特性的定义及鉴别标准

项目	危险废物的特性及其定义	鉴别值
易燃性	闪点低于定值；或经过摩擦、吸湿、自发的化学变化有着火的趋势；或在加工、制造过程中发热，在点燃时燃烧剧烈而持久，以致管理期间会引起危险	美国 ASTM 法，闪点低于 60℃
腐蚀性	对接触部位作用时，使细胞组织、皮肤有可见性破坏或不可治愈的变化；使接触物质发生质变，使容器泄漏	pH>12.5 或 pH<2 的液体；在 55.7℃ 以下时对钢制品的腐蚀速率大于 0.64cm·a^{-1}
反应性	通常情况下不稳定，极易发生剧烈的化学反应，与水猛烈反应，形成爆炸性混合物或产生有毒的气体、臭气；含有氰化物或硫化物；在常温、常压下即可发生爆炸反应，在加热或有引发源时爆炸；对热或机械冲击有不稳定性	
放射性	由于核衰变而能放出 α、β、γ 射线的废物中，放射性同位素超过最大允许浓度	^{226}Ra 浓度等于或大于 10μCi·g^{-1} 废物
浸出毒性	在规定的浸出或萃取方法的浸出液中，任何一种污染物的浓度超过标准值。污染物指镉、汞、砷、铅、铬、银、六氯化苯、甲基氯化物、毒杀芬、2,4-D 和 2,4,5-T 等	美国 EPA/EP 法试验，超过饮用水 100 倍
急性毒性	一次投给试验动物的毒性物质，半数致死量（LD_{50}）小于规定值的毒性	美国 NIOSH 试验方法，口服毒性 $LD_{50}\leqslant$50mg·kg^{-1} 体重；吸入毒性 $LD_{50}\leqslant$2mg·L^{-1}；皮肤吸收毒性 $LD_{50}\leqslant$200mg·kg^{-1} 体重
水生生物毒性	鱼类试验，常用 96h 半数（TL_{m96}）受试鱼死亡的浓度值小于定值	$TL_m<1000\times10^{-6}$（96h）
植物毒性		半抑制浓度 TL_{m50} <1000mg·L^{-1}
生物蓄积性	生物体内富集某种元素或化合物达到环境水平以上，试验时呈阳性结果	阳性
遗传变异性	由毒引起的有丝分裂或减数分裂细胞的脱氧核糖核酸或核糖核酸的分子变化产生致癌、致畸、致变的严重影响	阳性
刺激性	使皮肤发炎	使皮肤发炎≥8 级

新颁布（2016 年 6 月 14 日）的、自 2016 年 8 月 1 日起施行的《国家危险废物名录》（以下简称《名录》）（2016 版），与 2008 年版《名录》相比，本次修订前言部分主要调整内容包括：①明确了医疗废物的管理内容；②修改了危险废物与其他固体废物的混合物，以及危险废物处理后废物属性的判定说明；③新增危险废物豁免管理，以及通过危险废物鉴别确定是危险废物时如何对其归类的说明。调整了《名录》废物种类。2008 年版《名录》共有 49 个大类别 400 种危险废物。本次修订将危险废物调整为 46 大类别 479 种（362 种来自原名录，新增 117 种）。其中，将原名录中 HW06 有机溶剂废物、HW41 废卤化有机溶剂和

HW42废有机溶剂合并成HW06废有机溶剂与含有机溶剂废物，将原名录中HW43含多氯苯并呋喃类废物和原名录中HW44含多氯苯并二英类废物删除，增加了HW50废催化剂类废物。《名录》中，根据危险废物的来源、生产工艺和组成的不同，将危险废物分成医疗废物、医药废物、农药废物、废有机溶剂与有机溶剂废物、废矿物油与含矿物油废物、多氯（溴）联苯废物、精（蒸）馏残渣、染料、涂料废物、感光材料废物、表面处理废物、含重金属废物等。

1.4.4 危险废物集中处置情况

危险废物的管理和无害化处理技术和处置工程是目前固体废物管理的核心内容。2010年，全国纳入统计的危险废物集中处置厂共546座。除西藏外，其余省份均建成了危险废物集中处置厂。危险废物集中处置厂运行费用为38.9亿元，比上年增加21.0%；危险废物日处置能力为17795t。其中，焚烧处理能力为3768t；危险废物实际处置量为181.2万吨，比上年减少8.2%。其中焚烧量为134.4t，比上年减少13.6%，填埋量为42.1万吨，比上年增加24.6%；危险废物综合利用量为150.1万吨，比上年减少3.2%。

1.5 固体废物产生量及治理现状简介

1.5.1 产生量

1.5.1.1 总体产生量概况

目前，全世界工业固体废物的产生量在100亿吨以上，其中，欧洲约13亿吨，城市生活垃圾2.1亿吨；美国制造业每年产生的固体废物约70亿吨；加拿大仅采矿和采石业产生的固体废物就高达10亿吨；日本各类固体废物产生总量约7亿吨。表1-11为一些发达国家城市垃圾产生量及年增长率情况。我国工业固体废物，从21世纪初的8亿吨左右增加到目前年产生量的33亿吨左右；城市生活垃圾清运量从21世纪初的1亿吨左右增加到目前的近2亿吨。

表1-11 美、英、日、德垃圾产生量及年增长率（比上年）

国 名	产量/万吨·a^{-1}	年增长率/%	单位产量/kg·人$^{-1}$·d^{-1}
美国（2008年）	25000	—	2.02
英国（2001年）	2820	2.7	0.87
日本（2006年）	5202	−1.2	1.12
德国（2006年）	4080	—	1.14

1.5.1.2 中国城市固体废物产生概况

一般情况，固体废物的产量与城市工业发展、城市规模、人口增长及居民生活水平的提高成正比。

随着社会、经济的发展和人民生活水平的提高及人口的增长，自1986年到2015年30年间，中国全国城市固体废物产生量由5008.7万吨增加到19141.9万吨，增加了近3倍。表1-12为2004～2015年我国城市生活垃圾清运情况。据统计，2015年，全国城市垃圾清运量为1.92亿吨，城市生活垃圾无公害化处理量为1.80亿吨，无害化处理率为93.7%，比2014年上升1.9%；其中，卫生填埋处理量为1.15亿吨，占63.9%，焚烧处理量为0.61亿吨，占33.9%，其他处理方式占2.2%。

表 1-12 2004~2015 年我国城市生活垃圾清运量情况

年份	2004	2005	2006	2007	2008	2009
生活垃圾清运量/万吨	15509.3	15576.8	14841.3	15214.5	15437.7	15733.7

年份	2010	2011	2012	2013	2014	2015
生活垃圾清运量/万吨	15804.8	16395.3	17080.9	17238.6	17860.2	19141.9

1.5.1.3 工业固体废物产生概况

工业固体废物指工业生产中排放的固体和泥状物质,如粉煤灰、煤矸石、冶炼废渣、除尘灰、工业废水及废水处理产生的污泥等。我国一般工业固体废物主要是指粉煤灰、尾矿、炉渣、冶炼废渣和煤矸石。

近年来,我国经济迅速增长,工业固体废物产生量和贮存量也随之不断增加(见表 1-13)。环境统计公报表明,2015 年全国一般工业固体废物产生量 32.7 亿吨,综合利用量 19.9 亿吨,贮存量 5.8 亿吨,处置量 7.3 亿吨,倾倒丢弃量 55.8 万吨,全国一般工业固体废物综合利用率为 60.3%。全国工业危险废物产生量 3976.1 万吨,综合利用量 2049.7 万吨,贮存量 810.3 万吨,处置量 1174.0 万吨,全国工业危险废物综合利用处置率为 79.9%。我国工业固体废物的累计存量更为惊人,侵占了大量的土地和农田。

表 1-13 1990~2015 年全国工业固体废物产生总量

年份	1990	1991	1992	1993	1994	1995	1996	1997	1998	1999
发生总量/万吨	58000	58759	61884	61708	61704	64510	66000	105849	80068	78442

年份	2000	2001	2002	2003	2004	2005	2006	2007	2008	2009
发生总量/万吨	81608	88746	94509	100428	120030	134000	152000	175767	190127	204094.2

年份	2010	2011	2012	2013	2014	2015				
发生总量/万吨	240944	322772	329044	327702	325620	327079				

(1)行业分布情况

2015 年,一般工业固体废物产生量超过 1 亿吨的行业依次为:黑色金属矿采选业 6.1 亿吨,电力、热生产和供应业 6.0 亿吨,黑色金属冶炼和压延加工业 4.3 亿吨,煤炭开采和洗选业 3.9 亿吨,有色金属矿采选业 3.8 亿吨,化学原料和化学制品制造业 3.3 亿吨,有色金属冶炼和压延加工业 1.3 亿吨,分别占重点调查工业企固体废物产生量的 19.5%、19.2%、13.7%、12.6%、12.4%、10.6% 和 4.2%,7 个行业合计占 92.2%。

综合利用量较大的行业依次为:电力、热力生产和供应业 51261 万吨,黑色金属冶炼和压延加工业 38455 万吨,煤炭开采和洗选业 25907 万吨,化学原料和化学制品制造业 19044 万吨,黑色金属矿采选业 15105 万吨,有色金属矿采选业 10313 万吨,分别占重点调查工业企业综合利用量的 27.4%、20.6%、13.9%、10.2%、8.1% 和 5.5%。

处置量较大的行业依次为:黑色金属矿采选业 26162 万吨,煤炭开采和洗选业 12590 万吨,有色金属矿采选业 11031 万吨,化学原料和化学制品制造业 5501 万吨,电力、热力生产和供应业 4870 万吨,有色金属冶炼和压延加工业 3748 万吨,分别占重点调查工业企业处置量的 37.5%、18.0%、15.8%、7.9%、7.0% 和 5.4%。

贮存量较大的行业依次为:黑色金属矿采选业 19556 万吨,有色金属矿采选业 17385 万吨,化学原料和化学制品制造业 8450 万吨,电力、热力生产和供应业 4214 万吨,有色金属冶炼和压延加工业 3521 万吨,黑色金属冶炼和压延加工业 1826 万吨,煤炭开采和洗选业

1262万吨，分别占重点调查工业企业固体废物贮存量的34.3%、30.5%、14.8%、7.4%、6.2%、3.2%和2.2%。

（2）各地区工业固体废物分布情况

全国各地区一般工业固体废物产生量、综合利用、处置贮存倾倒丢弃情况见图1-2。

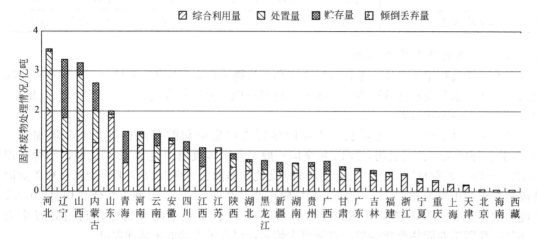

图1-2　全国各地区一般工业固体废物产生量、综合利用、
处置贮存倾倒丢弃情况

1.5.1.4　危险废物产生量

危险废物是指具有各种毒性、易燃性、爆炸性、腐蚀性、化学反应性和传染性的废物，危险废物的成分复杂，会对生态环境和人类健康构成严重危害。废电池、废灯管和医院的特种垃圾作为国家危险废物名录上的危险废物，被称为动植物和人类生存与健康的"杀手"。控制危险废物已成为当今世界各国共同面临的重大环境问题。联合国环境规划署于1989年3月通过了控制危险废物越境转移及其处置的《巴塞尔公约》，并于1992年生效，我国是该公约最早的缔约国之一。

据统计，2015年，全国工业危险废物产生量为3976.1万吨，比2014年增加9.4%；综合利用量为2049.7万吨，比2014年下降0.6%；处置量为1174.0万吨，比2014年增加26.4%；贮存量为810.3万吨，比2014年增加17.3%。工业危险废物处置利用率为79.9%，比2014年增加了1个百分点。

就工业危险废物种类而言，产生量较大的为：废碱623.0万吨，占15.7%；废酸571.2万吨，占14.4%；石棉废物549.2万吨，占13.8%；有色金属冶炼废物388.9万吨，占9.8%；无机氰化物废物355.5万吨，占8.9%；废矿物油213.0万吨，占5.4%。

废碱产生量较大的省份为：山东386.8万吨和湖南119.5万吨，两省合计占废碱产生量的81.3%。

废酸产生量较大的省份为：广西82.9万吨，四川73.3万吨，江苏66.3万吨，云南65.2万吨，山东64.5万吨，5个省合计占废酸产生量的61.7%。

石棉废物主要产生的省份为：青海348.5万吨和新疆200.0万吨，两省合计占石棉废物产生量的99.9%。

有色金属冶炼废物产生量较大的省份为：云南122.9万吨，内蒙古78.4万吨，甘肃35.4万吨，湖南30.6万吨，江西21.9万吨，青海21.2万吨，6个省合计占有色金属冶炼废物产生量的79.8%。

无机氰化物废物主要产生的省份为：山东 188.2 万吨、青海 116.2 万吨，两省合计占无机氧化物产生量的 85.6%。

以地域来看，2015 年，各地区工业危险废物产生量较大的省份为：山东 757.5 万吨，青海 499.2 万吨，新疆 328.2 万吨，湖南 258.5 万吨，江苏 255.3 万吨，分别占全国工业危险废物产生量的 19.1%、12.6%、8.3%、6.5%和 6.4%。

从行业角度，2015 年，工业危险废物产生量较大的行业为化学原料和化学制品制造业 763.1 万吨、有色金属冶炼和压延加工业 619.1 万吨、非金属矿采选业 548.5 万吨、造纸和纸制品业 506.1 万吨，分别占工业危险废物产生量的 19.2%、15.6%、13.8%和 12.7%。表 1-14 为 2010~2015 年全国工业固体废物产生情况。

表 1-14　2010~2015 年全国工业固体废物产生总量

年份	2010	2011	2012	2013	2014	2015
总产生量/万吨	240944	322722.3	329044.3	327701.9	325620.0	327079

1.5.1.5　医疗废物产生量

2015 年，246 个大、中城市医疗废物产生量 69.7 万吨，处置量 69.5 万吨，大部分城市的医疗废物处置率都达到了 100%。医疗废物产生量排在前三位的省是广东、浙江、江苏。各省（区、市）发布的大、中城市医疗废物产生情况见图 1-3。

单位：t

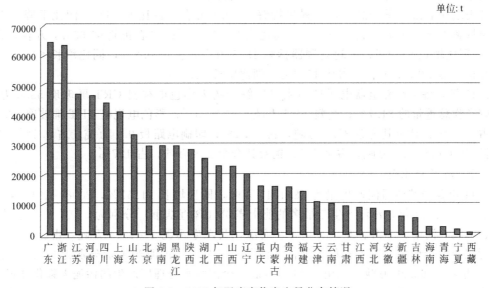

图 1-3　2015 年医疗废物产生量分布情况

医疗废物产生量最大的是上海，产生量为 4.1 万吨，其次是北京、广州、成都和杭州，产生量分别为 3.0 万吨、2.1 万吨、2.0 万吨和 1.9 万吨。前 10 位城市产生的医疗废物总量为 20.9 万吨，占全部信息发布城市产生总量的 30.0%，见表 1-15。

1.5.1.6　家用电器的保有量和废弃量

通常所说的电子废弃物，是指废弃的电子电器产品、电子电气设备及其废弃零部件、元器件。包括工业生产活动中产生的报废产品或者设备、报废的半成品和下脚料，产品或者设备维修、翻新、再制造过程产生的报废品，日常生活或者为日常生活提供服务的活动中废弃的产品或者设备，以及法律法规禁止生产或者进口的产品或者设备。电子废弃物的主要来源为：家庭产生的废弃电子电器产品；政府、企事业单位产生的废弃电子电器产品；生产制造商（包括进口商、销售商）产生的电子电器残次品；进口电子废弃物等。

表1-15   246个大、中城市中，医疗废物产生量居前10位的城市

序号	城市名称	医疗废物产生量/t	序号	城市名称	医疗废物产生量/t
1	上海市	41050	6	郑州市	16675.2
2	北京市	30000	7	重庆市	16482.6
3	广州市	21025.6	8	哈尔滨市	15945
4	成都市	20266.3	9	西安市	14302.5
5	杭州市	19300	10	武汉市	13736.1

家用电器废弃物作为固体废物的一种，对人体健康及生活环境可能构成的危害常常被忽略。事实上，部分家用电器含有重金属、卤族化学物质等有毒有害物质。比如，电冰箱的制冷剂和发泡剂以及空调器的制冷剂都是破坏臭氧层的物质。电视机的显像管属于具有爆炸性的废物，荧光屏、日光灯以及水银高速继电器都是含汞的废物；废润滑油则是会污染环境的物质；废旧线路板里的重金属会对水质和土壤造成严重危害；电视机和电脑显示器的外壳及涂料对人体的影响同样很大。这些废弃家电不经处理直接进入环境，其中的有毒有害物质将可能污染土壤、地下水等或者通过植物、动物进入人们的生活。此外，如果对这些废弃家电只进行简单处理，那么处理不当也会造成对大气和水体等的二次污染。

统计表明，2015年，共有29个省份的106家处理企业实际开展了废弃电器电子产品的拆解处理活动，拆解处理总量达7625.4万台，同比增长8.2%。

各类废弃电器电子产品中，电视机拆解5309.8万台，占比69.6%，同比下降7.9%；电冰箱拆解333.2万台，占比4.4%，同比增长110.9%；洗衣机拆解636.1万台，占比8.3%，同比增长93.9%；房间空调器拆解18.5万台，占比0.2%，同比增长63.5%；微型计算机拆解1327.9万台，占比17.4%，同比增长69.2%。

2015年，各类废弃电器电子产品主要拆解产物为彩色电视机CRT屏玻璃53.0万吨，占拆解产物总重量的31.7%；塑料30.5万吨，占18.3%；彩色电视机CRT锥玻璃28.3万吨，占16.9%；铁及其合金25.7万吨，占15.4%；印刷电路板9.1万吨，占5.5%；黑白电视机CRT玻璃4.2万吨，占2.5%；铜及其合金2.8万吨，占1.7%。

1.5.1.7　污泥产生量

2014年我国城镇污泥产生量为2801.47万吨，同比增长11.57%，2008~2014年均增长11.57%。2014年，污泥产生量最多的前十省份（含直辖市）分别为浙江、江苏、广东、山东、河北、河南、上海、北京、辽宁、安徽，共产生污泥1964.44万吨，占比70.12%。城镇污泥产生量最多的三个省份为浙江、江苏、广东，其污泥产生量分别为359.06万吨、295.29万吨、268.29万吨。截至2014年年底，全国污水处理厂产生的污泥无害化处置率仅为56%，主要处置方式为卫生填埋、焚烧、制肥、制造建材。长期以来，我国污水处理厂普遍存在"重水轻泥"的现象，使得我国污水处理快速发展，而污泥处理处置却未能得到很好的解决，污泥处理处置缺口巨大。

1.5.1.8　其他废弃物情况

发酵行业废弃物，畜禽饲养，屠宰加工废弃物，废旧橡、塑材料等有毒有害废物的处置问题，也随着行业不断地发展，得到逐步解决。

1.5.2　固体废物的产量分析

（1）固体废物的产量单位及其表示法

固体废物的产量一般用质量或重量表示，其原因在于：a. 易于直接测定；b. 不受压实程度影响；c. 与输运计量方法一致，使用方便。

某城市或地区垃圾总产量常用 $10^4t \cdot d^{-1}$，$10^4t \cdot m^{-1}$，$10^4t \cdot a^{-1}$ 表示；单位产量用 $kg \cdot 人^{-1} \cdot d^{-1}$ 或 $kg \cdot 人^{-1} \cdot a^{-1}$ 表示；平均年增长率用质量分数（%）表示。

（2）城市垃圾产量预测

根据垃圾人均年产量及年增长率 γ 和基准年份的实际产量，可预测未来垃圾平均年产量 $W(kg \cdot 人^{-1} \cdot a^{-1})$ 为

$$W = W_0(1+\gamma)^n \tag{1-10}$$

式中，W_0 为基准年份实际产量，$kg \cdot 人^{-1} \cdot a^{-1}$；$\gamma$ 为年增长率，%；n 为预测年份。

1.5.3 治理现状

目前，生活垃圾主要以"末端处理"为主，主要采取土地填埋方式处理垃圾。未遵循循环经济的思想追溯到生活垃圾产生的源头进行减量治理。由于垃圾量逐年增加，虽然投资不断增加，发挥的作用却有限。若采用源头减量，真正实现"零排放"，是根本途径。

例如我国每年生产一次性筷子 450 多亿双，需要砍伐 2500 万棵树，另外还向日、韩等国出口 150 亿双，照此下去，约 10 年内就要消耗掉中国剩下的森林。若取消一次性筷子，就可减少"末端治理"的处理负荷。

就城市垃圾而言，主要存在以下问题。

（1）处理方式单一，不利于城市可持续发展

随着社会经济的发展，城市废物的成分趋于复杂，单一的处理方式往往不能适应发展的要求。由于垃圾填埋法具有技术较成熟、易操作和管理、投资额小等优点，得到了国内外广泛采用。但这种处理方式并没有真正遵循垃圾处理的无害化、资源化、减量化目标，填埋过程中填埋了大量有用之物，再加上填埋场地选择较困难，存在污水和废气的治理等一系列问题而削弱了其作为垃圾的最终处理技术。

（2）处理技术差，管理落后，对环境影响大

① 大气污染状况　由于填埋场基础设施水平较低，填埋作业不规范，导致填埋场散发出大量污染气体，如 H_2S、CH_4、CO 等污染物，主要污染物为 H_2S，是产生场内恶臭的主要原因，对周围居民的影响较大。

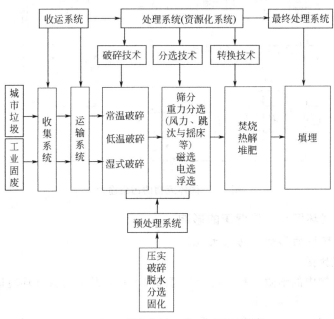

图 1-4　固体废物处理处置系统示意图

② 水污染状况　填埋场渗滤水产生量大，尤其是雨季，填埋场渗滤液有机污染较严重，主要以 NH_3-N、COD_{Cr} 为主，还有重金属污染，对地下水和地表水造成污染。

③ 生态环境状况　填埋场排出的废水废气对场内及周围的植物生态系统的影响大。

总的来说，我国在固体废物治理方面起步较晚，相对于废气、废水污染控制而言，其治理还刚刚起步。

1.5.4　固体废物处理处置基本流程

图 1-4 为固体废物处理处置系统示意图。如图中所示，固体废物通过物理、化学或生物的方法，将其转变为便于运输、贮存、回收利用和处理处置的形态。

1.6　固体废物污染的环境影响

1.6.1　造成污染的途径

露天存放或置于处置场的固体废物，其中的化学有害成分可通过环境介质——大气、土壤、地表或地下水体等直接或间接传至人体，造成健康威胁。

为直观起见，用图 1-5 表示出固体废物进入环境和其中化学物质导致人类感染疾病的途径。各种途径的污染程度不仅取决于不同固体废物本身的物理、化学和生物特性，而且与固体废物所在场地的地质水文条件有关。

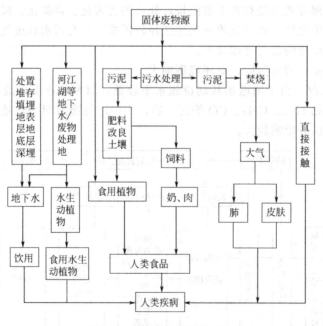

图 1-5　固体废物的污染途径

1.6.2　固体废物对环境和人体健康的影响

1.6.2.1　对大气环境的影响（污染大气）

（1）粉尘随风飘扬

堆放的固体废物中的细微颗粒、粉尘等可随风飘扬，从而对大气环境造成污染。

（2）毒气、恶臭气体的逸出

堆积废物中某些物质的分解和化学反应，可以不同程度地产生毒气或恶臭，造成地区性空气污染。

（3）破坏植物、臭氧层

废物填埋场逸出的沼气，会消耗上层空间的氧，使植物衰败。沼气中的 CH_4 对臭氧层造成破坏（比 CO_2 大得多）。

1.6.2.2　对水环境的影响（污染水体）

（1）固体废物对河流、湖泊的污染

固体废物置于水体，将使水体直接受到污染，严重危害水生生物的生存条件，并影响水资源的充分利用。

（2）渗滤液和有害化学物质的转化和迁移

堆积的固体废物经过雨水的浸渍和废水本身的分解，其渗滤液和有害化学物质的转化和迁移，将对附近地区的河流及地下水系和资源造成污染。

（3）缩减江、河、湖的有效面积，降低排洪和灌溉能力

据我国有关资料估计，由于江、湖中排进固体废物，20 世纪 80 年代的水面积较之于 50 年代减少 2000 多万亩（1 亩＝666.7m²）。目前我国在不同地区每年仍有成千上万吨的固体废物直接倾入江、湖之中，其所产生的后果是不言而喻的。

1.6.2.3　对土壤环境的影响（污染土壤）

（1）改变土壤的性质和结构

固体废物及其淋洗和渗滤液中所含的有害物质会改变土壤的结构和土壤性质，并对土壤中的微生物的活动产生影响。

（2）妨碍植物生长、发育，危及人体健康

有害成分的存在，不仅危害植物根系的发育和生长，而且还会在植物有机体内积蓄，通过食物链危及人体健康。

1.6.2.4　对环境卫生的影响

我国生活垃圾、粪便的清运能力不高，无害化处理率低，很大一部分垃圾堆存在城市的一些死角，影响市容和城市环境卫生。

1.6.2.5　对人体健康的影响

固体废物，尤其是其中的危险废物。因其具有毒性、易燃性、反应性、疾病传染性等特点，若处理不当，将会对人体健康造成严重危害，如日本富山县的痛痛病事件、美国纽约州拉芙河谷土壤污染事件，均是由于废渣处理不当引起的灾难性公害事件。

1.6.3　固体废物的污染控制

从前述固体废物的特点和固体废物对环境的影响可以看出，固体废物具有不同于废水、废气和噪声对环境的影响。对其污染的控制需从两方面入手：一是从源头防治固体废物污染；二是综合利用废物资源。即控制好"源头"，处理好"终态"是固体废物控制的关键。

（1）从"源头"开始，采用先进的生产工艺，减少或不排废物

从污染源头起始，改进或采用清洁生产工艺，尽量少排或不排废物。这是从根本上控制工业固体废物污染的主要措施。

（2）发展物质循环利用工艺

在企业的生产过程中，采用循环经济模式，以前一种产品的废物作为第二种产品的原料，再使第二种产品的废物作为第三种产品的原料，如此循环和回收利用。最后只剩下少量废物进入环境，可取得经济、环境和社会的综合效益。

（3）发展无害化处理和处置技术

有害固体废物，通过焚烧、热解、氧化/还原等方式，改变废物中有害物质的性质，使之转化为无害物质或使有害物质含量达到国家规定的排放标准。

1.7 固体废物的处理处置技术

固体废物处理处置即是废弃物从其摇篮到其坟墓的过程，即把废弃物转变成进入水体、空气的排放物，或转变成置于填埋场的惰性物质的过程。

1.7.1 预处理技术

也称物理处理法，指通过浓缩、干燥或相变化改变固体废物的结构，使之成为便于运输、贮存、利用或处置的形态。其包括压实、破碎、分选、干燥技术，污泥的浓缩、脱水等。

1.7.2 处理技术

固体废物的处理是通过一定的技术手段，改变废物的结构和性质，达到减量化、资源化和无害化的目的。大致可分为物理处理、化学处理、生物处理、热化学处理、固化/稳定化处理等。

（1）化学处理

化学处理是通过化学方法破坏固体废物中的有害成分从而使其达到无害化。其包括氧化、还原、中和、化学沉淀和化学溶出等。

（2）生物处理

生物处理是通过微生物分解固体废物中可降解的有机物，使其达到无害化或综合利用。其包括好氧、厌氧和兼性厌氧处理等。

（3）热（化学）处理

热处理是通过高温破坏和改变固体废物的组成和结构，从而使其达到减量（容）、无害或综合利用的目的。其包括焚烧、热解、焙烧、烧结等。

（4）固化/稳定化处理

该法主要针对危险废物。固化/稳定化技术是利用胶凝性材料将有害固体废物包封在固化体中，不使有害物质浸出的稳定化、无害化的一种技术。固化和稳定化虽常常结合使用，但它们具有不同的含义。

固化是指将污染物封入惰性基材中或在污染物外面加上低渗透性材料，通过减少污染物暴露的淋滤面积达到限制污染物迁移的目的。固化不一定需要固结剂与废弃物之间有化学反应，但需要把废弃物固结到固体结构中。稳定化是指从污染物的有效性出发，通过形态转化，将污染物转化为不易溶解、迁移能力或毒性更小的形式来实现无害化，以降低其对生态系统的危害风险。

为了更好地达到对危险废物的处理效果，通常固化与稳定化是结合使用的，例如在固化技术实施之前常要进行污染物的稳定化，使固化包裹的污染组分呈现化学惰性，进一步降低有毒有害污染物的毒性、溶解性和迁移性，减少后续处理处置的潜在危险。

1.7.3 处置技术

《中华人民共和国固体废物污染环境防治法》（以下简称《固废法》）指出：处置，是指将固体废物焚烧和用其他改变固体废物的物理、化学、生物特性的方法，达到减少已产生的固体废物数量、缩小固体废物体积、减少或者消除其危险成分的活动，或者将固体废物最终置于符合环境保护规定要求的填埋场的活动。

固体废物的处置技术是固体废物污染控制的末端环节，解决固体废物的归宿问题。分为海洋处置和陆地处置两大类。海洋处置包括：深海投弃和海上焚烧；陆地处置包括：土地填埋、土地耕作和深井灌注等。

1.8 固体废物的管理体系

1.8.1 《固废法》的确立

由于固体废物污染环境的滞后性和复杂性，人们对固体废物污染防治的重视程度远不如对废水和废气那样深刻，长期以来尚未形成一个完整、有效的固体废物管理体系。

随着固体废物对环境污染程度的加重，以及人们环境意识的不断提高，社会对固体废物污染环境问题越来越关注，建立完整有效的固体废物管理体系就显得日益迫切。

1995年10月30日，首部《中华人民共和国固体废物污染环境防治法》（以下简称《固废法》）在第八届全国人民代表大会常务委员会第十六次会议上获得通过，于1996年4月1日起施行。在此基础上，2004年12月29日，经中华人民共和国第十届全国人民代表大会常务委员会第十三次会议通过了修订后的《固废法》，并自2005年4月1日起施行。后经2013年6月29日第十二届全国人民代表大会常务委员会第三次会议第一次修正、根据2015年4月24日第十二届全国人民代表大会常务委员会第十四次会议第二次修正，同时颁布实施。

新修正的《固废法》，全文共计六章九十一条，其中将原法规的第二十五条第一款和第二款中的"自动许可进口"修改为"非限制进口"，以及删去第三款中的"进口列入自动许可进口目录的固体废物，应当依法办理自动许可手续"。

《固废法》的实施为固体废物管理体系的建立和完善奠定了法律基础。

1.8.2 "三化"原则

《固废法》中，首先确立了固体废物污染防治的"三化"原则（"三化"原则作为控制固体废物污染的技术政策，于20世纪80年代中期提出）。

"三化"即，减量化、资源化、无害化。

（1）减量化

减量化就是通过某种手段减少固体废物的产生量和排放量。如何来减少固体废物的产生量和排放量呢？这一任务的实现，需从以下两方面着手。

① 从"源头"开始治理 目前固体废物的排放量十分巨大，例如目前我国每年工业固体废物排量为20亿吨以上，城市垃圾年产1.5亿吨以上。

如果采用"绿色技术"和"清洁生产工艺"，合理地利用资源，最大限度地减少产生和排放固体废物。从"源头"上直接减少或减轻固体废物对环境的污染和人体健康的危害，最大限度地全面合理开发和利用资源。

② 改变粗放经营发展模式 就企业而言，应改善粗放经营的发展模式，鼓励和支持开展清洁生产，开发和推广先进的生产技术和设备，遵循"循环经济"的思想，充分合理地利用原材料、能源和其他资源。

"减量化"，不只是减少固体废物中的数量和体积，还包括尽可能地减少其种类，降低危险废物有害成分的浓度、减轻或消除其危险特性等。"减量化"原则要求对固体废物从"源头"上进行治理，它是防止固体废物污染环境的优先措施。

（2）资源化

资源化是指采取管理的和工艺的措施从固体废物中回收有用的物质和能源，创造经济价值的广泛的技术方法。资源化的目标是从废弃物中获得更多有价值的产品，消耗更少的能源和空间，以及产生更少的排放物，即"更多和更少"。并且做到经济可承受、社会可接受，环境有效果。

固体废物"资源化"是固体废物的主要归宿。

资源化的概念包括以下三个范畴。

① 物质回收：即处理废弃物并从中回收指定的二次物质。如纸张、玻璃、金属等。

② 物质转换：即利用废弃物制取新形态的物质。如利用炉渣生产水泥和建筑材料，利用废橡胶生产铺路材料，有机垃圾生产堆肥等。

③ 能量转换：即从废物处理中回收能量，作为热能和电能。如通过有机废物的焚烧处理回收热量，进而发电；通过热解技术，生产工业或民用燃料；利用垃圾厌氧消化产生沼气，作为能源向居民和企业供热或发电。

（3）无害化

无害化是指已产生又无法或暂时尚不能综合利用的固体废物，经过物理、化学或生物的方法，进行对环境无害或低危害的安全处理、处置，达到废物的消毒、解毒或稳定化。

"无害化"处理的基本任务是将固体废物通过工程处理，达到不损害人体健康，不污染自然环境（包括原生和次生环境）的目的。

另外，废物的"无害化"处理工程已发展成为一门崭新的工程技术。如垃圾的焚烧、卫生填埋、堆肥、粪便的厌氧发酵，有害废物的热处理和解毒处理。

1.8.3 "三化"间的关系

国际上，自20世纪70年代以来，一些工业发达国家，由于废物处置场地紧张，资源缺乏，提出"资源循环"的口号。从固体废物中回收资源和能源，逐步发展成为一种新的资源化产业——固体废物产业。

虽然固体废物污染控制的最佳途径是将其中可利用的材料充分回收利用，但它必须以先进可靠的技术作先导并投入大量资金。我国固体废物污染控制工作起步较晚，始于20世纪80年代初，限于技术和经济的考虑，近期还难于大面积实现废物的"资源化"，今后较长一段时间还仍将以垃圾的"无害化"为主。

但是，固体废物处理利用的趋势必然是从"无害化"走向"资源化"，即"三化"的关系是：以减量化为前提，以无害化为核心，以资源化为归宿。减量化、资源化、无害化三者之间不是平行并列关系，更不是对立冲突关系，也不存在减量化、资源化优先于无害化的次序关系。三者之间的关系应该是：无害化是固体废物管理的根本目的，是固体废物管理的总体要求。固体废物从产生、收集、运输到减量、再利用、再生利用、回收利用都必须遵循这一要求。减量化、资源化是固体废物无害化管理的重要手段，减量化、资源化应服从和服务于无害化。只有满足无害化要求的减量化和资源化才是真正意义上的减量化和资源化。否则，不过是污染转移、污染延伸或污染扩散，不但对改善环境质量没有积极作用，反而会给人体健康和生态环境带来更大的危害。

思 考 题

1. 什么是固体废物？固体废物的主要特点是什么？
2. 如何理解固体废物是"放错地方的资源"？
3. 城市固体废物按其性质可分为哪几类，有何意义？
4. 城市固体废物的主要特点有哪些？

5. 城市垃圾的组成主要受哪些因素影响？与经济水平和气候条件的关系如何？

6. 城市垃圾的化学性质主要由哪些特征参数表示？

7. 城市垃圾的可生化性主要由什么指标判断，其值是多少？

8. 为何城市固体废物的产量单位通常用质量表示？

9. 工业固体废物的排放方式和贮存方式有哪些？

10. 为什么说固体废物的污染具有"源头"和"终态"的特点？

11. 从固体废物的特点出发，说明控制固体废物的总的原则。

12. 简述固体废物的污染途径及其对环境造成的影响。

13. 简述固体废物处理、处置方法及污染控制途径。

14. 简述"三化"原则及其关系。

15. 简述我国生活垃圾成分的地域分布特点。

16. 试述我国工业固体废物行业、地区产生量分布特点。

2 固体废物物流特征与循环经济发展模式

人类生存与发展的物质基础是社会的物流过程，包括：原料的集运、产品的生产与消费以及废物的产生与排放，因此废物流是社会活动的必然产物，也是造成环境污染的源头之一。随着人类物质加工技术水平的提高，从废物流中获得原料与能量的技术逐步发展，因此废物流的资源属性也不断得到认识。但此资源概念仍建立在"资源→生产→产品→废物"的单向物流流动的开环式线性经济的基础之上，而非采用以"减量化、再利用、再循环（3R）"为基础建立的"资源→生产→产品→资源"循环经济模式。这种模式要求整个社会物流形成良性的循环，实现以较少的资源和能源消耗达到较高的经济增长速度，这是固体废物处理和利用以及环境质量改善的根本出路。本章首先介绍固体废物的物质流动特征，在此基础上，讨论处理、利用固体废物的循环经济模式。

2.1 固体废物物流特征

人类社会是一个由人与自然所组成的复杂系统。该系统包含了物质流、能量流和信息流，而决定这个系统结构、状态和功能的最基本的是物质流层次，它是人类生命活动得以维持的基础，也正是在物流层次使人类与自然系统紧密相连。图 2-1 示意了人类物流利用与固体废物的产生过程。

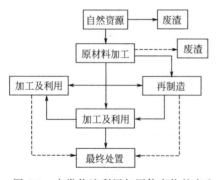

图 2-1　人类物流利用与固体废物的产生

由图 2-1 可见，人类利用物流的每一步都可能伴有固体废物的产生，同时在固体废物产生过程的每一步，均有减少固体废物产生的可能，如再制造和加工利用；而最终进入处置的固体废物则是难以完全避免的。

从物质流动的方向看，传统工业社会的物流是一种单向线性流动模式，走的是"资源→产品→废物"发展模式，是以高消耗、低利用、高排放（高污染）（两高一低）为特征的经济发展模式：人们以越来越高的强度把地球上的物质和能源开采出来，在生产加工和消费过程中又把污染和废物大量地排放到环境中，对资源的利用通常是粗放的和一次性的，是在把资源不断地变成废物的过程中实现经济的数量型增长，从而导致许多自然资源的短缺甚至枯竭，并造成灾难性的环境污染。那么，如何改变传统的发展模式，减少废物的排放和对环境的危害呢？这就是我们下面要介绍的"循环经济"的发展模式。

2.2 循环经济

2.2.1 源流

循环经济思想可追溯到 20 世纪 60 年代，美国经济学家肯尼恩 E. 博尔丁（K. E. Boulding）提出了用"宇宙飞船经济理论"（即"航天员经济"）取代"牛仔经济"（"牧童经济"），它意味着人类社会的经济活动应该从服从以线性为特征的机械论规律，转向遵循以反馈为特征的生态学规律。它对经济发展的新要求是：其一，人与自然界应该形成双向互动的新关系，不能把人与自然的关系单纯理解为向自然索取，不能把生产看成是对自然资源破坏的"单向式"发展过程；其二，采取新的循环式生产方式，把对环境的危害程度最小化；其三，改变单纯追求经济效益而忽视生态效益和社会效益的观念，把生产生态化，形成生态与经济有机结合的生态经济。既要重视量的增长，更要重视质的提高，实现生产方式和经济机制运作的创新，变革以物质为中心的旧发展观，把整个经济活动纳入社会—经济—自然协调发展的系统中。

2.2.2 循环经济的概念和特征

所谓循环经济（Circular Economy or Recycle Economy），就是物质闭路循环流动性经济（The Economy of Closed Material Cycles）的简称。

循环经济是一种按照"资源—产品—再生资源"的反馈式流程组成的"闭环式"经济，表现为"低开采—高利用—低排放"的特点。

循环经济的内在运行机理是按照自然生态系统内部物质循环和能量流动规律，以生态规律来指导人类的经济活动，它把清洁生产、资源综合利用、生态设计和可持续消费等融为一体，使整个生产和消费过程中不产生或少产生废物；在物质不断循环利用的基础上发展经济，以最大限度地利用进入系统的物质和能量，提高资源的生产率，最大限度地减少污染物排放，从而使经济活动对自然环境的影响降低到最低程度，提升经济运行的质量和效益。

因此，循环经济就是将清洁生产和废弃物的综合利用融为一体的经济，它本质上是一种生态经济，要求运用生态学规律来指导人类社会的经济活动。

2.2.3 循环经济的内涵和原则

由以上讨论可见，循环经济本质上是一种生态经济。它以资源的高效循环利用为核心，以"减量化、再利用、资源化"为原则，以低消耗、低排放、高利用为基本特征，在小、中及大 3 个层面实现物质的循环流动。是符合可持续发展理念的经济增长模式。

循环经济通常以"减量化、再利用、再循环"为行为准则（简称 3R 原则）。

（1）减量化原则（Reduce）

减量化原则又称减物质化原则。"减量化"是以资源投入最小化为目标。它针对产业链的输入端——资源，通过产品的清洁生产而非末端技术治理，最大限度地减少对不可再生资源的耗竭性开采与利用，以替代性的可再生资源为经济活动的投入主体，以期尽可能地减少进入生产和消费过程的物质流和能量流，对废弃物的产生、排放实行总量控制。生产者通过减少产品原料投入和优化制造工艺来节约资源和减少排放；消费者通过优先选购包装简易、循环耐用的产品，以减少废弃物的产生，从而提高资源物质循环的利用率和环境同化能力。

（2）再利用原则（Reuse）

再利用原则也称重复利用。"再利用"是以废物利用最大化为目标。针对产业链的过程（中间）环节，对消费者采取过程延续方法，最大可能地增加产品使用方式和次数，有效延长产品的寿命和产品的服务效能；对生产者采取产业群体间的精密分工和高效协作，使产品到废弃物的转化周期加大，保障经济系统物质流、能量流的高效运转，实现资源产品的使用效率最大化。

（3）再循环原则（Recycle）

再循环原则或称再生利用，也即资源化原则。"资源化"是以污染排放最小化为目标。针对产业链的输出端——废弃物，一方面通过提升绿色工业技术水平，对废弃物的多次回收和再用，实现废物多级资源化和资源的闭合式良性循环，实现废弃物的最少排放；另一方面它要求产品完成其使用功能后能重新变成可以利用的资源。

目前的资源化方式有两种：原级资源化和次级资源化，前者是将消费者遗弃的废物资源化后形成与原产品相同的新产品，它是最理想的资源化方式；后者即将废弃物变成不同类型的新产品。原级资源化在形成产品的过程中可以减少 20%～90% 的原生材料使用量，而次级资源化减少的原生物质使用量最多只有 25%。

2.2.4 3R 原则的优先法则及其含义

3R 原则之间的关系极为密切，但是它们在循环经济中的重要性不是简单并列的。过去人们常常认为循环经济仅仅是将废弃物资源化，实际上循环经济的根本目标是要求在经济运行的整个物流过程中系统地避免和减少废物，而废弃物的再生利用只是减少废物最终处理量的方式之一。发展循环经济，能够极大地减少污染排放，可以实现资源的高效利用，进而促进经济的健康发展。3R 原则的优先顺序是：减量化、再利用、再循环。

循环经济要求以源头控制、避免废弃物产生和节省资源消耗为其优先目标，而 3R 原则则构成了循环经济的基本思路，是循环经济思想的基本体现，但三个原则的地位和重要性并非完全相同。事实上与人们简单地将循环经济认为是把废物资源化、进行废物回收利用的观念不同，废物再生利用仅是减少废物最终处理量的方法之一，而循环经济的根本目标是要求在企业生产或人们消费等经济活动中系统地避免和减少废物的产生，因而从输入端加以控制的减量化原则，是循环经济具有第一法则意义的优选原则。例如 1996 年德国《循环经济与废物管理法》明确规定了对待废弃物的优先顺序为：避免产生—循环利用—最终处置。其基本含义为：首先，为实现可持续发展，必须将以末端治理为污染控制的思想向以源头预防为避免污染的思想转变，将防治污染结合到生产和消费的整个经济活动的全过程。减少经济活动源头的污染物产生量不仅对于维护生态环境、减少污染产生后的负效应具有十分重要的意义，而且对于改变企业的形象、由被动地执行其至"应付"政府的法规为主动地进行企业改造、实行清洁生产、走向生态化经济具有强大的推动作用。因而，减量化是循环经济的优先考虑法则。其次，对于源头不能控制或削减的"废物"和经消费者使用后的包装物、旧物品等应考虑通过原级或次级途径加以回收利用，使它们作为资源返回到经济循环过程中，充分发挥其使用价值。只有当避免产生和回收利用在许可条件下均不能实现时，才最终进行环境无害化处理或处置。

循环经济减量化优先的原则还表明，再生利用和资源化虽然是其三个原则的不可分割的组成部分，但必须认识到所存在的某些不足和局限。废物的再生利用相对于末端治理而言虽然是社会对污染防治、节省资源、实现可持续发展认识的重大进步，但还必须清醒地看到：①再生利用本质仍然属于亡羊补牢式而非防患于未然的预防性措施。从热力学的角度看，它并非能有效地防止墒的增加，仍未从生态学乃至生态经济的角度认识到"每一种事物都与别的事物相关"的基本含义。废物再利用虽然可以减少其最终处理的数量，但绝非意味着能够减少经济过程中物质的流动、使用和能量转换的速度和强度。②目前废物再利用方式尚不能满足环境友好的原则。因为目前的再利用方法和技术在处理和加工废弃物时，往往需要矿物资源和能源以及水、电等其他物质资源，并将未能利用的废弃物排入环境，未解决"自然界懂得的是最好的"生态学的第三条通俗法则。③如果用作再生资源的废弃物的有效成分过低，则会导致其收集、加工和处理成本过高，因而只有高含量的再生利用才有利可图。事实上，经济循环中的效率具有一定的规模效应，即生产效率与生产规模的关系至为密切。一般物质循环的范围越小，其生态经济效率就越高。如清洗与重新使用一个瓶子（再使用）与将瓶子打碎后重新加工成瓶子（再循环）相比，前者的能耗和物耗将远低于后者，因而不仅更具有环境友好的特性，而且所获得的效益也明显高于后者。因此，物质作为原料进行再循环只应作为最终的解决办法，在完成了在其之前的所有循环（如产品的重新投入使用、元部件的维修更换、技术性能的恢复和更新等）之后的最终阶段才予以实施。

2.2.5 循环经济的三个层次

循环经济通过运用 3R 原则实现 3 个层面的物质循环流动。

① 小循环：即企业内部的物质循环。根据生态效率的理念，推行清洁生产，减少产品和服务中物料和能源的使用量，实现污染物排放的最小量化。例如下游工序的废物返回上游工序，作为原料重新利用；水在企业内的循环；以及其他消耗品、副产品等在企业内的循环。美国杜邦化学公司是单个企业推行循环经济的典范。

② 中循环：企业之间的物质循环。按照工业生态学的原理，通过企业间的物质集成、能量集成和信息集成，形成企业间的工业代谢和共生关系，建立工业生态园区。生态工业园区（EIPs）已经成为循环经济一个重要的发展形态。生态工业园区正在成为许多国家工业园区改造的方向，同时也正在成为第三代工业园区的主要发展形态。例如下游工业的废物返回上游工业，作为原料重新利用；或者扩而大之，某一工业的废物、余能，送往其他工业加以利用。

③ 大循环：社会层面上的循环。通过废旧物资的再生利用，实现消费过程中和消费过程后物质和能量的循环。如工业产品经使用报废后，其中部分物质返回原工业部门，作为原料重新利用。

据此，可为固体废物物流利用提供如图 2-2 所示的循环模式系统。

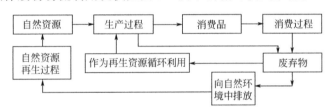

图 2-2　固体废物物流利用循环模式系统

由此看出，循环经济的概念为固体废物的污染控制提供了新的思路，指明了方向，可以说，固体废物的污染控制的根本出路在于循环经济的建立。

2.3　循环经济应用于城市垃圾的处理

循环经济应用于城市垃圾的处理，要求在生产和消费中倡导新的行为规范和准则，就要求从单纯收集、运输、处理的观念向优先抑制废弃物的产生和倡导循环利用转变。过去人们认为循环处理的目标是增加城市垃圾的循环量，事实上，循环本身并不是目的，城市垃圾循环处理的目标可以概括为：①节省填埋用地；②节约城市垃圾处理费用；③通过减少污染物排放显著改善环境质量；④增强经济发展的潜力。这意味着循环处理将社会对矿石或石油等不可更新资源的利用量降至最小，并将对木材等可再生资源的利用量降到一种可持续化的水平。

例如，在城市生活垃圾处理中，必须在分类收集的基础上，将垃圾分类收集→循环处理的环境影响和资源消耗量，与提供等量原料生产→垃圾处置的环境影响和资源消耗量进行比较，表明前者优于后者。例如，在市区回收铝制饮料罐对环境有利，但回收包装材料中少量铝则可能需要耗费更多的能量和其他资源加以分离和加工利用。

在现代社会物流循环中，当消费者不再保留某产品时，可能存在以下几种选择：①再利用（如旧家具）；②再制造（如复印机和汽车交流发电机）；③原级再循环（如废金属体为原料循环利用）；④次级再循环（如再生塑料制成长凳）；⑤焚烧（如医疗废物）；⑥填埋（如大部分生活垃圾）；⑦直接排入环境（如一些杂物）。

狭义的循环处理只包含上述①～④项，但如果焚烧有效地回收了城市垃圾的大量能量，它也被列在循环处理中；填埋场则可视为贮存资源的"大垃圾箱"，其中的有用物质能在未来被开发利用，因此有人将其也包括在循环处理体系中。

按循环经济的理念，城市生活垃圾处理遵循的原则应是：首先是实行源头减量，进行分类收集，强化废旧物品的回收和管理，使各类生活垃圾的产生量尽可能地少；其次对已产生的生活垃圾尽可能进行资源和能源的回收利用，包括对可生物降解有机物进行生物处理，对垃圾进行焚烧处理回收热能，垃圾热解生产二次资源等；最后对无法利用的剩余物进行填埋处置。

思 考 题

1. 简述固体废物流的特征。
2. 简述循环经济的内涵、特征、3R 原则、3 个层次。
3. 说明循环经济的 3R 原则与固体废物处理的三化原则的区别和联系。

3 固体废物的收集、运输和贮存

固体废物的收运是一项困难而复杂的工作，特别是城市垃圾的收运更加复杂，由于产生垃圾的地点分散在每个街道、每幢住宅和每个家庭，并且垃圾的产生不仅有固定源，也有移动源，因此，给垃圾的收运工作带来许多困难。本章将从工业废物、城市垃圾和危险废物来讨论固体废物的收集、运输和贮存问题。

3.1 工业固体废物的收集、运输

工业固体废物处理的原则是"谁污染，谁治理"。一般，产生废物较多的工厂在厂内外都建有自己的堆场，收集、运输工作由工厂负责。零星、分散的固体废物（工业下脚废料及居民废弃的日常生活用品）则由商业部所属废旧物资系统负责收集。此外，有关部门还组织城市居民、农村基层供销合作社收购站代收废旧物资。对大型工厂，回收公司到厂内回收，中型工厂则定人定期回收，小型工厂划片包干循环回收。并配备管理人员，设置废料仓库，建立各类废物"积攒"资料卡，开展经常性的收集和分类存放活动。收集的品种有黑色金属、有色金属、橡胶、塑料、纸张、破布、麻、棉、化纤下脚、牲骨、人发、玻璃、料瓶、机电五金、化工下脚、废油脂16个大类1000多个品种。在回收物中，工业废料占回收总量绝大多数。将回收可以再利用的废物加工变成产品或原料加以利用；暂时不能利用的进行暂时堆存，留待以后再处理；对有害废物专门分类收集，分类管理。

3.2 城市垃圾的收集、运输及贮存

城市垃圾的收运通常包括三个阶段：①垃圾的收集、搬运与贮存（运贮），是指由垃圾产生者或环卫系统从垃圾产生源头将垃圾送至贮存容器或集装点的过程，即垃圾产生源到垃圾桶的过程；②收集与清除（清运），指用清运车按一定路线收集清除贮存容器（垃圾桶）中的垃圾并运至堆场或中转站的过程，一般该过程的运输线路较短，故也称为近距离运输；③转运过程（也称远途运输），即垃圾大型运输车自中转站运输至最终处置场（填埋场）的过程。这三个过程构成一个收运系统，该系统是城市垃圾处理的第一环节，耗资大、操作复杂。收运费用通常占整个处理系统的60%～80%。因此，须科学地制定垃圾收运计划和提高收运效率，在满足环卫要求前提下，降低收运费用。

3.2.1 城市垃圾的收集、搬运和贮存

3.2.1.1 收集

此阶段的收集可分为分类收集和混合收集。在垃圾发生源进行分类收集是最为理想、能

耗最少的方法；实际上为资源的利用和处理方便，混合收集的垃圾也要经过分选，国外发达国家从 20 世纪 70 年代末通常都采用家庭分类、直接送到回收利用场所另行收集的方法。

我国到目前为止，仍未广泛采取分类收集的办法，而是采取收购或鼓励分类收集。通常的做法是居民将混合垃圾送至垃圾桶，拾荒者再将垃圾桶中未分类的垃圾，进行分类收集，卖给回收公司。

3.2.1.2 搬运

废弃物的收集是废弃物处理处置和资源化核心。废弃物的收集方式和分类方式决定后续废弃物处理方式的选择和设置，如物质再生、生物处理、热化学处理等。无论是物质循环再利用，还是生物处理和热化学处理，甚至是填埋处理，均是以废弃物源头分类为基础的。例如，只有源头分类收集的有机物部分，才能得到重金属和其他污染物含量低的堆肥产品。因此，废弃物的分类贯穿固体废物处理处置的全过程。在这个过程中做到分类投放、分类收集、分类运输、分类处理。

对一般居民而言，更愿意采用混合收集的方式，因为这种方式更容易、更方便，但混合收集会限制后续处理方案的选择；而对收集者来说，则要求他们的收集方式与后续已有的或规划的处理方式相匹配。

大多数处理方法要求在源头（即居民家中）于废弃物收集前进行某种形式的分类，分为不同类别或成分。最简单的也许是移除可循环利用或可再生物质（如玻璃瓶）；更常用的分类方法是把家庭废弃物分成几种不同的物质流（如目前的"二分法""三分法""四分法"等）。在任何分类方案中，分类的程度和水平取决于居民的分类能力和激励机制，尤其是后者。分类能力的提高有赖于对居民明确的指导，如交流、沟通和宣传；激励则决定居民的自觉自愿、居民的参与率，也决定分类效率。

这个过程中垃圾的搬运也分为两种方式：①自行搬运。由居民自行负责将产生的垃圾搬运至公共贮存器、垃圾集装点或垃圾收集车内。前者对居民方便，不受时间限制，但若收集不及时会影响环境卫生，后者对环境卫生和市容管理有利，但受时间限制，不便于居民。②由收集人员负责从家门口搬运垃圾至集装点或收集车。此方法于居民极为方便，但需付费。

3.2.1.3 贮存

垃圾的贮存方式通常分为家庭贮存、公共贮存、单位贮存和街道贮存等，收集贮存容器的形式多种多样，应根据垃圾的数量、特征及环卫部门的要求，来确定贮存方式，选择合适的贮存容器，规划容器的放置地点和数目。

（1）容器形式

对公共贮存，有固定砌筑的混凝土垃圾箱、垃圾台、移动式铁制圆形垃圾桶；对街道贮存，除使用公共贮存容器外，在繁华商业街（区）、路边常设置废物箱，收集贮存行人随时丢弃的垃圾，路面垃圾则由人力或清运车清扫，并送入垃圾箱；对家庭贮存，通常由家庭自备旧桶、箩筐、簸箕等随意性容器。为改善环境卫生，一些城市或地区已实行垃圾袋装化，不允许散装垃圾进入垃圾箱，袋装后投于垃圾箱，或放于路边，由垃圾车运走。袋装可减少垃圾箱周围臭气、滋生蚊蝇、输运过程中垃圾飞扬和撒漏以及装卸时间；对单位贮存，则由产生者根据垃圾量和收集的要求选择容器类型。

（2）垃圾容器的设置数量

某地段需配置多少垃圾容器，主要考虑的因素是：①服务范围内居民人数 R；②垃圾人均产量 C；③垃圾容重 D；④容器大小（如体积 V）；⑤收集次数 n。

设置数量的计算方法如下所述。

① 先求出服务区域内的垃圾日产量

$$W = RCA_1A_2 \tag{3-1}$$

式中，W 为垃圾日产量，$t \cdot d^{-1}$；R 为服务范围内居民人口数，人；C 为垃圾人均产量，$t \cdot 人^{-1} \cdot d^{-1}$；$A_1$ 为垃圾日产量不均匀系数，取 $1.1 \sim 1.5$；A_2 为居住人口变动系数，取 $1.02 \sim 1.05$。

② 计算出垃圾日产体积

$$V_{ave} = \frac{W}{D_{ave}A_3} \tag{3-2}$$

$$V_{max} = KV_{ave} \tag{3-3}$$

式中，V_{ave} 为平均日产体积，$m^3 \cdot d^{-1}$；D_{ave} 为垃圾平均容重，$t \cdot m^{-3}$；A_3 为容重变动系数，取 $0.7 \sim 0.9$；V_{max} 为日产最大体积，$m^3 \cdot d^{-1}$；K 为垃圾产生高峰时体积变动系数，取 $1.5 \sim 1.8$。

③ 求出收集点所需设置的垃圾容器数量

$$N_{ave} = \frac{A_4V_{ave}}{V_1A_5} \tag{3-4}$$

$$N_{max} = \frac{A_4V_{max}}{V_1A_5} \tag{3-5}$$

式中，N_{ave} 为平时所需设置的垃圾容器数，个；N_{max} 为高峰时所所需设置的垃圾容器数，个；V_1 为单个垃圾容器的容积，$m^3 \cdot 个^{-1}$；A_4 为垃圾收集周期，$d \cdot 次^{-1}$。若 1d 收集 1 次，$A_4 = 1$，1d 收集 2 次，$A_4 = 0.5$，2d 收集 1 次，$A_4 = 2$；A_5 为容器填充系数，取 $0.75 \sim 0.9$。

注意事项：①以 N_{max} 来设置服务地段容器数量；②收集点的半径一般不超过 70m；③新住宅区，未设置垃圾通道的多层公寓一般每四幢楼应设置一个容器收集点。

3.2.2 城市垃圾的清除和运送

3.2.2.1 清运系统分析

垃圾清除阶段的操作，不仅是指对各产生源贮存的垃圾集中和集装，还包括收集清除车辆终点往返运输过程和在终点的卸料等全过程。因此这一阶段是收运管理系统中最复杂的，耗资也最大。清运效率和费用之高低，主要取决下列因素：①清运操作方式；②收集清运车辆数量、装载量及机械化装卸程度；③清运次数、时间及劳动定员；④清运路线。

（1）清运操作方法

清运操作方法分移动式和固定式两种。

① 移动容器操作方法及计算　移动容器操作方法是指将某集装点装满的垃圾连容器一起运往中转站或处理处置场，卸空后再将空容器送回原处（一般法）或下一个集装点（修改法），其收集过程见图 3-1。

收集成本的高低，主要取决于收集时间长短，因此对收集操作过程的不同单元时间进行分析，可以建立设计数据和关系式，求出某区域垃圾收集耗费的人力和物力，从而计算收集成本。可以将收集操作过程分为四个基本用时，即集装时间、运输时间、卸车时间和非收集时间（其他用时）。

a. 集装时间。对常规法，每次行程集装时间包括容器点之间行驶时间，满容器装车时间，以及卸空容器放回原处时间三部分。用公式表示为

$$P_{hcs} = t_{pc} + t_{uc} + t_{dbc} \tag{3-6}$$

式中，P_{hcs} 为每次行程集装时间，$h \cdot 次^{-1}$；t_{pc} 为满容器装车时间，$h \cdot 次^{-1}$；t_{uc} 为空

容器放回原处时间，$h \cdot 次^{-1}$；t_{dbc} 为容器间行驶时间，$h \cdot 次^{-1}$。

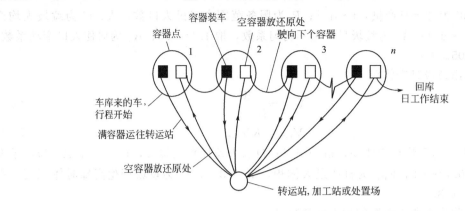

(a) 一般操作法

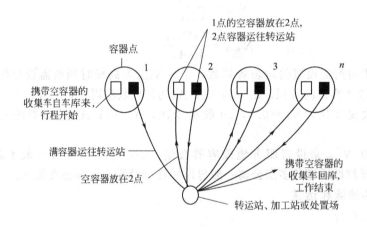

(b) 修改工作法

图 3-1 移动容器收集操作

b. 运输时间。运输时间指收集车从集装点行驶至终点所需时间，加上离开终点驶回原处或下一个集装点的时间，不包括停在终点的时间。当装车和卸车时间相对恒定时，则运输时间取决于运输距离和速度。从大量的不同收集车的运输数据分析，发现运输时间可以用下式近似表示：

$$h = a + bx \tag{3-7}$$

式中，h 为运输时间，$h \cdot 次^{-1}$；a 为经验常数，$h \cdot 次^{-1}$；b 为经验常数，$h \cdot km^{-1}$；x 为往返运输距离，$km \cdot 次^{-1}$。

c. 卸车时间。专指垃圾收集车在终点（转运站或处理处置场）逗留时间，包括卸车及等待卸车时间。每一行程卸车时间用符号 $S(h \cdot 次^{-1})$ 表示。

d. 非收集时间。非收集时间指在收集操作全过程中非生产性活动所花费的时间。常用符号 $w(\%)$ 表示非收集时间占总时间百分数。

因此，一次收集清运操作行程所需时间（T_{hcs}）可用式（3-8）表示

$$T_{hcs} = \frac{P_{hcs} + S + h}{1 - w} \tag{3-8}$$

也可用式（3-9）表示

$$T_{\text{hcs}} = \frac{P_{\text{hcs}} + S + a + bx}{1 - w} \tag{3-9}$$

当求出 T_{hcs} 后，则每日每辆收集车的行程次数用式(3-10)求出

$$N_{\text{d}} = H / T_{\text{hcs}} \tag{3-10}$$

式中，N_{d} 为每天行程次数，次·d^{-1}；H 为每天工作时数，$\text{h}\cdot\text{d}^{-1}$。

每周所需收集的行程次数，即行程数可根据收集范围的垃圾清除量和容器平均容量，用式(3-11)求出

$$N_{\text{w}} = \frac{V_{\text{w}}}{cf} \tag{3-11}$$

式中，N_{w} 为每周收集次数，即行程数，次·周$^{-1}$（若计算值带小数时，需进位到整数值）；V_{w} 为每周清运垃圾产量，$\text{m}^3\cdot$周$^{-1}$；c 为容器平均容量，$\text{m}^3\cdot$次$^{-1}$；f 为容器平均充填系数。由此，每周所需作业时间 D_{w}（$\text{d}\cdot$周$^{-1}$）为：

$$D_{\text{w}} = t_{\text{w}} P_{\text{hcs}} \tag{3-12}$$

应用上述公式，即可计算出移动容器收集操作条件下的工作时间和收集次数，并合理编制作业计划。

② 固定容器收集操作法及计算　固定容器收集操作法是指用垃圾车到各容器集装点装载垃圾，容器倒空后固定在原地不动，车装满后运往转运站或处理处置场。固定容器收集法的一次行程中，装车时间是关键因素。因为装车有机械操作和人工操作之分，故计算方法也略有不同。固定容器收集过程参见图 3-2。

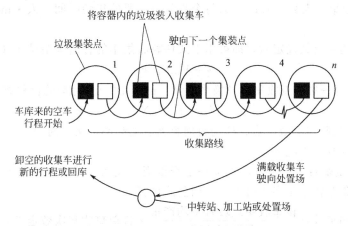

图 3-2　固定容器收集操作简图

a. 机械装车。每一收集行程时间用式(3-13)表示

$$T_{\text{scs}} = \frac{P_{\text{scs}} + S + a + bx}{1 - w} \tag{3-13}$$

式中，T_{scs} 为固定容器收集法每一行程时间，$\text{h}\cdot$次$^{-1}$；P_{scs} 为每次行程的集装时间，$\text{h}\cdot$次$^{-1}$；其余符号意义同前。

此处，集装时间为

$$P_{\text{scs}} = c_{\text{t}} t_{\text{uc}} + (N_{\text{p}} - 1) t_{\text{dbc}} \tag{3-14}$$

式中，c_{t} 为每次行程倒空的容器数，个·次$^{-1}$；t_{uc} 为卸空一个容器的平均时间，$\text{h}\cdot$个$^{-1}$；N_{p} 为每一行程经历的集装点数；t_{dbc} 为每一行程各集装点之间平均行驶时间。如果集装点平均行驶时间未知，也可用式(3-7)进行估算，但以集装点间距离代替往返运输距离 $x(\text{km}\cdot$次$^{-1})$。

每一行程能倒空的容器数直接与收集车容积与压缩比以及容器体积有关，其关系式为

$$c_t = \frac{Vr}{cf} \tag{3-15}$$

式中，V 为收集车容积，$m^3 \cdot$ 次$^{-1}$；r 为收集车压缩比。

每周需要的行程次数为

$$N_w = \frac{V_w}{Vr} \tag{3-16}$$

式中，N_w 为每周行程次数，次$\cdot$周$^{-1}$。

由此每周需要的收集时间为

$$D_w = \frac{N_w P_{scs} + t_w(S + a + bx)}{(1-w)H} \tag{3-17}$$

式中，D_w 为每周收集时间，$d \cdot$周$^{-1}$；t_w 为 N_w 值进到大整数值。

b. 人工装车。使用人工装车，每天进行的收集行程数为已知值或保持不变。在这种情况下日工作时间为

$$P_{scs} = \frac{(1-w)H}{N_d} - (S + a + bx) \tag{3-18}$$

符号意义同前。

每一行程能够收集垃圾的集装点可以由下式估算

$$N_r = 60 P_{scs} n / t_p \tag{3-19}$$

式中，n 为收集工人数，人；t_p 为每个集装点需要的集装时间，人$\cdot$min$\cdot$点$^{-1}$；其余符号意义同前。

每次行程的集装点数确定后，即可用下式估算收集车的合适车型尺寸（载重量）

$$V = V_p N_p / r \tag{3-20}$$

式中，V_p 为每一集装点收集的垃圾平均量，$m^3 \cdot$ 次$^{-1}$；每周的行程数，即收集次数为

$$N_w = T_p F / N_p \tag{3-21}$$

式中，T_p 为集装点总数，点；F 为每周容器收集频率，次$\cdot$周$^{-1}$。

(2) 收集车辆及劳力配备

① 收集车数量配备　收集车数量配备是否得当，关系到费用及收集效率。某收集服务区需配备各类收集车辆数量多少可参照下列公式计算

$$\text{简易自卸车数} = \frac{\text{该车收集垃圾日平均产量}}{\text{车额定吨位}} \times \text{日单班收集次数定额} \times \text{完好率}$$

式中，垃圾日平均产生量用式(3-1) 计算；日单班收集次数定额按各省、自治区环卫定额计算；完好率按 85% 计算。

$$\text{多功能车数} = \frac{\text{收集垃圾日平均产生量}}{\text{车厢额定容量}} \times$$
$$\text{厢容积利用率} \times \text{日单班收集次数定额} \times \text{完好率} \tag{3-22}$$

式中，厢容积利用率按 50%～70% 计；完好率按 80% 计；其余同前。

$$\text{侧装密封车数} = \text{该车收集垃圾日平均产生量}/\text{桶额定容量} \times \text{桶容积利用率} \times$$
$$\text{日单班装桶数定额} \times \text{日单班收集次数定额} \times \text{完好率} \tag{3-23}$$

式中，日单班装桶数定额按各省、自治区环卫定额计算；完好率按 80% 计；桶容积利用率按 50%～70% 计；其余同前。

② 收集车劳力配备　每辆收集车配备之收集工人，需按车辆之型号与大小、机械化作

业程度、垃圾容器放置地点与容器类型等情形而定，最终须从工作经验的逐渐改善而确定劳力。一般情况，除司机外，人力装车的 3t 简易自卸车配 2 人；人力装车的 5t 简易自卸车配 3~4 人；多功能车配 1 人；侧装密封车配 2 人。

（3）收集次数与作业时间

垃圾收集次数，在我国各城市住宅、商业区基本上要求及时收集，即日产日清。在欧美各国则划分较细，一般情形，对于住宅区厨房垃圾，冬季每周二三次，夏季至少三次；对旅馆酒家、食品工厂、商业区等，不论夏冬每日至少收集一次；煤灰夏季每月收集两次，冬季改为每周一次；如厨房垃圾与一般垃圾混合收集，其收集次数可采取二者之折中或酌情而定。国外对废旧家用电器、家具等庞大垃圾则定为一月两次，对分类贮存的废纸、玻璃等亦有规定的收集周期，以利于居民的配合。垃圾收集时间，大致可分昼间、晚间及黎明三种。住宅区最好在昼间收集，晚间可能骚扰住户；商业区则宜在晚间收集，此时车辆行人稀少，可加快收集速度；黎明收集，可兼有白昼及晚间之利，但集装操作不便。总之，收集次数与时间，应视当地实际情况，如气候、垃圾产量与性质、收集方法、道路交通、居民生活习俗等而确定，不能一成不变，其原则是希望能在卫生、迅速、低价的情形下达到垃圾收集目的。

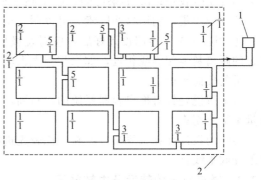

图 3-3 典型的工作使用平面图
1—调度站或车辆停车场；2—工作疆界

3.2.2.2 收集线路设计

一旦劳动量和收集车辆已定，则收集线路应当很好的规划，使劳动力和设备有效地发挥作用。但收集线路的设计没有固定的规则，一般用尝试误差法进行。

线路设计的主要问题是收集车辆如何通过一系列的单行线或双行线街道行驶，以使整个行驶距离最小，或者说空载行程最小。

线路设计大体上分成四步。

① 在商业、工业或住宅区的大型地区图上标出每个垃圾桶的放置点，垃圾桶的数量和收集频率。如是固定容器系统还应标出每个放置点的垃圾产生量。根据面积的大小和放置点的数目，将地区划分成长方形和方形的小面积，使之与工作所使用的面积相符合（见图 3-3）。

② 根据这个平面图，将每周收集相同频率的收集点的数目和每天需要出空的垃圾桶数目列成一张表，如表 3-1 所示。

表 3-1 工作运筹表

收集频率	收集点数目	每周旅程次数	每日出空垃圾桶数目（接受相同收集频率）				
（1）	（2）	（3）	周一	周二	周三	周四	周五
1	10	10	2	2	2	2	2
2	3	6	0	3	0	3	0
3	3	9	3	0	3	0	3
4	0	0	0	0	0	0	0
5	4	20	4	4	4	4	4
总计	45	0	9	9	9	9	9

41

③ 从调度站或垃圾车停车场开始设计每天的收集线路。图 3-3 中的黑实线表示了周一的收集路线。F/N 数字中 F 表示收集频率，N 表垃圾桶的数目，如 $\frac{5}{1}$ 表示 1 只垃圾桶每周收集 5 次。

在设计路线时应考虑下列因素：a. 收集地点和收集频率应与现存的政治和法规一致；b. 收集人员的多少和车辆类型应与现实条件相协调；c. 线路的开始与结束应邻近主要道路，尽可能地利用地形和自然疆界作为线路的疆界；d. 在陡峭地区，线路开始应在道路倾斜的顶端，下坡时收集，便于车辆滑行；e. 线路上最后收集的垃圾桶应离处置场的位置最近；f. 交通拥挤地区的垃圾应尽可能地安排在一天的开始收集；g. 垃圾量大的产生地应安排在一天的开始时收集；h. 如果可能，收集频率相同而垃圾量小的收集点应在同一天收集或同一个旅程中收集。利用这些因素，可以制定出效率高的收集线路。

④ 当各种初步线路设计好后，应对垃圾桶之间的平均距离进行计算。应使每条线路所经过的距离基本相等或相近，如果相差太大应当重新设计。如果不止一辆收集车辆时，应使驾驶员的负荷平衡。

以上所说是针对拖曳容器系统的，对固定容器系统基本相同，只是第二步以每日收集垃圾量来平衡制表。

传统的设计计算太复杂。现在，比较先进的设计方法是利用系统工程采取模拟方法，求出最佳收集线路。

3.2.3 城市垃圾的转运及中转站设置

在城市垃圾收运系统中，第三阶段操作过程称为转运，它是指利用中转站将从各分散收集点较小的收集车清运的垃圾，转装到大型运输工具并将其远距离运输至垃圾处理利用设施或处置场的过程。转运站（即中转站）就是指进行上述转运过程的建筑设施与设备。

3.2.3.1 转运的必要性

只要城市垃圾收集的地点距处理地点不远，用垃圾收集车直接运送垃圾是最常用而较经济的方法。但随着城市的发展，已越来越难在市区垃圾收集点附近找到合适的地方来设立垃圾处理工厂或垃圾处置场。而且从环境保护与环境卫生角度看，垃圾处理点不宜离居民区太近，土壤条件也不允许垃圾管理站离市区太近。因此城市垃圾要远运将是必然的趋势。垃圾要远运，最好先集中。因为垃圾收集车公认是专用的车辆，先进而成本高，常需 2～3 人操纵的车辆，不是为进行长途运输而设计的，用于长途运输费用会变得很昂贵。还会造成几名工人无事干的"空载"行程，应限制使用。因此，设立中转站进行垃圾的转运就显得必要，其突出的优点是可以更有效地利用人力和物力，使垃圾收集车更好地发挥其效益。也使大载重量运输工具能经济而有效地进行长距离运输。然而，当处置场远离收集路线时，究竟是否设置中转站，主要视经济性而定。经济性取决于两个方面：一方面是有助于垃圾收运的总费用降低，即由于长距离大吨位运输比小车运输的成本低或由于收集车一旦取消长距离运输能够腾出时间更有效地收集；另一方面是对转运站、大型运输工具或其他必要的专用设备的大量投资会提高收运费用。因此，有必要对当地条件和要求进行深入经济性分析。一般来说，运输距离长，设置转运合算。那么运距的所谓"长"以何为依据呢？下面就运输的三种方式进行转运站设置的经济分析。

三种运输方式为：①移动容器式收集运输；②固定容器式收集运输；③设置中转站转运。三种运输方式的费用方程可以表示为

$$C_1 = a_1 S \qquad (\text{I})$$
$$C_2 = a_2 S + b_2 \qquad (\text{II})$$

$$C_3 = a_3 S + b_3 \qquad\qquad (\text{III})$$

式中，S 为运距；a_n 为各运输方式的单位运费；b_n 为设置转运站后，增添的基建投资分期偿还和操作管理费；C_n 为运输方式的总运输费。一般情况下，$a_1 > a_2 > a_3$，$b_3 > b_2$。

将三个方程作为三直线如图 3-4 所示。从图中分析可知，当 $S < S_1$ 时，用方式（Ⅰ）合理，不需设置转运站；当 $S_1 < S < S_3$ 时，用方式（Ⅱ）合理，也不需设置转运站；而当 $S > S_3$ 时，则用方式（Ⅲ）合理，即需设置转运站。

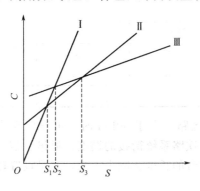

图 3-4　三种形式的运费图

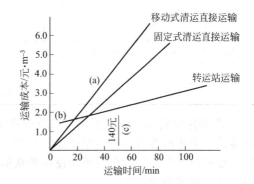

图 3-5　设置转运站的经济分析

(a) 固定式清运时的转交时间；(b) 移动式清运时的转交时间；(c) 中转站管理增值

下面例子可以定量分析在什么情况下，设立中转站经济上是最合理的。

【例 3-1】 设清运成本如下：移动清运方式，使用自卸收集车，容积 6m^3，运输成本 32 元/h；固定式清运方式，使用 15m^3 侧装带压缩装置密封收集车，运输成本 48 元·h^{-1}；中转站采用重型带拖挂垃圾运输车，容积 90m^3，运输成本 64 元·h^{-1}；中转站管理费用（包括基建投资偿还费在内）1.2 元·m^{-3}；第三种较其他车辆增加成本 0.20 元·m^{-3}。

解： 用 C 表示单位运输量成本（元·m^{-3}），先求出三种运输方式的 C：

（1）用自卸收集车方式，$C = 32/(6 \times 60t) = 0.089t$；

（2）用侧装带压缩装置密封收集车，$C = 48/(15 \times 60t) = 0.053t$；

（3）用重型带拖挂垃圾运输车 $C = (1.2 + 0.2) + 64/(90 \times 60t) = 1.4 + 0.012t$。

根据上述方式，可以绘制运输时间与成本的关系曲线，如图 3-5 所示，横坐标表示需要的运输时间，纵坐标表示运输成本。当 $t < 18$min（可算出相应的运距），可以用方式（Ⅰ）；当 18min$< t < 34$min 时选取固定清运方式（Ⅱ）；当 $t > 34$min 则用方式（Ⅲ），即设中转站最经济。

3.2.3.2　中转站类型与设置要求

（1）中转站类型

中转站使用广泛、形式多样，可按不同方式进行分类。

① 按转运能力，可分为小型中转站（日转运量 150t 以下）、中型中转站（日转运量 150~450t）、大型中转站（日转运量 450t 以上）。

② 按大型运输工具不同，可分为公路运输、铁路运输、水路转运。

（2）中转站设置要求

在大中城市通常设计多个垃圾中转站。每个中转站必须根据需要配置必要的机械设备和辅助设备，如铲车及布料用胶轮拖拉机、卸料装置、挤压设备和称量用地磅等。

我国 2005 年 5 月 1 日实施的《城镇环境卫生设施设置标准》（CJJ 27—2005），对公路、铁路和水路运输中转站设置有具体明确的要求。

① 公路中转站一般要求。公路中转站的设置数量和规模取决于收集车的类型、收集范围和垃圾转运量，一般每 $10\sim15km^2$ 设置一座中转站，一般在居住区域城市的工业、市政用地中设置，其用地面积根据日转运量确定，见表 3-2。

表 3-2 中转站用地标准

类 型		设计转运量 /(t/d)	用地面积 /m²	与站外相邻 建筑间距/m	转运作业功能区 退界距离/m	绿地率 /%
大型	Ⅰ类	1000～3000	≤2000	≥30	≥5	20～30
	Ⅱ类	450～1000	10000～15000	≥20	≥5	
中型	Ⅲ类	150～450	4000～10000	≥15	≥5	
小型	Ⅳ类	50～150	1000～4000	≥10	≥3	
	Ⅴ类	≤50	800～1000	≥8	—	—

② 铁路中转站一般要求。当垃圾处理场距离市区路程大于 50km 时，可设置铁路运输中转站。中转站必须设置装卸垃圾的专用站台以及与铁路系统衔接的调度、通讯、信号等系统。如果在专用装卸站台两侧均设一条铁道，那么站台的长度会减少一半，并可设置轻型机帮助进行列车调度作业。

③ 水路运输中转站一般要求。水路中转站设置要有供卸料、停泊、调挡等作用的岸线。岸线长度应根据装卸量、装卸生产率、船只吨位、河道允许船只停泊挡数确定。其计算公式为

$$L = Wq + I$$

式中，L 为水路中转站岸线长度，m；W 为垃圾日装卸量，t；q 为岸线折算系数，$m \cdot t^{-1}$，参见表 3-3；I 为附加岸线长度，m；参见表 3-3。

表 3-3 中岸线为日装卸量 300t 时所要求的停泊岸线。当日装卸量超过 300t 时，用表中"岸线折算系数"栏中的系数进行计算。附加岸线系拖轮的停泊岸线。

表 3-3 水路中转站岸线计算表

船只吨位/t	停泊挡数	停泊岸线/m	附加岸线/m	岸线折算系数/m·t⁻¹
30	二	110	15～18	0.37
30	三	90	15～18	0.30
30	四	70	15～18	0.24
50	二	70	18～20	0.24
50	三	50	18～20	0.17
50	四	50	18～20	0.17

水路中转站还应有陆上空地作为作业区。陆上面积用以安排车道、大型装卸机械、仓储、管理等项目的用地。所需陆上面积按岸线规定长度配置，一般规定每米岸线配备不少于 $40m^2$ 的陆上面积。

④ 对中转站环境保护与卫生要求。城市垃圾中转站操作管理不善，常给环境带来不利影响，引起附近居民的不满。故大多数现代化及大型垃圾中转站采用封闭形式，注意规范的作业，并采取一系列环保措施：

a. 有露天垃圾场的直接装卸型中转站，要防止碎纸等到处飞扬，故需设置防风网罩和其他栅栏；

b. 作业中抛撒到外边的固体废物要及时捡回；

c. 当垃圾暂存待装时，中转站要对贮存的废物经常喷水以免飘尘及臭气污染周围环境，工人操作要戴防尘面罩；

d. 中转站一般均设有防火设施；

e. 中转站要有卫生设施，并注意绿化，绿化面积应达到 10%～20%。

总之，中转站要注意飘尘、噪声、臭气、排气等指标应符合环境监测标准。

此外，如用铁路运输，垃圾运输列车敞开时，应盖有一层篷布或带小网眼网罩以防止运输过程中垃圾的散落。水路运输时，则需注意避免废物洒落水中，以免污染河水。

3.2.3.3 中转站选址

中转站选址要注意：①尽可能位于垃圾收集中心或垃圾产量多的地方；②靠近公路干线及交通方便的地方；③居民和环境危害最少的地方；④进行建设和作业最经济的地方。

此外，中转站选址应考虑便于废物回收利用及能源生产的可能性。

3.2.3.4 中转站工艺设计计算

假定某中转站要求：①采用挤压设备；②高低货位方式装卸料；③机动车辆运输。其工艺设计如下：垃圾车在货位上的卸料台卸料，倾入低货位上的压缩机漏斗内，然后将垃圾压入半拖挂车内，满载后由牵引车拖运，另一辆半拖挂车装料。

根据该工艺与服务区的垃圾量，可计算应建造多少高低货位卸料台和配备相应的压缩机数量，需合理使用多少牵引车和半拖挂车。

(1) 卸料台数量 (A)

该垃圾中转站每天的工作量可按下式计算

$$E = \frac{MW_y k_1}{365} \tag{3-24}$$

式中，E 为每天的工作量，$t \cdot d^{-1}$；M 为服务区的居民人数，人；W_y 为垃圾人均年产量，$t \cdot 人^{-1} \cdot a^{-1}$；$k_1$ 为垃圾产量变化系数（参考值 1.15）。

一个卸料台工作量的计算公式为

$$F = \frac{t_1}{t_2 k_t} \tag{3-25}$$

式中，F 为卸料台 1 天接受清运车辆，辆 $\cdot d^{-1}$；t_1 为中转站 1 天的工作时间，$\min \cdot d^{-1}$；t_2 为一辆清运车的卸料时间，$\min \cdot 辆^{-1}$；k_t 为清运车到达的时间误差系数。

则所需卸料台数量为

$$A = \frac{E}{WF} \tag{3-26}$$

式中，W 为清运车的载重量，$t \cdot 辆^{-1}$。

(2) 压缩设备数量 (B)

$$B = A$$

(3) 牵引车数量 (C)

为一个卸料台工作的牵引车数量，按公式计算为

$$C_1 = t_3 / t_4 \tag{3-27}$$

式中，C_1 为牵引车数量；t_3 为大载重量运输车往返的时间；t_4 为半拖挂车的装料时间。其中半拖挂车装料时间的计算公式为

$$t_4 = t_2 n k_4 \tag{3-28}$$

式中，n 为一辆半拖挂车装料的垃圾车数量。因此，该中转站所需的牵引车总数为

$$C = C_1 A \tag{3-29}$$

（4）半拖挂车数量（D）

半拖挂车是轮流作业，一辆车满载后，另一辆装料，故半拖挂车的总数为

$$D=(C_1+1)A \tag{3-30}$$

【例3-2】 某住宅区生活垃圾量约280$m^3 \cdot$周$^{-1}$，用一垃圾车采用交换模式负责清运工作。已知该车每次集装容积为8$m^3 \cdot$次$^{-1}$，容器利用系数0.67，垃圾车采用8h工作制。试求为及时清运该住宅垃圾，每周需出动清运多少次？累计工作多少小时？已知：平均运输时间为0.512h$\cdot$次$^{-1}$；容器装车时间为0.033h$\cdot$次$^{-1}$；容器放回原处的时间0.033h$\cdot$次$^{-1}$；卸车时间为0.022h$\cdot$次$^{-1}$；非生产时间占全部工时的25%。

解：（1）一次集装时间（或拾取时间）

$$P_{hcs}=t_{pc}+t_{uc}+t_{dbc}=0.033+0.033+0=0.066 \text{（h} \cdot \text{次}^{-1}\text{）}$$

式中，t_{pc}为装车时间，h；t_{uc}为容器放回原处的时间，h；t_{dbc}为容器间行驶时间，h。

（2）收集一桶垃圾所需时间 T_{hcs}（双程时间）

$$T_{hcs}=\frac{P_{hcs}+S+h}{1-w}=\frac{0.066+0.022+0.512}{1-0.25}=0.80 \text{（h} \cdot \text{次}^{-1}\text{）}$$

式中，T_{hcs}为收集一桶垃圾所需时间；S为卸车时间，h$\cdot$次$^{-1}$；h为双程运输时间，h；w为收集时间比率，%。

（3）清运车每天集运次数（N_d）

$$N_d \approx H/T_{hcs} \approx 8/0.80=10 \text{（次} \cdot \text{d}^{-1}\text{）}$$

式中，H为日工作时间，h$\cdot$d^{-1}。

（4）每周清运次数（N_w）

$$N_w=\frac{V_w}{Cf}=\frac{280}{8 \times 0.67}=52.3=53 \text{（次} \cdot \text{周}^{-1}\text{）}$$

式中，V_w为每周垃圾产生量，$m^3 \cdot$周$^{-1}$；C为集装容器大小，$m^3 \cdot$次$^{-1}$；f为容器利用系数。

（5）每周所需的工作时间 D_w（h$\cdot$周$^{-1}$）

$$D=t_w T_{hcs}=53 \times 0.8=42.4 \text{（h} \cdot \text{周}^{-1}\text{）}$$

亦可

$$D_w=\frac{t_w(P_{hcs}+s+h)}{(1-w)H}=5.3 \text{（d} \cdot \text{周}^{-1}\text{）}$$

$$D_w H=5.3 \times 8=42.4 \text{（h} \cdot \text{周}^{-1}\text{）}$$

【例3-3】 某住宅区共有1000户居民，由2个工人负责清运该区垃圾。试按固定式清运方式，计算清运时间及清运车容积。已知：每一集装点平均服务人数3.5人；垃圾单位产量1.2kg$\cdot$d$^{-1} \cdot$人$^{-1}$；容器内垃圾容重120kg$\cdot m^{-3}$；每个集装点设0.12m^3的容器两个；收集频率1次$\cdot$周$^{-1}$；收集车压缩比为2；来回运距24km；每天工作8h，每次行程2次；卸车时间0.10h$\cdot$次$^{-1}$；运输时间0.29h$\cdot$次$^{-1}$，每个集装点需要的人工集装时间为1.76h$\cdot$点$^{-1} \cdot$人$^{-1}$；非生产时间占15%。

解：求 D_w=？和 V=？

$$D_w=\frac{N_w P_{scs}+t_w(s+a+bx)}{(1-w)H}$$

式中，D_w为每周工作时间；N_w为每周行程数；P_{scs}为集装时间；t_w为每周行程次数；H为每天工作时间。

$$V=V_p N_p/r$$

式中，V_p为放置垃圾容积；N_p为集装点数；r为压缩比。

因为 N_w 和 P_{scs} 未知，因此先求出 P_{scs}

（1）集装时间

$$P_{scs} = \frac{(1-w)H}{N_d} - (s+h) = \frac{(1-0.15) \times 8}{2} - (0.1+0.29) = 3.01(\text{h} \cdot \text{次}^{-1})$$

（2）一次行程进行的集装点数 N_p

$$N_p = 60 P_{scs} n/t_p = 60 \times 3.01 \times 2/1.76 = 205(\text{点} \cdot \text{次}^{-1})$$

（3）每个集装点每周垃圾量（m^3）（每个放置点垃圾桶中可收集到的垃圾体积）

$$V_p = \text{单位产量}(\text{kg} \cdot \text{人}^{-1} \cdot \text{d}^{-1}) \times \text{人数}(\text{人}) \times \text{天数}(7 \text{天})/\text{容重}$$
$$= (1.2 \times 3.5 \times 7)/120 = 0.245(\text{m}^3)$$

（4）清运车的容积

$$V_{\text{车}} > V = V_p N_p/r = 0.245 \times 205/2 = 25.2(\text{m}^3 \cdot \text{次}^{-1})$$

（5）每周行程数

$$N_w = T_p F/N_p = 1000 \times 1/205 = 4.88(\text{次})$$

（6）每周需清运时间（D_w）

$$D_w = \frac{N_w(P_{scs}) + t_w(s+h)}{(1-w)H}$$
$$= \frac{2 \times [4.88 \times 3.01 + 5(0.10+0.29)]}{(1-0.5) \times 8}$$
$$= 4.89(\text{d} \cdot \text{周}^{-1})$$

（7）每人每周工作日

$$D_w/n = 2.44(\text{d} \cdot \text{周}^{-1} \cdot \text{人}^{-1})$$

3.3 危险废物的收集、运输及贮存

由于危险废物固有的危害特性，在其收集、贮存和转运期间必须注意进行不同于一般废物的特性管理。

3.3.1 危险废物的贮存

危险废物的产生部门、单位或个人，均必须有安全存放危险废物的装置，如钢桶、钢罐、塑料桶（袋）等。一旦危险废物产生出来，必须依照法律规定将它们妥善地存放于这些装置内，并在容器或贮罐外壁清楚标明内盛物的类别、数量、装进日期以及危害说明。

除剧毒或某些特殊危险废物，如与水接触会发生剧烈反应或产生有毒气体和烟雾的废物、氰酸盐或硫化物含量超过 1% 的废物、腐蚀性废物、含有高浓度刺激性气味物质（如硫醇、硫化物等）或挥发性有机物（如丙烯酸、醛类、醚类及胺类等）的废物、含杀虫剂及除草剂等农药的废物、含可聚合性单体的废物、强氧化性废物等，须予以密封包装之外，大部分危险废物可采用普通的钢桶或贮罐盛装。

危险废物产生者应妥善保管所有装满废物待运走的容器或贮罐，直到它们运出产地作进一步贮存、处理或处置。

3.3.2 危险废物的收集

产生者暂存的桶装或袋装危险废物可由产生者直接运往收集中心或回收站，也可以通过地方主管部门配备的专用运输车辆按规定路线运往指定的地点贮存或作进一步处理，典型的收集与转运方案如图 3-6 所示。

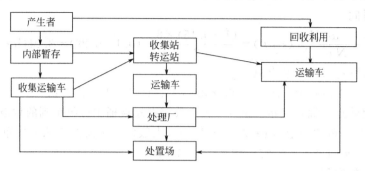

图 3-6　危险废物收集与转运方案

　　收集站一般由砖砌的防火墙及铺设有混凝土地面的若干库房式构筑物组成，贮存废物的库房室内应保证空气流通，以防止具有毒性和爆炸性的气体积聚而产生危险。收进的废物应详细登记其类型和数量，并按废物不同特性分别妥善存放。

　　转运站的位置宜选择在交通路网便利的场所或其附近，由设有隔离带或埋于地下的液态危险废物贮罐、油分离系统及盛有废物的桶或罐等库房群组成。站内工作人员应负责废物的交接手续，按时将所收存的危险废物如数装进运往处理场的运输车厢，并责成运输者负责途中安全。转运站内部的典型运作方式及程序见图 3-7。

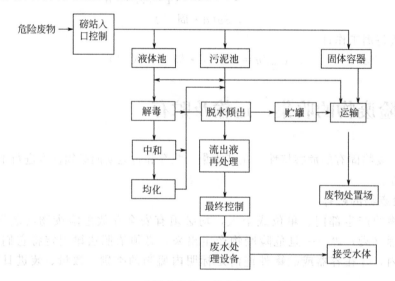

图 3-7　危险废物转运站内部运行系统

3.3.3　危险废物的运输

　　通常是危险废物的主要运输方式为公路运输。为确保运输安全，在采用汽车作为主要工具来运输危险废物时，应采取如下控制措施：

　　① 承担危险废物运输的车辆必须经过主管单位检查，并持有有关单位签发的许可证；车身需有明显的标志或适当的危险符号，以引起关注；在公路上行驶时，需持有运输许可证，其上应注明废物来源、性质和运往地点。

　　② 负责危险废物运输的司机应由经过培训并持有证明文件的人员担任，必要时须有专业人员负责押运工作。

　　③ 组织危险废物运输的单位，事先应制订出周密的运输计划，确定好行驶路线，并提

出废物泄漏时的有效应急措施。

思 考 题

1. 垃圾的收集方式有哪些？您所在的城市用何种方式收集垃圾？
2. 容器收集和袋装收集垃圾的方式各有何优缺点？
3. 为某地段设置垃圾容器数量主要考虑哪些因素？
4. 为校园设计一条高效率的废物收运路线。

4 固体废物的预处理技术

对于形状、大小、结构和性质各异的固体废物，为使其便于进行合适的处理、处置和高效的资源化，首先要进行适当的预处理，预处理通常包括压实、破碎和分选。

例如：①对于要填埋的废物，通常要把废物按一定方式压实，以便减少运输量和运输费用，填埋时占较小的空间。通常通过压缩，体积可减少为原体积的 1/10～1/3；②对于焚烧和堆肥的废物，通常要进行破碎处理，以便增加比表面积，提高反应速率；③要使固体废物尽可能有效地资源化回收利用，对其进行破碎和分选处理是必不可少的。

4.1 固体废物的压实

4.1.1 定义

固体废物的压实（Compaction），就是通过消耗压力能来提高废物的容重和减小废物体积的过程。

压实的目的在于使固体废物便于运输、贮存和填埋。压实主要用于处理压缩性能大而恢复性能小的固体废物，如生活垃圾、机加工行业排出的金属丝、金属碎片、家用电器、小汽车及各类纸制品和纤维等。而对于某些较密实的固体，如木头、玻璃、金属、硬质塑料块等则不宜采用。对于有些弹性废物也不宜采用压实处理，因为它们在解压后，体积又会增大。

4.1.2 压实程度的量度

4.1.2.1 空隙比和空隙率

① 空隙比：固体废物可看成由各种固体物质颗粒及颗粒间充满气体的空隙所构成的集合体。

所以

$$固体总体积(V_m) = 固体颗粒体积(V_s) + 空隙体积(V_v) \tag{4-1}$$

则废物的空隙比（e）可定义为

$$e = V_v / V_s \tag{4-2}$$

② 空隙率 ε $$\varepsilon = V_v / V_m \tag{4-3}$$

③ ε、e 与容重的关系：ε 或 e 越小，则垃圾压实程度越高，容重越大。

4.1.2.2 湿密度与干密度

忽略空隙中的气体质量，则

$$总质量(包括水分质量)(W_m) = 固体颗粒的质量(W_s) + 水分质量(W_w)$$

即 $$W_m = W_s + W_w \tag{4-4}$$

① 湿密度 ρ_w $$\rho_w = W_m / V_m \tag{4-5}$$

② 干密度 ρ_d

$$\rho_d = W_s / V_m \qquad (4\text{-}6)$$

废物收运及处理过程中测定的物料质量通常包括水分，故容重一般是指湿密度。

4.1.2.3 体积减小分数（R）

$$R = \frac{V_i - V_f}{V_i} \times 100\% \qquad (4\text{-}7)$$

式中，V_i 为压实前体积，m^3；V_f 为压实后体积，m^3。

4.1.2.4 压缩比与压缩倍数

① 压缩比（r） $\qquad r = V_f / V_i \quad (r \leqslant 1) \qquad (4\text{-}8)$

显然，r 越小，压实效果越好。

② 压缩倍数（n） $\qquad n = V_i / V_f \quad (n \geqslant 1) \qquad (4\text{-}9)$

③ 三者间的关系 $\qquad n = \dfrac{1}{r}; R = (1-r) \times 100\% \qquad (4\text{-}10)$

压实的实质就是减少空隙率。就固体废物而言，它们是由不同颗粒和颗粒间空隙所组成的集合体。当受到外界压力时，颗粒间就会相互挤压，变形和破碎，空隙率减小，容重增大。例如城市垃圾经压实，其密度可增大到 $320 kg \cdot m^{-3}$，表观体积可减少 70% 左右。

如果采用高压压实，除可减少固体废物的空隙率外，还可能产生分子晶格的破坏，从而使物质变性。

日本近年来制造了一种高压压实设备，对垃圾进行三次压缩，最后一次压力达 $258 kg \cdot cm^{-2}$（25.3MPa），最后制成垃圾块的密度达到 $1380 kg \cdot m^{-3}$。由高压产生的挤压和升温作用，使垃圾中的 BOD 从 $6000 mg \cdot L^{-1}$ 降到 $200 mg \cdot L^{-1}$，COD 从 $8000 mg \cdot L^{-1}$ 降到 $150 mg \cdot L^{-1}$。垃圾块已变为一种均匀的类塑料结构的惰性材料，自然暴露于空气中 3 年，也无任何明显降解。

4.1.3 压实设备简介

压实设备也称压实器。压实器可分为固定式和移动式。前者只能定点（如废物转运站）使用；后者一般安装于垃圾收集车上，常用于废物处置场所，下面是几种常用的压实器。

（1）水平式压实器

水平式压实器的结构如图 4-1 所示，主要用于城市垃圾的处理中。将废物加入装料室，依靠具有压面的水平压头作用使垃圾致密和定形，然后将坯块推出。破碎杆的作用是将坯块表面的杂乱废物破碎，以有利坯块的移出。

（2）三向联合压实器

三向联合压实器的结构如图 4-2 所示，适用于金属类废物的压实。它具有三个互相垂直的压头，依次启动 1、2、3 三个压头，即可将料斗中的废物压实成块。

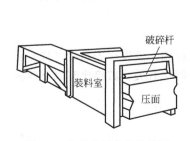
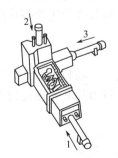
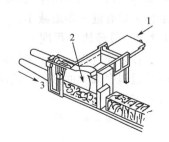

图 4-1 水平式压实器结构图　　图 4-2 三向联合压实器结构图　　图 4-3 回转式压实器结构图

（3）回转式压实器

回转式压实器结构如图 4-3 所示，适于压实体积小、重量轻的废物。废物装入容器单元后，先按水平压头 1 的方向压缩，然后按箭头运动方向驱动旋动式压头 2，使废物致密化，最后按水平压头 3 的运动方向将废物压至一定尺寸排出。

4.2　固体废物的破碎

4.2.1　定义

通过人为或机械等外力的作用，破坏物体内部的凝聚力和分子间的作用力，使物体破裂变碎的操作过程统称为破碎（Shredding）。即：大块固体废物$\xrightarrow{外力}$小块固体废物。

4.2.2　破碎的目的

① 使运输、焚烧、热解、熔化、压缩等操作能够或容易进行，更经济有效；

② 为分选和进一步加工提供合适的粒度，有利于综合利用；

③ 增大比表面积，提高焚烧、热解、堆肥处理的效率；

④ 破碎使固体废物体积减小，便于运输、压缩和高密度填埋，加速土地还原利用。

4.2.3　破碎方法

固体废物破碎机的种类很多，破碎机的选用主要依靠待处理废物的类型和希望得到的终端产品而定，类型不同的破碎机依靠不同的破碎作用来减少废物尺寸。破碎方式分为冲击破碎、剪切破碎、挤压破碎、摩擦破碎等。此外还有专用的低温破碎和湿式破碎。

（1）冲击破碎

冲击破碎有两科形式，即重力冲击和动冲击，重力冲击是使物体落到一个硬的表面上，就像玻璃瓶落在石板上摔成碎块一样；动冲击是指供料碰到一个比它硬的快速旋转的表面时发生的作用，这种情况下，给料是无支承的，冲击力使破碎的颗粒向破碎板以及向另外的锤头和机器的出口加速。

（2）剪切破碎

剪切破碎是指切开或割裂物料，特别适合于低 SiO_2 含量的松软废物。

（3）挤压破碎

挤压破碎是将材料在挤压设备两个硬表面之间进行挤压。这两个表面或一个静止、一个移动，或两个都是移动的。这种作用当供料是坚硬的、脆性的和易碎的材料时最为适合。

（4）摩擦破碎

摩擦破碎是两个硬表面间夹有较软材料时，彼此碾磨所产生的作用。锤式破碎机常常在锤头与出料筛之间间隙很小的状态下运行以产生摩擦作用，使物料尺寸比单靠锤头传递的冲击作用能有进一步地减小。

4.2.4　破碎比（程度）

在破碎过程中，原废物粒度与破碎产物粒度的比值称为破碎比。破碎比表示废物粒度在破碎过程中减少的倍数。破碎机的能量消耗和处理能力都与破碎比有关。破碎比有以下两种表示方法。

（1）最大粒度法

$$i = \frac{D_{\max}}{d_{\max}} \tag{4-11}$$

式中，D_{max}为破碎前的最大粒度；d_{max}为破碎后的最大粒度。

（2）平均粒度法

$$i = \frac{D_{ave}}{d_{ave}} \quad \text{（较常用）} \tag{4-12}$$

式中，D_{ave}为破碎前的平均粒度；d_{ave}为破碎后的平均粒度。

4.2.5 破碎流程

（1）单纯破碎工艺

该破碎工艺具有简单、易操作、占地面积小等优点，但只适于对粒度要求不高的场合。

（2）带预先筛分的破碎工艺

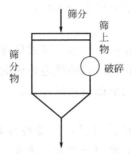

该工艺流程可预先分离出不需破碎的细粒物料，减少破碎量。

（3）先破碎后筛分工艺

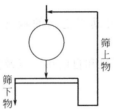

该工艺可将破碎产物中大于要求粒度的颗粒分离出来，返回破碎机再破碎，使产品粒度全部符合要求。

（4）带预先筛分和检查筛分的破碎工艺

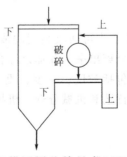

该工艺是（2）和（3）的组合工艺，因此兼具有（2）和（3）两种工艺的优点。

4.2.6 破碎机简介

处理固体废物的破碎机主要有辊式破碎机、颚式破碎机、冲击式破碎机和剪切式破碎机。

4.2.6.1 辊式破碎机

辊式破碎机是利用冲击剪切和挤压作用进行破碎的。是用两个相对旋转的辊子抓取并强制送入要破碎的废物。其抓取作用取决于该种物料颗粒的大小和物性、各辊子的大小、间隙和特性。该种破碎机主要用于破碎脆性材料。而对延性材料只能起到压平作用。在资源回收和废物处理领域，既可用于对废物的破碎，也可用作对含有玻璃器皿、铝和铁皮罐的废物进行分选。

4.2.6.2 颚式破碎机

颚式破碎机主要利用冲击和挤压作用。颚式破碎机为挤压型破碎机械，俗称老虎口。可分为简单摆动型、复杂摆动型和综合摆动型三种，以前两种应用较为广泛。该破碎机主要用于选矿、建材和化学工业领域。颚式破碎机结构简单、操作维护方便、工作可靠，适用于破碎中等硬度和坚硬的物料，如煤矸石等。

4.2.6.3 冲击式破碎机

冲击式破碎机可分为锤式破碎机和反击式破碎机。

（1）锤式破碎机

锤式破碎机是一种最普通的工业破碎设备，锤式破碎机利用冲击、摩擦和剪切作用。可分为单转子和双转子两类。此种破碎机可破碎质地较硬的物料，还可破碎含水分及油质的有机物等，破碎后物料粒度均匀，缺点是振动及噪声大。

（2）反击式破碎机

反击式破碎机是一种新型高效破碎设备，该设备具有破碎比大、构造简单、外形尺寸小、安全方便、易于维护等优点，主要用于水泥、火电、玻璃、化工、建材、冶金等部门，适于破碎中硬、软、脆、韧性、纤维性物料。

4.2.6.4 剪切式破碎机

剪切式破碎机是通过固定刀和可动刀之间的啮合作用将物料切开或割裂而完成破碎过程。

除此以外，还有属于粉磨的球磨机和自磨机，以及低温破碎技术、湿式破碎技术和半湿式破碎技术等。

4.3 固体废物的分选

4.3.1 定义

分选（Separation）是将固体废物中可回收利用的或不利于后续处理、处置工艺要求的物料用人工或机械方法分门别类地分离出来，并加以综合利用的过程。

根据物料的物理或化学性质（包括粒度、密度、重力、磁性、电性、弹性等），采用不同的分选方法。分选方法包括人工拣选和机械分选，机械分选又分为筛分，重力分选、磁力分选、电力分选等。

4.3.2 筛分

筛分是利用筛子将粒度范围较宽的颗粒群分成窄级别的作业。该分离过程可看作是由物料分层和细粒透过筛子两个阶段组成的。物料分层是完成分离的条件，细粒透过筛子是分离的目的。为了使粗细物料通过筛面分离，必须使物料和筛面之间具有适当的相对运动，使筛面上的物料层处于松散状态，即按颗粒大小分层，形成粗粒位于上层，细粒位于下层的规则排列，细粒到达筛面并透过筛孔。细粒透筛时，尽管粒度都小于筛孔，但它们透筛的难易程度却不同。粒度小于筛 3/4 的颗粒，很容易通过粗粒形成的间隙到达筛面而透筛，称为"易筛粒"；粒度大于筛孔 3/4 的颗粒，很难通过粗粒形成的间隙到达筛面而透筛，而且粒度越接近筛孔尺寸就越难透筛，称为"难筛粒"。

根据筛分在工艺过程中应完成的任务，筛分作业可分为以下六类。

① 独立筛分　目的在于获得符合用户要求的最终产品的筛分，称为独立筛分。

② 准备筛分　目的在于为下步作业做准备的筛分，称为准备筛分。

③ 预先筛分　在破碎之前进行筛分，称为预先筛分，目的在于预先筛出合格或无须破碎的产品，提高破碎作业的效率，防止过度粉碎和节省能源。

④ 检查筛分　对破碎产品进行筛分，又称为控制筛分。

⑤ 选择筛分　利用物料中的有机成分在各粒级中的分布，或者性质上的显著差异所进行的筛分。

⑥ 脱水筛分　脱出物料中水分的筛分，常用于废物脱水或脱泥。

适用于固体废物处理的筛分设备主要有固定筛、筒形筛、振动筛和摇动筛。其中用得最多的是固定筛、筒形筛、振动筛。

4.3.2.1　固定筛

筛面由许多平行排列的筛条组成，可以水平安装或倾斜安装。固定筛由于构造简单、不耗用动力、设备费用低和维修方便，在固体废物处理中广泛应用。固定筛又分为格筛和棒条筛。

格筛一般安装在粗破碎机之前，以保证入料块度适宜。

棒条筛主要用于粗碎和中碎之前，为保证废物料沿筛面下滑，安装角应大于废物对筛面的摩擦角，一般为 $30°\sim35°$。棒条筛筛孔尺寸为筛下粒度的 $1.1\sim1.2$ 倍，一般筛孔尺寸不小于 50mm。筛条宽度应大于固体废物中最大粒度的 2.5 倍。

4.3.2.2　筒形筛

筒形筛是一个倾斜的圆筒，置于若干滚子上，圆筒的侧壁上开有许多筛孔。

圆筒以很慢的速度转动（$10\sim15\text{r}\cdot\text{min}^{-1}$），因此不需要很大动力，这种筛的优点是不会堵塞。筒形筛筛分时，固体废物在筛中不断滚翻，较小的物料颗粒最终通过筛孔筛出。物料在筛子中的运动有两种状态。

① 沉落状态：物料颗粒由于筛子的圆周运动被带起，然后滚落到向上运动的颗粒上面。

② 抛落状态：筛子运动速度足够时，颗粒飞入空中，然后沿抛物线轨迹落回筛底。当筛分物料以抛落状态运动时，物料达到最大的紊流状态，此时筛子的筛分效率达到最高。如果筒形筛的转速进一步提高，会达到某一临界速度，这时粒子呈离心状态运动，结果使物料颗粒附在筒壁上不会掉下，使筛分效率降低。

筛分效率与圆筒筛的转速和停留时间有关，一般认为物料在筒内滞留 $25\sim30\text{s}$，转速 $5\sim6\text{r}\cdot\text{min}^{-1}$ 为最佳。例如，有的筒形筛的直径为 1.2m，长 1.8m，转速 $18\text{r}\cdot\text{min}^{-1}$，生产率为 $2\text{t}\cdot\text{h}^{-1}$，效率 $95\%\sim100\%$，当生产率达到 $2.5\text{t}\cdot\text{h}^{-1}$，效率下降为 90%。另外，筒的直径和长度也对筛分效率有很大影响。

4.3.2.3　振动筛

振动筛在筑路、建筑、化工、冶金和谷物加工等部门得到广泛应用。振动筛的特点是振动方向与筛面垂直或近似垂直，振动次数 $600\sim3600\text{r}\cdot\text{min}^{-1}$，振幅 $0.5\sim1.5\text{mm}$。物料在筛面上发生离析现象，密度大而粒度小的颗粒钻过密度小而粒度大的颗粒的空隙，进入下层到达筛面，大大有利于筛分的进行。振动筛的倾角一般在 $8°\sim40°$ 之间。

振动筛由于筛面强烈振动，消除了堵塞筛孔的现象，有利于湿物料的筛分，可用于粗、中细粒的筛分，还可以用于振动和脱泥筛分。振动筛主要有惯性振动筛和共振筛。

① 惯性振动筛：它是通过由不平衡体的旋转所产生的离心惯性力，使筛箱产生振动的一种筛子。由于该种筛子激振力是离心惯性力，故称为惯性振动筛。

② 共振筛：它是利用连杆上装有弹簧的曲柄连杆机构驱动，使筛子在共振状态下进行筛分。由于筛子是在共振状态下筛分故称为共振筛。共振筛具有处理能力大、筛分效率高、耗电少及结构紧凑等优点，是一种有发展前途的筛分设备；但其制造工艺复杂，机体较重。

4.3.3 重力分选

① 定义：重力分选是在活动或流动的介质中按颗粒的密度或粒度的不同进行分选的过程。

② 方法：重力分选的方法很多，按作用原理可分为气流分选、惯性分选、重介质分选、摇床分选和跳汰分选等。

③ 重力分选原理：悬浮于流体介质中的颗粒，其运动受自身重力 F_g、介质摩擦阻力 F_d 和介质浮力 F_f 三种力的作用。受力平衡时

$$F_g = F_f + F_d$$

而重力 $\qquad\qquad\qquad F_g = \rho_s V g$

式中，ρ_s 为颗粒密度；V_g 为颗粒体积。

假设颗粒为球形，则

$$V = \frac{\pi}{6} d_s^3$$

重力 $\qquad\qquad\qquad F_g = \rho_s \frac{\pi}{6} d_s^3 g$

浮力 $\qquad\qquad\qquad F_f = \rho V g$

式中，ρ 为介质的密度；g 为重力加速度；d_s 为颗粒的直径。

介质摩擦阻力

$$F_d = \frac{1}{2} C_D v^2 \rho A \xrightarrow{\text{层流}} \pi \mu r v$$

式中，C_D 为阻力系；v 为颗粒相对于介质的速度；A 为颗粒投影面积，且

$$A = \frac{\pi d_s^2}{4}$$

所以 $\qquad\qquad\qquad \rho_s V g = \rho V g + \frac{1}{2} C_D v^2 \rho A$

变换为 $\qquad\qquad \frac{\pi}{6} d_s^3 (\rho_s - \rho) g = \frac{\pi d^2}{4} \cdot \frac{C_D v^2 \rho}{2}$

故 $\qquad\qquad\qquad v = \sqrt{\frac{4(\rho_s - \rho) g d_s}{3 C_D \rho}}$ $\qquad\qquad$ (4-13)

此即牛顿公式

C_D 与颗粒尺寸和运动状况有关，假设流体运动为层流，则与雷诺数 Re 的关系为

$$C_D = 24/Re \qquad\qquad\qquad\qquad (4-14)$$

其中 $\qquad\qquad\qquad Re = \frac{v d \rho}{\mu} = \frac{v d}{\nu}$

式中，μ 为介质的黏度系数；ν 为介质动力黏度系数。

代入式(4-13)，得到

$$v = \frac{d_s^2 g(\rho_s - \rho)}{18\mu} = \frac{2}{9} \cdot \frac{(\rho_s - \rho)gr_s^2}{\mu} \tag{4-15}$$

式中，r_s 为固体颗粒的半径。该式即为熟知的 Stokes 方程。

由 Stokes 方程可以看出，影响重力分选的主要因素为颗粒尺寸、颗粒与介质的密度差和介质的黏度。

4.3.3.1 气流分选（风力分选）

（1）原理

在气流作用下，利用固体废物颗粒的密度和粒度差进行分选的方法。由于不同物质的密度不同，因而其在一定气速的气流中有不同的沉降速度，从而达到轻重颗粒分离的目的。

（2）气流分选装置

按照气流吹入分选设备的方向不同，分选设备可分为立式风力分选设备和卧式风力分选装置 2 种。

① 立式风力分选机：物料在上升气流作用下，重组分沉降到分选机底部排出，轻组分随上升气流一起从顶部排出，然后经旋风分离器进行气固分离，这样就使轻重组分得到了分离（见图 4-4）。

② 卧式（水平）风力分选机：物料在分选机内下降时，被水平气流吹散，密度不同的组分沿不同的运动轨迹落入不同的收集槽中而得以分离（见图 4-5）。

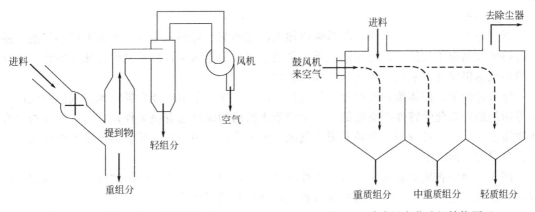

图 4-4　立式风力分选机结构原理　　　　图 4-5　卧式风力分选机结构原理

若气流为层流，可用 Stokes 方程计算物料颗粒悬浮在气流中的速度：

$$v = \frac{(\rho_s - \rho)gd_s^2}{18\mu}$$

气流分选经验模型：

a. 立式气流分选

$$v \approx \frac{13300\rho_s}{\rho_s + 1} d_s^{0.57}$$

式中，ρ_s 为颗粒密度，$g \cdot cm^{-3}$。

b. 水平式气流分选

$$v = \frac{6000\rho_s}{\rho_s + 1} d_s^{0.398}$$

4.3.3.2 重介质分选

所谓重介质，就是密度大于水的介质，重介质有重液和重悬浮液两大类，重液主要有四溴乙烷和丙酮的混合液（密度为 2400kg·m^{-3}）；五氯乙烷（密度 1670kg·m^{-3}）；重悬浮液通常有硅铁、铅矿、磁铁矿等与水按一定比例的混合物，如硅铁与水按 85：15 混合，可得到相对密度达 $3000kg \cdot m^{-3}$ 重悬浮液。

重介质的分离原理可用牛顿公式表示

$$v_s = \sqrt{\frac{4(\rho_s - \rho)gd_s}{3C_D\rho}}$$

式中，ρ 为重介质的密度。

通常重介质的密度应介于大密度和小密度颗粒之间（$\rho_{s1} < \rho < \rho_{s2}$），由牛顿公式可知，若 $\rho < \rho_{s2}$，则 $v_{s2} > 0$；若 $\rho > \rho_{s1}$，则 $v_{s1} < 0$。这时无论两种颗粒的粒度和形状如何，大密度颗粒下沉，而小密度颗粒则悬浮于介质的表面上，从而实现物料按密度的分选（离）。重介质分离的精度很高，颗粒粒度范围可以很宽，很适合于各种固体废物的处理和分选。

4.3.3.3 跳汰分选

跳汰分选是在垂直变速介质中按密度分选固体物料的方法。分选介质为水时，称为水力跳汰。水力跳汰分选设备为跳汰机。

跳汰分选时，将固体废物送入跳汰机的筛板上，形成密集的物料层，从下面透过筛板周期性地给入上下交变的水流，使床松散并按密度分层。分层后，密度大的颗粒集中到底层，小的则集中于上层。上层的轻物料被水平水流带出机外成为轻产物；下层重物料则透过筛板或通过排料装置排出成为重产物。随着固体废物的不断给入和轻、重产物的不断排出，形成连续不断的分选过程。

4.3.3.4 浮选

浮选是在固体废物与水调制的料浆中加入浮选药剂、并通入空气形成无数细小气泡，使欲选物颗粒黏附于气泡上，随气泡上浮于料浆表面成为泡沫层，然后刮出泡沫层回收，不浮上的颗粒物仍留在料浆内，而达到分选的目的。

浮选过程中，固体废物各组分对气泡黏附的选择性，是由固体颗粒、水、气泡组成的三相界面间的物理化学特性所决定的，其中物质表面的润湿性起着决定作用。若固体废物中有些物质表面的疏水性较弱，则易黏附于气泡上而上升；而另一些物质表面的亲水性较强，则不会黏附在气泡之上。

固体废物中物质的表面亲水与疏水性或润湿性，可通过浮选药剂的添加或减少而改变。因此，浮选工艺中正确选择合适的浮选药剂调整物料的可浮性非常关键。

4.3.4 磁力分选

4.3.4.1 磁选的基本原理

磁选是利用固体废物中各种物质的磁性差异在不均匀磁场中进行分选的一种处理方法。将固体物料送入磁选设备之后，磁性颗粒则在不均匀磁场的作用下被磁化，从而受到磁场吸引力的作用，使磁性颗粒吸在磁选机的转动部件上，被送至排料端排出，实现了磁性物质和非磁性物质的分离。在磁选的过程中，固体颗粒在非均匀磁场中同时受到两种力的作用——磁力和机械力（包括重力、摩擦力、介质阻力、惯性力等）的作用。当磁性物质所受到的磁力大于与它相反的机械力的合力时，则可以被分离出来。而非磁性物质所受磁力很小，机械力的作用占优势，所以仍留在物料层中。

磁选只适用于分离出铁磁性物质，可以作为一种辅助手段用于回收黑色金属。

4.3.4.2 磁选设备

（1）磁力滚筒

磁力滚筒有两种形式，如图 4-6 所示。

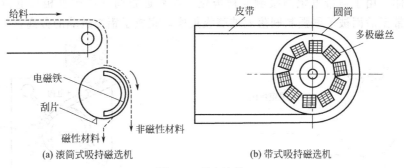

(a) 滚筒式吸持磁选机   (b) 带式吸持磁选机

图 4-6　磁力滚筒

图 4-6 中（a）型也称滚筒式吸持磁选机。主要部分是一个用黄铜、不锈钢等非导磁材料制成的滚筒，内有半环形磁铁。物料从传送带上落到滚筒表面时，磁性物质被吸引，带至下部刮板处被刮脱收集到料斗中。非磁性材料则直接落入另一料斗。（b）型也称带式吸持磁选机，磁力滚筒作为传动滚筒装在皮带机头部。当物料经过滚筒时，非磁性或弱磁性物质在离心力和重力作用下脱离皮带面；而非磁性物质则被吸在皮带上，并被带到滚筒下部，当皮带离开磁力滚筒伸直时，由于磁场强度的减弱而落入收集料斗中。

（2）悬吊磁铁器

悬吊磁铁器有一般式和带式两种，其结构如图 4-7 所示。

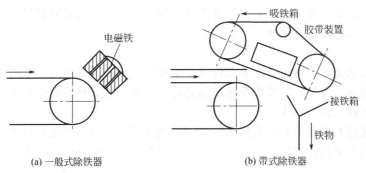

(a) 一般式除铁器   (b) 带式除铁器

图 4-7　悬吊磁铁器

图 4-7 中（a）型用于除铁量小的场合，通过切断电磁铁电流来排除磁性物质，而带式除铁器则通过胶带排除磁性物质。

4.3.5　电力分选

4.3.5.1　电力分选原理

电力分选是利用固体废物中各种组分在高压电场中电性的差异来实现分选的一种方法。电力分选的原理可用图 4-8 来说明。分选器由接地的金属圆筒板（正极）和放电板（负极）组成，放电极与圆筒间有适当距离，而在极间发生电晕放电，产生电晕电场区。物料随滚筒转动进入电晕电场区后，由于空间带有电荷使之获得负电荷。物料中的导电颗粒荷电后立即在滚筒上放电，当滚筒进入静电场之后，导电颗粒负电荷释放完毕并从滚筒上获得正电荷而被排斥，在电力、重力、离心力的综合作用下排入料斗。而非导体颗粒不易在滚筒上失去所荷负电荷，因而与滚筒相吸被带到滚筒后方用毛刷强制刷下，从而完成了分选过程。

4.3.5.2　电力分选设备——静电分选机

静电分选机的结构如图 4-9 所示。如将含有铝和玻璃的废物通过加料器均匀地加到带电滚筒上，铝为良导体从滚筒电极获得相同符号的电荷，因而被滚筒电极排斥落入铝收集槽。

玻璃为非导体，由于与带电辊筒接触而被极化，在靠近辊筒一端产生相反电荷而被辊筒吸住，随滚筒带至后面被毛刷强制刷落入玻璃收集槽，完成了铝与玻璃的分离。

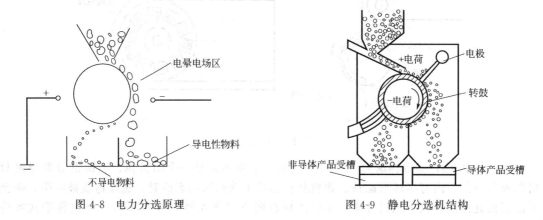

图 4-8 电力分选原理　　　　　　　图 4-9 静电分选机结构

4.3.6 光电分选

4.3.6.1 光电分选系统及工作过程

光电分选系统及工作过程包括以下三个部分。

（1）给料系统

固体废物入选前，需要预先进行筛分分级，使之成为窄粒级物料，并清除废物中的粉尘，以保证信号清晰，提高分离精度。分选时，使预处理后的物料颗粒排队呈单行，逐一通过光检区受检，以保证分离效果。

（2）光检系统

光检系统包括光源、透镜、光敏元件及电子系统等。这是光电分选机的心脏，因此，要求光检系统工作准确可靠，工作中要维护保养好，经常清洗，减少粉尘污染。

（3）分离系统（执行机构）

固体废物通过光检系统后，其检测所收到的光电信号经过电子电路放大，与规定值进行比较处理，然后驱动执行机构，一般为高频气阀（频率为 300Hz），将其中一种物质从物料

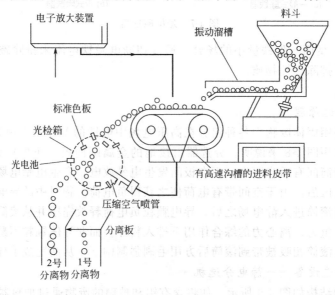

图 4-10 光电分选过程示意

60

流中吹动使其偏离出来,从而使物料中不同物质得以分离。

4.3.6.2 光电分选机及应用

图4-10是光电分选过程示意图。固体废物经预先窄分级后进入料斗。由振动溜槽均匀地逐个落入高速沟槽进料皮带上,在皮带上拉开一定距离并排队前进,从皮带首端抛入光检箱受检。当颗粒通过光检测区时,受光源照射,背景板显示颗粒的颜色或色调,当欲选颗粒的颜色与背景颜色不同时,反射光经光电倍增管转换为电信号(此信号随反射光的强度变化),电子电路分析该信号后,产生控制信号驱动高频气阀,喷射出压缩空气,将电子电路分析出的异色颗粒(即欲选颗粒)吹离原来下落轨道,加以收集。而颜色符合要求的颗粒仍按原来的轨道自由下落加以收集,从而实现分离。

光电分选可用于从城市垃圾中回收橡胶、塑料、金属等物质。

4.4 分选回收工艺系统

为了经济有效地回收城市垃圾和工业固体废物中有用物质,根据废物的性质和要求,将两种或两种以上的分选单元操作组合成一个有机的分选回收工艺系统,也称为分选回收工艺流程。

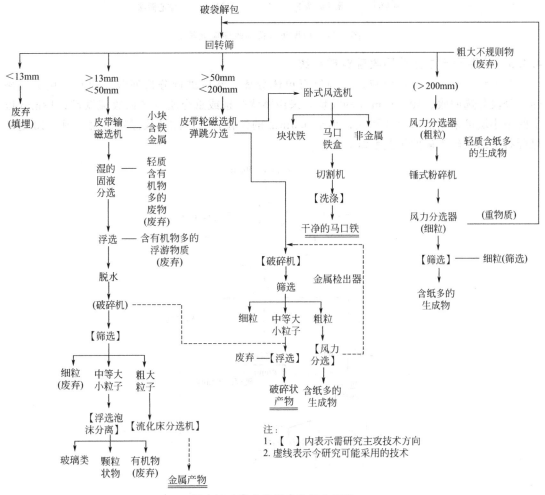

图4-11 城市垃圾分选回收系统

61

4.4.1 城市垃圾分选回收工艺系统

城市垃圾分选回收工艺系统包括收集运输、破碎、筛选、重选、磁选、摩擦与弹跳分选、浮选等。

图 4-11 为城市垃圾分选回收系统图。经该系统分选回收可得到以下产品：

① 轻质可燃物（热值约 $15 \times 10^3 kJ \cdot kg^{-1}$），主要有纸类、塑料薄膜、布类等；②杂纸类；③铁系金属；④重质无机物，玻璃约占总质量的 65%，其余为非金属。

4.4.2 粉煤灰分选回收系统

粉煤灰中除含有炭粒外，还含有空心玻璃微珠、磁珠和密实玻璃等有用物质。对于这些物质既可单独加以回收，也可以采用综合回收的方法。图 4-12 是粉煤灰分选回收系统图。

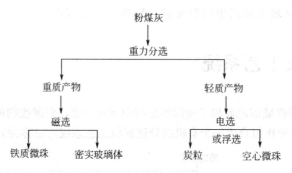

图 4-12　粉煤灰分选回收原则系统

4.4.3 从煤矸石中分选回收硫铁矿系统

首先将煤矸石破碎，使硫铁矿与矸石单体分离，然后进行分选回收。通常采用分段破碎、分段分选回收。50～13mm 的大块，采用跳汰分选或重介质分选回收硫铁矿；13mm 以下的中小块可采用摇床分选回收；小于 0.5mm 的细粒，采用磁选或浮选回收。图 4-13 是从煤矸石中回收硫铁矿的工艺系统。

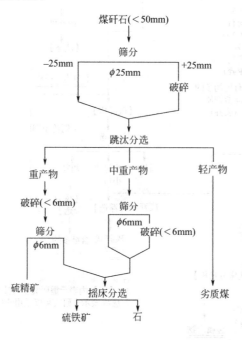

图 4-13　从煤矸石中回收硫铁矿原则工艺系统

思 考 题

1. 表示固体废物压实程度的指标有哪些？为何要进行压实处理？
2. 破碎程度用什么指标来衡量？简述破碎的意义。
3. 破碎流程有哪几种组合方式？分别是什么？
4. 试述重力分选的基本原理，并举出重力分选的几种常见方法及适用的场合。
5. 根据城市垃圾和工业固体废物中各组分的性质，怎样组合分选回收工艺系统？

5 固体废物的焚烧处理技术

5.1 概述

5.1.1 焚烧或燃烧的定义

① 从焚烧（Incineration）或燃烧（Combustion）过程的表象来看，焚烧或燃烧是一种伴有火焰发生的快速放热反应。

② 从燃烧的最终结果来看，它是物质间的一种能量转换过程，是通过燃料和氧化剂在一定条件下进行的具放热和发光特点的剧烈氧化反应，将燃料的内能转化为热能。

③ 就其本质特性而言，燃烧是指具有强烈放热效应，有基态和电子激发态的自由基出现的并伴有光辐射的化学反应现象。

5.1.2 固体废物焚烧过程的"三化"特性

① 减量化　固体废物经过焚烧，可减重80%以上，减容90%以上，与其他处理技术比较，减量化是它最卓越的效果。

② 无害化　与卫生填埋和堆肥所存在的潜在环境危害相比，其无害化特性具有明显优势。固体废物经焚烧，可以破坏其组成结构，杀灭病原菌，达到解毒除害的目的。

③ 资源化　固体废物含有潜在的能量，通过焚烧可以回收热能，并以电能输出。

由以上可见，固体废物的焚烧，是一种同时具有减量化、无害化和资源化的处理技术。

5.1.3 燃烧过程分析

从前面的定义可知，燃烧是燃料（固体废物）和氧化剂两种组分在一定空间及时间激烈地发生放热化学反应的过程。

燃烧反应是过程进行的主体，是内因，而燃烧装置则是使这一过程得以实现的外部环境，二者缺一不可。当然，燃烧也可以不在具体的燃烧装置里进行，但热能不能利用，还会造成环境污染。

从动力学分析可知，燃烧过程炉型的变化并不影响本征的化学反应过程，即燃烧过程的化学反应是一定的，而改变的只能是装置的特性——流体动力学行为，因此要提高燃烧效率，须通过改进炉型结构和工艺过程，进而改变流体动力学和传递特性，来降低焚烧的二次污染和提高能源的利用率。

下面给出燃烧过程各因素间的相互作用关系（见图5-1），来说明燃烧反应过程的基本特点。

由以上分析可见，燃烧反应器（焚烧炉）中的燃烧过程是伴有流动、传质和传热等物理过程的热化学反应过程，这些过程相互作用和影响，共同决定燃烧系统的行为和特性，是一

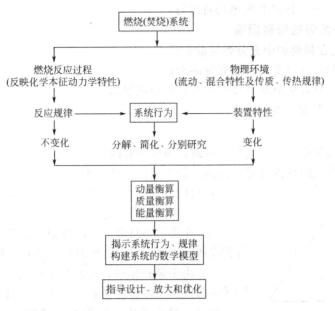

图 5-1 焚烧过程各因素间的关系

个极为复杂的综合过程。而垃圾焚烧要提高效率和优化的关键则着重于改善焚烧过的传递条件，如选择合适炉型，改善气、固相间的接触，提高燃烬率，降低气相有毒有害物质的再合成。

5.1.4 固体废物的可燃性

（1）固体废物的热值

① 定义 固体废物的热值是指单位质量的固体废物燃烧所释放出来的热量，单位为 $kJ \cdot kg^{-1}$。热值是衡量固体废物可燃性的一个标度或指标。

② 热值的表示方法 热值有两种表示法，即高位热值（HHV 或 Q_H）和低位热值（LHV 或 Q_L）。高位热值和低位热值的意义相同，均指化合物在一定温度下反应到达最终产物的焓变。

其区别在于，反应产物的状态不同：Q_H 的终态 H_2O 为液态，Q_L 终态 H_2O 是气态。因此

$$Q_H - Q_L = 水的汽化潜热$$

③ 高位热值与低位热值的关系

$$Q_L = Q_H - 25.12(9H + W)$$

$$Q_L = Q_H - 2420\left[H_2O + 9\left(H - \frac{Cl}{35.5} - \frac{F}{19}\right)\right]$$

式中，H_2O 为焚烧产物中水的质量分数，%；H，Cl，F 分别为废物中 H，Cl，F 质量分数，%；W 为水的质量分数或质量百分数，%。高位热值（粗热值）可用氧弹量热计测量。

（2）热值与可焚烧性的关系

要使固体废物维持燃烧，就要求其燃烧所释放出的热量足以提供废物达到燃烧温度所需要的热量和发生燃烧反应所需的活化能。否则，要维持燃烧，必须添加辅助燃料。

对生活垃圾来说，当 $Q_L < 3344 kJ \cdot kg^{-1}$ 时不满足焚烧条件；当 $3344 kJ \cdot kg^{-1} < Q_L < 4180 kJ \cdot kg^{-1}$ 时，理论上不借辅助燃料可焚烧，但废热利用价值不大；当 $4180 kJ \cdot kg^{-1} <$

$Q_L < 5000 \mathrm{kJ \cdot kg^{-1}}$时，供热和发电均可进行。

5.1.5 固体废物焚烧的控制因素

（1）固体废物在焚烧炉中充分燃烧的条件

① 燃烧所需的氧气（空气）能充分供给；

② 反应系统有良好的搅动（废物与氧良好的接触）；

③ 系统的操作温度必须足够高。

（2）基本控制因素

① 废物在焚烧炉中与空气接触的时间，即停留时间（$\bar{t}$）；

② 废物与空气之间的混合量，即混合程度或湍流度（T）；

③ 反应进行的温度（t）。

（3）三者之间的关系

用一个等边三角形三个边分别代表温度、停留时间和混合程度或湍流度，用三角形的面积表示燃烧效果或效率（见图5-2）。由于某种原因，它的某个边变短了，那么，为保持同样大的面积（即燃烧效果），三角形的另两边就必须延伸。

例如：焚烧炉中，废物和空气的混合量减少了，就必须延长停留时间或提高温度，才能达到同样的燃烧效果。

图 5-2 3T 间的关系

同样，炉温降低了，为达到同样的燃烧效果，就必须充分地搅动和延长停留时间。

这三个因素（3T）对焚烧过程的操作及焚烧炉的设计，至关重要。

5.1.6 焚烧效果

在实际的燃烧过程中，因某种原因，其操作达不到理想效果，使得废物燃烧过程不完全，这就是燃烧效果问题。

评价焚烧效果的方法有：目测法、热灼减量法和CO法等。

① 目测法 通过观察烟气的"黑度"来判断焚烧效果，烟气越黑，效果当然越差。

② 热灼减量法 它是用焚烧炉渣中有机可燃物的量来评价焚烧效果的，可表示为

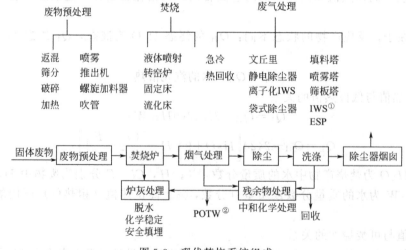

图 5-3 现代焚烧系统组成

①IWS 离子化湿式洗涤器；②公共废物处理厂

$$E_S = \left(1 - \frac{W_L}{W_f}\right) \times 100\%$$

式中，E_s 为焚烧效果，%；W_L 为单位质量炉渣中热灼减量，kg；W_f 为单位质量废物中的可燃物量，kg。

③ CO 法（也称 CO_2 法）

$$E_g = \frac{C_{CO_2}}{C_{CO} + C_{CO_2}} \times 100\%$$

式中，E_g 为燃烧效率，E_g 越大，燃烧效果越好。

5.1.7 现代焚烧系统基本组成

现代焚烧系统的基本组成如图 5-3 所示。

5.2 燃烧反应过程的动力学规律

5.2.1 固体废物燃烧的异相反应特性

固体废物与氧化剂（O_2）的反应为气固相反应，为非均相反应或异相反应。

气固异相反应速率，是指单位时间、单位反应表面上物质的反应量，即

$$\frac{dn}{A dt} = r = f(T, c)$$

式中，n 为物质的量，mol 或 kg；A 为反应表面积，m^2；t 为反应时间，s；r 为表面反应速率，$mol \cdot m^{-2} \cdot s^{-1}$ 或 $kg \cdot m^{-2} \cdot s^{-1}$；$T$ 为反应温度，K；c 为物质的浓度，$mol \cdot m^{-3}$，$kg \cdot m^{-3}$。

例如，固体废物与 O_2 反应通常包括以下几个步骤：

① O_2 自气相主体向反应表面的传递（扩散）；

② O_2 被反应表面吸附；

③ 发生表面化学反应；

④ 反应产物的脱附；

⑤ 气相产物自表面向气相主体的扩散。

上面各步骤串联进行，稳态时，各步速率相等，即

$$r = N = \frac{dn}{A dt} = -D \frac{dc}{dz}$$

式中，N 为物质的通量，$mol \cdot m^{-2} \cdot s^{-1}$ 或 $kg \cdot m^{-2} \cdot s^{-1}$；$D$ 为扩散系数，$m^2 \cdot s^{-1}$；z 为扩散距离，m。

（1）异相燃烧反应的动力区和扩散区

若 O_2 的气相主体浓度为 c_b，表面浓度为 c_i。则根据膜扩散理论，当膜中的浓度分布为线性时，扩散通量 N_d 为

$$N_d = \frac{D}{\delta}(c_b - c_i) = k_d(c_b - c_i) \tag{5-1}$$

式中，δ 为浓度边界层或膜（气）的厚度，m；k_d 为物质（O_2）的扩散传质系数，$m \cdot s^{-1}$。

而表面反应速率为

$$r_i = k_i c_i^n \tag{5-2}$$

式中，r_i 为表面反应速率；k_i 为表面反应速度常数。

稳态时，反应速率与扩散传质速率相等，且等于总反应速率 r_G，即

$$N_d = r_i = r_G \tag{5-3}$$

将式(5-1) 和式(5-2) 做如下变换（并用 r_G 代替 N_d 和 r_i），则式(5-1) 变为

$$\frac{r_G}{k_d} = c_b - c_i \tag{5-4}$$

式(5-2) 变为

$$\left(\frac{r_G}{k_i}\right)^{\frac{1}{n}} = c_i \tag{5-5}$$

消去未知的 c_i，即式(5-4)+式(5-5)，得

$$\frac{r_G}{k_d} + \left(\frac{r_G}{k_i}\right)^{\frac{1}{n}} = c_b \tag{5-6}$$

若为一级反应，则

$$\frac{r_G}{k_d} + \frac{r_G}{k_i} = c_b \tag{5-7}$$

或

$$r_G = \frac{c_b}{\dfrac{1}{k_d} + \dfrac{1}{k_i}} \tag{5-8}$$

该式即为同时考虑扩散传质和反应规律的表面反应速率表达式，且化学反应为一级。

将式(5-8) 写成

$$r_G = k_G c_b \tag{5-9}$$

则

$$k_G = \frac{k_d k_i}{k_d + k_i} \tag{5-10}$$

式中，k_G 称为综合速率常数或总括速率常数。

对式(5-10) 进行讨论：

① 当 $k_i \ll k_d$ 时，如当温度很低时，则

$$k_G = \frac{k_i k_d}{k_i + k_d} = k_i \Rightarrow r_G = k_i c_b \tag{5-11}$$

此时，总体反应速率取决于化学动力学因素，称为异相反应处于"动力区"。

② 当 $k_i \gg k_d$ 时，例如高温区，则

$$k_G = \frac{k_i k_d}{k_i + k_d} = k_d \Rightarrow r_G = k_d c_b \tag{5-12}$$

这种情况下，异相反应速率取决于气相反应物（O_2）向反应表面的扩散传质速率，称反应处于扩散区。

由此可见：①若反应处于动力区，则强化燃烧过程的主要手段是提高系统的反应温度。②若反应处于扩散区，则为了强化燃烧过程则应设法增大传质系数，这可通过增加流体（气体）的流速，减少颗粒直径而达到。

因为

$$Sh = \frac{k_d d}{D} \Rightarrow k_d = \frac{Sh \cdot D}{d}$$

式中，Sh 为 Sherwood 特征数；k_d 为传质系数，$k_d = D/\delta$；D 为扩散系数；d 为特征尺寸（此处为颗粒直径）；δ 为浓度边界层厚度，气固反应时，为气膜的厚度。

而

$$Sh = 2 + \frac{1}{2} Re^{1/2} Sc^{1/3}$$

式中，Re 为 Reynold 特征数；Sc 为 Schmidt 特征数。

其中

$$Re = \frac{\rho u d}{\mu}, \quad Sc = \frac{\mu}{\rho D}$$

式中，ρ 为密度；μ 为黏度；u 为流体（气体）速度。

当为层流时

$$Sh = 2$$

故

$$k_d = \frac{2D}{d}$$

由此可知，若反应处于扩散区，可通过增加流体的流速（气体）和减少颗粒直径，来增大传质系数从而强化燃烧过程。

（2）固体的内部反应

上面介绍的反应是在固体表面上进行的。固体废物具有多孔性，O_2 可进入内部进行反应。

设固体颗粒的半径为 R，外表面积为 A，颗粒内部单位体积所具有的内表面面积为 A_i，则粒子的总反应表面积为

$$A_{总} = A + \frac{4}{3}\pi R^3 A_i = A\left(1 + \frac{RA_i}{3}\right) \tag{5-13}$$

因为

$$A = 4\pi R^2$$

则

$$r_i' = -\frac{dn}{dt} = A\left(1 + \frac{RA_i}{3}\right)k_i c_{i(内)} = A\bar{k}c_{i(内)} \tag{5-14}$$

式中，$\bar{k}$ 为有效反应速率常数。

① 当温度很低时，化学反应速率很慢，则 $r_i' \ll N_d$，可认为内表面上的氧气浓度等于 c_i，则

$$r_i' = A\bar{k}c_i$$

② 当温度很高时，化学反应速率很快，即 $N_d' \ll r_i'$，则 $c_{i(内)} \to 0$，可认为内部反应基本停止，故

$$r_i' = Ak_i c_i$$

动力学方程中的表面浓度 c_i，难以用试验测定，反应工程学中采用效率因子法和表观动力学法，以主体浓度 c_b 代替 c_i。

① 表观动力学法

$$r_i' = AKc_b$$

将传递的影响因素归并于速率常数 K 之中，则 K 不仅由反应的特性决定，而且与传递特性有关，而本征动力学中的 k 则由化学因素决定。

② 效率因子法

$$r_i' = A\eta k_i c_b$$

即传递过程的影响归并于效率因子 η 中。

虽然 c_i 难以测定，但可通过传递方程得到 c_i 与 c_b 的关系。

以碳粒的燃烧反应为例，设碳粒的半径为 R，气相 O_2 的浓度为 $c_{b(O_2)}$。假设该过程只有分子扩散存在，故对任何一半径为 r 的球形面来说，则氧气的扩散量为

$$q = D\frac{dc}{dr}4\pi r^2 \tag{5-15}$$

式(5-15) 对 r 求导

$$\frac{dq}{dr} = D\frac{d}{dr}\left(\frac{dc}{dr}4\pi r^2\right) \tag{5-16}$$

对稳态过程，且不存在外部空间的反应，则 $dq=0$。故

$$dq=D\ \frac{d}{dr}\Big(\frac{dc}{dr}4\pi r^2\Big)\,dr=0 \qquad (5\text{-}17)$$

即

$$D\ \Big(\frac{d^2c}{dr^2}r^2+2\ \frac{dc}{dr}r\ \Big)\,dr=0 \qquad (5\text{-}18)$$

因为

$$dr\neq0$$

故

$$D\ \Big(\frac{d^2c}{dr^2}+\frac{2}{r}\times\frac{dc}{dr}\Big)=0 \qquad (5\text{-}19)$$

在边界条件：$\begin{cases}r=\infty,\ \ c=c_b\\ r=R,\ \ c=c_i\end{cases}$

求解式(5-19) 得

$$c_i=\cfrac{c_b}{1+\cfrac{k_i\Big(1+\cfrac{R}{3}A_i\Big)R}{D}} \qquad (5\text{-}20)$$

根据

$$k_Gc_b=k_ic_i$$

将式(5-20) 代入，得到表观速率常数

$$k_G=\cfrac{k_i}{1+\cfrac{k_i(1+\varepsilon A_i)R}{D}} \qquad (5\text{-}21)$$

式中，$\varepsilon=\dfrac{R}{3}$。

由式(5-21) 可知，减小碳粒的直径，使扩散阻力减少（R/D），进而使反应速率加大。

当 $R\rightarrow0$ 时，有 $k_G=k_i$ 传递影响消除。就是说，温度不变时，随着碳粒的烧尽，燃烧过程总是要进入动力区的。

5.2.2　C 和 H 的燃烧反应机理及动力学特性

固体废物中可燃物质主要为 C 和 H，因此，以 C 和 H 的燃烧反应为例，了解固体废物焚烧过程的本征动力学规律。

例如对一个简单基元反应来说

$$a\mathrm{A}+b\mathrm{B}\longrightarrow c\mathrm{C}+d\mathrm{D}$$

$$r_A=-\ \frac{dc_A}{dt}=kc_A^a c_B^b$$

$$r_A\neq r_B\neq r_C\neq r_D$$

它们间的关系为

$$\frac{r_A}{a}=\frac{r_B}{b}=\frac{r_C}{c}=\frac{r_D}{d}$$

式中，r_A、r_B、r_C 和 r_D 分别为组分 A、B、C 和 D 的反应速率；c_A 和 c_B 分别为组分 A 和组分 B 的浓度。

例如

$$2\mathrm{H_2}+\mathrm{O_2}\Longrightarrow2\mathrm{H_2O}$$

则

$$r_{\mathrm{H_2}}=2r_{\mathrm{O_2}}=r_{\mathrm{H_2O}}$$

5.2.2.1　氢的燃烧反应机理及动力学

我们知道，对氢的氧化反应来说，其反应式是 $2\mathrm{H_2}+\mathrm{O_2}\longrightarrow2\mathrm{H_2O}$，则反应的动力学方

程似乎应是 $r_{H_2} = -\dfrac{dc_{H_2}}{dt} = kc_{H_2}^2 c_{O_2}$，但实际并非如此。因为上式不是基元反应，唯基元反应才能按质量作用定律直接写出反应的速率方程。

氢的燃烧反应机理被认为是典型支链反应，其基本反应方程式如下。

① 链的产生

$$A \quad H_2 + O_2 \longrightarrow 2OH$$
$$B \quad H_2 + M \longrightarrow 2H + M$$
$$C \quad O_2 + O_2 \longrightarrow O_3 + O$$

② 链的继续及支化

$$A' \quad H + O_2 \longrightarrow OH + O$$
$$B' \quad OH + H_2 \longrightarrow H_2O + H$$
$$C' \quad O + H_2 \longrightarrow OH + H$$

③ 器壁断链（链的终止）

$$A'' \quad H + 器壁 \longrightarrow \frac{1}{2}H_2$$
$$B'' \quad OH + 器壁 \longrightarrow \frac{1}{2}(H_2O_2)$$
$$C'' \quad O + 器壁 \longrightarrow \frac{1}{2}O_2$$

另外还有空间断链，总之，A'、B'、C' 反应循环进行，引起 H 原子数的不断增加。将链支化的三步相加，即

$$
\begin{aligned}
H + O_2 &\longrightarrow OH + O\\
2OH + 2H_2 &\longrightarrow 2H_2O + 2H\\
+) \quad O + H_2 &\longrightarrow OH + H\\
\hline
H + 3H_2 + O_2 &\longrightarrow 2H_2O + 3H
\end{aligned}
$$

由上式可知，一个氢原子产生了三个氢原子，三个将产生 9 个氢原子，等等。从而使反应速度越来越快。至此，H_2 的反应速率就可按上述支链反应的 $A' B' C'$ 写出，而在三个反应中，A' 的活化能最大（$7.54 \times 10^4 J \cdot mol^{-1}$），$B'$ 和 C' 的活化能较小，因此，速率的控制步骤为 A' 步，则

$$r_{H_2} = -\frac{dc_{H_2}}{dt} = kc_H c_{O_2} \tag{5-22}$$

其中，k 为 H_2 反应的速率常数，$k = 10^{-11}\sqrt{T}\exp\left(-\dfrac{7.54 \times 10^4}{RT}\right)$。由此可知，温度对燃烧反应速率的影响极为显著。

5.2.2.2 碳的燃烧反应机理及动力学

$$C(s) + O_2(g) \longrightarrow CO_2(g)$$

碳的燃烧反应属非均相反应，氧气与碳原子作用，包括扩散、吸附、化学反应，反应产物又和氧及碳相互作用，十分复杂，但就碳的化学反应来说，包括初次反应和二次反应（三步），即

初次反应

（1）碳与氧的反应（即燃烧反应）

$$C + O_2 \!\!=\!\! CO_2 + 409 kJ \cdot mol^{-1}$$
$$2C + O_2 \!\!=\!\! 2CO + 246 kJ \cdot mol^{-1}$$

二次反应

（2）C 与 CO_2 反应

$$C + CO_2 \Longrightarrow 2CO - 162 \ (kJ \cdot mol^{-1})$$

（3）一氧化碳 CO 的氧化反应

$$2CO + O_2 \Longrightarrow 2CO_2 + 571 \ (kJ \cdot mol^{-1})$$

由上述这些反应可见，初次反应和二次反应都生成 CO 和 CO_2。

根据对碳氧化反应机理的研究表明，碳与氧可结合成一种结构不定的质点（C_xO_y）。该质点或者在氧分子的撞击下分解成 CO 和 CO_2，或者为简单的热力学分解。即

① $C_xO_y + O_2 \longrightarrow mCO_2 + nCO$

② $C_xO_y \longrightarrow mCO_2 + nCO$

生成 CO_2 和 CO 的多少，即 m 和 n 值的大小，与温度有关。

a. 当温度低于 1200～1300℃时，反应分两阶段进行，第一步是氧在石墨内迅速溶解，即

$$4C + 2O_2 \Longrightarrow 4C \cdot 2(O_2)_{(溶)} \tag{Ⅰ}$$

第二步，溶液在氧分子的撞击下缓慢分解，即

$$4C \cdot 2(O_2)_{(溶)} + O_2 \Longrightarrow 2CO + 2CO_2 \tag{Ⅱ}$$

则总反应为 $4C + 3O_2 \Longrightarrow 2CO + 2CO_2$ （Ⅲ）

两步反应中，反应（Ⅱ）较慢，决定着总反应的速率，对 O_2 来说，属 1 级反应，因此，反应速率可表示为

$$r_{低温} = k_1 p_{O_2} = A_1 \exp\left(-\frac{E_1}{RT}\right) p_{O_2} \tag{5-23}$$

b. 当温度高于 1500～1600℃时，同样，反应分两步进行，先是 O_2 在碳晶格上的化学吸附，即

$$3C + 2O_2 \Longrightarrow 3C \cdot 2(O_2)_{(吸)} \tag{Ⅳ}$$

第二步是质点的热力学分解

$$3C \cdot 2(O_2)_{(吸)} \Longrightarrow 2CO + CO_2 \tag{Ⅴ}$$

式（Ⅳ）+式（Ⅴ） $3C + 2O_2 \Longrightarrow 2CO + CO_2$ （Ⅵ）

热力分解的一步较慢，为控制步骤，该反应为 0 级反应，故

$$r_{高温} = k_2 = A_2 \exp\left(-\frac{E_2}{RT}\right) \tag{5-24}$$

由以上分析可知：

① 在高温条件下，增加 O_2 的浓度，并不能提高反应速率；而低温时，增加 O_2 的浓度可提高 C 的燃烧反应速率。

② 燃烧时生成 CO_2 与 CO 的比例，在低温时为 1∶1，高温时为 1∶2。

5.2.3   固体废物焚烧过程的宏观动力学特性

在固体废物的焚烧过程中，气体反应物（O_2）向颗粒表面扩散并进入内部，然后进行反应，随反应进行，颗粒不断变小，反应的产物有两种情况：一种无固体产物生成；另一种有固体产物生成，而对固体反应物（固体废物）而言，有无孔颗粒和多孔颗粒之分。因此，针对固体废物本身的特点和焚烧过程有无固体产物生成，可将垃圾与 O_2 的反应分成：

① 无固体产物层的无孔颗粒与气体 O_2 间的反应；

② 有固体产物层的无孔颗粒与气体 O_2 间的反应；

③ 无固体产物层的有孔固体与气体 O_2 间的反应；

④ 有固体产物层的有孔固体与气体 O_2 间的反应。

若有固体产物层生成，则 O_2 必须通过产物层与固体废物进行反应。

但无论有无固体产物层生成，反应区总是向内推移，未反应的内核逐渐缩小，直至反应终了。下面介绍在不同情况下，固体废物与 O_2 反应的宏观动力学规律。

5.2.3.1 无固体产物层的无孔颗粒与气体 O_2 的反应

反应机理如图5-4所示，图中 c_{Ab} 和 c_{Ai} 分别为组分 A 在气相主体和界面处的浓度；c_{Pi} 和 c_{Pb} 分别为组分 P（产物）在界面处和体相中的浓度；c_{Ac} 为缩小核界面处的浓度，$c_{Ac}=c_{Ai}$。

反应通式可写成

$$A(g)+bB(s)=\!=\!=pP(g) \tag{5-25}$$

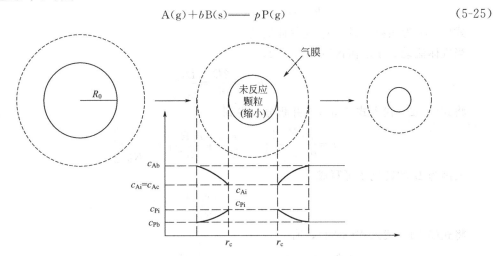

图5-4　无固体产物生成的无孔固体与气体 O_2 的反应的缩核模型

则

① 反应物 A 向固体表面的传质速率 $n_A(\mathrm{mol \cdot s^{-1}})$ 为

$$n_A=k_{gA}A_c(c_{Ab}-c_{Ai}) \tag{5-26}$$

式中，k_{gA} 为 A 的传质系数，$\mathrm{m \cdot s^{-1}}$；A_c 为未反应核（颗粒）的表面积，$\mathrm{m^3}$。

② 气固间组分 A 的反应速率 $r_A(\mathrm{mol \cdot s^{-1}})$ 为

$$r_A=k_r A_c f(c_{Ai})\overset{\text{一级}}{\Longrightarrow}r_A=k_r A_c c_{Ai} \tag{5-27}$$

式中，k_r 为反应速率常数。稳态时，$r_A=n_A=r_{GA}$（组分 A 的总反应速率）。消去界面浓度 c_{Ai}，由式(5-26) 和式(5-27) 得到

$$r_{GA}=\frac{A_c c_{Ab}}{\dfrac{1}{k_{gA}}+\dfrac{1}{k_r}}=\frac{4\pi r_c^2 c_{Ab}}{\dfrac{1}{k_{gA}}+\dfrac{1}{k_r}} \tag{5-28}$$

式中，r_c 为未反应核（颗粒）的半径，m。设 ρ_B 为固体 B 的物质的量浓度（$\mathrm{mol \cdot m^{-3}}$），而固体颗粒 B 的减少表现为未反应核的缩小，则根据式(5-25)，可写出

$$r_{GA}=\frac{r_{GB}}{b}=-\frac{\rho_B}{b}\cdot\frac{\mathrm{d}}{\mathrm{d}t}\left(\frac{4}{3}\pi r_c^3\right)=-\frac{\rho_B 4\pi r_c^2}{b}\cdot\frac{\mathrm{d}r_c}{\mathrm{d}t} \tag{5-29}$$

式中，r_{GB} 为固体 B 消耗的总反应速率，$\mathrm{mol \cdot s^{-1}}$；$b$ 为固体 B 的摩尔数。

将式(5-28) 代入式(5-29)，得

$$-\frac{\mathrm{d}r_c}{\mathrm{d}t}=\frac{bc_{Ab}}{\rho_B}\cdot\frac{1}{\dfrac{1}{k_{gA}}+\dfrac{1}{k_r}} \tag{5-30}$$

式(5-30) 右端除 k_{gA} 外，均与 r_c 无关，分离变量并利用初始条件：$t=0$ 时，$r_c=R_0$，积分得到

$$t=\frac{\rho_B}{bc_{Ab}}\left(\frac{R_0-r_c}{k_r}-\int_{R_0}^{r_c}\frac{dr_c}{k_{gA}}\right) \tag{5-31}$$

式(5-31) 中的 k_{gA}（传质系数），与气体流速 u_g，颗粒的大小和形状、气体的物性等有关。

如前所述：

$$Sh=k_{gA}d/D=2+0.5Re^{1/2}Sc^{1/3}$$
$$Re=du_g\rho/\mu;\quad Sc=\mu/\rho D$$

式中，d 为颗粒直径；u_g 为气体流速。

当气体流动处于层流区时，$Sh=2$，

$$k_{gA}=\frac{2D}{d}=\frac{D}{r_c} \tag{5-32}$$

将式(5-32) 代入式(5-31)，并积分，得到

$$t=\frac{\rho_B R_0}{bk_r c_{Ab}}\left[\left(1-\frac{r_c}{R_0}\right)+\frac{k_r R_0}{2D}\left(1-\frac{r_c^2}{R_0^2}\right)\right] \tag{5-33}$$

又因为 B 的转化率可写成

$$X=1-\left(\frac{r_c}{R_0}\right)^3 \tag{5-34}$$

将式(5-34) 代入式(5-33)，有

$$t=\frac{\rho_B R_0}{bk_r c_{Ab}}\left\{\left[1-(1-X)^{1/3}\right]+\frac{k_r R_0}{2D}\left[1-(1-X)^{2/3}\right]\right\} \tag{5-35}$$

当固体 B 完全转化，即 $X=1$，$r_c=0$ 时，则该过程所需的时间以 τ 表示，有

$$\tau=\frac{\rho_B R_0}{bk_r c_{bA}}\left(1+\frac{k_r R_0}{2D}\right) \tag{5-36}$$

令

$$\sigma_0^2=\frac{k_r R_0}{2D}=\frac{\frac{R_0}{2}\cdot\frac{1}{D}}{1/k_r} \tag{5-37}$$

式(5-37) 表示边界层传质阻力与化学反应阻力的比值（无量纲量）。因此，可用它来判断过程的控制步骤：

① 当 $\sigma_0^2\leqslant 0.1$ 时，为化学反应控制；

② 当 $\sigma_0^2\geqslant 10$ 时，为扩散传质控制；

③ 当 $0.1<\sigma_0^2<10$ 时，混合控制。

(1) 当为反应控制时

$$t=\frac{\rho_B R_0}{bk_r c_{Ab}}\left[1-(1-X)^{1/3}\right] \tag{5-38}$$

$$\tau=\frac{\rho_B R_0}{bk_r c_{Ab}} \tag{5-39}$$

(2) 当为传质控制时

$$t=\frac{\rho_B R_0^2}{2bDc_{Ab}}\left[1-(1-X)^{2/3}\right] \tag{5-40}$$

$$\tau = \frac{\rho_B R_0^2}{2bDc_{Ab}} \qquad (5\text{-}41)$$

【例 5-1】 900℃和 1atm 下，半径为 1mm 的球形碳颗粒在含 10%氧的静止气体中燃烧。试计算完全燃烧所需的时间，并确定过程的控制步骤。若颗粒的半径改为 0.1mm，其他条件不变时，结果会有何变化？已知该条件下，$k_r = 0.2\,m \cdot s^{-1}$；$D = 2 \times 10^{-4}\,m^2 \cdot s^{-1}$，$\rho_B = 1.88 \times 10^5\,mol \cdot m^{-3}$。

解： （1）气相主体 O_2 的浓度

$$c_{b,O_2} = \frac{p}{RT} = \frac{1 \times 0.1 \times 10^6}{82.06 \times 1173} = 1.039\,(mol \cdot m^{-3})$$

（2）完全燃烧所需时间 τ

$$\sigma_0^2 = \frac{k_r R_0}{2D} = \frac{0.2 \times 10^{-3}}{2 \times 2 \times 10^{-4}} = 0.5$$

因为

$$0.1 < \sigma_0^2 < 10$$

故为混合控制。

因为

$$\frac{\rho_B R_0}{bk_r c_{b,O_2}} = \frac{1.88 \times 10^5 \times 1 \times 10^{-3}}{1 \times 0.2 \times 1.039} = 904.7\,(s)$$

因此 $\quad \tau = \frac{\rho_B R_0}{bk_r c_{b,O_2}}(1 + \sigma_0^2) = 904.7 \times (1 + 0.5) = 1357(s) = 22.62\,(min)$

（3）当碳颗粒的半径为 0.1mm 时的 τ

因为

$$\sigma_0^2 = \frac{k_r R_0}{2D} = \frac{0.2 \times 0.1 \times 10^{-3}}{2 \times 2 \times 10^{-4}} = 0.05 < 0.1$$

故控制步骤为反应过程。

又 $\quad \frac{\rho_B R_0}{bk_r c_{b,O_2}} = \frac{1.88 \times 10^5 \times 0.1 \times 10^{-3}}{1 \times 0.2 \times 1.039} = 90.47(s) = 1.51(min)$

$$\tau = \frac{\rho_B R_0}{bk_r c_{b,O_2}}(1 + \sigma_0^2) = 90.47 \times (1 + 0.05) = 94.99(s) = 95.00(s) = 1.58\,(min)$$

5.2.3.2 生成固体产物层的无孔颗粒与气体（O_2）间的反应

此类反应的通式为

$$A(g) + bB(s) \Longrightarrow pP(g) + rR(s) \qquad (5\text{-}42)$$

单个球形无孔颗粒与气体间的反应如图 5-5 所示。

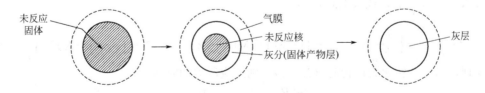

图 5-5 单个球形无孔颗粒与气体间的反应示意

式(5-42)的气体与固体间的整个反应过程由以下三个串联步骤组成：

① 气体 A 经气膜扩散到固体的外表面；

② 气体 A 通过灰层扩散到未反应核的表面；

③ 在未反应核表面，气体与固体进行反应。

下面分别讨论：

① 气体反应物 A 在气流主体相与固体表面间的传质速率 $n_A(\text{mol} \cdot \text{s}^{-1})$ 为

$$n_A = k_{gA} A_s (c_{Ab} - c_{As}) = 4\pi R_0^2 k_{gA} (c_{Ab} - c_{As}) \tag{5-43}$$

式中，c_{As} 为颗粒表面处 A 的浓度；R_0 为颗粒半径；A_s 为颗粒的表面积。

② A 通过固体产物层（灰层）的扩散速率 $n_d(\text{mol} \cdot \text{s}^{-1})$ 为

$$n_d = 4\pi r^2 D_e \frac{dc_A}{dr} \tag{5-44}$$

将式(5-44) 分离变量，积分得

$$n_d \int_{R_0}^{r_c} \frac{dr}{r^2} = 4\pi D_e \int_{c_{As}}^{c_{Ai}} dc_A \tag{5-45}$$

$$n_d = 4\pi D_e \frac{R_0 r_c}{R_0 - r_c} (c_{As} - c_{Ai}) \tag{5-46}$$

式中，D_e 为灰层内 A 的扩散系数；r_c 为未反应核的半径；c_{Ai} 为反应界面处的浓度。

③ A 在反应界面上的反应速率 $r_A(\text{mol} \times \text{s}^{-1})$ 为

$$r_A = k_r A_c f(c_{Ai}) \xrightarrow{\text{一级}} 4\pi r_c^2 k_r c_{Ai} \tag{5-47}$$

稳态时

$$n_A = n_d = r_A = r_{GA} \tag{5-48}$$

由式(5-43)，式(5-46)，式(5-47) 和式(5-48)，消去 c_{As} 和 c_{Ai} 项得到

$$r_{GA} = \cfrac{4\pi R_0^2 c_{Ab}}{\cfrac{1}{k_{gA}} + \cfrac{R_0}{D_e}\left(\cfrac{R_0}{r_c} - 1\right) + \cfrac{1}{k_r}\left(\cfrac{R_0}{r_c}\right)^2} \tag{5-49}$$

因为

$$r_{GA} = \frac{r_{GB}}{b} = -\frac{\rho_B}{b} \cdot \frac{d}{dt}\left(\frac{4\pi r_c^3}{3}\right) = -\frac{\rho_B 4\pi r_c^2}{b} \cdot \frac{dr_c}{dt} \tag{5-50}$$

联立式(5-49) 和式(5-50)，得到

$$-\frac{dr_c}{dt} = \frac{bc_{Ab}}{\rho_B} \times \cfrac{1}{\cfrac{1}{k_{gA}}\left(\cfrac{r_c}{R_0}\right)^2 + \cfrac{r_c}{D_e}\left(1 - \cfrac{r_c}{R_0}\right) + \cfrac{1}{k_r}} \tag{5-51}$$

此处，k_{gA} 与 r_c 无关，则式(5-51) 分离变量积分得到

$$t = \frac{\rho_B R_0}{bk_r c_{Ab}}\left[\frac{k_r}{3k_{gA}}\left(1 - \frac{r_c^3}{R_0^3}\right) + \frac{k_r R_0}{6D_e}\left(1 - 3\frac{r_c^2}{R_0^2} + 2\frac{r_c^3}{R_0^3}\right) + \left(1 - \frac{r_c}{R_0}\right)\right] \tag{5-52}$$

将 $X = 1 - \left(\dfrac{r_c}{R_0}\right)^3$，代入上式得到

$$t = \frac{\rho_B R_0}{bk_r c_{Ab}}\left\{\frac{k_r}{3k_{gA}}X + \frac{k_r R_0}{6D_e}\left[1 - 3(1-X)^{2/3} + 2(1-X)\right] + \left[1 - (1-X)^{1/3}\right]\right\} \tag{5-53}$$

同理，当完全转化为产物时（$X = 1$），则反应所需的时间为

$$\tau = \frac{\rho_B R_0}{bk_r c_{Ab}}\left(\frac{k_r}{3k_{gA}} + \frac{k_r R_0}{6D_e} + 1\right) \tag{5-54}$$

讨论：①当整个反应由界面反应控制时，即 $k_r \ll k_{gA}$，$k_r \ll D_e$，则

$$t = \frac{\rho_B R_0}{bk_r c_{Ab}}\left[1 - (1-X)^{1/3}\right] \tag{5-55}$$

$$\tau = \frac{\rho_B R_0}{bk_r c_{Ab}} \tag{5-56}$$

② 当由灰层内的扩散控制时，即 $D_e \ll k_{gA}$，$D_e \ll k_r$，则

$$t = \frac{\rho_B R_0^2}{6bD_e c_{Ab}}[1 - 3(1-X)^{2/3} + 2(1-X)] \tag{5-57}$$

$$\tau = \frac{\rho_B R_0^2}{6bD_e c_{Ab}} \tag{5-58}$$

③ 气膜传质控制时，即 $k_{gA} \ll D_e$，$k_{gA} \ll k_r$，则

$$t = \frac{\rho_B R_0}{3bk_{gA}c_{Ab}}X \tag{5-59}$$

$$\tau = \frac{\rho_B R_0}{3bk_{gA}c_{Ab}} \tag{5-60}$$

5.3 燃烧反应计算

5.3.1 空气需要量的计算

5.3.1.1 理论空气需要量（完全燃烧空气量）的计算

已知燃料成分为（质量分数）

$$C\% + H\% + O\% + N\% + S\% + A\% + W\% = 100\%$$

当完全燃烧时

① C 燃烧时　　　　　　　　$C + O_2 \Longequal CO_2$

数量关系为　　　　　　　　$12 + 32 = 44$（kg）

则每千克碳完全燃烧时，为

$$1 + \frac{8}{3} = \frac{11}{3}\ (\text{kg} \cdot \text{kg}^{-1})$$

② H 燃烧时　　　　　　　　$H_2 + \frac{1}{2}O_2 \Longequal H_2O$

$$2 + 16 = 18\ (\text{kg})$$

则每千克氢完全燃烧时，为

$$1 + 8 = 9\ (\text{kg} \cdot \text{kg}^{-1})$$

③ S 燃烧时　　　　　　　　$S + O_2 \Longequal SO_2$

$$32 + 32 = 64\ (\text{kg})$$

则每千克硫完全燃烧时，为

$$1 + 1 = 2\ (\text{kg} \cdot \text{kg}^{-1})$$

由此可知，每 kg 燃料完全燃烧时所需要的氧气量为

$$G_{0,O_2} = \left(\frac{8}{3}C + 8H + S - O\right) \times \frac{1}{100}\ (\text{kg} \cdot \text{kg}^{-1}) \tag{5-61}$$

因为标准状态下，氧的密度为 32/22.4 = 1.429（kg·m⁻³），则换算成氧的体积需要量为

$$V_{0,O_2} = \frac{1}{1.429} \times \left(\frac{8}{3}C + 8H + S - O\right) \times \frac{1}{100}\ (\text{m}^3 \cdot \text{kg}^{-1}) \tag{5-62}$$

至此，氧气的需要量完全按化学式计算而来，并未考虑其他因素的影响，称为"理论氧气需要量"。

我们知道，一般的燃烧反应是在空气中进行的，则式(5-61) 和式(5-62) 除以空气中氧的含量，便得到每千克燃料完全燃烧时的空气需要量，称为"理论空气量"。

由于空气中的重要成分为 O_2、N_2 和水蒸气，还有少量稀有气体 Ar、He、氖、氙和 CO_2，则一般干空气的成分，以质量分数表示，O_2 为 23.2%；N_2 为 76.8%；按体积，O_2 为 21%；N_2 为 79%。故可得

$$G_0 = \frac{1}{0.232} \times \left(\frac{8}{3}C + 8H + S - O \right) \times \frac{1}{100} \ (kg \cdot kg^{-1})$$

$$= (11.48C + 34.48H + 4.31S - 4.31O) \times 10^{-2} (kg \cdot kg^{-1}) \quad (5\text{-}63)$$

$$V_0 = \frac{1}{1.429 \times 21/100} \times \left(\frac{8}{3}C + 8H + S - O \right) \times \frac{1}{100} (m^3 \cdot kg^{-1})$$

$$= (8.89C + 26.67H + 3.33S - 3.33O) \times 10^{-2} (m^3 \cdot kg^{-1}) \quad (5\text{-}64)$$

5.3.1.2　实际空气需要量

在实际操作中，要保证炉内燃料完全燃烧，通常供给比理论值多一些的空气（过量空气量），而有时为使炉内处于还原性气氛中，便供给少一些空气。

实际空气需要量 V_n 可表示为

$$V_n = nV_0 \quad (5\text{-}65)$$

式中，n 为空气消耗系数；当 $n > 1$ 时，被称为"空气过剩系数"。

上面的计算中未计入空气中的水分，若计水分，按下面方法换算。

空气中的水分含量 $G_{H_2O}^g$，通常为 $1m^3$ 干气体中水分含量，以 $g \cdot m^{-3}$ 表示，可于有关手册查得。将 $G_{H_2O}^g$ 换算成体积含量则为

$$G_{H_2O}^g \times \frac{22.4}{18} \times \frac{1}{1000} = 0.00124 G_{H_2O}^g (m^3 \cdot m^{-3})$$

则湿空气的需要量为

$$V_n = nV_0 + 0.00124 G_{H_2O}^g V_n = (1 + 0.00124 G_{H_2O}^g) \cdot nV_0 \quad (5\text{-}66)$$

由以上计算可知：

① V_0 只决定于燃料的成分，燃料中可燃物含量越高，则 V_0 就越大。

② 实际空气需要量 V_n 与空气消耗系数 n 有关，而 n 与燃烧条件有关。

5.3.2　燃烧温度的计算

5.3.2.1　热平衡法

燃料燃烧时产物达到的温度，即是燃烧温度。它与燃料种类，燃料成分，燃烧条件和传热特性有关。从能量转换的角度分析，焚烧系统是一个能量转换设备，它将固体废物燃料的化学能，通过燃烧过程，转化为烟气的热能，该热能再经过辐射、对流、导热等基本传热方式，分配交换给工质或排放到大气环境。在稳定工况条件下，焚烧系统输入和输出的热量处于平衡状态。即燃烧温度取决于燃烧过程中热量的收支平衡。

（1）热量收入

① 燃料的化学热，即燃料发热量：Q_L

② 空气带入的物理热：$Q_{air} = V_n C_{air} t_{air}$

③ 燃料带入的物理热：$Q_{fuel} = C_{fuel} t_{fuel}$

式中，C_{air} 为空气的比热容；t_{air} 为进入空气的温度；C_{fuel} 为燃料（固体废物）的比热容；t_{fuel} 为燃料的温度。

（2）热量支出

① 燃烧产物含有的物理热

$$Q_p = V_{n,p} C_p t_p$$

式中，$V_{n,p}$ 为实际燃烧产物的生成量，$m^3 \cdot kg^{-1}$ 或 $m^3 \cdot m^{-3}$；C_p 为燃烧产物的平均恒压热容，$kJ \cdot m^{-3} \cdot \text{℃}^{-1}$；$t_p$ 为燃烧产物的温度，即实际燃烧温度，℃。

② 由燃烧产物传给周围物质的热量：$Q_{transfer}$ 或 Q_t。

③ 因燃烧条件变化而造成的不完全燃烧的热损失：Q_{un}。

④ 燃烧产物中某些气体在高温下，热分解所消耗的热量：Q_d。

根据热平衡原理，当 $Q_收 = Q_支$ 时，燃烧产物达到一个相对稳定的燃烧温度，则

$$Q_L + Q_{air} + Q_f = V_{n,p} C_p t_p + Q_t + Q_{un} + Q_d$$

那么

$$t_p = \frac{Q_L + Q_{air} + Q_f - Q_t - Q_{un} - Q_d}{V_{n,p} C_p} \tag{5-67}$$

t_p 为实际条件下的燃烧产物温度，称为实际燃烧温度。

t_p 的影响因素很多，随燃烧的工艺过程，热工过程和炉子结构的不同而变化。实际燃烧温度的计算十分困难。

① 若在绝热系统中完全燃烧，则 $Q_t = 0$，$Q_{un} = 0$，按式 (5-67) 计算出的温度称"理论燃烧温度"。

$$t_{o,p} = \frac{Q_L + Q_{air} + Q_f - Q_d}{V_{n,p} C_p} \tag{5-68}$$

理论燃烧温度是燃烧过程的一个重要指标，它表明某种成分在某一燃烧条件下所能达到的最高温度。

② 热分解所消耗的热量 Q_d 在高温下，才有估计的必要，如果忽略 Q_d 不计，便得到不计入热分解的理论燃烧温度，也称为"量热计温度"。

③ 若燃烧过程中空气和燃料均不预热，即 $Q_{air} = 0$，$Q_f = 0$，且空气消耗系数 $n = 1.0$，则燃烧温度只与燃料性质有关。即

$$t_{o,h} = \frac{Q_L}{V_{o,p} C_p} \tag{5-69}$$

式中，$V_{o,p}$ 为理论产物生成量；$t_{o,h}$ 称为"燃料理论发热温度"或"发热温度"。理论发热温度是评价燃料性质的一个指标，它可以根据燃料的性质和燃烧条件计算。

（3）燃料理论发热温度的计算

定义式为

$$t_{o,h} = \frac{Q_L}{V_{o,p} C_p}$$

而

$$V_{o,p} C_p = V_{CO_2} C_{CO_2} + V_{H_2O} C_{H_2O} + V_{N_2} C_{N_2} \tag{5-70}$$

$$C_p = (\varphi_{CO_2} C_{CO_2} + \varphi_{H_2O} C_{H_2O} + \varphi_{N_2} C_{N_2}) \times \frac{1}{100} \tag{5-71}$$

式中，φ_{CO_2}、φ_{H_2O} 和 φ_{N_2} 分别为各自产物的体积分数；C_{CO_2}、C_{H_2O}、C_{N_2} 为各气体在 $t_{o,h}$ 时的恒压平均热容，$kJ \cdot m^{-3} \cdot \text{℃}^{-1}$。

式 (5-69) 中，Q_L、$V_{o,p}$ 都可按燃料成分计算，但各气体的平均热容与温度有关，故 $t_{o,h}$ 和 C_p 都是未知数。为此，可采用联立求解方程组方法计算 $t_{o,h}$。

各气体的平均热容 C 与温度 t 的关系，可近似地表示为

$$C = A_1 + A_2 t + A_3 t^2 \tag{5-72}$$

则由式 (5-70) 可以写成

$$V_{o,p} C_p = \sum V_i C_i = \sum V_i (A_{1i} + A_{2i} t + A_{3i} t^2) = \sum V_i A_{1i} + \sum V_i A_{2i} t + \sum V_i A_{3i} t^2 \tag{5-73}$$

令 $t=t_{o,h}$，则

$$t_{o,h}=\frac{Q_L}{\sum V_i A_{1i}+\sum V_i A_{2i}t_{o,h}+\sum V_i A_{3i}t_{o,h}^2} \tag{5-74}$$

整理后得到

$$\sum V_i A_{3i}t_{o,h}^3+\sum V_i A_{2i}t_{o,h}^2+\sum V_i A_{1i}t_{o,h}-Q_L=0 \tag{5-75}$$

解该方程，便可得到 $t_{o,h}$，式中

$$\sum V_i A_{1i}=V_{CO_2}A_{1CO_2}+V_{H_2O}A_{1H_2O}+V_{N_2}A_{1N_2}$$

$$\sum V_i A_{2i}=V_{CO_2}A_{2CO_2}+V_{H_2O}A_{2H_2O}+V_{N_2}A_{2N_2}$$

$$\sum V_i A_{3i}=V_{CO_2}A_{3CO_2}+V_{H_2O}A_{3H_2O}+V_{N_2}A_{3N_2}$$

各气体的 A_1、A_2、A_3 值列于表 5-1 中。

表 5-1　气体的 A_1，A_2，A_3 值

气体	A_1	$A_2\times10^5$	$A_3\times10^8$
CO_2	1.6584	77.041	21.215
H_2O	1.4725	29.899	3.010
N_2	1.2657	15.073	2.135
O_2	1.3327	13.151	1.114
CO	1.2950	11.221	—
H_2	1.2933	2.039	1.738

5.3.2.2　工程简算法

若空气没有预热，则热平衡方程可写成

$$C_{p,g}[V_{o,p}+(n-1)V_o]F_w t_{o,g}=\eta F_w Q_L(1-\sigma)+C_w F_w t_w+C_{p,a}nV_o F_w t_0 \tag{5-76}$$

式中，F_w 为单位时间的废物燃烧量，$kg\cdot h^{-1}$；Q_L 为废物的低位热值，$kJ\cdot kg^{-1}$；V_o 为理论空气需要量，$m^3\cdot kg^{-1}$；n 为过剩空气系数；$V_{o,p}$ 为理论焚烧烟气量，$m^3\cdot kg^{-1}$；$C_{p,g}$ 为焚烧烟气的平均恒压热容，$kJ\cdot m^{-3}\cdot℃^{-1}$；$C_w$ 为废物的平均热容，$kJ\cdot m^{-3}\cdot℃^{-1}$；$C_{p,a}$ 为空气的平均热容，$kJ\cdot m^{-3}\cdot℃^{-1}$；$\sigma$ 为辐射比率，%；$t_{o,g}$ 为燃烧温度，℃；t_w 为废物最初温度，℃；t_0 为大气温度，℃；η 为燃烧效率，%。

右端第一项中的 $\eta F_w Q_L$ 为单位时间的供热量，而 $\eta F_w Q_L(1-\sigma)$ 为辐射散热后可用的热量；右端第二项 $C_w F_w t_w(kJ\cdot h^{-1})$ 为废物原有的热焓；右端第三项为助燃空气带入的热焓；左端为废物燃烧后废气的热焓。

因此

$$t_{0,g}=\frac{\eta Q_L(1-\sigma)+C_w t_w+C_{p,a}nV_o t_0}{C_{p,g}[V_{o,p}+(n-1)V_o]} \tag{5-77}$$

C_w 可用下式求算

$$C_w=1.05(A+B)+4.2W \tag{5-78}$$

式中，A 为灰分，%；B 为可燃分，%；W 为水分，%。

另外，还有经验和半经验的燃烧温度计算公式。

5.3.3　完全燃烧产物生成量的计算

完全燃烧时，单位质量（或体积）燃料燃烧后生成的燃烧产物有：CO_2，H_2O，SO_2，N_2，O_2，其中 O_2 是当 $n>1$ 时才会有的。

燃烧产物的生成量，当 $n\neq1$ 时，称为实际燃烧产物生成量。当 $n=1$ 时称为"理论燃烧产物生成量"。

5.3.3.1 实际燃烧产物生成量 $V_{n,p}$

$$V_{n,p}=V_{CO_2}+V_{SO_2}+V_{H_2O}+V_{N_2}+V_{O_2}\quad(m^3\cdot kg^{-1},\text{或}\ m^3\cdot m^{-3}) \tag{5-79}$$

式中，V_i 表示燃烧产物中 CO_2、H_2O、SO_2、N_2、O_2 的量，$m^3\cdot kg^{-1}$ 或 $m^3\cdot m^{-3}$。

因为 $V_{o,p}$ 与 $V_{n,p}$ 之间的差别在于 $n=1$ 与 $n>1$ 时，燃烧产物生成量中少一部分过剩空气量，因此

$$V_{n,p}-V_{o,p}=V_n-V_0 \tag{5-80}$$

$$V_{o,p}=V_{n,p}-(n-1)V_0 \tag{5-81}$$

或

$$V_{n,p}=V_{o,p}+(n-1)V_0 \tag{5-82}$$

式(5-79)中的 V_i 计算如下：

对于固体或液体物料的焚烧，并考虑物料中所含的 N 及 W 值，空气带入的 N_2 和过剩的 O_2，以及空气中的水分，即得到

$$\left.\begin{aligned}
V_{CO_2}&=\frac{11}{3}\times C\times\frac{1}{100}\times\frac{22.4}{44}=\frac{C}{12}\times\frac{22.4}{100} &(m^3\cdot kg^{-1})\\[2mm]
V_{SO_2}&=\frac{S}{32}\times\frac{22.4}{100} &(m^3\cdot kg^{-1})\\[2mm]
V_{H_2O}&=\left(\frac{H}{2}+\frac{W}{18}\right)\times\frac{22.4}{100}+0.00124G_{H_2O}^g V_n &(m^3\cdot kg^{-1})\\[2mm]
V_{N_2}&=\frac{N}{28}\times\frac{22.4}{100}+\frac{79}{100}V_n &(m^3\cdot kg^{-1})\\[2mm]
V_{O_2}&=\frac{21}{100}(V_n-V_0) &(m^3\cdot kg^{-1})
\end{aligned}\right\} \tag{5-83}$$

将式(5-83)代入式(5-79)，并整理得到

$$V_{n,p}=\left(\frac{C}{12}+\frac{S}{32}+\frac{H}{2}+\frac{W}{18}+\frac{N}{28}\right)\times\frac{22.4}{100}+\left(n-\frac{21}{100}\right)V_0+0.00124G_{H_2O}^g V_n\quad(m^3\cdot kg^{-1}) \tag{5-84}$$

当 $n=1$ 时，即得到"理论燃烧产物生成量"。

当不计空气中的水分且 $n=1$ 时，有

$$V_{o,p}=\left(\frac{C}{12}+\frac{S}{32}+\frac{H}{2}+\frac{W}{18}+\frac{N}{28}\right)\times\frac{22.4}{100}+\frac{79}{100}V_0 \tag{5-85}$$

由上述计算公式可知：

① 理论燃烧产物的生成量 $V_{o,p}$，只与燃料成分有关。燃料中可燃成分含量越高，则 $V_{o,p}$ 越大。

② 实际燃烧产物生成量 $V_{n,p}$；除与燃料成分有关外，还有 n 值有关，n 越大，$V_{n,p}$ 也越大。

5.3.3.2 燃烧产物成分计算

燃烧产物成分用各组分所占的体积分数表示，即

$$\varphi_{CO_2}\%+\varphi_{SO_2}\%+\varphi_{H_2O}\%+\varphi_{N_2}\%+\varphi_{O_2}\%=100\%$$

按式(5-83)和式(5-84)分别求出各组分的生成量和 $V_{n,p}$，便可得到燃烧产物的成分。即

$$\left.\begin{array}{l}\varphi_{CO_2}=\dfrac{V_{CO_2}}{V_{n,p}}\times100\\[10pt]\varphi_{SO_2}=\dfrac{V_{SO_2}}{V_{n,p}}\times100\\[10pt]\varphi_{H_2O}=\dfrac{V_{H_2O}}{V_{n,p}}\times100\\[10pt]\varphi_{N_2}=\dfrac{V_{N_2}}{V_{n,p}}\times100\\[10pt]\varphi_{O_2}=\dfrac{V_{O_2}}{V_{n,p}}\times100\end{array}\right\}\tag{5-86}$$

$$\overline{\quad\Sigma=100\quad}$$

5.3.3.3 产物密度的计算 ρ_p

根据质量守恒原理，有两种计算方法：①参与反应的物质（燃料与氧化剂）的总质量除以燃烧产物的体积；②燃烧产物的质量除以燃烧产物的体积。

(1) 按参加反应的物质质量，对固体和液体燃料有

$$\rho_p=\frac{\left(1-\dfrac{A}{100}\right)+1.293V_n}{V_{n,p}}\quad(kg\cdot m^{-3})\tag{5-87}$$

对于气体燃料有

$$\rho_p=\frac{28CO+2H_2+\Sigma(12n+m)C_nH_m+34H_2S+32O_2+28N_2+18H_2O}{V_{n,p}}\times$$
$$\frac{1}{100\times22.4}+1.293V_n\quad(kg\cdot m^{-3})\tag{5-88}$$

(2) 按燃烧产物质量计算

$$\rho=\frac{44\varphi_{CO_2}+64\varphi_{SO_2}+18\varphi_{H_2O}+28\varphi_{N_2}+32\varphi_{O_2}}{100\times22.4}\quad(kg\cdot m^{-3})\tag{5-89}$$

式中，φ_i 为各组分的体积分数，下标 i 代表 CO_2、SO_2、H_2O、N_2、O_2。

5.3.4 热值计算（根据元素分析值计算）

(1) 杜隆公式

$$Q_H=4.187\times\left[81C+342.5\left(H-\frac{O}{8}\right)+22.5S\right]\quad(kJ\cdot kg^{-1})\tag{5-90}$$

(2) 门捷列夫公式

$$Q_H=4.187\times[81C+300H-26(O-S)]\tag{5-91}$$
$$Q_L=4.187\times[81C+246H-26(O-S)-6W]\tag{5-92}$$

(3) 高、低位热值换算公式

$$Q_L=Q_H-25.12(9H+W)\quad(kJ\cdot kg^{-1})\tag{5-93}$$

【例 5-2】 已知某垃圾的成分为：$C\%=50.4\%$，$H\%=3.5\%$，$O\%=14.0\%$，$N\%=1.4$，$S\%=0.7\%$，$A\%=10\%$，$W\%=20\%$。求该固体废物完全燃烧时的理论空气量、烟气量及密度（已知 $G_{H_2O}^g=18.9g\cdot m^{-3}$）。

解：(1) 理论空气量，根据式(5-64)

$$V_0=(8.89C+26.67H+3.33S-3.33O)\times10^{-2}=(8.89\times50.4+26.67\times3.5+$$
$$3.33\times0.7-3.33\times14)\times10^{-2}=4.97(m^3\cdot kg^{-1})$$

（2）烟气量，根据公式(5-79)

$$V_{n,p} = V_{CO_2} + V_{SO_2} + V_{H_2O} + V_{N_2} + V_{O_2}$$

由公式(5-83)分别计算 V_i，再求得 $V_{n,p}$。

或用公式(5-84)直接计算

$$V_{o,p} = \left(\frac{C}{12} + \frac{S}{32} + \frac{H}{2} + \frac{W}{18} + \frac{N}{28}\right) \times \frac{22.4}{100} + \frac{79}{100}V_o + 0.00124 G_{H_2O}^g V_o$$

$$= \left(\frac{50.4}{12} + \frac{0.7}{32} + \frac{3.5}{2} + \frac{20}{18} + \frac{1.4}{28}\right) \times \frac{22.4}{100} + 0.79 \times 4.97 + 0.00124 \times 18.9 \times 4.97$$

$$= 5.64 \ (m^3 \cdot kg^{-1})$$

（3）烟气密度，根据式(5-89)计算

$$\rho_p = \frac{44\varphi_{CO_2} + 64\varphi_{SO_2} + 18\varphi_{H_2O} + 28\varphi_{N_2} + 32\varphi_{O_2}}{22.4 \times 100}$$

由式(5-86)计算 φ_i：

$$\varphi_{CO_2} = \frac{V_{CO_2}}{V_{n,p}} \times 100\% = \frac{\frac{C}{12} \times \frac{22.4}{100}}{5.64} \times 100\% = 16.68\%$$

$$\varphi_{SO_2} = \frac{V_{SO_2}}{V_{n,p}} \times 100\% = \frac{\frac{S}{32} \times \frac{22.4}{100}}{5.64} \times 100\% = 0.0869\%$$

$$\varphi_{H_2O} = \frac{V_{H_2O}}{V_{n,p}} \times 100\% = \frac{\left(\frac{H}{2} + \frac{W}{18}\right) \times \frac{22.4}{100} + 0.00124 G_{H_2O}^g V_n}{5.64} \times 100\% = 13.41\%$$

$$\varphi_{N_2} = \frac{V_{N_2}}{V_{n,p}} \times 100\% = \frac{\frac{N}{28} \times \frac{22.4}{100} + \frac{79}{100}V_n}{5.64} \times 100\% = 69.81\%$$

$$\varphi_{O_2} = \frac{V_{O_2}}{V_{n,p}} \times 100\% = \frac{\frac{21}{100}(V_n - V_o)}{5.64} \times 100\% = 0$$

故

$$\rho_p = \frac{44 \times 16.68 + 64 \times 0.0869 + 18 \times 13.41 + 28 \times 69.81 + 32 \times 0}{22.4 \times 100} = 1.30 \ (kg \cdot m^{-3})$$

也可按下式计算

$$\rho_p = \frac{\left(1 - \frac{A}{100}\right) + 1.293 V_n}{V_{n,p}} = \frac{(1 - 0.1) + 1.293 \times 4.97}{5.64} = 1.30 \ (kg \cdot m^{-3})$$

5.3.5　各成分之间的换算

（1）应用基

固体废物通常由 C、H、O、N、S、A（灰分）、W（水分）等七种组分所组成，包括全部组分在内的成分，通常叫做应用基。各种组分在应用基中的质量分数叫做"应用成分"。即

$$C^A\% + H^A\% + O^A\% + N^A\% + S^A\% + A^A\% + W^A\% = 100\% \tag{5-94}$$

（2）干燥基

固体废物中的含水量很容易受季节、运输和存放条件的影响而发生变化。因此，固体废物的应用成分经常受到水分的波动而不能反映出固体废物的固有本质。为便于比较，常以不含水分的干燥基中各组分的质量分数来表示固体废物的化学组成，称为"干燥成

分"。即

$$C^D\% + H^D\% + O^D\% + N^D\% + S^D\% + A^D\% = 100\% \tag{5-95}$$

（3）可燃基

固体废物中的灰分也常常受到运输和存放条件的影响而有所波动，为了更确切地说明固体废物的化学组成特点，只用 C、H、O、N、S 五种元素在可燃基中的质量分数来表示固体废物的成分，叫做"可燃成分"。即：

$$C^C\% + H^C\% + O^C\% + N^C\% + S^C\% = 100\% \tag{5-96}$$

各成分表示法之间的换算关系见表 5-2。

表 5-2　成分换算系数

已知成分	要换算成分		
	可燃成分	干燥成分	应用成分
可燃成分	1	$\dfrac{100 - A^D}{100}$	$\dfrac{100 - (A^A + W^A)}{100}$
干燥成分	$\dfrac{100}{100 - A^D}$	1	$\dfrac{100 - W^A}{100}$
应用成分	$\dfrac{100}{100 - (A^A + W^A)}$	$\dfrac{100}{100 - W^A}$	1

【例 5-3】　试将下表中的各成分换算成应用成分

元素	C^C	H^C	O^C	N^C	S^C	A^D	W^A
含量	72%	5%	20%	2%	1%	12.5%	20%

解：（1）先求出灰分的应用成分

$$A^A = A^D\% \frac{100 - W^A}{100} = 12.5\% \frac{100 - 20}{100} = 12.5\% \times 0.8 = 10\%$$

（2）根据 $A^A\%$ 和 $W^A\%$ 进行其他成分的换算

$$C^A\% = C^C\% \frac{100 - (A^A + W^A)}{100} = 72\% \times \frac{100 - (10 + 20)}{100} = 72\% \times 0.7 = 50.4\%$$

同理
$$H^A\% = 5\% \times 0.7 = 3.5\%$$
$$O^A\% = 20\% \times 0.7 = 14.0\%$$
$$N^A\% = 2\% \times 0.7 = 1.4\%$$
$$S^A\% = 1\% \times 0.7 = 0.7\%$$

5.3.6　停留时间的计算

5.3.6.1　分批（间歇）全混流反应器

所谓全混流反应器，是指器内的反应流体处于完全混合状态，并意味着反应流体在器内的混合是瞬间完成的，反应流体之间进行混合所需的时间无限小。

特点：①反应器内的物料具有完全相同的温度和浓度，且等于反应器出口物料的温度和浓度；②理想混合反应器内的返混为无限大。具有良好的搅拌的釜式反应器可近似地按理想混合反应器处理。

根据完全混合和分批操作的特点，可以就整个反应器在单位时间内对组分 A 作物料衡算：

$$\begin{pmatrix} 单位时间流入 \\ 的物料\ A\ 的量 \end{pmatrix} = \begin{pmatrix} 单位时间流 \\ 出的\ A\ 的量 \end{pmatrix} + \begin{pmatrix} 单位时间反 \\ 应掉的\ A\ 的量 \end{pmatrix} + \begin{pmatrix} A\ 在反应器 \\ 中的积累量 \end{pmatrix} \tag{5-97}$$

$$0 = 0 + (-r_A)V + \frac{d(Vc_A)}{dt} \tag{5-98}$$

即

$$-\frac{d(Vc_A)}{dt} = (-r_A)V \tag{5-99}$$

恒容时

$$x_A = \frac{c_{A0} - c_A}{c_{A0}} \tag{5-100}$$

上式中，r_A 为组分 A 的表面反应速率；V 为反应器有效体积；c_A 为组分 A 任意时刻的浓度；c_{A0} 为组分 A 的初始浓度；x_A 为组分 A 的摩尔转化率。

恒容时，在 $t=0$，$c_A = c_{A0}$；$t=t$，$c_A = c_A$ 条件下，对式(5-99) 积分

$$t = -\int_{c_{A0}}^{c_A} \frac{dc_A}{-r_A} = c_{A0} \int_0^{x_A} \frac{dx_A}{-r_A} \tag{5-101}$$

上式所求的时间是指在一定的操作条件下，为使反应物 A 反应达到转化率为 x_A 所需的时间。

5.3.6.2 连续操作全混流反应器

在这种操作中，反应物料连续不断地以恒定流速流入全混流反应器，而产物也以恒定的速率不断地从反应器内排出。

当反应流体的密度恒定时，则流出和流入反应器的容积流速 v_0 是一致的。则对组分 A 就整个反应器作物料衡算，有

$$流入 = 流出 + 反应 \tag{5-102}$$

$$v_0 c_{A0} = v_0 c_A + V(-r_A) \tag{5-103}$$

$$\tau = \frac{V}{v_0} = \frac{c_{A0} - c_A}{-r_A} = \frac{c_{A0} x_A}{-r_A} \tag{5-104}$$

① 空时 τ：反应器的有效容积 V 与进料容积流速 v_0 之比，称为空时。

② 反应时间 t：反应物料进入反应器后从实际发生反应的时刻起到反应达到某一程度（如某个转化率或出口浓度）时所需的时间。

③ 停留时间 $\bar{t}$：反应物自进入反应器的时刻算起到它们离开反应器时刻止，在反应器共停留了多少时间。

5.3.6.3 平推流操作反应器

所谓平推流是指反应器内反应物料以相同的流速和一致的方向移动，完全不存在不同停留时间物料的混合，即返混为 0。因此，所有物料在器内具有相同的停留时间。

对于管径较小，管子较长，即长径比 L/D 较大，流速较快的管式反应器，可按平推流处理。

特点：①与流动方向垂直的截面上无流速分布；②在流动方向上不存在流体质点间的混合，即无返混现象；③离开平推流反应器的所有流体质点，均具有相同的停留时间 $\bar{t}$，因而 $\bar{t}$ 就等于反应时间 t。

若以 u 表示流体在反应器中的流速，V 表示体积流量或容积流速，l 表示管内离入口处的轴向距离，则

$$\bar{t} = t = \int_0^L \frac{dl}{u} = \int_0^V \frac{dV}{V} \tag{5-105}$$

若流体密度 ρ 恒定，则 $u = u_0$（u_0 为入口流速）有

$$\bar{t} = t = \frac{V}{v_0} = \tau \tag{5-106}$$

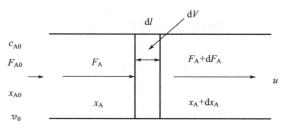

图 5-6　平推流物料衡算示意

如图 5-6 对组分 A 作物料衡算，因沿流动方向反应物组成是变化的，所以必须对微元 dV 作衡算。

$$\begin{pmatrix} 单位时间进入 dV \\ 的 A 的摩尔数 \end{pmatrix} = \begin{pmatrix} 单位时间从 dV 流 \\ 出的 A 的摩尔数 \end{pmatrix} + \begin{pmatrix} 单位时间在 dV \\ 微元中的反应量 \end{pmatrix} \tag{5-107}$$

$$F_A = F_A + dF_A + (-r_A)dV \tag{5-108}$$

而
$$dF_A = d[F_{A0}(1 - x_A)] = -F_{A0} dx_A \tag{5-109}$$

即
$$F_{A0} dx_A = (-r_A)dV \tag{5-110}$$

$$\int_0^V \frac{dV}{F_{A0}} = \int_o^{x_A} \frac{dx_A}{-r_A} \tag{5-111}$$

积分得
$$\frac{V}{F_{A0}} = \frac{V}{c_{A0} v_0} = \int_0^{x_A} \frac{dx_A}{-r_A} \tag{5-112}$$

$$\frac{V}{v_0} = \tau = c_{A0} \int_0^{x_A} \frac{dx_A}{-r_A} = -\int_{c_{A0}}^{c_A} \frac{dc_A}{-r_A} \tag{5-113}$$

由此可知，恒容过程的平推流反应器与分批全混流反应器的设计方程一致。

讨论可知：①对于分批式操作的全混流反应器和连续操作的平推流反应器来说，反应时间和停留时间一致；②而对于具有返混的反应器，因器内流体的流动状况极为复杂，可能短路，也可能有死区和循环流。所以出口物料中有些微团可能在器内停留很短时间，而有的可能停留很长时间。所以出口物料是各种不同停留时间的混合物，即具有停留时间分布。在这种情况下常用平均停留时间 $\bar{t}$ 来表示。

$\bar{t}$ 其定义为反应器的有效容积与器内物料的体积流速之比，即 $\bar{t} = \frac{V}{v}$。因此，平均停留时间 $\bar{t}$ 与空时 τ 之间具有不同的含义，只有在恒容过程（此时 $v = v_0$），两者才一致。

5.3.6.4　燃烧过程的平均停留时间

假设燃烧为 1 级反应，则

$$-r_A = -\frac{dc_A}{dt} = kc_A \tag{5-114}$$

$$\int_{c_{A0}}^{c_A} \frac{dc_A}{c_A} = -\int_0^t k \, dt \tag{5-115}$$

$$\ln \frac{c_A}{c_{A0}} = -kt \tag{5-116}$$

$$k = A \exp\left(-\frac{E}{RT}\right) \tag{5-117}$$

对于平推流 $$\bar{t} = t = -\frac{\ln(c_A/c_{A0})}{k} \tag{5-118}$$

【例 5-4】 试计算在800℃的焚烧炉中焚烧氯苯，当DRE（破坏去除率）分别为99%、99.9%、99.99%时的停留时间。已知：$A = 1.34 \times 10^{17}$；$E = 76600\text{cal} \cdot \text{g}^{-1} \cdot \text{mol}^{-1}$。

解：（1）求800℃时的速率常数由式（5-117）得 $$k = A\exp\left(-\frac{E}{RT}\right)$$

所以 $$k = 1.34 \times 10^{17}\exp\left(-\frac{76600}{1.987 \times 1073}\right) = 33.407\ (\text{s}^{-1})$$

（2）求不同转化率的停留时间

假设为平推流，则

$$\bar{t} = t = -\frac{\ln\dfrac{c_A}{c_{A0}}}{k}$$

故 $$\bar{t}_{99\%} = -\frac{\ln\dfrac{0.01}{1}}{33.407} = 0.1378\ (\text{s})$$

$$\bar{t}_{99.9\%} = -\frac{\ln\dfrac{0.001}{1}}{33.407} = 0.2068\ (\text{s})$$

$$\bar{t}_{99.99\%} = -\frac{\ln\dfrac{0.0001}{1}}{33.407} = 0.2757\ (\text{s})$$

5.4 焚烧系统

5.4.1 焚烧系统概述

实际上，垃圾焚烧系统应包括整个垃圾焚烧厂，即从垃圾的前处理到烟气处理整个过程。这里所指的焚烧系统仅指垃圾进入焚烧炉内燃烧生成产物（气和渣）排出的过程，即焚烧系统只涉及垃圾的接收、燃烧、出渣、燃烧气体的完全燃烧以及为保证完全燃烧助燃空气的供应（一次和二次）等，如图5-7所示。

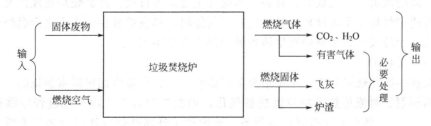

图 5-7 垃圾焚烧炉的燃烧过程

虽然焚烧系统与前处理系统、余热利用系统、助燃空气系统、烟气处理系统、灰渣处理系统、废水处理系统、自控系统等密切相关。但由以上分析可知，焚烧系统或焚烧炉是焚烧过程的关键和核心，它为垃圾燃烧提供了进行的场所和空间，其结构和形式将直接影响固体废物的燃烧状况和效果。

通常固体废物在焚烧炉中燃烧过程包括：①固体表面的水分蒸发；②固体内部的水分蒸发；③固体中挥发性成分的着火燃烧；④固体碳的表面燃烧；⑤完成燃烧（燃烬）。①和②为干燥过程；③～⑤为燃烧过程。

燃烧又可分为一次燃烧和二次燃烧。一次燃烧是燃烧的开始，二次燃烧则是完成整个燃烧过程的重要阶段。以分解燃烧为主的固体废物的焚烧，仅靠一次助燃空气难以完成燃烧反应。一次燃烧仅使易挥发成分中的易燃部分燃烧并使高分子成分分解，而且，一次燃烧产生的 CO_2 也可能会还原。二次燃烧是将一次燃烧中产生的可燃气体和颗粒碳进一步燃烧，多为气态燃烧，因此合适的燃烧室容积大小，燃烧气体和二次助燃空气的良好混合等至关重要。一次燃烧和二次燃烧所起作用如图5-8所示。

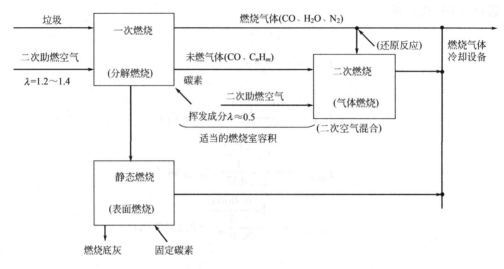

图 5-8　一次燃烧和二次燃烧

焚烧工艺就是依据焚烧的机理、特点等来进行设计的。

5.4.2 焚烧炉

从不同角度可对焚烧炉进行分类。按焚烧室的多少可分为：单室焚烧炉和多室焚烧炉；按炉型分为固定炉排炉、机械炉排炉、流化床炉、回转窑炉和气体熔融炉等。

（1）单室焚烧炉

单室焚烧炉要求在一个燃烧室中完成：①供氧（空气）；②热分解、表面燃烧；③垃圾挥发组分、固定碳素、臭气成分、有害气体的完全燃烧等过程。此焚烧炉处理挥发性成分含量高，热解速率快且在干燥过程中易产生有害气体时，单室炉常会产生不完全燃烧现象。因此，除少数工业垃圾外，单室炉在生活垃圾处理中几乎不用。

（2）多室焚烧炉

该炉指在一次燃烧过程中，不供给全部所需空气，只供应将固定碳素燃烧的空气，依靠燃烧气体的辐射、对流传热等将垃圾热解气化，而在二次甚至三次燃烧过程中将热解气体（包括臭气、有害气体等）完全燃烧的设备。该炉适于处理燃烧气体量较多的物质，如生活垃圾的处理一般都为多室焚烧炉型。

（3）固定炉排炉

该炉内设有固定的炉排，垃圾在没有搅拌的情况下完成燃烧。除了水平式固定炉排炉外，还有倾斜式固定炉排炉以及圆弧曲面式固定炉排炉。

固定炉排炉造价低廉，但因对垃圾无搅拌作用等，故燃烧效果较差，易熔融结块，所以焚烧炉渣的热灼减率较高。在早期有使用固定炉排炉来焚烧生活垃圾的实例，但近期很少应用。

（4）机械炉排炉

机械炉排炉的发展历史最长，应用实例也最多。图5-9所示为机械炉排炉燃烧的概念图。

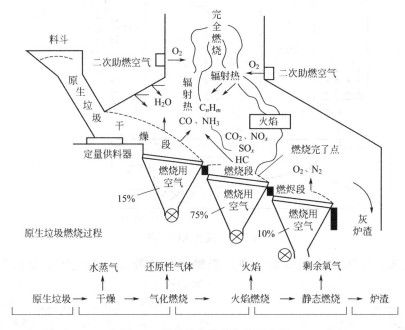

图5-9　机械炉排炉燃烧的概念图

机械炉排炉可大体分为三段：干燥段、燃烧段、燃烬段。各段的供应空气量和运行速度可以调节。

① 干燥段。垃圾的干燥包括：炉内高温燃烧空气、炉侧壁以及炉顶的放射热的干燥；从炉排下部提供的高温空气的通气干燥；垃圾表面和高温燃烧气体的接触干燥；垃圾中部分的燃烧干燥。

利用炉壁和火焰的辐射热，垃圾从表面开始干燥，部分产生表面燃烧。干燥垃圾的着火温度一般为200℃左右。如果提供200℃以上的燃烧空气，干燥的垃圾便会着火，燃烧便从这部分开始。垃圾在干燥段上的停留时间约为30min。

② 燃烧段。这是燃烧的中心部分。在干燥段垃圾干燥、热分解产生还原性气体，在本段产生旺盛的燃烧火焰，在后燃烧段进行静态燃烧（表面燃烧）。燃烧段和后燃烧段界线称为"燃烧完了点"。即使垃圾特性变化，但也应通过调节炉排速度而使燃烧完了点位置尽量不变。垃圾在燃烧段的停留时间约30min。总体燃烧空气的60%～80%在此段供应。为了提高燃烧效果，均匀地供应垃圾，垃圾的搅拌混合和适当的空气分配（干燥段、燃烧段和燃烬段）等极为重要。空气通过炉排进入炉内，所以空气容易从通风阻力小的部分流入炉内。但空气流入过多部分会产生"烧穿"现象，易造成炉排的烧损并产生垃圾熔融结块。因此，设计炉排具有一定且均匀的风阻很重要。

③ 燃烬段。将燃烧段送过来的固定碳素及燃烧炉渣中未燃尽部分完全燃烧。垃圾在燃烬段上停留约1h。保证燃烬段上充分的停留时间，可将炉渣的热灼减率降至1%～2%。

（5）流化床焚烧炉

流化床以前用来焚烧轻质木屑等，但近年来开始用于焚烧污泥、煤和城市生活垃圾。其特点是适用于焚烧高水分的物质类等。流化床焚烧炉的流态化原理对选择流化床的结构和形式至关重要，根据风速和垃圾颗粒的运动而处于不同流区的流态化可分为：固定床、沸腾流化床（鼓泡流化床）、湍动流化床和循环流化床（快床）（见图 5-10）。

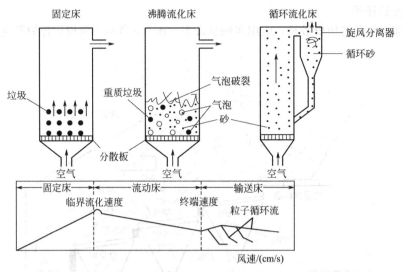

图 5-10　流化床的原理

① 固定床：气体流速 u 较低，则垃圾颗粒保持静态，而气体从垃圾颗粒间通过（如炉排炉）。

② 沸腾流化床：气体流速 u 超过临界流化速度 u_{mf}，颗粒中产生气泡，颗粒被气泡搅拌形成鼓泡或沸腾状态。

③ 循环流化床：气体流速 u 超过极限速度（颗粒终端速度）u_t，气体和颗粒激烈碰撞混合，颗粒被气体带着飞散（如燃煤发电锅炉）。

流化床垃圾焚烧炉主要处于沸腾（鼓泡）流化状态。图 5-11 所示为流化床的结构，一般将垃圾粉碎到 20cm 以下再投入到炉内，垃圾和炉内的高温流动砂（650～800℃）接触混合，瞬时气化并燃烧。未燃尽成分和轻质垃圾一起飞到上部燃烧室继续燃烧。一般认为上部燃烧室的燃烧占 40% 左右，但容积却为流化床层的 4～5 倍，同时上部的温度也比下部流化床层高100～200℃，通常也称其为二燃室。

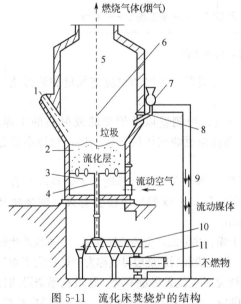

图 5-11　流化床焚烧炉的结构

1—助燃器；2—流化介质；3—散气板；4—不燃物排出管；5—二次燃烧室；6—流化床炉内；7—供料器；8—二次助燃空气喷射口；9—流化介质（砂）循环装置；10—不燃物排出装置；11—振动分选

不可燃物沉到炉底和流动砂一起被排出，然后将流动砂和不可燃物分离，流动砂回炉循环使用。垃圾灰分的 70% 左右作为飞灰随着燃烧烟气流向烟气处理设备。流动砂可保持大量的热量，有利于炉子再启动。

流化床具有炉体较小，焚烧炉渣的热灼减率低（约 1%），炉内可动部分设备少的优点，但与机械炉排炉相比，有以下缺点：①比机械炉排炉多设置流化砂循环系统，且流动砂造成的磨损较大；②燃烧速度快，燃烧空气的平衡较难，较易产生 CO，为使燃烧各种不同垃圾时都保持较合适的温度，必须调节空气量和空气温度；③炉内温度控制较难。

（6）回转窑炉

回转窑可处理的垃圾范围广，特别是在焚烧工业垃圾的领域内应用广泛。在城市生活垃圾焚烧的应用主要是为了达到提高炉渣的燃烬率，将垃圾完全燃尽以达到炉渣再利用时的质量要求。这种情况时，回转窑炉一般安装在机械炉排炉后。

图 5-12 所示为将回转窑作为干燥和燃烧炉使用时的示意图。在此流程中，机械炉排作为燃烬段安装于其后，作用是将炉渣中未燃尽物完全燃烧。除了这种设计外，也有不带燃烬段的回转窑炉。

回转窑炉是一个带耐火材料的水平圆筒，绕着其水平轴旋转。从一端投入垃圾，当垃圾到达另一端时已被燃烬成炉渣。圆筒转速可调，一般为 $0.75 \sim 2.50 \mathrm{r \cdot min^{-1}}$。处理垃圾的回转窑的长径比一般为 $2:1 \sim 5:1$。

一般回转窑内设计为平滑结构。但有的设计，特别是处理粒状垃圾（粉矿、粉末）时，会在炉内设置翼板或桨状搅拌器以促进垃圾的前进、搅拌和混合。

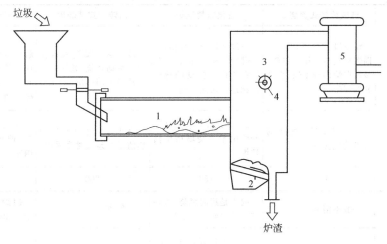

图 5-12　作为干燥和燃烧炉使用的回转窑
1—回转窑；2—燃烬炉排；3—二次燃烧室；4—助燃器；5—锅炉

回转窑由两个以上的支撑轴轮支持。由齿轮驱转的支撑轴轮或由链长驱动绕着回转窑体的链轮齿带动旋转窑炉旋转。回转窑的倾斜角度可以通过上下调整支撑轴轮来调节，一般为 $2\% \sim 4\%$。但也有完全水平或倾斜极小的回转窑，且在两端设有小坝，以便在炉内维持一个池状。这种炉一般用为熔融炉。

根据设计，回转炉可如下分类。

① 顺流和逆流炉。根据燃烧气体和垃圾前进方向是否一致而定义为顺流和逆流炉。处理高水分垃圾选用逆流炉，助燃器设置在回转窑前方（出渣口方），而高挥发性垃圾常用顺流炉。

② 熔融炉和非熔融炉。炉内温度在 1100℃ 以下的正常燃烧温度域时，为非熔融炉。当炉内温度达约 1200℃ 以上，垃圾将会熔融。

③ 带耐火材料炉和不带耐火材料炉。最常用的回转窑一般是顺流式且带耐火材料的非熔融炉。

5.4.3　焚烧炉的比较

在固体废物焚烧技术发展早期，固定炉排炉在生活垃圾焚烧领域得到一定的应用，但由于其焚烧效果的局限性，很快被机械炉排炉取代了。机械炉排炉焚烧技术发展历史很长，技术开发不断进步，所以通常所指垃圾焚烧炉，主要是指是机械炉排炉。

流化床炉技术在 20 世纪 30 年代已被开发，之后在 20 世纪 60 年代应用于焚烧工业污泥，在 70 年代初用来焚烧生活垃圾，80 年代在日本得到相当的普及，市场占有率达 10% 以上，但在 90 年代后期，由于烟气排放标准的提高，流化床炉在生活垃圾的焚烧炉市场几乎消失。现在日本各厂家转而将流化床炉用于垃圾气化熔融技术的开发。

热分解处理生活垃圾技术开发以后，由于生产的产品（碳、气）难以满足质量要求而难以找到使用者，所以没有很大的发展。而为了抑制二噁英等有害物质，气化熔融处理生活垃圾技术首先在欧洲得以开发。欧洲的各种气化技术几乎都被引进到日本并改进而投入日本市场。同时日本凭借其雄厚的流化床炉技术，还开发出流化床炉气化熔融技术，并开始投入市场，改变了一直引进焚烧技术的局面，而且技术出口至欧洲。

回转窑炉主要是用来处理工业垃圾。表 5-3 中对机械炉排炉、流化床炉、回转窑炉和气化熔融技术进行了比较。

表 5-3　几种生活垃圾焚烧炉的比较

项　目	机械炉排式焚烧炉	流化床焚烧炉	回转窑式焚烧炉	熔融气化焚烧炉
焚烧原理	将垃圾供应到炉排上，助燃空气从炉排下供给，垃圾在炉内分干燥、燃烧和燃烬带	垃圾从炉膛上部供给，助燃空气从下部鼓入，垃圾在炉内与流动的热砂接触进行快速燃烧	垃圾从一端进入且在炉内翻动燃烧，燃尽的炉渣从另一端排出	先将生活垃圾进行热解产生可燃性气体和固体残渣，然后进行燃烧和熔融，或将气化和熔融燃烧合为一体
应用	早期应用最广的生活垃圾焚烧技术	20 世纪 70 年代日本开始用于焚烧城市生活垃圾	高水分的生活垃圾和热值低的垃圾常常采用	近年开始应用于美国、德国、日本等发达国家
最大能力/t·d^{-1}	1200	150	200	200
前处理	一般不需要	因为是瞬时燃烧，入炉前需破碎到 20cm 以下	一般不要	因炉型而异，有时需干燥和破碎
烟气处理	烟气含飞灰较高、除二噁英外，其余易处理	烟气中含有大量灰尘，烟气处理较难，烟气量变动较大，所以对自动控制要求较高	烟气除二噁英外其余易处理	烟气含二噁英少，易处理
二噁英控制	燃烧温度较低，易产生二噁英	较易产生二噁英	较易产生二噁英	不易产生二噁英
炉渣处理设备	简单	复杂	简单	简单
燃烧管理	缓慢燃烧，管理较容易	瞬时燃烧，管理较难	比较容易	气化和燃烧熔融为两个过程，燃烧管理达到前后热平衡等较难
运行费	比较便宜	比较高	较低	比较高
维修	方便	较难	较难	较难
焚烧炉渣	需经无害化处理后才能被利用	需经无害化处理后才能被利用	需经无害化处理后才能被利用	炉渣已经高温消毒，可利用
减量比	10：1(100t→10t)	10：1(100t→10t)	10：1(100t→10t)	12：1(100t→8.3t)
减容比	37：1(333m³→8.9m³)	33：1(333m³→10m³)	40：1(400m³→10m³)	70：1(333m³→4.8m³)

5.5 垃圾焚烧技术工艺

5.5.1 概述

生活垃圾焚烧厂的系统构成在不同的国家、研究机构有不同的划分方法，或由于垃圾焚烧厂的规模不同而具有不同的系统构成。但现代化生活垃圾焚烧厂的基本内容大体相同，其一般的工艺流程框图可参见图5-13。

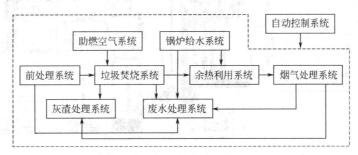

图 5-13 垃圾焚烧厂的一般工艺流程

垃圾焚烧厂的工艺流程可描述为：前处理系统中的垃圾与助燃空气系统所提供的一次和二次助燃空气在垃圾焚烧炉中混合燃烧，燃烧所产生的热能被余热锅炉加以回收利用，经过降温后的烟气送入烟气处理系统处理后，经烟囱排入大气；垃圾焚烧产生的炉渣经炉渣处理系统处理后送往填埋厂或作为其他用途，烟气处理系统所收集的飞灰做专门处理；各系统产生的废水送往废水处理系统，处理后的废水可排入河流等公共水域或加以再利用；现代化的垃圾焚烧厂的整个处理过程都可由自动控制系统加以控制。

5.5.2 垃圾焚烧厂一般工艺流程

如前所述，目前垃圾焚烧厂采用的垃圾焚烧炉主要为回转窑、流化床、机械炉排三种。对于不同形式的垃圾焚烧炉，垃圾焚烧厂各系统也必然具有不同的工艺流程。根据各国垃圾焚烧炉的使用情况，机械炉排焚烧炉应用最广且技术比较成熟，其单台日处理量的范围也最大（50～700t·d^{-1}），是国内外生活垃圾焚烧厂的主流炉型。因而，此处对垃圾焚烧炉的讨论集中在机械炉排焚烧炉的讨论。对各系统而言，其工艺流程也不尽相同，比如，有些垃圾焚烧厂的前处理系统中不设垃圾贮坑，而将垃圾直接送入进料斗。为此，对各系统工艺流程的讨论也仅限于普遍情况。图5-14为某一垃圾焚烧厂的工艺布置纵剖视图。

（1）前处理系统

垃圾焚烧厂前处理系统也可称为垃圾接收贮存系统，其一般的工艺流程如下：

垃圾进厂 → 地衡 → 垃圾卸料 → 垃圾贮坑

生活垃圾由垃圾运输车运入垃圾焚烧厂，经过地衡称重后进入垃圾卸料平台（也可称为倾卸平台），按控制系统指定的卸料门将垃圾倒入垃圾贮坑。

在此系统中，如果设有大件垃圾破碎机，可用吊车将大件垃圾抓入破碎机中进行处理，处理后的大件垃圾重新倒入垃圾贮坑。可通过分析垃圾成分的统计数据及大件垃圾所占的比例，决定垃圾焚烧厂是否需要设置大件垃圾破碎机。

称重系统中的关键设备是地衡，它由车辆的承载台、指示重量的称重装置、连接信号输送转换装置和称重结构打印装置等组成。承载台根据地衡最大称重决定其标准尺寸，垃圾焚烧厂地衡一般最大称重为15～20t，近年来垃圾收集车呈大型化趋势，出现了称重大于30t的地衡。

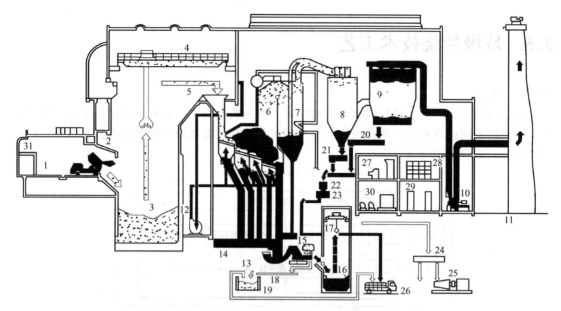

图 5-14　垃圾焚烧厂主厂房的工艺布置纵剖视图

1—卸料平台；2—卸料门；3—垃圾贮坑；4—垃圾吊车；5—进料漏斗；6—焚烧炉膛；7—余热锅炉；
8—洗涤塔；9—袋式除尘器；10—引风机；11—烟囱；12——次风机；13—推灰器；14—炉渣输送带；
15—磁选机；16—炉渣贮坑；17—炉渣吊车；18—废金属输送带；19—废金属贮坑；20—飞灰输送带；
21—输送带；22—混合输送带；23—飞灰加湿器；24—高压蒸汽联箱；25—汽轮发电机；26—灰渣输运系统；
27—中央控制室；28—低压配电室；29—高压配电室；30—液压室；31—车辆控制室

一般的大型垃圾焚烧厂都拥有多个卸料门，卸料门在无投入垃圾的情况下处于关闭状态，以避免垃圾贮坑中的臭气外溢。为了垃圾贮坑中的堆高相对均匀，应在垃圾卸料平台入口处和卸料门前设置自动指示灯，以便控制那个卸料门的开启。在垃圾焚烧技术发达的国家，这些设施一般都采用自动化系统，实现了卸料平台无人操作，当垃圾车到达卸料门前时，传感器感知到有车辆到达，自动控制卸料门的开闭。

垃圾贮坑的容积设计以能贮存 3～5d 的垃圾焚烧量为宜。贮存的目的是将原生垃圾在贮坑中进行脱水；吊车抓斗在贮坑中对垃圾进行搅拌，使垃圾组分均匀；在搅拌过程中也会脱去部分泥砂。这些措施都可改善燃烧状况，提高燃烧效率。在贮坑里停留的时间太短，脱水不充分，垃圾不易燃烧；时间太长，垃圾不再脱水，可燃挥发分溢出太多，也会造成垃圾不易燃烧和能量的耗散。

（2）垃圾焚烧系统

垃圾焚烧系统是垃圾焚烧厂中最为关键的系统，垃圾焚烧炉提供了垃圾燃烧的场所和空间，它的结构和形式将直接影响到垃圾的燃烧状况和燃烧效果。

垃圾焚烧系统的一般工艺流程如下：

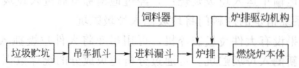

吊车抓斗从垃圾贮坑中抓起垃圾，送入进料漏斗，漏斗中的垃圾沿进料滑槽落下，由饲料器将垃圾推入炉排预热段，机械炉排在驱动机构的作用下使垃圾依次通过燃烧段和后燃烬段，燃烧后的炉渣落入炉渣贮坑。

为了保证单位时间进料量的稳定性，饲料器应具有测定进料量的功能，现行的饲料器一般采用改变推杆的行程来控制进料的体积，但由于垃圾在进料滑槽中的密度不均匀，造成进料的质量控制并不能达到预期的效果。目前，解决这个问题的有效方法之一是在滑槽中设置挡板，使挡板上的垃圾自由落下以提高垃圾密度的均匀性，同时还可以改进滑槽中垃圾的堵塞现象。

饲料器和炉排可采用机械或液压驱动方式，其中因液压驱动方式操作稳定、可靠性好等优点而应用较广。

（3）余热利用系统

从垃圾焚烧炉中排出的高温烟气必须经过冷却后方能排放，降低烟气温度可采用喷水冷却或设置余热锅炉的方式。

余热利用是在垃圾焚烧炉的炉膛和烟道中布置换热面，以吸收垃圾焚烧所产生的热量，从而达到回收能量的目的。在未设置余热锅炉而采用喷水冷却方式的系统中，余热没有得到利用，喷水的目的仅仅是为了降低排烟温度。一般来讲，将烟气余热用来加热助燃空气或加热水是最简单和普遍可行的方法。而且随着垃圾焚烧炉容量的增加，目前越来越普遍采用设置余热锅炉方式回收余热。国外有许多超过 $100t \cdot d^{-1}$ 的垃圾焚烧厂也配有余热锅炉。现行建设的大型垃圾焚烧厂都毫无例外地采用余热锅炉和汽轮发电设备。

设置余热锅炉的余热利用系统，其回收能量的方式有多种：①利用余热锅炉所产生的蒸汽驱动汽轮发电机发电，以产生高品位的电能，这种方式在现代化垃圾焚烧厂应用最广；②提供给蒸汽需求单位及本厂所需的一定压力和温度的蒸汽；③提供热水需求单位所需热水。

对于采用余热锅炉的垃圾焚烧厂，余热利用系统的工艺流程如下：

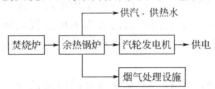

对于没有设置余热锅炉，采用喷水冷却方式的垃圾焚烧厂，其烟气冷却的工艺流程为：

焚烧炉 → 喷水冷却设施 → 烟气处理设施

有些垃圾焚烧厂，采用余热锅炉和喷水冷却相结合的方式，其工艺流程为：

焚烧炉 → 锅炉、喷水冷却设施 → 烟气处理设施

垃圾焚烧发电的热效率一般只有 20% 左右，如何提高垃圾焚烧厂热效率已引起了普遍关注。近年来，部分垃圾焚烧厂采用热电联供系统，将发电后的蒸汽或一部分抽汽向厂外进行区域性供热，以提高垃圾焚烧厂的热效率。但是，当进行大规模区域供热时，由于区域的热能需求随时间、季节的变化而变化很大，而垃圾焚烧炉的运行不能适应这样大的变化，因此，垃圾焚烧炉的供热一般只能提供用户一部分的热量需求。

（4）烟气处理系统

烟气处理系统主要是去除烟气中的固体颗粒、烟尘、硫氧化物、氮氧化物、氯化氢等有害物质，以达到烟气排放标准，减少环境污染。

各国、各地区都有不同的烟气排放标准，相应垃圾焚烧厂也有不同的烟气处理系统。烟气处理系统一般有下列几种设备组合：

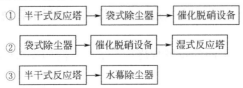

前两种设备组合为目前各国垃圾焚烧厂通常采用的烟气处理系统，后一种设备组合可供烟气排放标准较低的地区，在建设小型垃圾焚烧厂时选用参考。

近年来，二噁英污染引起了世界各国的普遍关注，而垃圾焚烧厂又是产生二噁英的主要来源之一，由于目前对二噁英的形成机理还没有达成统一的认识，因此仅通过控制焚烧参数来抑制二噁英的生成，其效果很难确定。目前所采用的去除二噁英的方法主要为采用活性炭喷射装置和袋式除尘器。

（5）灰渣处理系统

灰渣处理系统一般有以下几种工艺流程：

① 炉渣 → 湿式法 → 炉渣贮坑

② 炉渣 → 半湿式法 → 炉渣贮坑

③ 飞灰 → 贮灰斗 → 固化装置

从垃圾焚烧炉出渣口排出的炉渣具有相当高的温度，必须进行降温。湿式法就是将炉渣直接送入装有水的炉渣冷却装置中进行降温，然后再用炉渣输送机将其送入炉渣贮坑中。

来自静电除尘器或袋式除尘器的灰渣称为飞灰，通常情况下，飞灰应与垃圾焚烧炉出口排出的炉渣分别进行处理，这是由于飞灰中重金属的含量较炉渣中多。一般的做法是将飞灰作为危险品固化后送入填埋厂做最终的处置。

过去垃圾焚烧炉渣作为一般废弃物，可以在垃圾填埋厂进行填埋处理，随着环保要求的愈加严格，炉渣中可能出现的重金属的渗出已成为不可忽视的问题，炉渣的固化和熔融法是目前解决这一问题的两种有效途径。国外正在积极开发新的炉渣处理方法。

（6）助燃空气系统

助燃空气系统是垃圾焚烧厂中的一个非常重要的组成部分，它为垃圾的正常燃烧提供了必需的氧气，它所供应的送风温度和风量直接影响到垃圾的燃烧是否充分、炉膛温度是否合理、烟气中的有害物质是否能够减少。

助燃空气系统的一般工艺流程为：

送风机 → 空气预热器 → 焚烧炉 → 余热利用系统

送风机包括一次送风机和二次送风机，通常情况下，一次送风机从垃圾贮坑上方抽取空气，通过空气预热器将其加热后，从炉排下方送入炉膛；二次助燃空气可从垃圾贮坑上方或厂房内抽取空气并经预热后，送入垃圾焚烧炉。燃烧所产生的烟气及过量空气经过余热利用系统回收能量后进入烟气处理系统，最后通过烟囱排入大气。

（7）废水处理系统

垃圾焚烧厂中废水的主要来源有：垃圾渗滤水、洗车废水、垃圾卸料平台地面清洗水、灰渣处理设备废水、锅炉排污水、洗烟废水等。不同废水中有害成分的种类和含量各不相同，因此也应采取不同的处理方法，但这种做法过于复杂，也不现实。通常按照废水中所含有害物的种类将废水分为有机废水和无机废水，针对这两种废水采用不同的处理方法和处理流程。

在废水处理过程中，一部分废水经过处理后排入城市污水管网，还有一部分经过处理的废水则可加以利用。

废水的处理方法很多，不同的垃圾焚烧厂可采用不同的废水处理工艺。下面是一种常用的废水处理工艺流程：

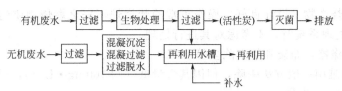

对于灰渣冷却水和洗烟用水等重金属含量较高的废水，其废水处理流程应具有去除重金属的环节。对于这类废水，常采用的废水处理工艺为：

（8）自动控制系统

在实现垃圾焚烧厂的高度自动化以前，把垃圾焚烧炉看成是各个系统的组合，自动化的工作主要集中在实现这些单独系统的自动化管理，如垃圾焚烧状态的电视监控，各种设备通电状况的显示等。随后，为了推进各个系统设备自动化管理向更高水平发展，实现垃圾供料、垃圾焚烧一体化、自动化，引进了垃圾焚烧炉自动化燃烧控制系统。另外一些相关设备的自动化也有了进展，例如：垃圾接收、灰渣的输送和自动称重设备、吊车自动运行设备等的自动化都实现了实用化。

现在，由于计算机的应用，垃圾焚烧炉的运行管理除了日常操作实现了自动化，一些非日常的操作也实现了自动化，例如：垃圾焚烧炉、汽轮机的启动与关闭等。垃圾焚烧系统自动化的范围，大致可分为以下三个方面：①设施运行管理必需的数据处理自动化；②垃圾运输车及灰渣运输车的车辆管理自动化；③设备机器运行操作的自动化。

上述各种运行操作实现自动化以后，为了实现最佳的运行状态，目前仍须依赖人的判断。国外正在开发各种各样的软件，能够与熟练操作员的判断非常接近，能够进行图像解析、模糊控制等。目前这些软件仅作为主软件的支持系统，可以相信，在不远的将来，综合运行状态的最优化控制是完全可以实现的。

5.6 固体废物焚烧过程中烟气的产生及其控制

5.6.1 焚烧尾气中的污染物及其控制方法

（1）烟气中的污染物

焚烧尾气中所含污染物的产生及含量，与废物的成分、燃烧速率、燃烧炉结构形式、燃烧条件、废物的进料方式等密切相关。垃圾焚烧产生的主要污染物如下。

① 不完全燃烧产物 C_mH_n 化合物燃烧后主要产物为无害的水蒸气及 CO_2，它们均可以直接排入大气之中。不完全燃烧产物（PIC）主要有：CO、炭黑、烃、烯、酮、醇、有机酸及聚合物等。

② 粉尘 废物中的惰性金属盐类，金属氧化物或不完全燃烧物质等。

③ 酸性气体 卤化氢（氟、氯、溴、碘），SO_x（主要为 SO_2 和 SO_3），NO_x，P_2O_5，H_3PO_4（磷酸）等。

④ 重金属污染物 包括铅、汞、铬、镉、砷等的元素态、氧化物及氯化物形态存在的污染物。

⑤ 二噁英（Dioxin） PCDDs/PCDFs。

（2）控制方法

① 不完全燃烧产物　设计良好，操作正常的焚烧炉不完全燃烧物质的产生量极低，因此通常设计尾气处理系统时，不考虑对其进行处理。

② 粉尘　洗涤器，布袋和静电除尘等。

③ NO_x　很难用一般方法去除，但因其含量低（约 $100mg \cdot L^{-1}$），通常是通过控制焚烧温度来降低 NO_x 产生量。

④ SO_x　城市垃圾和危险废物的含硫量很低（0.1%以下），尾气中少量 SO_x 可经湿式洗涤设备吸收。

⑤ Br_2、I_2、HI 等　目前尚无有效的去除方法，实际上因其含量甚低，一般情况，尾气处理系统并不考虑它们的去除。

⑥ HCl　氯化氢是尾气中的主要酸性物质，其含量有几百 $mg \cdot L^{-1}$ 至几个百分比，必须将其降至1%以下。通常可通过洗涤器、填料塔吸收去除。

⑦ 重金属污染物　a.挥发性重金属污染物，部分在温度降低时可自行凝结成颗粒，于飞灰表面凝结或被吸附，从而被除尘设备收集去除；b.部分无法凝结及被吸附的重金属氯化物，可利用溶于水的特性，经湿式洗涤塔的洗涤液自废气中吸收下来。

⑧ Dioxin 的去除　后面详细介绍。

（3）典型空气污染控制设备简介

可分为干式、半干式和湿式三类。

① 湿式处理流程：典型处理流程包括文式洗气器或静电除尘器与湿式洗气塔的组合。通常以文式洗气器或湿式电离洗涤器去除粉尘，填料吸收塔去除酸气。

② 干式处理流程：典型处理流程由干式洗气塔与静电除尘器或布袋除尘器相互组合而成，以干式洗气塔去除酸气，布袋除尘器或静电除尘器去除粉尘。

③ 半干式处理流程：典型处理过程由半干式洗气塔与静电除尘器或布袋除尘器相互组合而成，以半干式洗气塔去除酸气，布袋除尘器或静电集尘器去除粉尘。

5.6.2　硫氧化物（SO_x）的生成及控制

SO_x 主要包括 SO_2、SO_3，硫酸雾和酸性尘。

5.6.2.1　SO_x 的生成机理

（1）SO_2 的生成

物料中的 S 在燃烧过程中与 O_2 反应，主要产物有 SO_2 和 SO_3，但 SO_3 的浓度很低，约占 SO_2 生成量的百分之几。

通常，当 $n<1$ 时，有机硫将分解，除生成 SO_2 外，还产生 S、H_2S、SO 等；当 $n>1$ 时，S 将全部生成 SO_2。约有 0.5%～2.0% 的 SO_2 进一步氧化生成 SO_3。

燃料中的可燃硫，在完全燃烧时，为：

$$S + O_2 \longrightarrow SO_2 + 70.86kJ \cdot mol^{-1}$$

SO_2 的生成量可按下式计算

①
$$V_{SO_2} = 0.7 \frac{SB}{100} \times \frac{273+t}{273} \tag{5-119}$$

式中，V_{SO_2} 为燃烧装置单位时间排出的 SO_2 体积数，$m^3 \cdot h^{-1}$；S 为物料的含硫量，%；t 为燃烧温度（排烟温度），℃；B 为单位时间消耗的燃料量，$kg \cdot h^{-1}$。

②
$$G_{SO_2} = 2 \times \frac{SB}{100} \quad (kg \cdot h^{-1}) \tag{5-120}$$

式中，G_{SO_2} 为燃烧装置单位时间排出的 SO_2 质量；S，B 同上式。

（2）SO_3 的生成

当 $n > 1$ 时，SO_2 会氧化生成 SO_3。SO_2 氧化生成 SO_3 是通过与离解的氧原子结合而生成的，即

$$O_2 \rightleftharpoons O + O$$

$$SO_2 + O \underset{k-}{\overset{k+}{\rightleftharpoons}} SO_3$$

式中，$k+$ 为正反应速率常数；$k-$ 为逆反应速率常数。

则

$$\frac{d[SO_3]}{dt} = k+[SO_2][O] - k-[SO_3] \tag{5-121}$$

由此可见：SO_3 的生成量与氧原子的浓度 $[O]$ 成正比。

Gianbitz 研究氧气浓度的影响时发现，在炉中火焰结束后的下游区域内，即使再增加氧气的浓度，SO_3 的浓度也不会增加。因此，断定 SO_3 的生成量主要决定于火焰中生成的氧原子浓度 $[O]$，即火焰温度越高，火焰中原子氧的浓度就越大，SO_3 的生成量也增加。

SO_3 的生成量与火焰末端温度有怎样的关系呢？研究表明，火焰末端的温度越低，烟气中 SO_3 的浓度越高。火焰末端温度低使 SO_3 生成量增加，实质上是由于火焰拖长使烟气停留时间增大的缘故。即停留时间越长，SO_3 的生成量就越多。因此，希望缩短火焰长度，减少停留时间，降低 SO_3，结论是为防止 SO_3 生成量过大，火焰的中心温度不能太高，火焰不能拖得很长。

综上所述，影响 SO_3 生成量的主要因素有：①空气过量系数 n 越大，SO_3 的生成量就越多；②火焰中心温度越高，生成的 SO_3 也越多；③烟气停留时间越长，SO_3 越多；④燃料中的含硫量越多，SO_2 和 SO_3 越多。

5.6.2.2 SO_x 的控制

（1）流化床燃烧脱硫

流化床燃烧是利用空气动力使固体废物在流动状态下，完成传热、传质和燃烧反应。

流化床燃烧总体上讲是一种低温燃烧过程，炉内存在局部还原气氛，SO_x 基本上不生成。

流化床燃烧脱硫，使用的脱硫剂通常为石灰石。将石灰石粉碎成粒径约为 2mm 的颗粒，与固体废物同时加入炉内，在 $850 \sim 1050℃$ 下燃烧，石灰石受热分解析出 CO_2，形成多孔的 CaO 进而与 SO_2 作用，生成硫酸盐，达到固硫的目的，反应式如下

$$CaO + SO_2 + \frac{1}{2}O_2 \longrightarrow CaSO_4$$

$$CaCO_3 + SO_2 + \frac{1}{2}O_2 \longrightarrow CaSO_4 + CO_2$$

$$CaO + H_2S \longrightarrow CaS + H_2O$$

$$CaCO_3 + SO_2 \longrightarrow CaSO_3 + CO_2$$

脱硫剂的用量用钙与硫的摩尔比表示，即

$$\beta = \frac{脱硫剂消耗量 \times Ca 的含量/40}{燃料消耗量 \times S 的含量/32}$$

一般，流化床的 β 值应为 $3 \sim 5$，这将使石灰石消耗量过大。实际过程中，一般取 $\beta = 2 \sim 2.5$。当流化速度一定时，脱硫率随 β 值增大而上升；当 β 一定时，脱硫率随流化速度降低而上升。

（2）低氧燃烧

S 和 O_2 生成 SO_2，部分 SO_2 氧化生成 SO_3，SO_3 与烟气中的水结合生成 H_2SO_4。

H_2SO_4 蒸气遇到低温金属表面就会凝结成粒径微小的硫酸雾滴。这些硫酸雾滴如果是在受热面的金属表面产生，受热面将受到腐蚀。如硫酸蒸气凝结在飞灰表面上，将形成含酸的大颗粒，造成酸性尘。

如前所述，SO_3 的生成量主要与烟气中氧的浓度有关。降低剩余氧的浓度，可使 SO_3 下降。因此，低氧燃烧可有效地控制因硫燃烧造成的危害。

注意：低氧燃烧时，将会使烟气中粉尘浓度增大，不完全燃烧增大，炉内火焰变暗，烟囱冒黑烟。因此，进行低氧燃烧时，应采取一定的技术措施，使燃烧设备更加完善，尽量使之在接近理论空气量的条件下完全燃烧。

5.6.3 氮氧化物（NO_x）的生成和控制方法

5.6.3.1 NO_x 的形成、分类及危害

（1）形成和分类

NO_x 包括 NO、NO_2、N_2O、N_2O_3、N_2O_4、N_2O_5 等，但燃烧过程中，生成的 NO_x，几乎全是 NO 和 NO_2。通常所指的 NO_x 就是 NO 和 NO_2。

燃烧过程生成的 NO_x，按其形成过程可分为三类。

① 温度型 NO_x（或称热力型 NO_x）　指空气中的 N_2，在高温下氧化而形成的 NO_x。

② 燃料型 NO_x　燃料中所含氮的化合物在燃烧时氧化而形成的 NO_x。

③ 快速温度型 NO_x（亦称瞬时 NO_x）　当燃料过浓时燃烧产生的 NO_x。

NO 是一种无色无臭的气体，相对分子质量30.01，其熔点为 $-161℃$，沸点 $-152℃$，NO 略溶于水，它在空气中易氧化为 NO_2。

NO_2 是一种棕红色有害恶臭气体。其含量为 $0.205mg \cdot m^{-3}$ 时即可嗅到；$2.05 \sim 8.2mg \cdot m^{-3}$，有恶臭，达到 $51.3mg \cdot m^{-3}$ 时，则恶臭难闻。它的相对分子质量为46.01，密度为空气的1.5倍。

NO_x 在空气中的含量始终处于变动之中，在一天之中也有变化，既有日变化，也有季节变化。对于日变化来说，在一天当中，早上最高，傍晚次高，午后最低。在一年当中，冬季高，夏季低。

NO_x 的日变动主要是由于光化学作用的结果。对 NO_2，早上 NO_2 含量最高，随太阳上升，光照加强，光化学作用加快，NO_2 消耗增大，O_3 随之增多，一直到午后2时左右，光化学作用达最大，此时 NO_2 含量最低，O_3 含量最高，此后阳光逐渐减弱，NO_2 消耗逐渐增加，傍晚出现次高点。

（2）危害

① NO_x 对人的危害　当空气中 NO_2 含量 $7.2mg \cdot m^{-3}$ 持续 $1h$ 时，开始对人有影响；含量为 $40 \sim 100mg \cdot m^{-3}$ 时，对人眼睛有刺激作用；含量达到 $300mg \cdot m^{-3}$ 时，对人的呼吸器官有强烈的刺激作用。

另外，NO_2 参与光化学烟雾的形成，其毒性更强。NO 在高空同温层中破坏臭氧层，使较多的紫外线辐射到地而增加皮肤癌的发生率，还可影响人的免疫系统。

② 对森林和作物生长的危害　酸雨是由硫酸、硝酸以及少量的碳酸和有机酸的稀释液组成。它们对作物生长和林木有危害和破坏作用。

③ NO_x 对全球气候变化的影响　破坏臭氧层，造成温室效应（CO_2 起一半作用），其他还有氯氟化碳、氧化亚氮、甲烷等。

研究表明，如果地球大气中 NO 加倍或 CO_2 含量也加倍，那么将使地球气温上升$1.5 \sim 4.5℃$。《1991年世界环境状况》报告表明，随着温度的升高，海洋也将变暖和膨胀，从而导致海平面上升，并将淹没包括孟加拉国、埃及、印尼、中国和印度等广大地区在内的世界

上许多高产的三角洲地区。

5.6.3.2 温度型 NO_x 的生成机理及控制

前苏联科学家策尔多维奇研究了 NO 的生成机理，他指出，在燃料稀薄的火焰中，NO 的生成是在火焰带的后端进行的，NO 的生成过程可用如下链反应表示

① $$N_2 + O \underset{k_{-1}}{\overset{k_{+1}}{\rightleftharpoons}} NO + N$$

② $$N + O_2 \underset{k_{-2}}{\overset{k_2}{\rightleftharpoons}} NO + O$$

则 NO 的生成速率为

$$\frac{d[NO]}{dt} = k_{+1}[N_2][O] - k_{-1}[NO][N] + k_2[N][O_2] - k_{-2}[NO][O] \tag{5-122}$$

N 的生成速率为

$$\frac{d[N]}{dt} = k_{+1}[N_2][O] - k_{-1}[NO][N] - k_2[N][O_2] + k_{-2}[NO][O] \tag{5-123}$$

反应式中氮原子 N 的浓度比 NO 的浓度低 $10^{-5} \sim 10^{-8}$ 倍，即 $[N]/[NO] \leqslant 10^{-5} \sim 10^{-8}$，N 作为中间产物，可根据"拟稳态"原理，假定在很短的时间内，N 的生成速率＝N 的消失速率，即 $[N]$ 不随时间变化。

有 $$\frac{d[N]}{dt} = 0 \tag{5-124}$$

则 $$[N] = \frac{k_1[N_2][O] + k_{-2}[NO][O]}{k_{-1}[NO] + k_2[O_2]} \tag{5-125}$$

将式(5-125)代入式(5-122)，整理得

$$\frac{d[NO]}{dt} = 2\frac{k_1 k_2[N_2][O_2][O] - k_{-1}k_{-2}[NO]^2[O]}{k_{-1}[NO] + k_2[O_2]} \tag{5-126}$$

因为 $[O_2] \gg [NO]$，且 k_2、k_{-1} 基本是一个数量级，所以 $k_{-1}[NO] \ll k_2[O_2]$，故式(5-126)可简化为

$$\frac{d[NO]}{dt} = 2k_1[N_2][O] \tag{5-127}$$

又因为氧气的离解反应处于平衡状态，即

$$O_2 \rightleftharpoons O + O$$

则 $$K = \frac{[O]^2}{[O_2]} \Rightarrow [O] = K^{1/2}[O_2]^{1/2} = K_0[O_2]^{1/2} \tag{5-128}$$

代入式(5-127)得

$$\frac{d[NO]}{dt} = 2K_0 k_1[N_2][O_2]^{1/2} \tag{5-129}$$

令 $$K = 2K_0 k_1 = 3 \times 10^{14} e^{\frac{-542000}{RT}} \tag{5-130}$$

K 称为策尔多维奇常数。

故 $$\frac{d[NO]}{dt} = 3 \times 10^{14}[N_2][O_2]^{1/2} e^{-54200/RT} \tag{5-131}$$

式(5-131)称为策尔多维奇 NO 生成速率表达式。

将式(5-131)改写成

$$d[NO] = 3 \times 10^{14}[N_2][O_2]^{1/2} e^{-542000/RT} dt \tag{5-132}$$

燃烧过程中，$[N_2]$ 基本不变，因此，影响 NO 生成量的主要因素为温度 T，$[O_2]$，反

应时间或停留时间。根据策尔多维奇公式，控制［NO］生成量的方法如下：①降低燃烧温度水平；②降低氧气浓度；③缩短在高温区内的停留时间。

5.6.3.3　降低 NO_x 生成的燃烧技术

（1）低氧燃烧法

低氧燃烧法就是采用低空气消耗（过剩）系数（n）运行的燃烧方法来降低氧气浓度，从而降低 NO_x 的生成量。低氧燃烧也能降低 SO_x 的生成量。

通常炉中的 $n=1.10\sim1.40$，也就是说燃烧是在理论空气量的 $1.10\sim1.40$ 倍的条件下进行的。

低空气消耗系数运行就是要尽可能降低空气供给量，使空气中的氧气完全与燃料化合，使空气中的 N 或燃料 N 不被氧化，破坏 NO_2 的生成条件。

但是，低空气消耗系数 n 运行时，由于会出现部分空气不足，引起烟尘浓度增加。

（2）两段燃烧法

研究表明，当 $n<1$ 时，NO_x 的生成量减少。$n<1$，也就是燃料过浓燃烧，该法对控制温度型 NO_x 和燃料型 NO_x 都有明显效果。

该法分两段供给空气，在炉中第一段供给焚烧炉 $n<1$ 的空气，使燃烧在燃料过浓的条件下进行，产生不完全燃烧；在第二段供给多余下来的空气与燃料过浓燃烧生成的烟气混合，完成整个燃烧过程。

（3）烟气循环燃烧法

该法同时降低炉内温度和氧气浓度，是控制温度型 NO_2 的有效方法。

温度较低，不完全燃烧的锅炉排烟，通过循环风机，将烟气、空气送入混合器，然后一起送入焚烧炉中燃烧。

（4）新型燃烧器

这类燃烧器都是通过降低火焰温度和利用稀薄氧气的燃烧抑制 NO_x 的生成。如：使炉内具有烟气循环的功能，外围不必再设置排气循环系统和管路等设备。

5.6.4　Dioxins 的生成与控制

5.6.4.1　Dioxins 的物理、化学性质

（1）结构

二噁英是多氯二苯并二噁英（PCDDs）和多氯二苯并呋喃（PCDFs）类物质的总称。

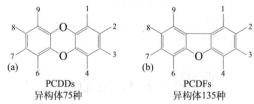

PCDDs
异构体75种

PCDFs
异构体135种

其中，2,3,7,8-TCDD 的毒性最强，为氰化钾的 1000 倍，沙林的 2 倍，是目前毒性最强的物质。

二噁英的毒性用毒性当量 TEQ 表示，设定 2,3,7,8-二噁英（T_4CDD）的 TEQ 为 1，其他为与之比较的毒性当量。如：

1,2,3,7,8-P_5CDD 的 TEQ 为 0.5TEQ；

2,3,4,7,8-P_5CDF 的 TEQ 为 0.5TEQ；

8 个（其中 3 个二噁英 1,2,3,4,7,8；1,2,3,6,7,8；1,2,3,7,8,9），5 个呋喃类（2,3,7,8；1,2,3,4,7,8；1,2,3,6,7,8；1,2,3,7,8,9；2,3,4,6,7,8）为 0.1TEQ。

因为二噁英的结构（水平和垂直）非常对称，所以，其化学稳定性很高，不易分解，在环境中的半衰期长达 5～10 年，在环境中迁移、转化，对大气、河流、湖泊、土壤、海洋等造成污染。

（2）理化性质

相对分子质量（T_4CDD）为 322，无色结晶（室温），25℃时在水中的溶解度很低（$0.2mg \cdot m^{-3}$），在苯中的溶解度为 $57g \cdot m^{-3}$，在辛醇中的溶解度为 $4.8g \cdot m^{-3}$。但它极易溶于脂肪，因为容易在人体内积累，引起皮肤痤疮、头痛、忧郁、失聪等症状。其长期效应，还会引起染色体损伤、畸形、癌症等。

5.6.4.2 二噁英类的生成机制

（1）二噁英类物质的产生途径

二噁英类物质主要产生于垃圾焚烧过程和烟气冷却过程。如日本过去采用传统的垃圾焚烧处理，每年产生二噁英类物质达 5～10kgTEQ 等。其在焚烧过程的生成途径为：

① 垃圾中的含氯高分子化合物（聚氯乙烯、氯代苯、五氯苯酚等）前体物（前驱物），在适宜的温度和 $FeCl_3$、$CuCl_2$ 的催化作用下与 O_2、HCl 反应（重排、自由基缩合、脱氯等）生成二噁英类物质。

② 若 $T > 800℃$，$\bar{t} > 2s$ 的情况下约 99.9% 的二噁英会分解，但高温下被分解的二噁英类前先驱物，在 $FeCl_3$、$CuCl_2$ 等灰尘的作用下，又会与烟气中的 HCl 在 300℃左右，重新合成二噁英类物质。

（2）二噁英类物质的生成机制

① 生成方式

方式 a

式中，X 代表 H，Na，K；Y 表示 Cl。

方式 b

方式 a 是 200～500℃时，在灰尘中 $CuCl_2$，$FeCl_3$ 等催化下，由未完全燃烧的含碳物质进行合成反应；方式 b 则是氯苯、氯苯酚等前体物的分解、合成反应。

② 前驱物及二噁英的生成

a. 前驱物的生成。高温时，二噁英分解，结合力小的 C—O 键断裂，生成的氯苯，热稳定性好，不易分解。$\text{+CH}_2\text{—CHCl+}_n$ 类分解，结合力较小的 C—Cl 键断开，HCl 和 O_2 进行连锁反应，一部分生成较稳定的苯核，一部分则生成稳定的氯苯化合物；低温时，对苯来说，当温度处于 300～400℃的还原气氛中时，有如下反应

$$3\text{+CH}_2\text{—CHCl} \cdot \text{+}_n \longrightarrow nC_6H_6 + 3n\,HCl$$

对氯苯而言

$$C_6H_6 + HCl + \frac{1}{2}O_2 \xrightarrow[\text{约 }300℃]{CuCl_2, FeCl_3} C_6H_5Cl + H_2O$$

$$C_6H_5Cl + HCl + \frac{1}{2}O_2 \longrightarrow C_6H_4Cl_2 + H_2O$$

$$C_6HCl_5 + HCl + \frac{1}{2}O_2 \longrightarrow C_6Cl_6 + H_2O$$

游离基反应：

在剧烈的燃烧反应中，存在大量的·OH 游离基，它与苯环进行如下反应

$$C_6H_6 + \cdot OH \longrightarrow \cdot C_6H_5 + H_2O$$

$$\cdot C_6H_5 + \cdot Cl \longrightarrow C_6H_5Cl$$

$$\cdot C_6H_5 + \cdot OH \longrightarrow C_6H_5OH$$

b. 二噁英类物质的生成

$$C_6H_3Cl_3 + C_6H(OH)Cl_4 + H_2O \xrightarrow{CuCl_2, FeCl_3}$$

$+ 3HCl$

③ 二噁英生成量与 HCl 的关系。

从前面的分析可见：C_6H_5Cl、C_6H_4ClOH 生成量与 HCl 的浓度（分压）成正比。研究表明，氯苯的生成按如下方式进行。

$$C_6H_6 + 2CuCl_2 \longrightarrow C_6H_5Cl + HCl + 2CuCl$$

$$2CuCl + \frac{1}{2}O_2 \longrightarrow CuCl_2 + CuO$$

$$CuCl_2 + H_2O \Longrightarrow CuO + 2HCl$$

因此，$CuCl_2$ 的生成量与 HCl 的分压成正比。

（3）影响二噁英合成反应的因素

① 前体物、HCl、O_2 等的存在。

② 在 200～500℃ 范围的停留时间。

③ $FeCl_3$、$CuCl_2$ 等催化剂的存在。

（4）传统炉排炉

传统焚烧炉（炉排炉）灰分中含 $CuCl_2$ 0.04%～0.07%；$FeCl_3$ 2%～3%，以及 HCl。HCl 一是来自高分子氯化物的分解；二是垃圾中所含的 NaCl、$CaCl_2$、$MgCl_2$、$FeCl_3$、$AlCl_3$ 等在燃烧过程中进行反应生成。如

$$2NaCl + SO_2 + \frac{1}{2}O_2 + H_2O \longrightarrow Na_2SO_4 + 2HCl$$

$$CaCl_2 + SiO_2 + H_2O \longrightarrow CaO \cdot SiO_2 + 2HCl$$

$$2MgCl_2 + (Al_2O_3 \cdot 5SiO_2) + H_2O \longrightarrow (2MgO \cdot Al_2O_3 \cdot 5SiO_2) + 2HCl$$

$$2FeCl_3 + 3H_2O \longrightarrow Fe_2O_3 + 6HCl$$

$$2Al_2O_3 + 3H_2O \longrightarrow Al_2O_3 + 6HCl$$

因此，传统炉排炉垃圾焚烧过程中既能提供含有 $CuCl_2$、$FeCl_3$ 的灰尘，又产生大量的 HCl，在烟气的冷却过程中又有 300℃ 左右的温度带。即生成二噁英类物质的必要条件均具备。

（5）二噁英的高温分解与重新合成

如前所述，二噁英类物质在高温（＞800℃）下会分解，分解产生的氯苯类（如 C_6H_5Cl）物质稳定性很高，不易分解，随着燃烧的进行，这类物质会进行自由基反应形成 C_6H_4ClOH 等物质，当烟气温度冷却到 300℃ 左右时，在 $CuCl_2$，$FeCl_3$ 催化下，C_6H_5Cl 类和 C_6H_4ClOH 类先驱物又重新合成二噁英类物质。

（6）二噁英的生成的控制因素

由上述分析可以看出，垃圾焚烧过程中，二噁英的生成量与燃烧状态的好坏直接相关。而焚烧状态的好坏的控制因素主要为垃圾的焚烧温度（T），高温烟气在炉内的停留时间（$\bar{t}$），空气与垃圾的混合程度，即湍流度（T）。

104

5.6.4.3　二噁英类物质的控制

由前面二噁英生成机理的分析可知，要降低垃圾焚烧中二噁英的产生量，可从以下几方面入手。

（1）控制来源

分类收集，加强资源回收，避免含氯高的物质（如 PVC 塑料等）和重金属含量高的物质进入焚烧系统。

（2）减少炉内的形成

① 焚烧炉燃烧室中应保持足够高的燃烧温度（800℃以上）；

② 足够的气体停留时间（>2s）；

③ 确保废气中具有适当的氧含量（6%~12%）。

如此，可达到分解破坏垃圾内含有的 PCDDs 和 PCDFs，避免氯苯及氯酚等物质生成。这些措施的实施虽可降低二噁英类物质，但会使 NO_x 的浓度升高。

若欲同时控制 Dioxins 和 NO_x 的产生，应先以燃烧控制法降低炉内形成的 Dioxins 及其先驱物质，再向炉内喷入 NH_3 或尿素（无催化剂脱氮系统）降低 NO_x 生成。当然，也可在气体处理设备末端加装催化剂脱硝系统（SCR）以降低可能增加的 NO_x。

（3）避免炉外低温再合成

急冷技术：根据二噁英的形成机理可知，当焚烧烟气中有 HCl、二噁英的先驱物及 O_2、$CuCl_2$ 和 $FeCl_3$ 等物质存在，并在适宜的温度（300~400℃）条件下极易形成二噁英。

为了扼制焚烧烟气中二噁英的再合成，采用控制烟气温度的办法。

通常是，当具有一定温度（温度不应低于500℃）的焚烧烟气从余热锅炉中排出后，采用急冷技术使烟气在 0.2s 以内急速冷却到 200℃以下，从而跃过二噁英易形成的温度区。急冷所用的设备叫急冷塔。

（4）活性炭吸附法（已经产生的微量二噁英）

① 干式处理中：在烟气出口喷入活性炭粉，以吸附去除废气中的二噁英类物质。喷入活性炭的位置依除尘设备的不同而异。

a. 使用布袋除尘器时，吸附作用可能发生在滤袋表面，可为吸附物提供较长的停留的时间，活性炭粉直接喷入除尘前的烟道内即可。

b. 当使用静电除尘器时，因为无停滞吸附作用，故活性炭粉喷入点应提前至半干式或干式洗器塔内（或其前烟管内）以增大吸附作用时间。

c. 除尘器后设置吸附塔，可直接在静电除尘器或布袋除尘器后加一活性炭吸附过滤装置（固定床吸附塔）。

② 湿式处理流程中，因为二噁英水溶性很低，目前还无很好的技术。

5.6.5　熔融气化焚烧技术

对 SW 焚烧处理来说，其主要任务是如何设计出更合理，操作上更优化和更稳定的焚烧设备。

城市生活垃圾气化熔融焚烧技术是发达国家为解决垃圾焚烧处理中产生的二噁英问题而开发的一种新型焚烧技术。

该技术包括两个过程：一是垃圾于 450~600℃ 温度下的热解气化；二是炭灰渣在1300℃以上的融熔燃烧。该技术有以下特点：

① 垃圾先在还原性气氛下热分解制备可燃气体，垃圾中的有价金属不会被氧化，有利于金属回收；其次垃圾中的 Cu、Fe 等金属也不易生成促进二噁英生成的催化剂。

② 热分解的气体，燃烧时空气系数较低，能降低排烟量，提高能量利用率，降低 NO_x

的排放量，减少烟气处理设备的投资及运行费用。

③ 含炭灰渣在高于 1300℃ 以上的高温熔融状态下燃烧，能扼制二噁英类物质的形成，熔融渣被高温消毒可再生利用，同时能最大限度地实现垃圾的减容和减量。

熔融气化焚烧通常有两种工艺结构：

① 热解气化与融熔焚烧过程在两个相对独立的设备中进行，即两步法气化熔融技术；

② 将气化与熔融焚烧两个过程有机结合成一个整体（即一个设备）中进行，称为直接气化熔融焚烧技术。

与两步法比较，直接法工艺过程和设备更简单，工程投资和运行费用更低，操作更容易，运行更稳定。

5.7 垃圾焚烧过程的环保标准

城市固体废物的环保标准，因国家、地区、年代不同而不同。经济发达国家的环保标准相对经济欠发达国家要严格一些，同一国家不同年代也不相同，一般随经济、技术的发展日益严格。环保标准当然越严格越好，但相应的设备、技术的投资也越大。

目前欧洲的环保标准最为严格，美国、加拿大等北美国家的环保标准通常比欧洲国家要低一些，日本的环保标准有一个从低到高的过程，现在与欧洲国家基本相同。表 5-4 为欧盟与欧洲各国生活垃圾焚烧过程烟气排放的环保标准。

表 5-4　欧盟与欧洲各国生活垃圾焚烧烟气排放环保标准　　单位：$mg \cdot m^{-3}$

污染物	欧盟	德国	奥地利	荷兰	瑞士	瑞典
HCl	10	10	10	10	20	50
HF	1	1	0.7	1	2	2
SO_2	50	50	50	40	50	50
NO_2	—	200	100	70	80	—
CO	100	50	50	50	50	100
烟尘	30	10	15	15	10	30
Hg	0.05	0.05	0.05	0.05	0.1	0.2
Cd	0.05	0.5	0.05	0.05	0.1	0.1
重金属	0.5	0.5	2	1	1	1
二噁英/$ng \cdot m^{-3}$	0.1	0.1	0.1	0.1	0.1	0.1

我国于 2014 年 4 月制定了新的《生活垃圾焚烧污染控制标准》，标准要求新建生活垃圾焚烧炉自 2014 年 7 月 1 日、现有生活垃圾焚烧炉自 2016 年 1 月 1 日起执行本标准，同时，《生活垃圾焚烧污染控制标准》（GB 18485—2001）自 2016 年 1 月 1 日废止。新标准主要参照欧盟标准制定，且与其标准接近。当然，一方面我国作为发展中国家，其标准是以经济、技术水平为前提，因此我国的环保标准不可定得太高，否则会造成处理设施投资巨大而无法建设，或运转费用昂贵而无法运行；另一方面要求尽量不造成二次污染，这就要求环境保护与经济建设共同健康持续发展。表 5-5 为我国新的生活垃圾焚烧污染控制烟气标准。

表 5-5　我国新的生活垃圾焚烧污染控制烟气标准

序号	污染物项目	限值	取值时间
1	颗粒物/(mg/m³)	30 20	1 小时均值 24 小时均值
2	氮氧化物(NO_x)/(mg/m³)	300 250	1 小时均值 24 小时均值
3	二氧化硫(SO₂)/(mg/m³)	100 80	1 小时均值 24 小时均值
4	氯化氢(HCl)/(mg/m³)	60 50	1 小时均值 24 小时均值
5	汞及其化合物(以 Hg 计)/(mg/m³)	0.05	测定均值
6	镉、铊及其化合物(以 Cd+Ti 计)/(mg/m³)	0.1	测定均值
7	锑、砷、铅、铬、钴、铜、锰、镍及其化合物 (以 Sb+As+Pb+Cr+Co+Cu+Mn+Ni 计)/(mg/m³)	1.0	测定均值
8	二噁英类/(ngTEQ/m³)	0.1	测定均值
9	一氧化碳(CO)/(mg/m³)	100 80	1 小时均值 24 小时均值

思 考 题

1. 为什么说固体废物焚烧技术是一种可同时实现"三化"的处理技术？

2. 固体废物的热值有几种表示法，它们之间的关系如何？

3. 焚烧炉中完全燃烧的条件是什么？基本控制因素有哪些？它们之间的关系如何？

4. 判断焚烧效果好坏的方法是什么？

5. 焚烧过程中固体废物与氧的反应包括哪几个步骤？

6. 当固体废物燃烧反应分别处于"动力区"和"扩散区"时，其强化燃烧过程的措施有什么不同？

7. 为什么说在异相燃烧过程中温度不变时，随着炭粒的燃尽，燃烧过程中总是要进入动力区？

8. 为何在高温下（1500～16000℃），增加氧的浓度（或压力），并不能够提高反应速率？当温度低于 1200～1300℃，情况又如何？

9. 何谓全混流？何谓平推流？各自的特点是什么？并举例？

10. 典型空气污染控制设备分几类？分别是什么？

11. 垃圾焚烧中，影响 SO_2 和 SO_3 生成量的主要因素有哪些？你将采取什么措施降低 SO_x 的产量？

12. 焚烧过程中生成氮氧化物的方式有几种？分别是什么？

13. 氮氧化物，尤其是 NO_2 在一天或一年中不同季节是如何变化的？说明理由？

14. 影响氮氧化物的生成量的主要因素有哪些？并说明降低氮氧化物应采取什么措施？

15. Dioxins 的生成途径是什么？目前有哪些方法可以降低它的产生？

计 算 题

1. 已知某固体废物的成分为：$C^c = 85.32\%$；$H^c = 4.56\%$；$O^c = 4.07\%$；$N^c = 1.80\%$；

$S^C=4.25\%$；$A^D=7.78\%$；$W^A=3.0\%$。求：该 SW 焚烧过程的发热量；理论空气需要量；燃烧产物生成量；成分；密度；燃烧温度（空气中水分可忽略不计）。

2. 假设在一内径为 8.0cm 的管式焚烧炉中，于温度 225℃分解纯二乙基过氧化物，进入炉中的流速为 $12.1L \cdot s^{-1}$，225℃时的速率常数为 $38.3s^{-1}$。求当二乙基过氧化物的分解率达到 99.95% 时，焚烧炉的长度应为多少？

6 固体废物的热解处理技术

6.1 概述

热解应用于工业已有很长的历史，最早应用于煤的干馏，所得到的焦炭产品主要用作冶炼钢铁的燃料。随着该技术应用范围的逐渐扩大，被用于重油和煤炭的气化。20世纪70年代初期，世界性石油危机对工业化国家经济的冲击，使人们逐渐意识到开发再生能源的重要性，热解技术开始用于固体废物的资源化处理，并制造燃料，成为一种很有前途的固体废物处理方法。

热解与焚烧有相似之处，都是热化学转化过程（Thermal Conversion Technologies）。热解与焚烧又是完全不同的两个过程，焚烧是放热反应，而热解是吸热反应；二者产物亦不同，焚烧产物是 CO_2 和 H_2O，而热解产物主要是可燃的低分子化合物。

6.1.1 定义

有机物在无氧或缺氧的状态下加热，使之分解的过程称为热解（Pyrolysis）。即热解是利用有机物的热不稳定性，在无氧或缺氧条件下，利用热能使化合物的化合键断裂，由大分子量的有机物转化成小分子量的可燃气体、液体燃料和焦炭等的过程。

6.1.2 热解产物

热解的产物由于分解反应的操作条件不同而有所不同。主要为：

① 以 H_2，CO、CH_4 等低分子碳氢化合物为主的可燃性气体；

② 以 CH_3COOH、CH_3COCH_3、CH_3OH 等化合物为主的燃料油；

③ 以纯碳与金属、玻璃、土砂等混合形成的炭黑。

燃料热解是一个复杂的、同时的、连续的化学反应过程。在反应中包含着复杂的有机物断键、异构化等反应。其热解的中间产物一方面进行大分子裂解成小分子直至气体的过程；另一方面又有使小分子聚合成较大的分子的过程。

将可燃性废物在无氧气氛下加热，约在 $500\sim550℃$ 低分子转化为油状，如进一步加热到 $900℃$，几乎全部气化。把热解温度控制在油化阶段，由废物得到油、焦油等，精制后得燃料油，这是热解的油化过程。在 $800\sim900℃$ 下进行热分解是热解的燃气化过程。

6.1.3 热解与焚烧的区别

热解法与焚烧法相比是完全不同的两个过程。①焚烧的产物主要是二氧化碳和水，而热解的产物主要是可燃的低分子物质：气态的有氢气、甲烷、一氧化碳；液态的有甲醇、丙酮、醋酸、乙醛等有机物及焦油、溶剂油等；固态的主要是焦炭或炭黑。②焚烧是一个放热过程，而热解需要吸收大量的热量。③焚烧产生的热能量大的可用于发电，量小的只可供加热水或产生蒸汽，适于就近利用，而热解的产物是燃料油及燃料气，便于贮藏和远距离输送。

6.1.4　热解的优点

废物的热解因废物种类是多种多样的，而且富于变化，异物、夹杂物多，要稳定、连续地分解，在技术上和运转操作上要求都较高，难度较大，但热解法与其他方法如焚烧相比具有如下优点：

① 热解可将 SW 的有机物转化为以燃料气、燃料油和炭黑为主的贮存性能源；

② 热解因其为缺氧分解，因此产生的 NO_x，SO_x，HCl 等较少，排气量也少，可减轻对大气环境的二次污染；

③ 热解时，废物中的 S、金属等有害成分大部分被固定在炭黑中；

④ 因为热解为还原气氛，Cr^{3+} 等不会被转化为 Cr^{6+}；

⑤ 热分解残渣中无腐败性有机物，能防止填埋场的公害。排出物致密，废物被大大减容，而且灰渣熔融能防止金属类溶出。

6.1.5　热解方式分类

热分解过程由于供热方式、产品状态、热解炉结构等方面的不同，热解方式也各异。根据热解的温度不同，分为高温热解、中温热解和低温热解；按供热方式可分为直接加热和间接加热；按热解炉的结构可分为固定床、移动床、流化床和旋转炉等；按热解产物的聚集状态可分成气化方式、液化方式和炭化方式；按热分解与燃烧反应是否在同一设备中进行，热分解过程可分成单塔式和双塔式；还可按热解过程是否生成炉渣分为造渣型和非造渣型。

6.1.6　影响热解的主要参数

热解过程的几个重要参数是热解温度、热解速度、含水率、反应时间，每个参数都直接影响产物的分布和产量。另外，废物的成分不同，产气、产油和残渣产生量就不同，产物成分也不同；物料的颗粒度不同，则热传递速率就不同，颗粒度小，易于热解反应的进行；还有反应器类型、结构以及作氧化剂的空气供氧程度等不同，都会对热解反应过程及结果产生影响。

6.1.7　热解、气化、液化和部分燃烧

严格地讲，热解是"不向反应器中通入氧、水蒸气或加热的 CO 的条件下，通过间接加热使含碳有机物发生热化学分解，生成燃料（气体、液体和炭黑）的过程"（Stanford Research Institute 的 J·Jones 提出）。

通过燃烧部分热解产物来直接提供热解所需热量的情况，不应称为热解，而应称为部分燃烧（Partial-combustion）或缺氧燃烧（Starved-air-combustion）。

严格意义上的热解、部分燃烧或缺氧燃烧引起的气化、液化等热化学转化过程统称为 PTGL（Pyrolysis, Thermal Gasification or Liquification）过程。

而将欧洲、日本不进行破碎、分选，直接焚烧的过程称为层燃或混烧（mass burning）。

6.2　热解原理

6.2.1　热解过程

有机物的热解可用下面的通式表示

$$有机固体废物 + 热（\triangle）\longrightarrow g\,G(g) + l\,L(l) + s\,S(s)$$

其中，右端括号中的符号表示产物的相态；G 包括 H_2、CH_4、CO、CO_2；L 包括有机

酸、芳烃、焦油；S包括炭黑、炉渣。

产物中各成分的收率取决于原料的化学组成、结构、物理形态以及热解的温度和升温速率。例如对同一组成的有机固体废物，不同的温度和升温速率会得到不同成分收率。

6.2.2 热解过程动力学分析

由以上讨论可知，热解过程包括链的断裂及挥发分的析出，即热解过程既有反应过程又涉及传递（扩散及传质、传热）过程。对于颗粒大而结构坚实的物料，当加热速率较低和床温较低时，传递过程占主要地位；对于颗粒尺寸较小和结构松软的物料，反应过程占主要地位。在粒子内部，气体扩散速率和传热速率决定于物料的结构和空隙率。

当挥发分析出时，反应和传递过程都很复杂，有些学者用简单的一级模型描述这个过程，即

$$\frac{dV}{dt} = k(V_{max} - V)$$

$$k = k_0 \exp[-E/(RT)] \tag{6-1}$$

式中，k 为反应速度常数；k_0 为频率因子；E 为活化能；T 为热力学温度；V_{max} 为一定温度下的最大挥发分释放量；V 为在 t 时间内的挥发分释放量；R 为气体常数。

这个模型用来描述中等温度的热解过程比较适合，但是当温度从低温升到高温以后，该模型就不能完全适用，因为 E、V_{max} 和 k_0 都是温度的函数。

也有用 n 级反应速率表达式来描述挥发分的析出过程，即

$$\frac{dV}{dt} = k'(V_{max} - V)^n \tag{6-2}$$

式中，k' 为 n 级反应速度常数；指数 n 为反应级数。当 $n=2$ 时，表达式(6-2)与试验结果符合很好。

考虑到挥发分析出过程的非等温特性，亦可用下述公式来描述挥发分的析出过程，即

$$\frac{V_{max} - V}{V} = \int_0^\infty \exp\left(-\int_0^\infty k\,dt\right) f(E)\,dE \tag{6-3}$$

式中，$f(E)$ 是平均活化能 E 和标准偏差 σ 的高斯分布函数，即

$$f(E) = \sigma(2\pi)^{0.5} \exp[-(E-E_0)^2/(2\sigma)^2] \tag{6-4}$$

挥发分析出过程实际上包括许多复杂的连续和平行热分解反应过程。当物料加入床内后，粒子表面立即被床料加热到床温，于是发生化学反应，分子的化学键断裂，从粒子表面到粒子中心形成温度梯度。当粒子内部沿径向各点从表面到中心的温度逐渐升高时，更多的按挥发分通过粒子中的空隙扩散到粒子周围的气流中。

挥发分析出时的传热、传质过程，决定于颗粒的尺寸、加热速率和周围介质的压力。试验结果表明：粒径小于 $500\mu m$ 的颗粒，当加热速率达到 $1000℃ \cdot s^{-1}$ 时，粒子内部不会形成温度梯度；粒径大于 $1mm$ 的粗颗粒，粒子内部会出现温度梯度和传热过程，尤其是颗粒的孔隙越少和导热性越差的物料，温度梯度越大。

挥发分析出受化学反应速率控制时，挥发分析出的速度与粒径无关，只决定于化学反应常数、最大挥发分含量、活化能和温度。

在分析挥发分析出的机理的基础上，下面再讨论挥发分析出的时间。

挥发分析出受化学反应速度控制时，粒子内部不存在温度梯度，即处于等温状态，挥发分析出的时间可由式(6-1)积分求得，并把 V_{max} 当作常数。

$$t_V = \frac{1}{k_0 \exp[-E/(RT)]} \ln \frac{V_{max}}{V_{max} - V} \tag{6-5}$$

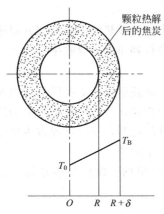

图 6-1　收缩热解模型

当粗大颗粒（大于 1mm）的挥发分析出受传递过程控制时，粒子内部存在温度梯度，如图 6-1 所示。这是一个处于热解状态下的收缩模型，初始温度为 T_0，受热后粒子逐步被加热，经过时间 t 后，粒子表面温度升高到床温 T_B，并且在粒子表面上一直保持这一温度，由于向球形粒子内部导热，其内部各点的温度逐渐升高，升温规律用球形坐标表示，并忽略分解热，其导热方程式为

$$(1-\varepsilon_s)\rho_s c_p \frac{\partial T}{\partial t} = \lambda_s \frac{1}{r^2}\frac{\partial}{\partial r}\left(r^2\frac{\partial T}{\partial r}\right) \tag{6-6}$$

式中，ε_s 为颗粒的空隙率；ρ_s 为粒子的密度；c_p 为粒子的恒压热容；λ_s 为颗粒的有效热导率；r 为颗粒半径。

假定这些数值等于常数，且有初始条件：$t=0$，$T=T_0$。边界条件：$r=R_P$，$T=T_B$；$r=0$，$\frac{\partial T}{\partial r}=0$。

由于粒子内部的不稳定热导，热从粒子表面逐渐向粒子中心传递，粒子内部温度 T 逐渐升高，当达到挥发分的热解温度 T_{py} 后，颗粒就发生热解，挥发分开始析出。随着时间推移，热不断地向粒子中心传递，热解的前锋面也不断地向中心推进，当中心温度 T_0 也达到 T_{py} 后，颗粒的挥发分全部析出，此时所需的时间为 t_V。

解式(6-6)，当 $T_0=T_{py}$ 时，挥发分全部析出所需的时间为

$$t_V \approx \frac{1}{\pi\alpha}\left(\frac{R_s T_B}{T_{py}-T_B+T_0}\right)^2 \tag{6-7}$$

式中，α 为颗粒的热扩散率，$\alpha=\dfrac{\lambda_s}{(1-\varepsilon_s)\rho_s c_p}$；$T_0$ 为颗粒的中心温度；R_s 为颗粒半径。

从式(6-7)中可以看出：当颗粒热解受内部传热控制时，挥发分析出受颗粒半径 R_s、粒子热扩散率 α、床层温度（此时 $T_0=T_B$）的影响。

对于大于 1mm 的粗大颗粒，粒子尺寸对挥发分析出有很大影响，挥发分全部析出所需时间近似地随颗粒 R_s^2 的增加而增加，随粒子热扩散率 α 的增大而减小。

挥发分全部析出时间随着床温的增加而减小，而挥发分析出速度随着床温的增加而加快，因为床温升高粒子表面温度增高，粒子内部传热速率增加。

6.2.3　不同温度和不同加热速率下的产物收率

（1）低温-低速加热

该条件下，有机物分子有足够的时间在其最薄弱的接点处断裂分解，重新结合成热稳定性的固体，而难以进一步分解。因此，低温-低速加热条件下会得固体产率较多的产物。

（2）高温-高速加热

该条件下，有机物分子发生全面断裂（裂解），生成大范围的低分子有机物。因此，产物中气体的组分增加。

新近研究的闪热解（Flash Pyrolysis）过程转化为生物油的效率可达 70%。如：最近，开发研制一种新的快速裂解（热解）技术——流化床快速热解。最终得到的液体产率达到 75%（质量分数）。

112

该技术采用干燥的生物质细小颗粒以流态化方式被快速加热，热蒸气的停留时间为1s，产物通过一旋风分离器，将焦炭与液体产物分离，得到的液体被迅速冷却，得到生物油燃料（见图6-2）。

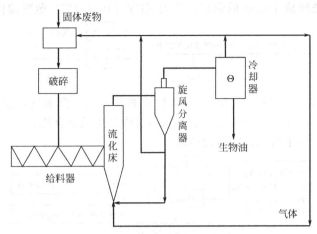

图 6-2　流态化快速热解流程示意

6.3　典型固体废物的热解

6.3.1　城市垃圾的热解

根据装置特性，城市垃圾热解分为如下类型。

① 移动床熔融热解炉方式（新日铁）：该方式是城市垃圾热解技术中最成熟的方法。

② 回转窑炉方式：最早开发的城市垃圾热解处理技术，代表性的系统有 Landgard 系统，主要产物为燃料气。

③ 流化床热解方式（有单塔和双塔式两种）：已达到工业化生产规模。

④ 多段炉方式：主要用于含水率较高的有机污泥的处理。

⑤ Flash Pyrolysis 方式：该方式以有机物液化为目的，代表性系统为 Occidental 系统，主要产物为燃烧油；新日铁系统（热解—熔融一体化设备，产物主要为燃料气）、Purox 系统（由美国 Union Carbide 公司开发，产物主要为燃料气）和 Torrax 系统（由 EPA 资助开发，热解产物为气体）。

6.3.2　废塑料的热解

6.3.2.1　原料和产物

① 废塑料热解的产物：主要为 $C_1 \sim C_{44}$ 的燃料气、燃料油和固体残渣。

② 废塑料的种类：聚乙烯（PE）、聚丙烯（PP）、聚苯乙烯（PS）、聚氯乙烯（PVC），酚醛树脂、脲醛树脂，聚对苯二甲酸乙二醇酯（PET）、ABS 树脂等。

③ 热解温度及难易程度：PE、PP、PS、PVC 等热塑性塑料当加热到 300～500℃时，大部分分解成低分子碳氢化合物，其中，PVC 加热到约 200℃时发生脱氯反应，进一步加热发生断链反应。

酚醛树脂，脲醛树脂等热固（硬）性塑料则不适合作为热解原料；PET、ABS 树脂含有氮、氯等元素，热解时会产生有害气体或腐蚀性气体，也不适宜作热解原料；PE、PP、PS 只含有 C 和 H，热解不会产生有害气体，它们是热解油化的主要原料。如 PE 热解所得原料油的热值和 C、H、N 含量与成品油基本相同。

6.3.2.2　塑料热解的成分及其产率

（1）以聚乙烯为原料的热解

聚乙烯塑料瓶破碎成 10mm 的颗粒，采用 KPY（100％PE）塑料油化系统热解。

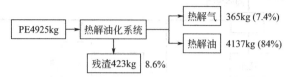

其中，残渣占 8.6％，热解气占 7.4％，热解油占 84％。热解气，主要为 H_2 和 $C_1 \sim C_4$ 的烃类；残渣，主要为塑料中未分解的碳和在系统内产生的聚合物。

（2）以包装材料为主的混合塑料的热解

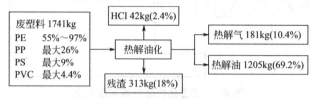

其中，热解气占 10.4％，热解油占 69.2％，残渣占 18％。

6.3.2.3　热解产品的精制

前面提到，一步热解后，分子量分布于 $C_1 \sim C_{44}$ 间，冷凝后得到的油品，其中含有大量的石蜡、重油和焦油成分，常温下易固化，难以直接使用。

因此，将热解产物进一步经催化反应处理，产品的分子量变为 $C_1 \sim C_{20}$，在常温下，得到汽油和煤油馏分混合的较高品质的燃料油和燃烧气。

6.4　欧美日等国热解处理技术的发展计划

6.4.1　美国热解技术开发及发展计划

美国是最早开展固体废物热解技术开发的国家。1970 年，随着美国将《固体废物法》改为《资源再生法》原来由多个部门分别管理的固体废物处理处置技术的开发统一归环境保护局 EPA，各种固体废物资源化首端处理和末端处理的系统得到广泛开发。其中，热解技术作为从城市垃圾中回收燃料油等贮存性能源的再生能源新技术，其研究开发也得到大力推进。Landgard Process、Occidental Process、Purox Process、Torrax Process 等技术均是在这一时期诞生的。在各企业和研究机构开发的诸多热解技术中，EPA 首先选中了以有机物气化为目标的回转窑式 Landgard Process，并于 1975 年 2 月在 Baltimore 市投资建成了处理能力为 $1000t \cdot d^{-1}$ 的生产性设施。城市垃圾经破碎后投入回转窑，通过辅助燃料燃烧产生的热量进行分解，最终回收可燃性气体。但是，由于种种原因，该系统最长只连续运行了30 天，最后改成处理能力为 $600t \cdot d^{-1}$ 的垃圾焚烧炉。

EPA 选中的以有机物液化为目标的热解技术是由 Occidental Research Corporation（ORC）开发的 Occidental 系统，并于 1977 年在圣地亚哥郡建成了处理能力为 $200t \cdot d^{-1}$ 的生产性设施，总建设费用为：EPA 资助 420 万美元，圣地亚哥郡投资 200 万美元，ORC 投资 820 万美元，合计 1440 万美元。该系统如图 6-3 所示，分为垃圾预处理系统和热解系统两个部分。城市垃圾一次破碎、分选、干燥后，再经过二次破碎投入反应器，与反应器内循

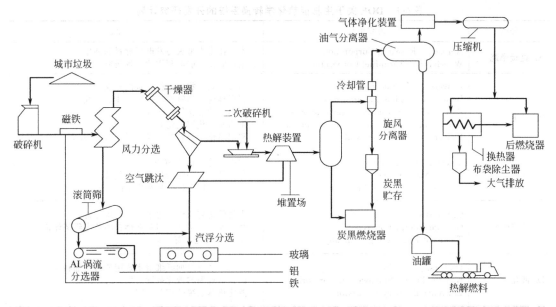

图 6-3　San Diego 固体废物热解处理流程（Occidental Process）示意

环流动的灰渣在 450～510℃ 混合接触数秒，使之分解为油、气和炭黑。由于是低温热解，反应时间也较短，理论上应该能够回收燃料油。但在热解系统的试运行中，只在设计处理能力的 20% 条件下运行了三四次，最长的运行时间为 3 小时 45 分。最终由于机械故障太多，终止了该设施的运行。

EPA 经过对上述两种技术的开发过程，明确了热解技术开发和应用中存在的问题及其改进方向，达到了示范工程的目的，但最终并没有实现工业化生产。后期，EPA 将城市垃圾资源化处理的方向转到了垃圾衍生燃料（Refuse Derived Fuel，RDF）技术的开发。

进入 20 世纪 80 年代后，美国能源部（Department of Energy，DOE）又推出了一套对固体废物实施资源和能源再利用的技术开发计划。该计划包括机械系统、热化学系统、微生物学系统、制度、相关计划的援助等五项内容。其研究开发的目标不仅仅是对化石燃料和有价物质的节约，还充分考虑了对环境和健康的保护。研究开发对象也从一般性城市垃圾转向了木材、农业废物等可能转化为能源的生物质，从微生物学和热化学两条技术路线，开发作为替代化石燃料的清洁能源转换技术。其中，作为热化学技术路线的开发内容包括：

① 以产生热、蒸汽、电力为目的的燃烧技术；

② 以制造中低热值燃料气、燃料油和炭黑为目的的热解技术；

③ 以制造中低热值燃料气或 NH_3、CH_3OH 等化学物质为目的的气化热解技术；

④ 以制造重油、煤油、汽油为目的的液化热解技术。

DOE 将生物能热化学转换系统开发计划分为直接燃烧、气化、系统研究、液化四个范畴，开展了大规模的研究工作，其研究内容如表 6-1 所示。

6.4.2　欧洲各国热解技术的研究和开发

欧洲在世界上最早开发了城市垃圾焚烧技术，并将垃圾焚烧余热广泛用于发电和区域性集中供热。但是，焚烧过程对大气环境造成的二次污染一直成为人们关注的热点。为了减少垃圾焚烧造成的二次污染，配合广为实行的垃圾分类收集，欧洲各国也建立了一些以垃圾中的纤维素物质（如木材、庭院废物、农业废物等）和合成高分子（如废橡胶、废塑料等）为对象的热解试验性装置，其目的是将热解作为焚烧处理的辅助手段。

115

表 6-1　DOE 关于生物能热化学转换系统的开发研究计划

分类	研究单位	开发研究课题
A. 直接燃烧	Aerospace Research Corporation Wheelabrator Cleanfuel Corporation	木屑作为大型火力发电厂燃料的利用 生物质作为能源利用的开发研究
B. 气化	University of Arkansas Battelle，Columbus Laboratories Battelle，Pacific Northwest Laboratories Garrett Energy Research & Development University of Missouri Rolla Texas Tech University Wright-Malta Corporation Catalytica Associates，Inc.	回转窑式生物质转换设备的开发 利用林业废物制造富甲烷气体的研究 生物质的催化气化研究 生物质的热解气化研究 利用热化学分解技术从生物质制造大型试验工厂用合成燃料的研究 利用其他原料的 SGFM 法研究 利用蒸汽接触法的生物质气化技术研究 利用生物质制造燃料和化学品的催化剂开发
C. 系统研究	Gilbert/Commonwealth，Inc. Gorham Intermational，Inc. The Rust Engineering Company	生物质研究及资源再生利用系统评价 利用煤炭技术从木屑制造燃料的技术经济评价 Albany 液化装置的运行
D. 液化	University of Arizona Battelle，Pacific Northwest Laboratories Lawrence Berkeley Laboratory	向高压系统投加纤维素水浆用喷射式加料器 试验室规模的液化装置开发研究 液化热解系统的相关研究

　　在欧洲，主要根据处理对象的种类、反应器的类型和运行条件对热解处理系统进行分类，研究不同条件下反应产物的性质和组成，尤其重视各种系统在运行上的特点和问题。表 6-2 和表 6-3 分别列出了欧洲各国研究开发的各类固体废物热解处理技术的情况。

表 6-2　欧洲各国开发的城市垃圾热解处理系统

系　统	城　市	规　模	最高温度	年度	炭渣	油	气	蒸汽	摘　要
Andco-Torrax	Luedelange	$200t \cdot d^{-1}$	1500℃	1976	—	—	—	○	间歇式气化
	Grasse	$170t \cdot d^{-1}$							
	Frankfurt	$200t \cdot d^{-1}$							
	Creteil	$400t \cdot d^{-1}$							
Pyrogas	Gislaved	$50t \cdot d^{-1}$	1500℃	1977	—	○	○	—	对流式竖式炉，利用空气和蒸汽对废物/煤混合物气化
Saarberg-Fernwärme	Velsen	$24t \cdot d^{-1}$	1000℃	1977	—	○	○	—	对流式竖式炉，利用纯氧对废物气化，低温气体分离
Destrugas		$5t \cdot d^{-1}$			○	○	○	—	对流式竖式炉，间接加热
Warren-Spring	Kalundborg Stevenage	$1t \cdot d^{-1}$	800℃	1975	○	○	○	—	错流式竖式炉，利用热解气体循环直接加热
T. U. Berlin	Berlin	$0.5t \cdot d^{-1}$	950℃	1977	○	○	○	—	竖式炉，间接加热
Sodeteg	Grand-Queville	$12t \cdot d^{-1}$			○	○	○	—	竖式炉，间接加热
Krauss-Maffel	Munchen	$12t \cdot d^{-1}$		1978	○	○	○	—	回转窑，间接加热，利用热解装置分解重质碳氢化合物
Kiener	Goldshöfe	$6t \cdot d^{-1}$	500℃		○	○	○	—	回转窑，间接加热，热解气驱动燃气发电机
University Eindhoven	Eindhoven	$0.5t \cdot d^{-1}$	900℃	1979	○	○	○	—	流化床反应器，间接加热
D. Anlagen Leasing	Mainz				○	○	○	—	回转窑，间接加热

　　注："○"表示利用；"—"表示未利用。

表 6-3　欧洲各国开发的工业废物热解处理系统

系　统	城　市	规模	最高温度	年度	炭渣	油	气	蒸汽	摘　要
Kerko/Kiener	Goldshöfe	$6t \cdot d^{-1}$	500℃		○	○	○		同 Kiener，无后助燃器，处理轮胎
Batchelor-Robinson	Stevenage	$6t \cdot d^{-1}$	800℃	1975	○	○	○	—	用于轮胎 Warren-Spring 系统
Forster-Wheeler	Hartldpool	$1t \cdot d^{-1}$	800℃	1976	○	○	○	—	同 Warren-Spring 系统

系　统	城　市	规模	最高温度	年度	炭渣	油	气	蒸汽	摘　要
Herbold	Meckesheim		500℃		○	○	○	○	螺旋输送,间接加热,处理轮胎
GMU	Bochum	5t·d⁻¹	700℃		○	○	—		间接加热回转窑,处理轮胎、电线、塑料
University Hanmburg	Hamburg	0.5t·d⁻¹	800℃	1976	○	○	○		间接加热流化床,处理轮胎
University Brussels	Brussels	0.2t·d⁻¹	850℃	1978	○	—	○		间接加热流化床,处理塑料、轮胎、废木材
Ruhrchemie	Oberbausen	1t·d⁻¹	450℃		—	○			间接加热搅拌式干馏釜,处理聚乙烯废物
PPT	Hanover		430℃						间接加热固定床,处理电线
Bamms	Essen								同 PPT
Guilini	BRD						—		竖式炉气化装置,处理轮胎

注:"○"表示利用;"—"表示未利用。

欧洲运行的固体废物热解系统以10t·d⁻¹以下的规模居多,以城市垃圾为对象的大部分设施主要生成气体产物,伴生的油类凝聚物通过后续的反应器进一步裂解。也有若干系统将热解产物直接燃烧产生蒸汽。在 Kiener 系统中采用了以热解气体为燃料的燃气发电机。而 Saarberg-Fernwärme 开发的热解系统为了提高热解气体品质,采用了纯氧氧化,在该系统中还包括了在−150℃下分馏热解气体的过程。使用最多的反应器类型是竖式炉,间接加热的回转窑和流化床也得到一定程度的开发。

6.4.3　日本热解技术的研究和开发

日本有关城市垃圾热解技术的研究是从1973年实施的 Star Dust'80 计划开始的,该计划的中心内容是利用双塔式循环流化床对城市垃圾中的有机物进行气化。随后,又开展了利用单塔式流化床对城市垃圾中的有机物液化回收燃料油的技术研究。在上述国家行动计划的推动下,一些民间公司也相继开发了许多固体废物热解技术和设备。这些技术大都是作为焚烧的替代技术得到开发的,并部分实现了工业化生产。表6-4列出日本国内开发的部分固体废物热解技术。

表 6-4　日本开发的部分固体废物热解技术

序号	系统	公司或机构	反应器形式	处理能力	目标产物
1	双塔循环流化床系统	AIST& 荏原制作所	双塔循环流化床	100t·d⁻¹	热解/气体
2	流化床系统	AIST& 日立	单塔流化床	5t·d⁻¹	热解/气体
3	Pyrox 系统	月岛机械	双塔循环流化床	150t·d⁻¹	热解/气体、油
4	热解熔融系统	IHI Co. Ltd	单塔流化床	30t·d⁻¹	燃烧/蒸汽
5	废物熔融系统	新日铁	移动床竖式炉	150t·d⁻¹	热解/气体
6	熔融床系统	新明和工业	固定床竖式炉	实验室规模	热解/气体
7	竖窑热解系统	日立造船	移动床竖式炉	20t·d⁻¹	热解/气体
8	热解气化系统	日立成套设备建设	移动床竖式炉	中试规模	热解/气体
9	Purox 系统	昭和电工	移动床竖式炉	75t·d⁻¹	热解/气体
10	Torrax 系统	田熊	移动床竖式炉	30t·d⁻¹	热解/气体
11	Landgard 系统	川崎重工	回转窑	实验室规模	热解/气体、蒸汽
12	Occidental 系统	三菱重工	Flash Pyrolysis 反应器	23t·d⁻¹	热解/油

序号	系统	公司或机构	反应器形式	处理能力	目标产物
13	破碎轮胎热解系统	神户制钢	外部加热式回转窑	$40t \cdot d^{-1}$	热解/气体、油
14	城市污泥热解系统	NGK	多段炉		热解及燃烧

在各企业开发的诸多热解系统中，新日铁的城市垃圾热解熔融技术最得以实用化。首先，于 1979 年 8 月在釜石市建成了两座处理能力 $50t \cdot d^{-1}$ 的设备，接着又于 1980 年 2 月在茨木市建成了三座 $150t \cdot d^{-1}$ 的移动床竖式炉，迄今连续运行 20 多年，1996 年以在该市兴建二期工程。该系统是热解和熔融一体化的设备，通过控制炉温，使城市垃圾在同一炉体完成干燥、热解、燃烧和熔解。干燥段温度约 300℃，热解段温度为 300～1000℃，熔融段温度为 1700～1800℃。城市垃圾在干燥段受热蒸发掉水分后，逐渐下移至热解段，通过控制炉内的缺氧条件，使垃圾中的有机物热解转化为可燃性气体，该气体导入二燃室进一步燃烧，并利用其产生的热量进行发电。由于灰渣熔融所需的热量仅靠固相中的炭黑不够，故还需要通过添加焦炭来保证燃烧熔融段的温度。灰渣熔融后形成玻璃体，使垃圾的体积大大减小，重金属等有害物质也被完全固定在固相中，可以直接填埋处理或作为建材加以利用。

6.4.4　加拿大热解技术的研发

加拿大的热解技术研究主要是围绕农业废物等生物质，特别是木材的气化进行的。据有关研究测算，丰富的生物质资源可以满足加拿大全年运输部门的能源需求。基于这种观点，加拿大政府于 20 世纪 70 年代末，开始了以利用大量存在的废物生物质资源为目的的 R&D 计划，相继开展了利用回转窑、流化床对生物质进行气化和利用镍催化剂在高温高压下对木材进行液化的研究。这些研究与欧美国家相比起步较晚。

纵观国际上早期对热解技术的开发过程，其目的主要集中在两个方面：一个是以美国为代表的，以回收贮存性能源（燃料气、燃料油和炭黑）为目的的；另一个是以日本为代表的，减少焚烧造成的二次污染和需要填埋处置的废物量，以无公害处理系统的开发为目的的。

其中，以回收能源为目的的热解处理系统，由于城市垃圾的物理及化学成分极其复杂，而且，其组分随区域、季节、居民生活水平以及能源结构的改变而有较大的变化，如果将热解产物作为资源加以回收，要保持产品具有稳定的质和量有较大的困难。因此，美国在开发城市垃圾热解技术的同时，还充分考虑了配套的城市垃圾破碎、分选等预处理技术。对于成分复杂、破碎性能各异的城市垃圾，要进行较为彻底的破碎和分选，需要消耗大量的动力和极其复杂的机械系统，其总体效率就不能仅仅对热解的单元操作进行单独评价。此外，城市垃圾中的低熔点物质给系统操作可能造成的障碍，有害物质的混入等对回收产物质量以及应用方面的影响等也必须予以充分考虑。从这个意义上来说，从城市垃圾中直接热解回收燃料的技术，在实现工业化生产方面并没有取得太大的进展。与此相对，将热解作为焚烧处理的辅助手段，利用热解的产物进一步燃烧废物，在改善废物燃烧特性、减少尾气对大气环境造成二次污染等方面，许多工业发达国家已经取得了成功的经验。

近年来，随着各国经济生活的不断改善，城市垃圾中的有机物含量越来越多，其中废塑料等高热值废物的增加尤为明显。城市垃圾中的废塑料成分不仅会在焚烧过程中产生炉膛局部过热，从而造成炉排及耐火衬里的烧损，同时也是剧毒污染物——二噁英的主要发生源。随着各国对焚烧过程中二噁英排放限制的严格化，废塑料的焚烧处理越来越成为人们关注的焦点问题。许多国家相继制订了有关法律、法规，大力推行城市垃圾的分类收集，鼓励开发城市垃圾的资源化/再生利用技术，限制大量焚烧废塑料。在此背景下，废塑料的热解处理技术又重新成为世界各国研究开发的热点，尤其是废塑料热解制油技术也已经开始进入工业实用化阶段。

6.5 流态化热解过程简介

6.5.1 流态化热解技术设备

流态化热解设备有单塔式和双塔式两种，其中双塔式流化床已经达到工业化生产规模。下面分别介绍这两种设备。

（1）外热式双塔流化床热解炉

作为热解工艺中心的流化床热解装置，由用管相互连接的两个流化炉构成。一个是热解炉，投入固体废物与被加热了的砂子混合被热解；热解中放出了热量的砂和在热解反应中生成的炭再一起进入另一个炉，在此炉中，炭及辅助燃料和空气接触燃烧，将砂再一次加热，加热的砂再移向热解炉，这样砂在两炉之间循环流动，进行热量传递。如图 6-4 所示。

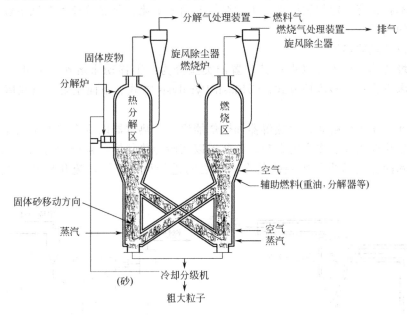

图 6-4 双塔流化床热解炉

本法因在热解炉内不进行燃烧反应，所以是间接加热的热解，燃气也具有 NO_x、SO_x、HCl 少，热值高的优点，此外本法还具有如下特点：①运转稳定，控制容易，停止、再运转操作简单；②因热解仅回收燃气，而炭渣、油在系统中作辅助燃料燃烧，因此不必另外处理；③高热值的燃气可用于燃气轮机发电，能量回收率高；④重金属大部分可以以不溶性的形式固定在灰或残渣中。

此法存在的问题：①固体废物必须破碎，动力消耗大；②流化需用气体压缩机，动力消耗大。

（2）内热式单塔流化床炉

内热式单塔流化床热解炉是竖形流化床反应炉。垃圾由螺旋给料机连续加入，在炉内和高温砂混合，快速被加热、干燥和分解。有机物被分解成燃气、焦油和炭渣。热解所需的热量由废物的部分燃烧来供给。反应炉下部设有空气吹入孔供流化用和燃烧用。热解生成的燃气、油分、水分及燃烧气由炉上部排出，进入旋风除尘器，分离除去砂和炭渣，再去燃气处理工序，粒径大的不燃物沉于炉下部排出炉外。如图 6-5 所示。

利用这种方式，按热解回收的主要产品又可分为油回收和气体回收方式。油回收是在450~550℃范围内进行反应，燃气回收的反应温度是650~750℃。

单塔式部分燃烧型流化床热解炉和其他形式的热解炉相比，结构简单。被认为特别适用于小规模的处理。热解时因反应温度低，耐火材料的损伤较焚烧炉小。重金属呈还原状态固定在灰和分解残渣中，在填埋场溶出少。油回收方式能回收可贮存和运输的油，不产生NO_x，与焚烧相比燃烧排气量少，但若原料废物水分太多，会降低油化率，需要作干燥前处理。燃气回收装置更简单，前处理仅是破碎，不需干燥，排水处理容易，但存在分解生成的燃气，大量贮存困难，而且燃气热值低，不利于利用和热平衡。

6.5.2　流态化热解技术在固体废物处理中的应用

随着人们对流态化技术研究的逐渐深入，流化床热解技术近年来得到越来越广泛的使用。例如煤的流化床反应器热解技术、废轮胎循环流化床热解技术、城市垃圾流化床热解系统，以及塑料的流化床热解技术等，这些技术虽然有的还不是很成熟，但采用流态化热解技术与其他技术相比有一定的优越性，下面简要介绍一下流态化热解技术在城市垃圾处理及废轮胎处理中的应用。

（1）城市垃圾的热解

城市垃圾的热解技术可以根据其装置的类型分为：①移动床熔融炉方式；②回转窑方式；③流化床方式；④多段炉方式；⑤Flash Pyrolysis方式。下面主要介绍双塔循环流化床热解工艺。

双塔循环流化床热解装置由热解器和燃烧器组成。热解器以蒸汽作为流化介质，燃烧器以空气作为流化介质并兼作为助燃剂。该装置以河砂为热载体，粒径约为0.1~0.5mm，通过输送装置和两器间适当的压差使其在两器之间进行循环。循环流化床热解装置如图6-6所示。

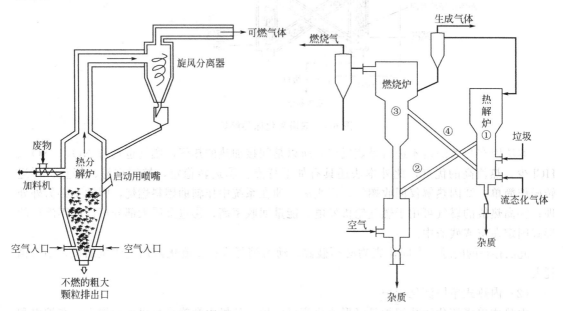

图6-5　单塔流化床热解炉　　　　　　图6-6　双塔循环流化床热解工艺流程

燃烧用空气兼起流态化作用，在燃烧炉中的射流层③内加热后，经联结管④送至热分解塔的流化层①内，把热量供给垃圾热分解后再经过回流管②返回燃烧炉③内。垃圾在热分解炉①内分解。所产生的气体一部分当流态化气体循环使用。欲产生水煤气可以加入一部分水蒸气。

其工艺流程为：垃圾经过预处理（破碎至 50mm 以下的粒径），经定量输送带传至螺杆进料器，由此投入热解炉内。在流化床内，作为载体的石英砂在热解生成气和助燃空气的作用下产生流动，从进料口进入的垃圾在流化床内接受热量，在大约 500℃ 时发生热分解，热解过程产生的炭黑在此过程中发生部分燃烧。热解产生的可燃性气体经旋风除尘器去除粉尘后，再经分离塔分出气、油和水。分离出的热解气一部分用于燃烧，用来加热辅助流化空气，残余的热解气作为流化气回流到热解塔中。当热解气不足时，由热解油提供所需的那部分热量。

在热解中，物料随着停留时间的延长，垃圾的转化率增加，产气量上升，而液态产物减少。由于液态产物的二次分解，会有少量的碳析出，碳又会与水蒸气发生反应。所以只要物料在热解器内有足够的停留时间，产生的半焦量就不会变化。由于垃圾不具有黏结性，与黏结性煤进行混合热解时，垃圾具有破黏结性作用。垃圾与煤的质量比在 1.5∶1 以上时，黏结性煤几乎不出现黏结；当降到 1∶1 时会出现少量黏结。垃圾可热解的质量分数为：有机质（厨余、纸张、纤维）70％，塑料 5％，水分 10％，无机物 15％。循环流化床热解工艺参数和热解气成分以及两器的热平衡分别见表 6-5 和表 6-6。

表 6-5　循环流化床热解工艺参数和产气成分

项　　目		热解器	燃烧器
操作速度/(m·s⁻¹)		0.3	＞5
物料停留时间/s		4～8	—
气体停留时间/s		5	—
操作温度/℃		850	1050
垃圾热量/(kJ·kg⁻¹)		4186	
单位质量垃圾辅助燃料量(煤)/(kg·kg⁻¹)		—	0.088
单位质量垃圾物料循环量/(kg·kg⁻¹)		10～20	10～20
消耗指标	单位质量垃圾蒸汽量/(kg·kg⁻¹)	0.2	—
	单位质量垃圾空气耗量/(kg·kg⁻¹)	—	0.484
可燃气体各组分的体积分数,％	H_2	58.1	—
	CO	10.2	—
	CH_4	9.0	—
	C_2H_4	1.86	—
可燃气体热值/(kJ·m⁻³)		13880	—
单位质量垃圾产气率/(m³·kg⁻¹)		0.23	—

表 6-6　循环流化床热解过程的热平衡

	收入/kJ		支出/kJ	
	项　目	数　量	项　目	数　量
热解器	垃圾化学热	5660.8	蒸汽焓	1713.4
	蒸汽焓	1081.7	载热体显热	9820.4
	载热体显热	12131.0	半焦显热	704.6
	合计	18873.5	半焦化学热	1201.3
			可燃气体化学热	2988.3
			焦油化学热	1506.5
			热损失	605.3
			合计	18539.3

收入/kJ		支出/kJ	
项 目	数 量	项 目	数 量
辅助燃料化学热	2026.4	载热体显热	12133.3
载热体显热	9822.2	烟气焓	879.2
半焦化学热	1201.6	热损失	592.4
半焦显热	704.6	灰渣显热	160.4
空气焓	12.5	合计	13765.3
合计	13767.3		

（左侧第一列合并单元格：燃烧器）

注：以 1kg 垃圾为基准。

本方法适用于处理废塑料、废轮胎。由于干馏柱法处理能力小，用部分燃烧法可以提高处理速度。不过当分解气体中混入燃烧废气时，其热值会降低，另外，炭化物质将被烧掉一部分，其回收率也降低。根据热分解的不同目的，可对炉子结构炉排、除灰口构造、空气入口位置、操作条件等加以适当改变以适应工作需要。

（2）废轮胎的流化床热解

目前世界各地每年有大量的轮胎报废（欧洲约为 $1.5 \times 10^9 \mathrm{kg} \cdot \mathrm{a}^{-1}$，北美为 $2.5 \times 10^9 \mathrm{kg} \cdot \mathrm{a}^{-1}$，日本 $0.8 \times 10^9 \mathrm{kg} \cdot \mathrm{a}^{-1}$，在中国也有 $1 \times 10^9 \mathrm{kg} \cdot \mathrm{a}^{-1}$），因而如何有效地回收利用这些废轮胎具有重要的意义。传统的堆积填埋技术不仅放弃了轮胎中潜在的能量（轮胎的热值约为 $3.36 \times 10^5 \mathrm{kJ} \cdot \mathrm{kg}^{-1}$），而且也是令人忧虑的火灾隐患和污染来源。鉴于此，诸如焚烧、气化和热解等回收处理工艺便受到了人们的关注并发展起来。废轮胎的热解作为一种新兴的技术，具有很多优点。它不仅回收了能量，消除了污染，可作为简单的替代燃料，并且获得的产品油还易于存储和输运，因而得到了国内外的广泛关注。

废轮胎的热解主要应用流化床及回转窑，现已达到使用阶段。其热解产物非常复杂，根据原联邦德国汉堡大学研究，轮胎热解所得产品的组成中气体占 22%（质量分数）、液体占 27%、炭灰占 39%、钢丝占 12%。气体组成主要为甲烷（15.13%）、乙烷（2.95%）、乙烯（3.99%）、丙烯（2.5%）、一氧化碳（3.8%），水、CO_2，氢气和一定比例的丁二烯。液体组成主要是苯（4.75%）、甲苯（3.62%）和其他芳香族化合物（8.50%）。

在气体和液体中还有微量的硫化氢及噻吩，但硫含量未超标。热解产品组成随热解温度不同略有变化。温度增加气体含量增加而油品减少，碳含量也增加。某实验厂的流化床热解橡胶的工艺流程如图 6-7 所示。

废轮胎经剪切破碎机破碎至小于 5mm，轮缘及钢丝帘子布等绝大部分被分离出来，用磁选去除金属丝。轮胎粒子经螺旋加料器等进入直径为 5cm，流化区为 8cm，底铺石英砂的电加热反应器中。流化床的气流速率为 500L·h⁻¹（$500 \mathrm{L} \cdot \mathrm{h}^{-1}$），流化气体由氮及循环热解气组成。热解气流经除尘器与固体分离，再经静电沉积器除去炭灰，在深度冷却器和气液分离器中将热解所得油品冷凝下来，未冷凝的气体作为燃料气为热解提供热能或作流化气使用。

由于上述工艺要求进料切成小块，预加工费用较大，因此日本、美国和德国的几家公司合作，在汉堡研究院建立了日处理 1.5～2.5t 废轮胎的实验性流化床反应器。该流化床内部尺寸为 900mm×900mm，整轮胎不经破碎即能进行加工，可节约因破碎所需的大量费用。流化床由砂或炭黑组成，由分置为两层的辐射火管间接加热。一部分生成的气体用于流化床，另一部分燃烧为分解反应提供热量。

整轮胎通过气锁进入反应器，轮胎到达流化床后，慢慢地沉入砂内，热的砂粒覆盖在它的表面，使轮胎热透而软化，流化床内的砂粒与软化的轮胎不断交换能量、发生摩擦，使轮胎逐渐分解，两三分钟后轮胎全部分解完，在砂床内残留的是一堆弯曲的钢丝。钢丝由伸入

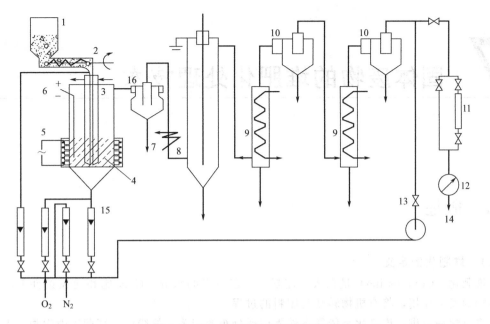

图 6-7　流化床热解橡胶的工艺流程

1—塑料加料斗；2—螺旋输送器；3—冷却下伸管；4—流化床反应器；5—加热器；
6—热电偶；7—冷却器；8—静电沉积器；9—深度冷却器；10—气旋；11—气体
取样器；12—气量计；13—节气阀；14—压气机；15—转子流量计；16—气旋

流化床内的移动式格栅移走。热解产物连同流化气体经过旋风分离器及静电除尘器（Electrostatic Precipitator），将橡胶、填料、炭黑和氧化锌分离除去。气体通过油洗涤器冷却，分离出含芳香族高的油品。最后得到含甲烷和乙烯较高的热解气体。整个过程所需能量不仅可以自给，还有剩余热量可供给他用。

目前，虽然流态化技术在固体废物处理领域中的应用还不是很成熟，但是随着人们对流态化技术研究的不断深入，以及流态化技术相对于其他技术的优点和其对固体废物处理的适用性，相信流化床热解技术将会有非常广阔的应用前景。

思　考　题

1. 说明热解、油化和汽化各自的特点、异同。
2. 如何根据固体废物的性质特点来选择适宜的热解处理工艺？
3. 简述流化床热解过程及其特点。
4. 根据热解过程的特点，当其他参数不变时，如何通过控制裂解过程的温度、升温速率、停留时间得到目标产物？

7 固体废物的堆肥化处理技术

7.1 概述

7.1.1 堆肥化的定义

堆肥化（Composting）是在人工控制下，在一定的水分、C/N 比和通风条件下，通过微生物的发酵作用，将有机物转变为肥料的过程。

更科学一点讲：堆肥化是依靠自然界广泛分布的细菌、放线菌、真菌等微生物，人为地将促进可生物降解的有机物向稳定的腐殖质生化转化的微生物学过程。堆肥化的产物称为堆肥（Compost）。

有机固体废物的堆肥化技术是进行稳定化、无害化处理的重要方式之一，也是实现固体废物资源化、能源化的技术之一。

7.1.2 固体废物堆肥化的意义

① 对城市固体废物进行处理消纳，实现稳定化、无害化，可以避免或减轻垃圾大面积堆积，影响市容及城市垃圾自然腐败、散发臭气、传播疾病，从而降低对人体和环境造成危害。

② 可以将固体废物中的适用组分尽快地纳入自然循环（如堆肥可回归农田生态系统中）系统，促进自然界物质循环与人类社会物质循环的统一。

③ 可以将大量有机固体废物通过某种工艺转换成有用的物质和能源（如产生沼气、生产葡萄糖、微生物蛋白质等）。

④ 堆肥化可减重、减容均为 50%。

由于城市固体废物和农业废物数量巨大，其中农业生物质资源（秸秆、稻壳、甘蔗渣、花生壳等）年产 6 亿吨左右，城市垃圾年产生量约 1.4 亿吨，可生物转换利用的成分多，在当前世界上普遍存在自然资源短缺及能源紧张的情况下，堆肥化回收和利用技术的开发具有深远的意义。

7.1.3 堆肥的作用

堆肥是一种人工腐殖质，堆肥施用后，可增加土壤中稳定的腐殖质，形成土壤的团粒结构，其作用如下所述。

① 改善土壤的物理性能：使土壤松软、多孔隙、易耕作，增加保水性、透气性和渗水性，进而改善土壤的物理性能。

② 保肥作用：肥料成分中的氮、钾、铵等都是以阳离子形态存在，而腐殖质带负电荷，可以吸附阳离子，即堆肥可以有助于土壤保住养分，提高保肥能力。

③ 螯合作用：腐殖质中某种成分有螯合作用，它能和土壤中含量较多的活性铝结合，

使其变成非活性物质，抑制活性铝和磷酸结合造成的危害。同样对作物有害的铜、铝、镉等重金属也可与腐殖质反应降低其危害性。

④ 缓冲作用：腐殖质具有缓冲作用。其他条件恶化时，能起到减少冲击、缓和影响的作用，如水分不足时，可防止植物枯萎，起到缓冲器的作用。

⑤ 缓效作用：堆肥具有缓效作用（缓慢持久起作用，不会损害农作物）。与硫铵、尿素等化肥中的氮不同，堆肥中的氮几乎都是以蛋白质氮形态存在。当施到田里时，蛋白质微生物分解成氨氮，在旱地里变成硝酸盐氮，不会出现施化肥短暂有效，或施肥过头的情况。

⑥ 微生物对植物根部的作用：因为堆肥中富含大量微生物，施用后，增加土壤中的微生物数量，微生物分泌的各种有效成分易被根部吸收，有利于根系发育和伸长。

总之，腐殖质能改善土壤物理的、化学的和生物的性质，使土壤环境保持适于农作物生长的良好状态，腐殖质还具有增进化肥肥效的作用。

7.1.4　堆肥化的原料

堆肥化的原料主要有：①城市生活垃圾；②纸浆厂、食品厂等排水处理设施排出的污泥；③下水污泥；④粪便消化污泥、家畜粪尿；⑤树皮、锯末、糖壳、秸秆等。

在我国，堆肥的主要原料为：①生活垃圾与粪便的混合物；②城市生活垃圾与生活污水污泥的混合物。

值得注意的是：生活垃圾作为堆肥原料时，其可堆肥物的数量、C/N、水分等常常不能满足堆肥的要求，需要进行适当的预处理，如配入粪尿或某些污泥可有效地调整 C/N 比和水分，从而得到 N、P、K 含量较高的有机肥。

7.1.5　堆肥化原料特性的评价指标

我国颁布的《城市生活垃圾堆肥处理厂技术评价指标》中规定：

① 密度：适于堆肥的垃圾密度应为 $350\sim650\text{kg}\cdot\text{m}^{-3}$。

② 组成成分（湿重,%）：其中有机物含量不得少于 20%。

③ 含水率：适于堆肥的垃圾其含水量为 $40\%\sim60\%$。

④ 碳氮比（C/N）：适合堆肥垃圾的 C/N 为 $(20:1)\sim(30:1)$。

7.1.6　堆肥产品质量及卫生要求

（1）堆肥产品质量要求（以干基计）

① 粒度：农用堆肥产品粒度 $\leqslant12\text{mm}$，山林果园用堆肥产品粒度 $\leqslant50\text{mm}$。

② 含水率：$\leqslant35\%$。

③ pH 值：$6.5\sim8.5$。

④ 全氮（以 N 计）：$\geqslant0.5\%$。

⑤ 全磷（以 P_2O_5 计）：$\geqslant0.3\%$。

⑥ 全钾（以 K_2O 计）：$\geqslant1.0\%$。

⑦ 有机质（以 C 计）：$\geqslant10\%$。

⑧ 重金属含量：总镉（以 Cd 计）：$\leqslant3\text{mg}\cdot\text{kg}^{-1}$；总汞（以 hg 计）：$\leqslant5\text{mg}\cdot\text{kg}^{-1}$；总铅（以 Pb 计）：$\leqslant100\text{mg}\cdot\text{kg}^{-1}$；总铬（以 Cr 计）：$\leqslant300\text{mg}\cdot\text{kg}^{-1}$；总砷（以 As 计）：$\leqslant30\text{mg}\cdot\text{kg}^{-1}$。

（2）卫生要求

① 堆肥温度：（静态堆肥工艺）$>55℃$持续 5d 以上。

② 蛔虫卵死亡率：$95\%\sim100\%$。

③ 粪大肠菌值：$10^{-1}\sim10^{-2}$。

7.2 堆肥化的基本原理

7.2.1 好氧堆肥化过程的基本原理

7.2.1.1 堆肥化过程描述

同水处理一样，好氧堆肥是在通气条件下，借好氧微生物使有机物得以降解。好氧堆肥温度一般在 50~60℃，最高可达 80~90℃。故好氧堆肥也叫高温堆肥。

好氧堆肥的基本过程可描述为：

① 在堆肥过程中，生活垃圾中的溶解性的有机物可透过微生物的细胞壁和细胞膜被微生物直接吸收。

② 对于不溶胶体和固体有机物，先附着在微生物体外，依靠微生物分泌的胞外酶分解为可溶性物质，再渗入细胞。

微生物通过自身的生命活动，进行分解代谢（主要是氧化还原过程）和合成代谢（生命合成过程）将一部分被吸收的有机物氧化成简单的无机物，并放出生物生长活动所需要的能量；将另一部分有机物转化为生物体必需的营养物质，进而合成为新的细胞物质，使微生物生长繁殖，产生更多的生物体，这个过程可用图 7-1 表示。

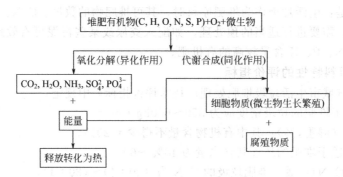

图 7-1 微生物代谢过程

堆肥过程中有机物氧化分解总的关系可用下式表示：

$$C_s H_t N_u O_v \cdot a H_2O + b O_2 \longrightarrow C_w H_x N_y O_z \cdot c H_2O + d H_2O(气) + e H_2O(液) + f CO_2 + g NH_3 + 能量$$

$$(7-1)$$

通常情况，堆肥成品 $C_w H_x N_y O_z \cdot c H_2O$ 与堆肥原料 $C_s H_t N_u O_v \cdot a H_2O$ 之比为 0.3~0.5。即

$$\frac{C_w H_x N_y O_z \cdot c H_2O}{C_s H_t N_u O_v \cdot a H_2O} = 0.3 \sim 0.5 \tag{7-2}$$

这是由于氧化分解后减量化的结果。一般情况，w、x、y、z 可取值范围为：$w = 5 \sim 10$，$x = 7 \sim 17$，$y = 1$，$z = 2 \sim 8$。

7.2.1.2 堆肥化过程中有机物氧化和合成的方程式

（1）氧化

① 不含氮有机物（$C_x H_y O_z$）的氧化

$$C_x H_y O_z + \left(x + \frac{1}{2}y - \frac{1}{2}z \right) O_2 \longrightarrow x CO_2 + \frac{1}{2}y H_2O + Q \tag{7-3}$$

② 含氮有机物（$C_s H_t N_u O_v \cdot a H_2O$）的氧化

与式(7-1) 相同。

（2）细胞物质的合成

$$nC_xH_yO_z + NH_3 + \left(nx + \frac{ny}{4} - \frac{nz}{2} - 5\right)O_2 \longrightarrow$$

$$C_5H_7NO_2(细胞) + (nx-5)CO_2 + \frac{1}{2}(ny-4)H_2O + Q \qquad (7\text{-}4)$$

（3）细胞物质的氧化

$$C_5H_7NO_2 + 5O_2 \longrightarrow 5CO_2 + 2H_2O + NH_3 + Q \qquad (7\text{-}5)$$

以纤维素为例，好氧堆肥中纤维素的分解反应为

$$(C_6H_{12}O_6)_n \xrightarrow{纤维素酶} nC_6H_{12}O_6(葡萄糖) \qquad (7\text{-}6)$$

$$nC_6H_{12}O_6 + 6nO_2 \xrightarrow{微生物} 6nCO_2 + 6nH_2O + Q \qquad (7\text{-}7)$$

7.2.1.3 好氧堆肥化过程的三个阶段

好氧堆肥化过程的三个阶段如图 7-2 所示。

① 升温阶段（15～45℃，1～3d）。升温阶段，亦称中温阶段、产热阶段、起始阶段等。它是堆肥化过程的初期阶段，在此阶段，堆层基本呈 15～45℃的中温，微生物以中温、需氧型为主，嗜温性微生物（嗜温菌）较为活跃，其中最主要是细菌、真菌和放线菌，细菌特别适应水溶性单糖类，放线菌和真菌则对分解纤维素和半纤维素物质具有特殊功能，这些微生物分解利用堆肥中可溶性易降解有机物（如葡萄糖、脂肪、碳水化合物）进行旺盛的繁殖。它们在转换和利用化学能的过程中，有一部分变成热能，由于堆料有良好的保温作用，温度不断上升。该阶段大约需时 1～3d。

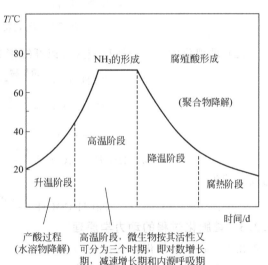

图 7-2 好氧堆肥化过程的三个阶段

② 高温阶段（45～65℃，3～8d）。当肥堆温度升到 45℃以上时，即进入高温堆肥化阶段。在该阶段，嗜温性微生物受到抑制甚至死亡，取而代之的是嗜热性微生物（嗜热菌）。堆肥中残留的和新形成的可溶性有机物质继续被分解转化，复杂的有机化合物如半纤维素、纤维素和蛋白质开始被强烈分解。通常，在 50℃左右进行活动的主要是嗜热真菌和放线菌；当温度上升到 60℃时，真菌几乎完全停止活动，仅有嗜热性放线菌与细菌在活动；温度升到 70℃以上时，对大多数嗜热菌已不适宜，微生物大量死亡或进入休眠状态。高温阶段的适宜温度通常为 45～65℃，最佳温度为 55℃，需时约 3～8d。

与细菌的生长繁殖规律一样，可将微生物在高温阶段生长过程分为三个时期，即对数生长期、减速生长期和内源呼吸期。在高温阶段微生物经历三个时期变化后，堆层内开始发生与有机物分解相对应的另一过程，即腐殖质的形成，此时堆肥化过程逐步进入稳定化状态。

③ 降温阶段或腐熟阶段（<50℃，20～30d）。在内源呼吸后期，只剩下部分较难分解的有机物和新形成的腐殖质，此时微生物的活性下降，发热量减少，温度下降。在此阶段嗜温性微生物又占优势，对残余的较难分解的有机物作进一步分解，腐殖质不断增多且稳定化，此时堆肥化过程进入腐熟阶段，需氧量大大减少，含水率也降低，堆肥物孔隙增大，氧

扩散能力增强，只需自然通风。该阶段温度通常在50℃以下，需时约20～30d。

因此，堆肥温度的变化可用来作为堆肥过程（阶段）的评价指标。

7.2.2　厌氧堆肥化过程的原理

（1）堆肥化过程中压氧发酵的两个阶段

厌氧堆肥化是在无氧条件下，借厌氧微生物的作用来进行的。下面用图7-3来说明有机物的厌氧发酵分解过程。

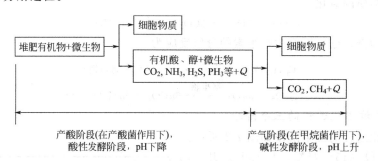

图7-3　厌氧发酵的两个阶段

（2）堆肥化的厌氧分解反应式（以纤维素为例）

$$(C_6H_{12}O_6)_n \xrightarrow{\text{微生物}} nC_6H_{12}O_6 （葡萄糖）\tag{7-8}$$

$$(C_6H_{12}O_6)_n \xrightarrow{\text{微生物}} 3nCO_2 + 3nCH_4 + Q\tag{7-9}$$

$$nC_6H_{12}O_6 \xrightarrow{\text{微生物}} 2nC_2H_5OH + 2nCO_2 + Q\tag{7-10}$$

$$2nC_2H_5OH + nCO_2 \xrightarrow{\text{微生物}} 2nCH_3COOH + nCH_4\tag{7-11}$$

总反应式为

$$2nCH_3COOH \xrightarrow{\text{微生物}} 2nCH_4 + 2nCO_2\tag{7-12}$$

7.2.3　堆肥化过程的动力学原理

7.2.3.1　酶促（催化）反应动力学

作为生化转化过程的堆肥化技术，酶在其中起着十分重要的作用。因此，有机废物的堆肥化过程，可近似地看作是酶催化反应过程。

酶与底物的反应机理可表示为：

$$S + E \xrightleftharpoons[k_{-1}]{k_{+1}} [ES] \xrightarrow{k_{+2}} P + E\tag{7-13}$$

式中，S为底物；E为游离酶；[ES]为中间产物（复合物）；P为产物。

（1）平衡态法

该法认为，S与E生成中间复合物一步为可逆反应，可很快达到平衡；生成产物一步的速度较慢，是速率控制步骤。据此假设，有

$$r_P = \frac{dc_P}{dt} = -\frac{dc_S}{dt} = k_{+2}c_{[ES]}\tag{7-14}$$

因为

$$k_{+1}c_S c_E = k_{-1}c_{[ES]}\tag{7-15}$$

所以

$$\frac{k_{-1}}{k_{+1}} = \frac{c_S c_E}{c_{[ES]}} = K_S\tag{7-16}$$

式中，c_E为游离酶的浓度，$mol \cdot L^{-1}$；c_S为底物的浓度，$mol \cdot L^{-1}$；K_S为离解常数，$mol \cdot L^{-1}$。

又酶的总浓度为

$$c_{E0} = c_E + c_{[ES]} \tag{7-17}$$

$$c_{E0} = K_S \frac{c_{[ES]}}{c_S} + c_{[ES]} = c_{[ES]} \left(1 + \frac{K_S}{c_S}\right) \tag{7-18}$$

所以

$$c_{ES} = \frac{c_{E0} c_S}{K_S + c_S} \tag{7-19}$$

式(7-19) 代入式(7-14)，得

$$r_P = \frac{k_{+2} c_{E0} c_S}{K_S + c_S} = \frac{r_{P,max} c_S}{K_S + c_S} \tag{7-20}$$

式中：$r_{P,max}$ 为产物 P 的最大生成速率，$\text{mol} \cdot \text{L}^{-1} \cdot \text{s}^{-1}$；$c_{E0}$ 为酶的总浓度，或酶的初始浓度，$\text{mol} \cdot \text{L}^{-1}$。

（2）"拟稳态法"

该法认为，底物浓度 c_S 比酶的 c_{E0} 高得多，复合物［ES］分解时所得到的酶又立即与底物相结合，即 $c_{[ES]}$ 基本维持不变。即

$$\frac{dc_{[ES]}}{dt} = 0 \tag{7-21}$$

据此假设，有

$$\frac{dc_P}{dt} = k_{+2} c_{[ES]} \tag{7-22}$$

底物的消耗速率为

$$-\frac{dc_S}{dt} = k_{+1} c_E c_S - k_{-1} c_{[ES]} \tag{7-23}$$

中间复合物的生成速率为

$$\frac{dc_{[ES]}}{dt} = k_{+1} c_E c_S - k_{-1} c_{[ES]} - k_{+2} c_{[ES]} = 0 \tag{7-24}$$

式(7-24) 与式(7-23) 比较，可得

$$\frac{dc_P}{dt} = -\frac{dc_S}{dt} = k_{+2} c_{[ES]} \tag{7-25}$$

又因为酶的总浓度

$$c_{E0} = c_E + c_{[ES]} \tag{7-26}$$

将 c_E 代入式(7-24)，整理，得

$$c_{[ES]} = \frac{k_{+1} c_{E0} c_S}{k_{-1} + k_{+2} + k_{+1} c_S} = \frac{c_{E0} c_S}{\frac{k_{-1} + k_{+2}}{k_{+1}} + c_S} \tag{7-27}$$

故

$$r_P = \frac{k_{+2} c_{E0} c_S}{\frac{k_{-1} + k_{+2}}{k_{+1}} + c_S} = \frac{r_{P,m} c_S}{K_m + c_S} \tag{7-28}$$

式中，K_m 为米氏常数，$\text{mol} \cdot \text{L}^{-1}$。式(7-28) 即为著名的米氏方程。

K_m 与 K_S 的关系为

$$K_m = K_S + \frac{k_{+2}}{k_{+1}} \tag{7-29}$$

从式(7-28) 可知：

① 当底物浓度很大时，即 $c_S \gg K_m$ 时，$r_P = r_{P,max} = k_{+2} c_{E0}$，即 r_P 与酶的初始浓度 c_{E0} 成正比，而与 c_S 无关，故此时为 0 级反应，这种情况，只有增大 c_E 才可使 r_P 升高；

② 当 $c_S \ll K_m$ 时，则 $r_P = r_{P,\max} c_S / K_m$，即基质降解为一级反应，增大 c_S 可提高 r_P；

③ 当 $K_m = c_S$ 时，则 $r_P = r_{P,\max}/2$，它表示酶被底物饱和时，达到最大反应速率一半时，所需的底物浓度。

在堆肥化过程中，可以 $r_{P,\max}$ 或 K_m 度量有机废物在不同工艺条件下的发酵速率，从而可借以比较和优化工艺条件。这几种情况用图 7-4 表示如下。

$r_{P,\max}$ 和 K_m 的求法：

利用 Lineweaver-Burk 的双倒数作图法，先将米氏方程变为

$$\frac{1}{r_P} = \frac{K_m}{r_{P,\max}} \cdot \frac{1}{c_S} + \frac{1}{r_{P,\max}} \tag{7-30}$$

由此可见，$1/r_P$ 与 $1/c_S$ 成线性关系。因此，实验时，测定不同 c_S 下的 r_P，以 $1/r_P$ 对 $1/c_S$ 作图，得到直线。

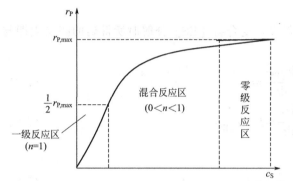
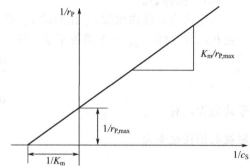

图 7-4 有机物在不同工艺条件下的发酵速度　　　　图 7-5 动力学参数的求法

由图 7-5 则可求出 $r_{P,\max}$ 和 K_m。在堆肥中，$r_{P,\max}$ 的求法如下：

在堆肥化实验中，采用微分法求出 r_P，即在不同时间内分析样品中的含碳量，根据 c_S-t 的变化曲线，求曲线上任一点切线的斜率，即为该浓度时的 $r_P = \mathrm{d}c_S/\mathrm{d}t$，以 $1/r_P$ 对 $1/c_S$ 作图，求得 K_m 和 $r_{P,\max}$。

要找出堆肥化过程的最佳条件，必须从动力学方面去分析，使堆肥工艺过程真正纳入科学化的轨道，逐步由定性向定量方向发展。

7.2.3.2　微生物反应动力学

（1）细胞生长动力学

① 对数生长期
$$\frac{\mathrm{d}c_x}{\mathrm{d}t} = \mu c_x \tag{7-31}$$

对数生长期阶段，细胞生长不受基质浓度限制，即

$$\mu = \mu_{\max} \tag{7-32}$$

所以
$$\frac{\mathrm{d}c_x}{\mathrm{d}t} = \mu_{\max} c_x \tag{7-33}$$

积分得
$$c_x = c_{x0} \mathrm{e}^{\mu_{\max} t} \tag{7-34}$$

② 减速期
$$\frac{\mathrm{d}c_x}{\mathrm{d}t} = \mu c_x \tag{7-35}$$

式中，μ 为比生长速率，受基质浓度限制。

③ 静止期
$$\frac{\mathrm{d}c_x}{\mathrm{d}t} = (\mu - k_d) c_x = 0 \tag{7-36}$$

式中，k_d 为细胞死亡速率常数。

最大细胞浓度
$$c_{x,max} = c_{x0} \exp(\mu t) \tag{7-37}$$

④ 衰亡期

细胞死亡速率为
$$\frac{dc_x}{dt} = -k_d c_x \tag{7-38}$$

$$c_x = c_{x,max} \exp(-k_d t) \tag{7-39}$$

式中，c_x 为细胞浓度。

Monod 方程（Monod 方程于 1942 年提出，他被誉为现代细胞生长动力学的奠基人）

$$\mu = \mu_{max} \frac{c_S}{K_S + c_S} \tag{7-40}$$

与米氏方程形式一致。但米氏方程自反应机理推导而来，而 Monod 方程自经验得出，称为唯象方程或形式动力学。

（2）底物（基质）消耗动力学

$$q_S = \frac{1}{c_x} \frac{dc_S}{dt} = q_{S,max} \frac{c_S}{K_S + c_S} \tag{7-41}$$

比速率
$$q_{S,max} = q_{S,S \to 0} = \frac{\mu_{max}}{Y_{X/S}} \tag{7-42}$$

式（7-42）称为最大比基质消耗速率。式中

$$Y_{X/S} = \frac{生成细胞的质量}{消耗基质的质量}$$

称为细胞得率。
$$q_P = \frac{1}{c_x} \frac{dc_P}{dt} \tag{7-43}$$

（3）代谢产物生成动力学

代谢产物生成速率分以下两种情况：

① 胞内代谢产物生成速率

$$r_P = \frac{d\gamma_P}{dt} c_x + \gamma_P r_x \tag{7-44}$$

式中，r_P 为细胞内代谢产物的含量。

比生成速率
$$q_P = \frac{d\gamma_P}{dt} + \gamma_P \mu \tag{7-45}$$

② 胞外代谢产物生成速率

$$q_P = a\mu^2 + b\mu + c \tag{7-46}$$

式中，a、b、c 均为常数。

【例 7-1】 葡萄糖在葡萄糖异构酶存在时转化为果糖的反应机理式为：

$$S + E \underset{k_{-1}}{\overset{k_{+1}}{\rightleftharpoons}} [ES] \underset{k_{-2}}{\overset{k_{+2}}{\rightleftharpoons}} E + P$$

试分别采用：（1）平衡态法；（2）拟稳态法，求其速率方程式。

解：（1）平衡态法

$$r_P = \frac{dc_P}{dt} = k_{+2} c_{[ES]} - k_{-2} c_E c_P \tag{I}$$

因为
$$c_E = c_{E0} - c_{[ES]} \tag{II}$$

所以
$$r_P = k_{+2} c_{[ES]} - k_{-2} c_P (c_{E0} - c_{[ES]}) \tag{III}$$

131

又据平衡假设有

$$k_S = \frac{k_{-1}}{k_{+1}} = \frac{c_S c_E}{c_{[ES]}} \tag{IV}$$

因此

$$c_{[ES]} = \frac{k_{+1}}{k_{-1}} c_E c_S = \frac{k_{+1}}{k_{-1}} c_S (c_{E0} - c_{[ES]}) \tag{V}$$

即

$$c_{[ES]} \left(1 + \frac{k_{+1}}{k_{-1}} c_S\right) = \frac{k_{+1}}{k_{-1}} c_S c_{E0} \tag{VI}$$

故

$$c_{[ES]} = \frac{\dfrac{k_{+1}}{k_{-1}} c_S c_{E0}}{1 + \dfrac{k_{+1}}{k_{-1}} c_S c} = \frac{c_S c_{E0}}{\dfrac{k_{-1}}{k_{+1}} + c_S} \tag{VII}$$

式（VII）代入式（III），得

$$r_P = k_{+2} \frac{c_S c_{E0}}{\dfrac{k_{-1}}{k_{+1}} + c_S} - k_{-2} c_P \left(c_{E0} - \frac{c_{S0} c_{E0}}{\dfrac{k_{-1}}{k_{+1}} + c_S}\right)$$

$$= \frac{k_{+2} c_S c_{E0} - k_{-2} c_P c_{E0}\left(\dfrac{k_{-1}}{k_{+1}} + c_S - c_S\right)}{\dfrac{k_{-1}}{k_{+1}} + c_S} = \frac{k_{+2} c_{E0}\left(c_S - \dfrac{k_{-1} k_{-2}}{k_{+1} k_{+2}} c_P\right)}{\dfrac{k_{-1}}{k_{+1}} + c_S} \tag{VIII}$$

（2）拟稳态法

$$r_P = k_{+2} c_{[ES]} - k_{-2} c_E c_P \tag{IX}$$

$$\frac{dc_{[ES]}}{dt} = k_{+1} c_S c_E - k_{-1} c_{ES} - k_{+2} c_{ES} + k_{-2} c_E c_P \tag{X}$$

又

$$c_E = c_{E0} - c_{[ES]} \tag{XI}$$

$$(k_{+1} c_S + k_{-2} c_P)(c_{E0} - c_{[ES]}) - (k_{-1} + k_{+2}) c_{ES} = 0$$

$$c_{[ES]}\left[(k_{-1} + k_{+2}) + (k_{+1} c_S + k_{-2} c_P)\right] = (k_{+1} c_S + k_{-2} c_P) c_{E0}$$

所以

$$c_{[ES]} = \frac{(k_{+1} c_S + k_{-2} c_P) c_{E0}}{(k_{-1} + k_{+2}) + k_{+1} c_S + k_{-2} c_P} \tag{XII}$$

将式（XI），式（XII）代入式（IX）得

$$r_P = \frac{k_{+2} c_{E0}(k_{+1} c_S + k_{-2} c_P)}{(k_{-1} + k_{+2}) + k_{+1} c_S + k_{-2} c_P} - k_{-2} c_P c_{E0} + \frac{k_{-2} c_P c_{E0}(k_{+1} c_S + k_{-2} c_P)}{(k_{-1} + k_{+2}) + k_{+1} c_S + k_{-2} c_P}$$

$$= \frac{k_{+2} c_{E0}(k_{+1} c_S + k_{-2} c_P) - k_{-2} c_P c_{E0}(k_{-1} + k_{+2} + k_{+1} c_S + k_{-2} c_P) + k_{-2} c_P c_{E0}(k_{+1} c_S + k_{-2} c_P)}{(k_{-1} + k_{+2}) + k_{+1} c_S + k_{-2} c_P}$$

$$= \frac{k_{+2} c_{E0}\left(k_{+1} c_S + k_{-2} c_P - \dfrac{k_{-1} k_{-2} c_P}{k_{+2}} - k_{-2} c_P\right)}{(k_{-1} + k_{+2}) + k_{+1} c_S + k_{-2} c_P}$$

$$= \frac{k_{+2} c_{E0}\left(c_S - \dfrac{k_{-1} k_{-2}}{k_{+1} k_{+2}} c_P\right)}{\dfrac{k_{-1} + k_{+2}}{k_{+1}} + c_S + \dfrac{k_{-2}}{k_{+1}} c_P}$$

因为 k_{+1}，$k_{-1} \gg k_{+2}$，k_{-2}，所以

$$\frac{k_{-1}+k_{+2}}{k_{+1}}=\frac{k_{-1}}{k_{+1}}, \quad \frac{k_{-2}}{k_{+1}}\approx 0$$

故

$$r_{P拟稳}=r_{P平衡}$$

7.3 好氧堆肥化的基本工艺过程

现代化的堆肥过程，通常由前处理、主发酵（一次发酵）、后发酵（二次发酵）、后处理、脱臭、贮存等工序组成。

7.3.1 前处理

前处理就是通过破碎、分选等预处理方法，除去粗大垃圾，降低不可堆肥化物质的含量，使堆肥物料的粒度、含水率达到一定程度的均匀化。

① 颗粒变小，物料比表面积增大，便于微生物繁殖，促进发酵速率。

② 但颗粒也不能太小，因为要均匀充分地通风供氧，必须保持一定程度的孔（空）隙率与透气性。合适的粒度范围是 12～60mm。

③ 对含水率较高的固体废物（如污水污泥、人畜粪便等）为主要原料时，前处理的主要任务是调整水分和 C/N，有时需要添加菌种和酶制剂，以使发酵过程正常进行。

7.3.2 主发酵

（1）发热（升温）阶段

发酵堆肥初期，由中温好氧的细菌和真菌，将易分解的可溶性物质（淀粉、糖类）分解，产生 CO_2 和 H_2O，同时产生热量使温度上升（30～40℃），此阶段一般需花时间 1～3d。

（2）高温阶段（>50℃就可称为高温阶段）

随着堆温的升高，最适宜温度 45～65℃的嗜热菌，取代了嗜温菌，可将堆肥中残留的或新形成的可溶性有机物继续被分解转化，一些复杂的有机物也开始被强烈地分解。需时约 3～8d。

此后，将进入堆肥化的降温阶段。通常将温度高到开始降低为止的阶段，称为主发酵期。城市垃圾好氧堆肥的主发酵期约为 4～12d。

7.3.3 后发酵

后发酵也称为二次发酵或降温阶段，约需 20～30d。后发酵也可设在专设仓内进行。

经高温阶段的主发酵过程，大部分易于分解和较易分解的有机物（如纤维素等）已得到分解，剩下的是木质素等较难分解的有机物及形成的腐殖质。

这时，微生物活动减弱，产热量减少，温度逐渐下降，嗜温或中温性微生物成为优势菌种，残余物进一步分解，腐殖质继续积累，堆肥进入腐熟阶段。需时约 20～30d。

7.3.4 后处理

后处理主要去除在前处理工序中还未完全去掉的塑料、玻璃、陶瓷、金属、小石块等杂物。去除设备主要为回转式振动筛、磁选机、风选机等。

7.3.5 脱臭

堆肥过程的每道工序均有臭气产生，主要有 NH_3、H_2S、甲基硫醇、胺类等。方法主要有：化学除臭剂除臭；水、酸、碱溶液吸收法；臭氧氧化法；活性炭、沸石、熟堆肥吸附法等。

7.3.6 贮存

要求储存于通风、干燥的地方，密闭或受潮会影响制品质量，通常在堆肥厂要求至少容纳 6 个月产量的贮藏设备。

7.4 堆肥化处理过程的几种组合形式

根据城市生活垃圾堆肥化系统有无预处理系统及其组合形式可分为以下几种形式，见图 7-6。

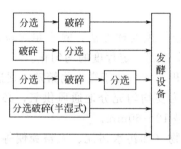

图 7-6 堆肥化系统常见的组合形式

各种组合形式均根据垃圾的成分、尺寸大小、资源化要求等，采用不同的发酵设备。例如，无锡机械化堆肥化处理技术采用第三种形式；天津大港机械化堆肥化处理技术采用第二种形式；而武汉、上海则采用第五种形式［不经任何预处理（破碎、分选）直接堆肥］。

7.5 影响固体废物堆肥化的主要因素

影响堆肥化的主要因素有：通风供氧（需氧量），堆料的含水率，温度（最主要的发酵条件）、有机物含量、颗粒度、C/N、C/P、pH 值等。

7.5.1 通风的作用及其控制

通风供氧是好氧堆肥化的基本条件之一，通风量的多少与微生物的活动程度、有机物的分解速率、物料的含水率以及物料颗粒的大小密切相关。一个良好的堆肥化系统，首先得具备提供足够供氧的能力；其次还要求能使氧气均匀地分布于物料各处来满足微生物氧化分解的需要；另外，还需要考虑通风与干化之间的关系。通风供氧的作用主要有以下几点。

7.5.1.1 氧化分解作用（理论需氧量或理论空气量）

理论需氧量或理论空气量即微生物氧化分解有机物需要的氧气（空气）量。需氧量主要取决于：堆肥原料中的有机物含量、挥发分含量（%）、可降解系数（分解效率%）等。下面根据有机物氧化分解的关系式，推算理论需氧量和供料的可降解度。

$$C_a H_b N_c O_d + \frac{1}{2}(nz+2s+r-d)O_2 \longrightarrow nC_w H_x N_y O_z + sCO_2 + rH_2O + (c-ny)NH_3 \quad (7-47)$$

式中，$C_a H_b N_c O_d$ 为堆肥原料成分；$C_w H_x N_y O_z$ 为堆肥产物成分；$r = \frac{1}{2}[b-nx-3(c-ny)]$；$s = a-nw$；$n$ 为降解效率（摩尔转化率）。下面用一例题说明理论空气量的求法。

134

【例 7-2】 用一种成分为 $c_{31}H_{50}NO_{26}$ 的堆肥物料进行实验室规模的好氧堆肥化试验。试验结果：每 1000kg 堆料在完成堆肥化后仅剩下 200kg，测定的产品成分为 $C_{11}H_{14}NO_4$，试求 1000kg 堆肥物料的化学计算理论需氧量。

解：（1）计算堆肥物料的摩尔质量

$$M_{C_{31}H_{50}NO_{26}} = 852 kg \cdot kmol^{-1}$$

则其摩尔数为

$$n_0 = \frac{1000}{852} = 1.173 \text{（kmol）}$$

（2）堆肥产品的摩尔质量

$$M_{C_{11}H_{14}NO_4} = 224 \text{（kg} \cdot kmol^{-1}\text{）}$$

据此，可求出每摩尔堆肥物料转化为堆肥产品的摩尔数为

$$n = \frac{200}{1.173 \times 224} = 0.761$$

（3）由题可知：$a = 31$，$b = 50$，$c = 1$，$d = 26$，$w = 11$，$x = 14$，$y = 1$，$z = 4$，则

$$r = \frac{1}{2}[b - nx - 3(c - ny)] = 0.5 \times [50 - 0.761 \times 14 - 3 \times (1 - 0.761 \times 1)] = 19.32$$

$$s = a - nw = 31 - 0.761 \times 11 = 22.63$$

（4）求需氧量

$$W_{O_2} = \frac{1}{2} \times \left(0.761 \times 4 + 22.63 \times 2 + 19.32 - 26 \right) \times 1.173 \times 32 = 781.2 \text{（kg）}$$

实际堆肥系统，通常提供超出计算需氧量 2 倍以上的过量空气，以保证充分的好氧条件。一般，主发酵强制通风的经验数据为：静态堆肥取 $0.05 \sim 0.2 m^3 \cdot min^{-1} \cdot m^{-3}$ 堆料；动态堆肥依试验确定。

7.5.1.2 通风的干化作用

所谓干化就是空气受到堆肥化物料的加热，不饱和热空气可以带走水蒸气而干化物料的过程。例如在高温堆肥化后期，主发酵排出的废气温度较高，会带走堆肥中的水分而使物料干化。因此干化是氧化作用的一部分，干化与氧化（通风供氧）紧密相关，但完成两种过程所需的空气需不同。有时可同时满足两者的要求，有时则干化可能需要更多的空气量。如以含水率较高的物料进行堆肥时，则干化所需的空气量将大大增加。

7.5.1.3 调节堆肥化温度

通风可以使堆肥发酵系统向外散热，这对调节堆温，尤其是降温阶段的温度的控制十分重要。

7.5.1.4 通风方法与控制

堆肥化常用的通风方式有：①自然通风供氧；②向堆肥内插入通风管（用在人工土法堆肥工艺）；③利用斗式装载机及各种专用翻推机横翻通风；④风机强制通风供氧。

因为通风量（需氧量）与堆料的水分、温度紧密相关，因此通常根据堆肥化过程中堆层温度的变化，用仪表反馈来控制通风量

实践当中，可通过测定排气中氧的浓度来确定发酵仓内氧的浓度及氧的吸收率，排气中氧的适宜体积分数应为 $14\% \sim 17\%$，可以此指标来控制通风供氧量。

7.5.2 含水率

吸收水分是微生物赖以生存、维持其代谢生长的基础，水分是否适宜将直接影响堆肥化的发酵速率和腐熟程度，因此固体废物的含水率也是好氧堆肥化的关键因素之一。

固体废物的含水率主要决定于其物理组成。一般规律是：①有机物质量分数 $<50\%$ 时，

最适宜含水率为45%～50%；②有机物质量分数达到60%时，最适宜含水率为60%；③当无机物灰分多，物料含水率<30%时，微生物繁殖慢，分解过程迟缓，当含水率<12%时，微生物繁殖会停止。

7.5.2.1 最大含水量

在堆肥化过程中，从透气性角度出发，当固体粒子内部细孔被水填满时的水分含量称为堆肥操作中最大含水量，也叫极限水分。

如：禾秆的最大含水量为75%～85%；锯末的最大含水量为75%～90%；城市垃圾的最大含水量为65%。垃圾不同组分的极限含水率用表7-1示出。

表7-1 垃圾各成分的极限含水率

种类	煤渣	菜皮	厚纸皮	报纸	破布	碎砖瓦	玻璃	塑料	金属
极限含水率/%	45.1	92.0	65.5	74.4	74.3	15.9	1.1	5.7	1.1

由上表数据可得到混合垃圾极限含水率计算表（见表7-2）。

表7-2 垃圾极限含水率计算表

种类	植物	动物	纸类	布类	煤灰	砖瓦	塑料	金属	玻璃	合计
成分变化/%	7～20	0.3～0.7	0.5～1.5	0.1～0.5	70～85	3～4	0.2～0.3	0.3～1.2	0.2～0.4	
成分典型值/%	15	0.4	1	0.3	80	2.25	0.25	0.5	0.3	100
极限含水率/%	13.8	0.3	0.7	0.2	36.1	0.4	0.01	0.006	0.003	51.5

7.5.2.2 临界水分

临界水分是既考虑了微生物的活性需要，又考虑到保持孔隙率与透气性需要的综合指标。因为，当含水率>65%时，水就会充满物料颗粒间的空隙，使空气含量下降，堆肥将由好氧向厌氧转化，温度也急剧下降，最终形成发臭的中间产物（如 H_2S，硫醇，NH_3 等）。因此，综合堆肥化各种因素可得到适宜的水分范围为45%～60%，以55%最佳。

7.5.2.3 堆肥物料含水率的调节与控制

① 当堆肥原料以城市垃圾为主时，若含水率偏低，可配以粪水或污泥来调节水分含量。

② 含水率偏低时，还可以用一定量的回流堆肥来调节水分含量。

（1）回流法控制水分

图7-7中，X_c 为城市垃圾原料的湿重；X_p 为堆肥产物的湿重；X_r 为回流堆肥产物的湿重；X_m 为进入发酵混合物物料的总湿重；S_c 为原料中的固体含量（质量分数），%；$S_p=S_r$ 为堆肥产物和回流堆肥的固体含量（质量分数），%；S_m 为进入发酵仓混合物的固体含量，%。

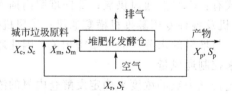

图7-7 回流法控制水分物料流

根据物料平衡，有

① 湿物料平衡式 $X_c + X_r = X_m$ (7-48)

② 干物料平衡式 $S_c X_c + S_r X_r = S_m X_m$ (7-49)

将式(7-48) 代入式(7-49) 得

$$S_cX_c+S_rX_r=S_m(X_c+X_r) \tag{7-50}$$

$$X_r(S_r-S_m)-X_c(S_m-S_c) \tag{7-51}$$

$$\frac{X_r}{X_c}=\frac{S_m-S_c}{S_r-S_m} \tag{7-52}$$

令 $R_w=$ 回流产物湿重/垃圾原料湿重，称为回流比，即

$$R_w=\frac{X_r}{X_c} \tag{7-53}$$

$$R_w=\frac{X_r}{X_c}=\frac{S_m-S_c}{S_r-S_m}=\frac{1-S_c/S_m}{S_r/S_m-1} \tag{7-54}$$

如令 $R_d=$ 回流产物的干重/垃圾原料干重，则方程(7-50) 两边同除以 S_cX_c，得

$$R_d=\frac{S_rX_r}{S_cX_c} \tag{7-55}$$

$$1+R_d=\frac{S_mX_c}{S_cX_c}+\frac{S_mX_r}{S_cX_c}\cdot\frac{S_r}{S_r}=\frac{S_m}{S_c}+\frac{S_m}{S_r}R_d \tag{7-56}$$

$$R_d\left(1-\frac{S_m}{S_r}\right)=\frac{S_m}{S_c}-1 \tag{7-57}$$

$$R_d=\frac{\dfrac{S_m}{S_c}-1}{1-\dfrac{S_m}{S_r}} \tag{7-58}$$

用式(7-54) 和式(7-58) 可分别计算以湿重和干重为条件的回流比。

（2）添加调理剂控制水分

若用调理剂控制堆肥混合物的水分，只需将物料平衡及计算关系式中的 X_r 和 S_r 替换为 X_a 和 S_a 即可求解。X_a 为有机调理剂的总湿重；S_a 为调理剂的固体含量（质量分数）。

【例 7-3】 设污泥中加入回流堆肥和调理剂以控制湿度。选用的有机调理剂为锯末，其固体含量 $S_a=70\%$，脱水泥饼和回流堆肥中分别含 25% 和 60% 的固体。污泥饼、堆肥和调理剂比例按 1：0.5：0.5 湿重混合。试求：①混合物的固体含量（质量分数）；②若不用回流堆肥，要得到相同的混合物固体含量，所需调理剂的量为多少。

解：① 求混合物的固体含量 S_m

根据题意　　　　　　　　　$X_a=X_r$，$X_c=2X_r=2X_a$

而　　　　　　　　　　　　$X_m=X_c+X_a+X_r$

故混合物的固体含量 S_m

$$S_m=\frac{S_aX_a+S_cX_c+S_rX_r}{X_m}=\frac{S_aX_r+S_c\cdot2X_r+S_rX_r}{4X_r}$$

$$=\frac{S_a+2S_c+S_r}{4}=\frac{0.7+2\times0.25+0.6}{4}=0.45$$

② 若不用回流堆肥，要得到相同的混合物固体含量所需的调理剂的量可由 $R_w=\dfrac{X_r}{X_c}=$

$\dfrac{S_m-S_c}{S_r-S_m}$ 计算。

因为没有使用回流堆肥物，可用 S_a 取代 S_r 为

$$R_w=\frac{X_a}{X_c}=\frac{S_m-S_c}{S_a-S_m}=\frac{0.45-0.25}{0.70-0.45}=0.80$$

故污泥和调理剂将按湿重 $1:0.80$ 的比例混合。因此，此时要得到同样的混合物固体量，则调理剂用量比有回流时的量大很多。

7.5.3 堆肥过程的温度及其控制

（1）温度

对堆肥化过程来说，温度是影响堆肥化微生物活动和堆肥工艺过程的又一重要因素。堆肥过程温度上升的热源，来自堆肥中微生物分解有机物进行分解代谢释放出的热量。

堆肥化过程温度的变化速率，与氧气的供应状况、发酵装置及保温条件等有关。堆肥温度与微生物生长的关系如表 7-3 所示。

表 7-3　堆肥温度与微生物生长关系

温度/℃	温度对微生物生长的影响		温度/℃	温度对微生物生长的影响	
	嗜温度	嗜温度		嗜温度	嗜温度
常温～38	激发态	不适用	55～60	不适用（菌群萎退）	抑制状态（轻微）
38～45	抑制状态	可开始生长	60～70		抑制状态（明显）
45～55	毁灭期	激发态	＞70		毁灭期

由表 7-3 可以看出：

① 堆肥温度既不能太低，也不能太高。低了反应速率慢，也不能达到热灭活、无害化要求。高温除反应速率快外，又可将虫卵、病原菌、寄生虫等杀灭，达到无害化要求。所以一般采用高温堆肥。

② 温度过高，当＞70℃时，放线菌等有益菌将被杀死，不利于堆肥过程进行。因此，最适宜温度为 55～60℃。

（2）温度与通风量的关系

发酵温度与通风量的关系见表 7-4，由表可以看出以下几点。

① 通风量为 $0.02m^3 \cdot min^{-1} \cdot m^{-3}$ 时，堆层升温缓慢而且均匀，上层达不到无害化要求。

② 通风量为 $0.2m^3 \cdot min^{-1} \cdot m^{-3}$ 时，升温迅速，而且均匀，虽然由于热惯性，温度上限（70℃）被突破，但可通过改善池底通风性、中间补加水等措施，温度可得到改善。

③ 通风量为 $0.48m^3 \cdot min^{-1} \cdot m^{-3}$ 时，因为风量过大，大量热通过水分蒸发而散失，使堆温不适当地降低，不利于反应进行。另外，通风量大使能耗增加，从而增加处理成本。

表 7-4　不同通风条件下发酵温度的变化　　　　　　　　　　单位：℃

通风量　　　天数　不同温度		1	2	3	4	5	6	7	8	9	10
$0.02m^3 \cdot min^{-1} \cdot m^{-3}$	池内温度 上	11	12	38	49	49	41	33	39	41	42
	中	19	19	25	50	65	61	55	54	55	57
	下	13	32	39	56	56	66	61	60	61	55
$0.2m^3 \cdot min^{-1} \cdot m^{-3}$	池内温度 上	60	70	72	78	76	64	62	62	58	40
	中	36	70	76	75	79	77	73	73	69	71
	下	40	65	71	73	71	75	73	73	70	71
$0.48m^3 \cdot min^{-1} \cdot m^{-3}$	池内温度 上		48	60	61	62		59	51	55	
	中		58	66	72	74	77	72	72	74	
	下		26	34	42	50	76	71	50	50	

因此，一次发酵平均通风量选为 $0.2m^3 \cdot min^{-1} \cdot m^{-3}$ 比较合适，且与前述静态堆肥所

138

取的通风经验数据 $0.05 \sim 0.2 \mathrm{m}^3 \cdot \min^{-1} \cdot \mathrm{m}^{-3}$ 相符合。

（3）堆肥过程中温度的控制

实际过程中，温度的控制是通过温度-通风反馈系统来完成温度的自动控制。

实际上，堆肥温度除与堆肥物料的成分、含水率、微生物活性、通风量等因素相关外，还与发酵装置的结构类型以及操作方式有关。例如，气固接触方式不同，发酵过程中的温度也不同。如图 7-8 所示。

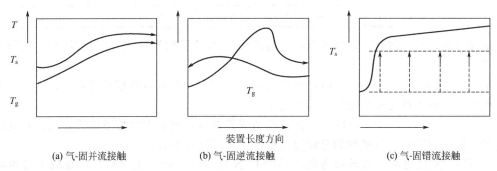

(a) 气-固并流接触　　　　(b) 气-固逆流接触　　　　(c) 气-固错流接触

图 7-8 堆肥过程的气固接触方式

T_s—固相温度；T_g—气相温度

讨论：① 若为并流操作，气固相温差小，出口温度高，此类型装置对水分蒸发有利，有较广的温度范围，装置内适宜温度不易控制。

② 若为气-固逆流接触，装置进口处反应速度快，固体物料温度升高，热效率好，但出口的气/固相温度皆低，带有水分少。此装置内温度也不易控制。

③ 错流接触时，装置内各部分的通气量可通过阀门适当调整，易于控制适宜温度及热效率，也可带走水分，是实现适宜温度的最有利的装置形式。

7.5.4　有机质含量

研究表明，高温好氧堆肥化过程中，最适宜的有机物变化含量范围为 20%～80%，太小太大都不合适。

① 当<20%时，不能产生足够的热量来维持堆肥化过程所需要的温度，影响无害化；同时，还限制堆肥微生物的生长繁殖，最终导致堆肥工艺失败。

② 当>80%时，因为此时对通风量要求很高，往往达不到完全好氧而产生恶臭，也不能使好氧堆肥工艺顺利进行。

③ 实践证明，在堆肥过程中适量的无机物（煤灰等）对增大堆肥的孔（空）隙率，提高通风供氧的效率很有好处。

7.5.5　颗粒度

堆肥化所需的氧气，是通过堆肥原料颗粒的空隙提供的，而空隙的大小则取决于颗粒的大小。

物料颗粒的平均适宜粒度为 12～60mm，当然最佳粒径随垃圾的物理特性而变化：即①纸张、纸板的平均尺寸要求在 38～50mm 之间；②材质较硬的废物粒度要求小些，在 5～10mm 之间；③厨房食品的垃圾为主的废物，其尺寸要大一些，以免破碎成浆状物料，妨碍好氧发酵；④从经济方面考虑，破碎得越小，动力消耗越大，增加处理费用。

7.5.6　碳氮比（C/N）

微生物生长不仅需要一定量的碳、氮元素（碳是生化反应的能量来源，是生物发酵过程的动力和热源；氮是好氧微生物的营养来源，用于合成微生物体，也是控制反应速率的主要因素），而且要求碳、氮之间有合适的比例，这一比例直接影响微生物分解有机物的速率。C/N过高或过低都可能导致微生物活性不高，甚至无法存活，最终使堆肥化过程无法进行。研究表明，城市垃圾作为堆肥原料时，最佳的C/N比为（26～35）：1。当堆肥化原料C/N不在此范围内时，需添加其他物料进行调节。表7-5列出了常见堆肥原料的C/N。

表7-5   各堆肥原料的C/N

堆肥原料	锯木屑	秸秆	垃圾	人粪	牛粪	猪粪	鸡粪	下水污泥	活性污泥
C/N	300～1000	70～100	50～80	6～10	8～26	7～15	5～10	5～15	5～8

由此可见，当用秸秆、垃圾堆肥时，需添加C/N比低的废物或氮肥，以使C/N调到较低水平。

① C/N比太低（<20：1）时，可供消耗的碳素少，氮素养料相对过剩，则氮将变成铵态氮而挥发，导致氮元素大量损失而降低肥效。

② C/N太高（>40：1）时，可供消耗的碳元素多，氮素养料相对缺乏，细菌和其他微生物的发展受到限制，有机物的分解速度就慢，发酵过程加长。

③ 若C/N比更高，则导致堆肥产品的C/N比也高，施入土壤后，将夺取土壤中的氮素，影响作物生长。表7-6为不同C/N的堆肥化情况。

表7-6   不同C/N的堆肥化情况

C/N	20：1	（30～50）：1	78：1	80
所需时间/d	9～12	10～19	21	堆肥化难以进行

7.5.7 碳磷比（C/P）

除了C、N之外，P也是微生物必需的营养之一。如垃圾堆肥时添加污泥就使污泥含有丰富的磷。堆肥化适宜的C/P比为（75～150）：1。

7.5.8 pH值

pH是微生物生长一个重要的环境条件。适宜的pH可使微生物有效地发挥作用，使堆肥化得以顺利进行。通常pH在7.5～8.5时，可获得最大的堆肥化速率。同样当堆料的pH不在此范围时，可添加其他物料予以调节，如当pH<7.5时，可添加石灰。pH在堆肥化过程中随着时间和温度的变化而变化。

7.6 堆肥化设备及工艺系统

随着堆肥技术在污泥、城市固体废物、庭院废弃物和食品废弃物等处理中的广泛应用，与之相关的堆肥设备得到了极大的发展。例如，采用强制通风静态垛系统，处理规模为10400t 干污泥·a^{-1}的堆肥工厂，总投资为6388600美元，其中设备费用为4380200美元；采用反应器堆肥系统（ASH Tunnel Reactor），处理规模为18t 干污泥·d^{-1}的堆肥工厂，总投资为114700000美元，其中设备费用为87800000美元。堆肥设备包括物料处理、翻堆、反应器和除臭设备。

7.6.1 物料处理设备

物料处理设备包括粉碎、混合、输送和分离设备。

（1）粉碎设备

它主要有冲击磨、破碎机、槽式粉碎机、水平旋转磨和切割机，主要用来处理城市固体废弃物、废纸、波纹薄纸板、灌木和庭院废弃物等。可根据处理性能、维护要求、投资及运行费用选择这些设备。粉碎设备运行时最需要注意的是安全问题。

（2）混合设备

它主要有斗式装载机、肥料撒播机、搅拌机、转鼓混合机和间歇混合机。混合设备直接影响物料的结构，这关系到堆肥过程能否顺利进行，因此，混合设备是物料处理设备中最重要的一部分。

可从工程和经济两方面评价混合设备，工程评价内容主要是不同配比的物料混合物容重、孔隙率和空气阻力；经济评价包括设备投资和运行费用。经济评价表明：混合设备运行费用的大小依次为搅拌机＞斗式装载机＞移动式混合设备。

（3）输送设备

该类设备的设计要考虑物料特性（质量、体积、密度和含水率）、输送路线及距离、输送机功能及参数、输送机投资及运行费用。它包括带式输送机、刮板输送机、活动底斗式输送机、螺旋输送机、平板输送机和气动输送系统。反应器堆肥系统宜采用螺旋输送机，不宜采用履带输送机。输送设备运行时遇到的主要问题是物料压实或堵塞、溢漏和设备磨损。

（4）分离设备

分离设备有三个作用：回收物品、减少惰性废物和化学废物。污泥堆肥系统中的分离设备主要是筛分设备，常用的有滚筒筛、振荡筛、跳筛、可伸缩带筛、圆盘筛、螺旋槽筛和旋转筛。可根据处理性能、是否易堵塞、投资及运行费用选择筛分设备，分离效率是选择筛分设备的重要依据（分离效率须大于70%）。堵塞是筛分设备运行过程中遇到的最大问题，滚筒筛和跳筛较好地解决了这个问题。因成分复杂，城市固体废物堆肥系统需采用多种分离技术（见表7-7）。

表7-7　用于城市固体废物堆肥系统的分离技术

技术	分离物料	技术	分离物料
筛分	大：塑料膜、大纸张、硬纸板、其他杂物 中：可回收物品、大部分有机废物、其他杂物 小：有机废物、金属碎片、其他杂物	风选	轻物料、纸、塑料 重物：金属、玻璃、有机废物
人工分拣	可回收物品、惰性废物和化学废物	湿选	漂浮物：有机废物、其他杂物 沉淀物：金属、玻璃、砂石、其他杂物
磁分选	铁	冲击分选	轻物料：塑料、未分解的纸张 中等质量物料：堆肥 重物料：金属、玻璃、砂石、其他杂物
涡流分选	有色金属		

7.6.2　翻堆设备

条垛堆肥系统的翻堆设备分为三类：斗式装载机或推土机、垮式翻堆机、侧式翻堆机。翻堆设备可由拖拉机等牵引或自行推进。中小规模的条垛宜采用斗式装载机或推土机；大规模的条垛宜采用垮式翻堆机或侧式翻堆机。垮式翻堆机不需要牵引机械，侧式翻堆机需要拖拉机牵引。美国常用的是垮式翻堆机，而侧式翻堆机在欧洲比较普遍。这三类翻堆设备的优缺点见表7-8。

表7-8　不同翻堆设备的优缺点

优缺点	斗式装载机或推土	垮式翻堆机	侧式翻堆机
优点	便宜，操作简单	条垛间距小，堆肥占地面积小	翻堆彻底，堆料混合均匀；条垛大小不受限制
缺点	堆料易压实；堆料混合不均匀；条垛间距应≥10m，可利用的堆肥场地小	条垛大小受到严重限制，处理的物料少	易损坏，翻堆能力小

7.6.3 反应器堆肥化系统

根据反应器类型、固体流向、反应器的床层和空气供给方式进行分类，反应器堆肥系统可分为垂直固体流和水平及倾斜固体流两类。同条垛和强制通风静态垛堆肥系统相比，反应器堆肥系统具有堆肥产品质量高、操作人员少、有效的堆肥过程控制和臭味控制、空间限制少、环境影响小等优点。可根据处理性能、是否有大规模运行的经历、系统可靠性和灵活性、停机维修时间、投资和运行费用、生产厂家的售后服务选择反应器堆肥系统。反应器堆肥化系统不同，它们的通风方式及通风设备的参数也不同（见表7-9和表7-10）。

表 7-9 不同反应器堆肥化系统的通风参数

系统	风机类型	风机功率 /kW·m⁻³堆料	全压/Pa	空气必须通过堆体的直线距离/m	通风量/m³空气·min⁻¹·m⁻³堆料
A	涡轮或容积式压缩机	0.05268～0.21072	6895～20685	平推流:6.3～7.5	0.025～0.10
B	轴流式风机	0.15804	设计:1723.75 操作:965.3～1241.1	全混流:2.4～3.3	0.24～0.40
C	容积式压缩机	0.07902	6895～27580	平推流:7.8	0.09
D	低压压缩机	0.10536～0.21072	2964.85～4481.75	全混流:1.8～3.3	0.24～0.40
E	低压压缩机	0.18438	2964.85	平推流:0.45～2.1	0.085～0.12
F	容积式压缩机	0.05268～0.21072	17237.5	平推流:0.45～8.0	0.037～0.11

表 7-10 不同反应器堆肥系统的通风参数

系统	空气扩散方式	空气收集和洗涤	空气流向
A	PVC管道上铺卵石，通风面积为1/4（圆柱形反应器系统）或按要求而定	在圆柱形反应系统顶部通过负压收集，通过废水洗涤或按需而定的洗涤器	上流式
B	空孔镀锌金属板上铺卵石；在温度控制方式下通风面积最大（通风区为长方形）	在反应器内部不定期地洗涤；逆流洗涤	上流式或下流式
C	PVC管道上铺卵石；每段2个通风区（有数段，通风区为长方形）	堆体顶部上铺负压集气管，空气/废气(1/1)进入收集系统；按需洗涤	上流式或下流式
D	PVC管道或不锈钢管上铺卵石；通风区为同心圆	正压或负压收集；按需洗涤	上流式
E	穿孔管上铺设穿孔不锈钢管；正压通风	穿孔插上铺设穿孔不锈钢管；负压收集；按需洗涤	空气流向在正压鼓风和负压抽风间容期、自动地改变；通风量满足生物降解的需求
F	穿孔混凝土板上铺设计字形扩散器	穿孔混凝土板上铺设十字形扩散器；负压收集；按需洗涤	在不同的7个通风连续地鼓风和抽风

美国目前常用的反应器堆肥系统是：搅拌床反应器、水平推流反应器和垂直推流反应器；间歇隧道堆肥系统在欧洲的应用却越来越多，它在城市固体废物、污泥等处理中得到了广泛的应用。一个典型的间歇隧道堆肥系统包括一个水泥箱或钢箱（长30～40m，宽2～5m，高3～5m）；隧道的墙壁、顶部、门都是绝缘隔热的，底板采用穿孔水泥板或穿孔钢板，底板下面是风室或与孔相连的穿孔管；堆料停留1～4周，通常为2周；采用计算机控制通风系统。因此，堆体前、后两端和上、下层的温差分别为2～3℃和3～5℃。较高的投资和运行费用影响了它的广泛应用。

7.6.4 除臭设备

臭味问题关系到一个堆肥工厂能否正常运行，有效地臭味控制是衡量堆肥工厂成功运转的一个重要标志。控制臭味至少必须采取5种措施：①堆肥过程控制；②调查可能的臭味来源；③臭味收集系统；④臭味处理系统；⑤残留臭味的有效扩散。堆肥过程控制是减少臭味产生的关键因素，但不能完全有效地控制臭味。根据臭味来源的调查结果，建立适当的臭味收集和处理系统。臭味处理系统包括化学除臭器、生物过滤器等。化学除臭器包括：①去除氨气的硫酸部分；②氧化有机硫化物和其他臭味物质的次氯酸钠或氢氧化钠部分。实践中，常采用生物过滤器处理臭味，它的组成材料为熟化的堆肥、树皮、木片和粒状泥炭等，负荷为 $80 \sim 120 m^3 \cdot m^{-3} \cdot h^{-1}$，出气温度维持在 $20 \sim 40 ℃$，保持生物过滤器中过滤床一定的含水率（$40\% \sim 60\%$，质量分数），是实现其最佳操作的关键。控制臭味的最常用综合措施是封闭堆肥设备、采用生物过滤器和进行过程控制。

7.6.5 堆肥设备发展趋势

（1）家庭堆肥器

西雅图固体废物公用事业局于 1986 年在美国第一次实施家庭堆肥计划，标志着家庭堆肥的开始，该计划主要是采用堆肥技术处理庭院废弃物和食品废物。1995 年，41% 西雅图居民家庭实行了家庭堆肥，分流了约 8300t 庭院废弃物，其中的 82% 堆肥用于庭院绿化。有研究表明，在 Ontario 的 Mississauga 地区，路边收集、集中堆肥和家庭堆肥的处理费用分别为 140 美元 $\cdot t^{-1}$、190 美元 $\cdot t^{-1}$ 和 50 美元 $\cdot t^{-1}$。而且家庭堆肥可以减少试验区居民垃圾量的 $3\% \sim 5\%$。同集中、大规模的堆肥系统相比，家庭堆肥具有显著的优点：费用低和固体废物源头减量化。在西雅图，用于食品废物的家庭堆肥器有两种：蚯蚓箱和锥形桶。过去常用的是蚯蚓箱，现在流行的是锥形桶，锥形桶高约 0.9m，内有一个高度为 0.46m 的篮子，它能容纳一个三口之家在 $6 \sim 9$ 个月之内产生的食品废物。用于庭院废弃物的家庭堆肥器有两种：$0.34 m^3$ 和 $0.59 m^3$。制造家庭堆肥器的材料为木材、再生聚乙烯和不锈钢。

堆肥马桶适于无水或少水的地方，如大型堆肥马桶适于公园、高速公路、车站等，小型堆肥马桶适于轮船等。市售堆肥马桶分为自含式和集中式，这两类均可采用间歇或连续方式运行，材质为玻璃丝和聚乙烯。自含式是堆肥器设置在马桶旁边，而集中式是设置在地下室或建筑物的旁边。间歇运行的堆肥马桶含有 1 个以上的室，当一个室盛满以后，便转到另一个室，它的好处是腐熟堆肥不会被新鲜的粪便污染；连续运行的堆肥马桶只有一个室，新鲜粪便和腐熟堆肥混在一起。

（2）适于现场操作的小容量反应器

堆肥系统由于经济、臭味控制和场地的原因，大型反应器、强制通风静态垛和条垛堆肥系统受到了极大的限制，因此，适于现场操作的可移动、小容量反应器堆肥系统便应运而生。例如，英国 County Mulch Co. 建造了两套可移动堆肥系统（容积为 $30.584 \sim 38.23 m^3$），形状类似滚式集装箱，进料采用斗式装载机，出料时吊车把集装箱吊起，物料从集装箱的后门倒出来。采用计算机控制温度和氧含量。虽然该类系统只出现了几年，但它正得到小型污水处理厂、食品行业、餐饮业、社区、学校、医院、研究所和商业团体等越来越广泛的关注和应用。目前它主要用于食品废物处理。市售小容量反应器堆肥系统有箱式系统、搅拌仓和旋转消化器等，但目前最常用的是箱式堆肥系统，该系统可间歇或连续操作，具有良好的过程控制、投资和运行费用低、设备简单、易于操作和组装等优点，但它最大的优点是为那些没有足够场地的团体或单位提供了一种处理有机废物的技术，目前美国和加拿大分别有 50 个和 25 个箱式堆肥系统运行。一个典型的箱式堆肥系统处理规模为 $1 \sim 40t \cdot d^{-1}$，由若干个箱子组成，其中 2 个箱子用作生物过滤器。为便于现场操作，混合设备和反应器与拖车连接。

总之，固体废物的源头越来越分散，产生的量也越来越多，那么堆肥设备应用的范围将逐步扩大。对于不同的固体废物，需采用和开发不同的堆肥设备。随着固体废物堆肥处理的发展，家庭堆肥器和小容量反应器堆肥系统应运而生。一方面，家庭堆肥器从源头减少了固体废物的处理量；另一方面，小容量反应器堆肥系统为那些没有足够场地和固体废物产生量少的团体提供了一种处理有机废物的技术。总之，堆肥设备的发展趋势是小型化、移动化和专用化。

7.7 堆肥腐熟度的评价指标

已经知道，固体废物的堆肥化，是使废物中能分解的有机物借微生物分解、经腐殖化，最后达到稳定化的过程。

堆肥化过程进行到什么程度，被认为已稳定化、腐熟化呢？腐熟度即是衡量堆肥进行程度的指标。腐熟度是指堆肥中的有机质经过矿化、腐殖化过程最后达到稳定的程度。

堆肥腐熟的基本含义为：①通过微生物的作用，堆肥的产品要达到稳定化、无害化，即对环境不产生不良影响；②堆肥产品的使用不影响作物的生长和土壤的耕作能力。

直观的判定标准：不再进行激烈的分解。如成品的温度较低（感），呈茶褐色或黑色（视），不产生恶臭（嗅），手感松软而碎。为制定堆肥质量及评价装置的性能，必须有科学定量的判定标准。

7.7.1 物理参数评价指标

① 堆肥后期温度自然降低；
② 不再吸引蚊蝇；
③ 不再有令人讨厌的臭味；
④ 出现白色或灰白色菌丝（由于真菌生长）；
⑤ 堆肥产品呈现疏松的团粒结构；
⑥ 高品质堆肥应是深褐色，均匀，并发出令人愉快的泥浆气味。

物理方法只能做出初步判断，难以进行定量分析。

7.7.2 化学参数作判定标准

作为腐熟度的判定标准的化学参数主要有：pH、COD、V_s、C/N 等。

① pH 值：pH 值随堆肥化的进行而变化，可作为评价腐熟程度的一个指标。发酵初期：pH 为 6.5～7.5；腐熟的堆肥：pH 为 8～9。

② 挥发性固体（有机质或全碳）含量 V_s：随堆肥化过程进行，挥发性固体含量下降。一般，堆肥产品的 V_s 应小于 65%。

③ 化学需氧量 COD：腐熟后 COD 降低 85%，可信度良好。

④ C/N 比：未腐熟时为（35～50）∶1，腐熟后为（10～20）∶1。

7.7.3 用工艺参数作为堆肥腐熟度判定标准

（1）温度

在堆肥化过程中，堆料的温度会经历升温、高温到降温的三个阶段，温度升高是因有机物分解释放能量所致。故可通过检测堆肥工艺过程的温度变化，来判断有机物降解及稳定化（或腐熟）情况。

（2）耗氧速率

堆肥化过程中，好氧微生物分解有机物时消耗氧并产生 CO_2，O_2 的消耗或的 CO_2 产生速率反映了有机物的分解程度和堆肥化的进行程度。因此，用好氧速率或 CO_2 的生成速率可判断堆肥的腐熟程度。

7.7.4 生物法评价指标

经验证明，用物理方法和化学分析方法评价腐熟度是不够的，必须结合生物分析的方法才可靠。该方法主要有以下两种。

（1）植物毒性法

用生物法测定堆肥的毒性，是检验堆肥化过程中有机质腐熟度最精确和最有效的方法。用草种 Gress 检验植物毒性，不仅可以检测堆肥样品中的残留植物毒性，而且能预计毒性的发展。植物毒性用发芽指数（GI）来评价。

$$GI(\%) = \frac{堆肥处理的种子发芽率 \times 种子根长}{对照的种子发芽率 \times 种子根长} \times 100\%$$

实际过程中，当 $GI > 50\%$ 时，就可认为堆肥已腐熟，并达到无毒性要求。

（2）微生物评价法

堆肥化过程中存在着各种各样的微生物群落，这些微生物群落在堆肥化的不同阶段，其结构也随之相应变化。如在堆肥化初期（升温阶段），嗜温菌较活跃并大量繁殖，主要是蛋白质分解细菌和产氨细菌数量迅速增加，在 15d 内达到最多，然后突然下降，在 30d 内完成其代谢活动，在 60d 时降到检测限以下；当堆肥化达到高温阶段时，嗜温菌受到抑制甚至死亡，嗜热菌则大量繁殖，期间堆肥中的寄生虫、病原菌被杀死，腐殖质开始形成，堆肥达到初步腐熟；在堆肥的降温阶段（腐熟期），则主要以放线菌为主。由此可见，在整个堆肥化过程中微生物群落的演替能很好地指示堆肥的腐熟程度。

表 7-11 为较常用到的腐熟度判定指标及其数值。

表 7-11　堆肥腐熟度判定指标

试验项目	未腐熟原料	堆肥	结论
pH	6.5～7.5	8～9	原 pH 高者不适用
COD	COD 降低 85%		可信度良好
C/N 比	(35～50)∶1	(10～20)∶1	分析复杂
有机物	降低 38%	<65%	需样品量较多
耗氧速率	降低 25%		可信度尚可
外观	棕色、多纤维	黑色而脆	物理性质改变
臭味	腐臭、恶臭	泥土味	

7.8　好氧堆肥化的未来展望

实践证明，成熟的堆肥是土壤良好的改良调节剂，同时提供有机质。Veerapan Chanyasak 等用紫外吸收（280nm）和凝胶过滤等方法研究了垃圾堆肥的水提取物的成分，报道了其中含有氨基酸、低级脂肪酸、缩氨酸、多聚糖等成分。V. Miikki 等研究发现了污水污泥及生物类废物在堆肥后腐殖酸和富里酸的数量有所增加。

研究还发现多数堆肥中 N、P 元素的含量大大高于土壤，但其可利用率较低；K 的可利用性虽高于许多钾化肥，其含量却低于大多数土壤；Xin-Tan He 等报道了城市固体废物堆肥中绝大多数微量金属（除铅外）的含量低于 USEPA 规定的允许值，但高于大多数农业土壤。堆肥质量的某些不足正是堆肥销路不畅的原因之一。

因此，提高堆肥质量，进一步开发利用堆肥产品成了未来堆肥得以进一步发展的重要途径。首先，堆肥不仅作为土壤的调节剂，而且是一种新型的缓释肥源。成熟的堆肥中含有数量可观的腐殖质，是复杂的可降解的高分子有机胶体物质，除其中的胡敏素等对植物生长直接起促进作用外，施用于土壤后能提高土壤的交换容量和保湿性，有效地吸附植物生长所必需的 N、P、K 及微量元素，保持土壤的持久肥力。其次，将堆肥工艺与其他方法紧密结合，进行堆肥产品的综合利用。如将蚯蚓养殖与堆肥相结合，进行所谓的蠕虫堆肥法，生产蚯蚓复合饲料，利用堆肥进行无公害蔬菜栽培等。

此外，形成包括堆肥、填埋、焚烧等工艺在内的固体废物处置的一体化系统，也是近年来初露端倪的新方向。堆肥的速度是关系到能否提高堆肥效益的重要因素，能否从微生物细胞入手，选择、培育能提高堆肥速度的菌种也是值得人们关注的新动向。

Giovanni Vallini 等最近甚至用淀粉填充的聚乙烯膜在控制条件下进行静态条形堆肥试验，发现在淀粉消耗的同时伴随着物料平均分子量的减小和聚合物机械强度的降低，从中可以看到难分解塑料进行生物降解的希望。

理论研究和实际应用表明，堆肥技术定会成为城乡固体有机废物无害化和资源化的有效办法。

在国外，堆肥技术正在向着机械化、自动化的方向发展，而为了防止对环境的二次污染，堆肥也趋向于采用密闭的发酵仓方式。但在中国，囿于当前的经济现状，高度机械化、自动化的堆肥设备成本太高，不符合中国的国情。所以要在中国发展堆肥产业和堆肥技术，就必须去寻找一个成本较低、操作方便、维护性较好、真正适合中国国情的堆肥工艺和技术。

思 考 题

1. 试述固体废物堆肥化的意义和作用。
2. 堆肥化原料的评价指标有哪些，范围是多少？
3. 堆肥产品的质量指标有哪些，以干基计量其数值各为多少？
4. 好氧堆肥化过程分为几个阶段，各阶段的温度范围和所需的时间各为多少？
5. 厌氧堆肥化过程分为几个阶段，各阶段的主要成分是什么？pH 如何变化？
6. 影响固体废物堆肥化的主要因素有哪些？
7. 好氧堆肥化过程的通风方式有哪几种？
8. 堆肥化过程最适宜水分范围是多少？
9. 为什么堆肥化过程最适宜温度确定为 55～60℃？
10. 简述三种气固接触方式各自的特点。
11. 堆肥化过程有机物最适宜含量范围为多少？
12. 堆肥腐熟度的化学参数判断指标有哪些？常用哪些工艺参数来判断堆肥腐熟度？

计 算 题

1. 有一酶催化反应，$K_m = 2 \times 10^{-3} \text{mol} \cdot \text{L}^{-1}$，当底物的初始浓度为 $1.0 \times 10^{-5} \text{mol} \cdot \text{L}^{-1}$ 时，若反应进行 1min，则有 2% 的底物转化为产物。试求：(1) 当反应进行 3min，底物转化为产物的转化率是多少？此时底物和产物的浓度分别是多少？(2) 当 $c_{S0} = 1 \times 10^{-6} \text{mol} \cdot \text{L}^{-1}$ 时，反应了 3min，$c_S = ?$ $c_P = ?$ (3) 最大反应速率值为多少？

2. 拟采用堆肥化方法处理脱水污泥滤饼，其固体含量 S_c 为 30%，每天处理量为 10t（以干物料基计算），采用回流堆肥（其 $S_r = 70\%$）起干化物料作用，要求混合物 S_m 为 40%。试用两种基准计算回流比率，并求出每天需要处理的物料总量为多少吨？

3. 使用一台封闭式发酵仓设备，以固体含量为 50% 的垃圾生产堆肥，待干至 90% 固体后用调节剂，环境空气温度为 20℃，饱和湿度（水/干空气）为 $0.015g \cdot g^{-1}$，相对湿度为 75%。试估算使用环境空气进行干化时的空气需要量。如将空气预热到 60℃（饱和湿度为 $0.152g \cdot g^{-1}$）又会如何？

8 固体废物的固化处理技术

8.1 固化处理的原理和步骤

8.1.1 固化处理的原理

废物的固化处理是利用物理或化学的方法将有害的固体废物与能聚结成固体的某种惰性基材混合，从而使固体废物固定或包容在惰性固体基材中，使之具有化学稳定性或密封性的一种无害化处理技术。固化处理的机理十分复杂，在理论上迄今尚未进行过充分的研究，也未能获得一种对任何固体废物都适用的最佳处理方法。固化的过程有的是将有害物质通过化学转化或引入某种稳定的晶格中的过程，也有的是将有害废物用惰性材料加以包容的过程，或是上述两种过程兼而有之。

固化所用的惰性材料称为固化剂，经固化处理后的固化产物称为固化体。

固化处理的目的是将有毒废物转化为化学或物理上稳定的物质，因此要求处理后所形成的固化体应有良好的抗渗透性，抗浸出性、抗冻融性并具有一定的机械强度和稳定的物理化学性质。

8.1.2 固化处理的基本步骤

一个标准的固化处理过程主要由以下几个步骤组成。

① 废物预处理 对收集到的固体废物必须进行预处理，如分选、干燥、中和、破坏氰化物等物理的和化学的处理过程，因为废物中所含的许多化合物都会干扰固化过程。例如用水泥为固化剂时，锰、锡、铜、铝的可溶性盐类会延长凝固时间并降低固化体的物理强度。过量的水也会阻碍固化过程，含酸性物质过多则会使固化剂用量增加等。

② 加入填充剂及固化剂 其用量一般根据实验结果来确定。

③ 混合和凝硬 将废物和固化剂在混合设备中均匀混合，然后送到硬化池或处置场地中放置一段时间，使之凝硬完成硬化过程。

④ 固化体的处理 根据所处理的废物的特性将固化体填埋或加以利用（如做建筑材料）。

8.1.3 固化处理效果

衡量固化处理效果的两项主要指标是固化体的浸出率和增容比。

所谓浸出率是指固化体浸于水中或其他溶液中时，其中有害物质的浸出速度。因为固化体中的有害物质对环境和水源的污染，主要是由于有害物质溶于水所造成的。所以，可用浸出率的大小预测固化体在贮存地点可能发生的情况。浸出率的数学表达式如下

$$R_{in} = \frac{a_r/A_0}{(F/M)t} \tag{8-1}$$

式中，R_{in} 为标准比表面的样品每天浸出的有害物质的浸出率，$g \cdot d^{-1} \cdot cm^{-2}$；$a_r$ 为浸出时间内浸出的有害物质的量，mg；A_0 为样品中含有的有害物质的量，mg；F 为样品暴露的表面积，cm^2；M 为样品的质量，g；t 为浸出时间，d。

增容比是指所形成的固化体体积与被固化有害废物体积的比值，即

$$c_i = \frac{V_2}{V_1} \tag{8-2}$$

式中，c_i 为增容比；V_2 为固化体体积，m^3；V_1 为固化前有害废物的体积，m^3。

增容比是评价固化处理方法和衡量最终成本的一项重要指标。

固体化技术可按固化剂分为水泥固化、沥青固化、塑料固化、玻璃固化、石灰固化等。

8.2 固化处理的基本方法

根据固化处理中所用固化剂的不同固化技术可分为水泥固化、石灰固化、热塑性材料固化、热固性材料固化，自胶结固化、玻璃固化和大型包封法等。下面介绍几种常用的固化方法。

8.2.1 水泥固化法

（1）水泥固化原理

水泥固化是以水泥为固化剂，将有害固体废物进行固化的处理方法。水泥是一种胶凝材料，当它与水反应后会形成一种硅酸盐水合凝胶，将有害的固体废物微粒包容在其中并逐步形成坚硬的固化体，使有害物质被封闭在固化体内，达到稳定、无害化的目的。

用做水泥固化处理的固化剂有普通硅酸盐水泥或火山灰质硅酸盐水泥。为了改善固化条件，提高固化质量，有时还需加入适当的添加剂如吸附剂（活性氧化铝、黏土、蛭石等）、缓凝剂（如酒石酸、柠檬酸、硼酸盐等）、促凝剂（如水玻璃、碳酸钠等）和减水剂（表面活性剂）等。

（2）水泥固化法的应用

水泥固化法具有工艺简单、材料来源广泛、处理费用低、固化体机械强度高等优点。特别适用于处理含重金属的污泥，原子能工业中的废料及其他有毒有害废物的处理中。

① 电镀污泥的固化处理 电镀污泥的固化处理是最早开发的水泥固化技术，固化剂可采用 425 号硅酸盐水泥。干污泥、水泥和水的配比为（1～2）：20：（6～10）。水泥固化体的抗压强度可达 10～20MPa，铅、镉、铬的浸出浓度均低于毒性鉴别标准。电镀污泥的水泥固化处理工艺如图 8-1 所示。

图 8-1 电镀污泥水泥固化处理工艺流程

② 含汞废渣的水泥固化处理 汞渣水泥固化处理时，汞渣与水泥的配比为 1：（3～8），加水均匀混合后成型。再经蒸汽养护（60～70℃下养护 24h）使其凝结硬化为固化体然后再加以深埋放置。

水泥固化法的主要缺点是固化体的浸出率较高，体积也比原废物增大 0.5～1.0 倍，有些废物还需进行预处理和投加添加剂，这些都会造成处理费用增大。

8.2.2 石灰固化法

① 石灰固化法原理　石灰固化是以石灰为固化剂，以活性硅酸盐类（粉煤灰、水泥窑灰）为添加剂的一种固化方法。石灰与上述添加剂在有水存在时会形成一种具有包裹废物性能的稳定不溶性化合物的物料，并逐渐凝硬使废物得以固化。

② 石灰固化的应用　石灰固化法适用于固化钢铁机械行业中酸洗工序所排放的废渣、电镀污泥、烟道气脱硫废渣、石油冶炼污泥等。其固化工艺过程与水泥固化法类似。

石灰固化法的优点是填料来源丰富，操作简单、处理费用低；被固化的废渣不要求脱水干燥；可在常温下操作。其缺点是固化体易受酸性介质侵蚀、抗浸出性能较差等。

8.2.3　热塑性材料固化法

热塑性材料是指那些在加热后冷却时能反复转化和硬化的有机材料，如沥青、聚乙烯、聚氯乙烯、聚丙烯、石蜡等。这些材料在常温下为坚硬的固体，而在较高温度下有可塑性和流动性，从而可以利用这种特性对固体废物进行固化处理。

沥青是高分子碳氢化合物的混合物，具有较好的化学稳定性、黏结性，对多数酸、碱、盐类都有一定的耐腐蚀性，并具有一定的抗辐射稳定性，价格也较为低廉，因此沥青固化应用较为普遍。

沥青固化一般可用于处理中低放射水平的蒸发残液，废水化学处理所产生的沉渣、焚烧炉产生的残渣、废塑料、电镀污泥、砷渣等。

沥青固化工艺过程如图 8-2 所示。

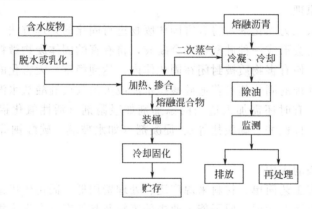

图 8-2　沥青固化工艺流程

8.2.4　热固性材料固化法

热固性材料是指在加热时变成固体并且硬化，且再进行加热或冷却时仍保持其固体状态不变的物质。目前常用的热固性材料有脲醛树脂和不饱和聚酯等，酚醛树脂及环氧树脂也在小范围内使用。脲醛树脂使用方便，固化速度快，与有害物质形成的固化体有较好的耐水性、耐腐蚀性、价格也较便宜，使用较为广泛。不饱和聚酯树脂在常温常压下即可固化成型，使用方便，特别适于对有害废物和放射性废物的固化处理。

日本冈山公害防治中心利用不饱和聚酯树脂固化处理电镀污泥，所形成的固化体抗压强度大，重量轻，表面光泽，可以作为建筑材料使用。

8.2.5　玻璃固化法

玻璃固化是用玻璃原料（如氧化硅等）作为固化剂和待处理废料混合均匀，先在高温下煅烧，然后升温至 $1100\sim1150℃$ 保温数小时，形成熔融的玻璃，冷却后再经退火处理即可得到坚固而稳定的固化体。

玻璃固化可采用间歇式的单罐操作，使煅烧、熔融都在同一罐内进行；也可采用连续式操作，煅烧和熔融分别在煅烧炉和熔融炉内完成。采用的固化配方多数是磷酸盐玻璃和硼硅酸盐玻璃。

玻璃固化主要用于处理放射性废物。它的优点是固化体致密，在水及酸碱液中浸出率小，有较高的热稳定性和辐射稳定性，增容也比较小，缺点是处理费用高，操作温度高，能耗大，设备腐蚀严重，操作过程中会产生较多的废气，必须加以收集处理，以防止二次污染的产生。

8.2.6 自胶结固化和大型包封法

自胶结固化只适于处理含硫酸钙和亚硫酸钙的废渣。先在适当的条件下将废物煅烧，使其部分脱水形成有胶结作用的亚硫酸钙或半水硫酸钙，然后与粉煤灰及其他特制的添加剂混合，经凝结硬化而形成自胶结固化体。这种固化体具有化学稳定性高，浸出率低等优点。

大型包封法是用一种渗水的惰性保护层将经过处理或未经处理的废物包封起来。例如对容器装的废料，可以将玻璃纤维、增强热固性树脂（环氧树脂）及水基聚氨酯树脂的混合物喷涂在容器壁上使之形成一个坚固的外套对器内废料进行包封，然后再加以填埋处理。利用水泥对盛在容器中的废料进行包封也是常用的方法，此时可将盛废料的容器移入钢桶中，然后灌入普通水泥浆，待水泥硬化后就将其包裹起来，最后再进行填埋处理。

思 考 题

1. 何谓固化，如何评定固化的效果？
2. 固化处理的基本方法有哪几种？试比较它们的优缺点和适用范围。

9 污泥的处理处置技术

9.1 概述

废水处理目前常用的方法有物理法、化学法、物理化学法和生物法。但无论哪种方法都或多或少会产生沉淀物、颗粒物和漂浮物等，统称为污泥。虽然产生的污泥体积比处理废水体积小得多，如活性污泥法处理废水时，剩余活性污泥体积通常只占到处理废水体积1%以下，但污泥处理设施的投资却占到总投资的30%～40%，甚至超过50%。因此，无论从污染物净化的完善程度，废水处理技术开发中的重要性及投资比例，污泥处理占有十分重要的地位，污泥处理是废水处理过程的两大车轮之一，缺一不可，必须引起高度重视。

另外，城市污水污泥处理处置是污水处理的重要组成部分，其处理处置程度的好坏是评价污水处理状况的重要标准，如果污水污泥处理处置的工作做得不好，不但会给环境带来污染，而且还会造成资源的浪费，因此污泥处理处置必须引起高度重视。

9.1.1 污泥的分类与产生量

9.1.1.1 污泥的分类

污泥一般指介于液体和固体之间的浓稠物，可以用泵输送，但它很难通过沉降进行固液分离。悬浮物浓度一般在0.5%～5%，低于此浓度常称为泥浆。由于污泥的来源及水处理方法不同，产生的污泥性质不一，污泥的种类很多，分类比较复杂，目前一般可按以下方法分类。

（1）按来源分

污泥主要有生活污水污泥，工业废水污泥和给水污泥。

（2）按处理方法和分离过程分

污泥可分为沉淀污泥（包括物理沉淀污泥，混凝沉淀污泥，化学沉淀污泥）及生物处理污泥（包括剩余污泥，生物膜法污泥）。随着废水普及二级处理，目前一般废水处理厂的污泥大都是沉淀污泥和生物处理污泥的混合污泥。

（3）按污泥的成分和某些性质分

污泥可分为有机污泥和无机污泥；亲水性污泥和疏水性污泥。生活污水处理产生的混合污泥和工业废水产生的生物处理污泥是典型的有机污泥，其特性是有机物含量高（60%～80%），颗粒细（0.02～0.2mm），密度小（1002～1006kg·m^{-3}），呈胶体结构，是一种亲水性污泥，容易管道输送，但脱水性能差。混凝沉淀污泥，化学沉淀污泥以及沉砂池产生的泥渣大都属无机污泥，以无机物为主要成分的无机污泥往往被称之为沉渣。它的特性是有机物含量少、颗粒粗、密度大、含水率低，一般呈疏水性，容易脱水，但流动性差，不易用管道输送。

9.1.1.2 污泥的产生量

污泥的产生量是指各种废水净化处理后所排出的污泥量。由于废水的水质和处理方法不同，即使用相同的方法处理产生的污泥量也不同，加之操作控制不同，污泥的含水率不定，推断污泥的产生量极为困难。据估计目前生物处理的废水量占废水总量的65%，其产生的污泥量占很大比例，因此本书主要讨论生物处理污泥的产生量。

生活污水和工业废水生物处理过程中污泥产生的主要环节为：格栅，沉砂池，初沉池和二沉池。前三个环节产生的污泥来源于废水原来含有的悬浮固体而称为初沉污泥，二沉池产生的污泥则由废水中胶体和溶解性污染物经微生物代谢而产生，一般称二沉污泥或生化污泥。污泥的产率与多种因素有关，如废水水质、处理工艺和处理要求等。图9-1为活性污泥法处理废水时每千克生化需氧量（BOD）所产生的污泥量。图中建议的设计曲线是用来决定污泥处理设备能力的大小，所以比实际产率大。中国实行二级处理的城市污水厂污泥产生量中，初沉污泥约占60%~70%，生化污泥为30%~40%。

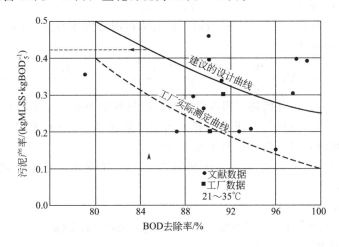

图9-1 BOD去除率对污泥产率的影响（石油化工废水）

统计表明，"十二五"期间，污泥的年产量从2001年的2267.2万吨增加到2015年的3015.9万吨，共增加了748.7万吨。这期间，2011年，全年共处理废水402.9亿吨，污水处理厂的污泥产生量为2267.2万吨；2012年，全年共处理废水416.2亿吨，污水处理厂的污泥产生量为2418.6万吨；2013年，全年共处理废水456.1亿吨，污水处理厂的污泥产生量为2635.8万吨；2014年，全年共处理废水494.3亿吨，污水处理厂的污泥产生量为2801.5万吨，2015年，全年共处理废水532.3亿吨，污水处理厂的污泥产生量为3015.9万吨。

9.1.2 污泥的性质

为了合理地处理和利用污泥，必须先弄清污泥的成分和性质，因不同行业产生的污水成分差别巨大，污水处理产生的污泥成分亦明显不同，其成分极其复杂，但大体上可将污泥构成分为固相和流动相，其中固相包括有机相和无机相，流动相包括水分和水溶性组分（见图9-2）。通常需要对污泥的以下指标进行分析鉴定。

9.1.2.1 污泥的含水率、固体含量和体积

污泥中所含水分的含量与污泥总质量之比称为污泥含水率（%），相应的固体物质在污泥中质量比例称为固体含量（%）。污泥的含水率一般都很大，相对密度接近1。主要取决于污泥中固体的种类及其颗粒大小。通常，固体颗粒越细小，其所含有机物越多，污泥的含

水率越高。

污泥的含水率或固体含量与污泥体积密切相关，其计算方法如下

污泥含水率
$$P_W = \frac{W}{W+S} \times 100\% \tag{9-1}$$

固体含量
$$P_S = \frac{S}{W+S} \times 100\% = 100\% - P_W \tag{9-2}$$

式中，P_W 为污泥含水率（质量分数），%；P_S 为固体含量（质量分数），%；W 为污泥中水分质量，g；S 为污泥中总固体质量，g。

由式(9-2) 可得

$$W = \frac{S(100\% - P_S)}{P_S} \tag{9-3}$$

污泥水的体积（cm³）
$$V_W = W/\rho_W \tag{9-4}$$

固体的体积（cm³）
$$V_S = S/\rho_S \tag{9-5}$$

式中，ρ_W 为污泥中水的容重，$g \cdot cm^{-3}$；ρ_S 为污泥总固体容重，$g \cdot cm^{-3}$。

污泥总体积（cm³）为

$$V = V_W + V_S = \frac{W}{\rho_W} + \frac{S}{\rho_S} = S\left(\frac{100 - \rho_S}{\rho_S \rho_W} + \frac{1}{\rho_S}\right) = S\left(\frac{100}{\rho_S \rho_W} - \frac{1}{\rho_W} + \frac{1}{\rho_S}\right) \tag{9-6}$$

总固体容重（ρ_S）由有机物（用挥发性灼烧减量测定表示）容重和无机物（用灼烧残渣测定表示）容重决定。有机物容重和无机物容重常定为 1.0g/cm³ 和 2.5g/cm³，只要知道总固体中两者的比例就可计算出总固体容重（ρ_S）。

例如，生污泥中有机物为 65%，无机物为 35%。消化污泥中有机物 55%，无机物为 45%，则可算得：

生污泥的容重
$$\rho_S = [(1.0 \times 65 + 2.5 \times 35)/100] g/cm^3 = 1.5 \ (g \cdot cm^{-3})$$

消化污泥的容重
$$\rho_S = [(1.0 \times 55 + 2.5 \times 45)/100] g/cm^3 = 1.7 \ (g \cdot cm^{-3})$$

取 $\rho_W = 1.0 g \cdot cm^{-3}$，则相应的生污泥（cm³）

$$V = S\left(\frac{100}{\rho_S} - 1 + \frac{1}{1.5}\right) = S\left(\frac{100}{\rho_S} - 0.33\right)$$

消化污泥（cm³）
$$V = S\left(\frac{100}{\rho_S} - 1 + \frac{1}{1.7}\right) = S\left(\frac{100}{\rho_S} - 0.41\right)$$

由于污泥中在固体质量（S）很小，工程上可简化计算，得出下列关系式

$$V = \frac{S}{\rho_S} \times 100 = \left(\frac{S}{100} - \rho_W\right) \times 100 \tag{9-7}$$

所以污泥在经过消化或脱水处理的前后，其污泥体积、固体含量及含水率之间可按下式简易换算：

$$V' = \frac{V\rho_S}{\rho'_S} \times 100 = \frac{V(100 - \rho_W)}{100 - \rho'_W} \tag{9-8}$$

式中，V'、ρ'_S、ρ'_W 分别表示处理后污泥总体积（cm³）、固体含量（%）及含水率（%）。

【例 9-1】 污泥含水率从 95% 降至 90% 时，求污泥体积的改变。

解：由式(9-8)

154

$$V' = \frac{V(100-\rho_{\text{w}})}{100-\rho'_{\text{w}}} = \frac{100-95}{100-90}V = \frac{1}{2}V$$

可见污泥体积减小一半。

由上例可见，污泥含水率稍有降低，其总体积就会显著减少。所以降低污泥中含水率具有十分重要的意义。对整个污泥处理系统，如对污泥流动性能、污泥泵的能力、脱水方法的选用、污泥干化场大小等设备运行费用等均有重要影响。

图9-2表示了污泥体积、污泥状态流动性能与污泥含水率的关系，也能大致明确污泥处理方法与脱水效率范围等综合关系。分析说明如下。

如图9-2所示，1m³含水率95%以上的生活污水污泥，其体积约1000L。随着含水率（%）降低，其体积迅速减少。如P_{w}降到85%，其体积只有原来的1/3(约333L)；降到65%，其体积只有原来的1/7(约143L)；进一步降低到20%，则只剩下1/16(约62.5L)。

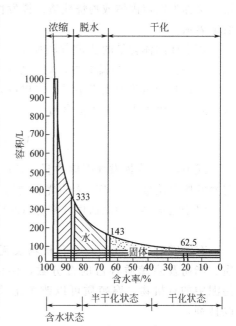

图9-2 1m³含水率为95%的污泥
其含水率降低与容积减少、处理
方法及污泥状态等关系

污泥中含水率多少与处理工艺、污泥状态及流动性能密切相关。通常浓缩可将含水率降到85%（含水状态），此时仍可用泵输送；含水率在70%~75%时，污泥呈柔软状态，不易流动；通常脱水只可降到60%~65%，此时，几乎成为固体；含水率低到35%~40%时，成聚散状态（以上是半干化状态）；进一步低到10%~15%则成粉末状态。

含有大量水分的污泥，通过沉淀、压密或其他方法降到某一限度的过程，称为浓缩。如果去除水分达到能用手一捏就紧的程度则称为脱水。最后需进行干化、热处理或焚烧，以使进一步去除水分，满足不同的需求。

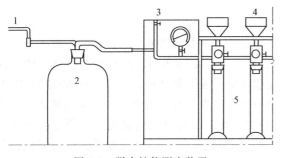

图9-3 脱水性能测定装置
1—抽气器；2—真空瓶；3—排气
阀；4—瓷漏斗；5—100mL量筒

9.1.2.2 污泥的脱水性能

为了降低污泥的含水率，减少体积，以利于污泥的输送、处理与处置，都必须对污泥进行脱水处理。不同性质的污泥，脱水的难易程度不同，可用脱水性能表示，并用如图9-3所示的装置进行测定。

将已测知含水率的污泥混合均匀，称取一定质量置于瓷漏斗4中的过滤介质上，进行真空减压抽滤，水分可通过漏斗滤入量筒5。记录测定开始后不同过滤时间的滤液体积，即由原始污泥含水率及其质量用式(9-8)换算不同过滤时间的污泥含水率。

通常测定时，取两种或多种不同性质的污泥在同样条件下进行试验，并分别测定计算（以同样过滤时间为标准），计算结果某污泥含水率变得越低，表示该污泥脱水性能越好。

用这种装置，可以方便地测出不同污泥的脱水性能以及污泥比阻抗。因此测定污泥的脱水性能，对于选择脱水方法有着重要的意义。

9.1.2.3　挥发性固体与灰分

挥发性固体能够近似地表示污泥中有机物含量，又称为灼烧减量。灰分则表示无机物含量，又称为固定固体或灼烧残渣。挥发性物质及灰分物质的含量以它们对污泥总干重的百分数来表示。

挥发性固体含量的测定方法如下：将测完含水率的污泥样放在电炉上炭化（烧至不冒烟），再放入600℃高温炉中，灼烧半小时，然后放冷或将温度降至110℃左右。取出放入105～110℃的烘箱中烘半小时。取出放入干燥器内干燥半小时，然后称量记录质量W_3，代入下式，即可求出挥发固体含量。

$$V_S = \frac{W_2 - W_3}{W_2 - W_1} \times 100\%$$ (9-9)

式中，V_S为挥发性固体含量，%；W_1为空蒸发皿质量，g；W_2为烘干污泥试样质量与蒸发皿总质量，g；W_3为灼烧后的污泥样与蒸发皿总质量，g。

对于完全烘干污泥试样，灰分（A）可用下式计算

$$A = 1 - V_S$$ (9-10)

有时需对污泥或沉渣中有机物及无机物成分作进一步的分析，例如有机物质中蛋白质、脂肪及腐殖质各占的百分数，污泥中的肥料成分，如全氮、氨氮、磷及钾的含量。污泥中的有机物、腐殖质可以改善土壤结构，提高保水性能和保肥能力，是良好的土壤改良剂。

9.1.2.4　污泥的可消化性

污泥中的有机物是消化处理的对象，其中一部分是能被消化分解的，另一部分是不易或不能被消化分解的，如纤维素等。常用可消化程度来表示污泥中可被消化分解的有机物含量。

9.1.2.5　污泥中微生物

生活污泥、医院排水及某些工业废水（如屠宰场废水）排出的污泥中，含有大量的细菌及各种寄生虫卵。为了防止在利用污泥的过程中传染疾病，必须对污泥进行寄生虫卵的检查并加以适当处理。

9.1.2.6　污泥中的有毒有机物

任何进入环境的有机化合物均可能在污泥中被发现。在德国城市污泥中，发现了332种可能危害人体和环境的有机污染物，其中有42种可被经常检测到，而且很多是属于优控污染物。污泥中有机污染物的研究工作已经在发达国家开展了很多年，中国在这方面的研究工作还不是很多，但并不意味着中国的污水污泥中不含或少含有机污染物。北京高碑店污水处理厂的污泥中已经检测到35种含氮芳香族化合物，并有7种已经定量化。广州市大坦沙污水处理厂的污水中检测到毒性有机污染物54种，主要包括邻苯二甲酸酯类、单环芳烃、多环芳烃、苯酸类、芳香胺类、芳香酸类、氨基甲酸酯衍生物和杂环化合物等，其含量多在几十$\mu g \cdot L^{-1}$以上，最高达$808 \mu g \cdot L^{-1}$。这些有机污染物通过颗粒物吸附会大量地富集在污泥中。

9.1.3　污泥处理处置的基本原则及工艺

9.1.3.1　污泥处理处置的一般原则

污泥的处理处置与其他固体废物的处理处置一样，都应遵循减量化、稳定化、无害化的原则。为达到此目的，通过各种装置的组合，构成各种污泥处理处置的工艺。

（1）减量化

污泥的含水率高（一般大于 95％），体积很大，不利于贮存、运输和消纳，减量化十分重要。如前所述，污泥的体积随含水率的降低而大幅度减少，且污泥呈现的状态和性质也有很大变化，如含水率在 85％以上的污泥可用泵输送；含水率为 70％～75％的污泥呈柔软状，60％～65％的污泥几乎成为固体状态；34％～40％时已成可离散状态；10％～15％的污泥则成粉末状态。因此可以根据不同的污泥处理工艺和装置要求，确定合适的减量化程度。

（2）稳定化

污泥中有机物含量 60％～70％，会发生厌氧降解，极易腐败并产生恶臭。因此需要采用生物好氧或厌氧消化工艺，使污泥中的有机组分转化成稳定的最终产物；也可添加化学药剂，终止污泥中微生物的活性来稳定污泥，如投加石灰，提高 pH 值，即可实现对微生物的抑制。pH 值在 11.0～12.2 时可使污泥稳定，同时还能杀灭污泥中病原体微生物。但化学稳定法不能使污泥长期稳定，因为若将处理过的污泥长期存放，污泥的 pH 值会逐渐下降，微生物逐渐恢复活性，使污泥失去稳定性。

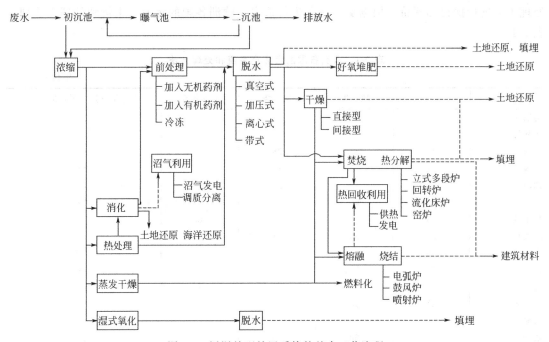

图 9-4 污泥处理处置系统的基本工艺流程

（3）无害化

污泥中含有大量病原菌，寄生虫卵及病毒，易造成疾病的传播。肠道病原菌可随粪便排出体外，并进入废水处理系统，感染个体排泄出的粪便中病毒多达 10^6 个·g^{-1}。实验室研究表明，加到污泥悬浮液中的病毒能与活性污泥絮体结合，因而在水相中残留的相当少。病毒与活性污泥絮体的结合符合 Freundlich 吸附等温式，表明污泥絮体去除病毒是一种吸附现象。病毒与污泥絮体的吸附很快，用氚标记的脊髓灰质炎病毒与污泥絮体混合 1min 后有60％即与污泥絮体结合，混合 10min 后，在水相中残留 5％。污泥中还含有多种重金属和有毒有害有机物，这些物质可从污泥中渗滤出来或挥发，污染水体和空气，造成二次污染。因此污泥处理处置过程必须充分考虑无害化原则。

污泥处理处置时应将各种因子结合起来，综合考虑，杜绝不确定因素对环境可能造成的冲击和某些污染物在不同介质之间的转移，对环境整体而言，要具有安全性和可持续性。

9.1.3.2 污泥处理处置的基本工艺流程

污泥处理处置的方法很多，但最终目的是实现减量化、稳定化和无害化。污泥处理处置的基本工艺流程见图9-4。

由图9-4可知污泥处理处置工艺可分为以下几类：

① 浓缩→前处理→脱水→好氧消化→土地还原；
② 浓缩→前处理→脱水→干燥→土地还原；
③ 浓缩→前处理→脱水→焚烧（或热分解）→灰分填埋；
④ 浓缩→前处理→脱水→干燥→熔融烧结→作为建材；
⑤ 浓缩→前处理→脱水→干燥→作为燃料；
⑥ 浓缩→厌氧消化→前处理→脱水→土地还原；
⑦ 浓缩→蒸发干燥→作为燃料；
⑧ 浓缩→湿法氧化→脱水→填埋。

决定污泥处理工艺时，不仅要从环境效益、社会效益和经济效益全面权衡，还要对各种处理工艺进行探讨和评价，根据实际情况进行选定。欧洲各国的污泥产生量和处理方法列于表9-1。

表 9-1　欧洲各国的污泥产生量和处理方法

单位：%

国　别	农　用	填　埋	焚　烧	海洋投弃	污泥总量/(10^4t 干污泥·a^{-1})
奥地利	28	35	37	—	25
比利时	57	43	—	—	3.5
丹麦	43	29	28	—	15
法国	27	53	20	—	90
德国	25	65	10	—	275
希腊	10	90	—	—	20
爱尔兰	23	34	—	43	2.3
意大利	34	55	11	—	80
卢森堡	80	20	—	—	1.5
荷兰	53	29	10	8	28
葡萄牙	80	12	—	8	20
西班牙	61	10	—	29	30
瑞典	60	40	—	—	18
瑞士	50	30	20	—	25
英国	51	16	5	28	150

日本1994～1999年间污泥处理处置的物料流程如图9-5所示。由图可知，日本每年产生污水污泥$2.97 \times 10^8 m^3$（相当于处理$1m^3$污水产生28L污泥），经浓缩后，产生浓缩污泥$6.1 \times 10^7 m^3$，减量率80%左右。其中$2.4 \times 10^7 m^3$进行厌氧消化处理，得到消化气$2.3 \times 10^8 m^3$。另外$3.7 \times 10^7 m^3$浓缩污泥和1700万吨消化污泥混合脱水，产生568万吨脱水污泥。脱水污泥65%焚烧，2%堆肥，余下的33%做其他处理。

9.1.4 污泥资源化的发展趋势

近年来污泥处理处置的理论也在发生变化，从原来单纯处理处置，逐渐向污泥有效利用、实现资源化方向发展。图9-6为20世纪50～80年代日本污泥有效利用的发展历程。图中方框表示已实施的方法，半圆框表示当时尚在研究开发的方法。图9-7是到1997年为止日本污泥有效利用的主要途径。这些可资中国借鉴。

158

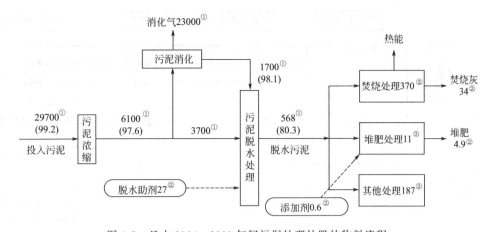

图 9-5   日本 1994～1999 年间污泥处理处置的物料流程

① 单位为 $10^4 m^3 \cdot a^{-1}$；② 单位为 $10^4 t \cdot a^{-1}$；括号内数据为平均含水率，%

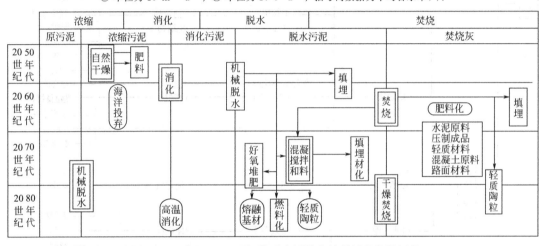

图 9-6   20 世纪 50～80 年代日本污泥有效利用的发展历程

此外近年来日本还开发了其他的污泥资源化方法，如将污泥隔绝空气，在还原气氛下加热，使污泥中 20%左右的有机物质炭化，这种炭化污泥类似与木炭，具有以下特性：

① 密度小，质量轻；

② 孔隙多，比表面积大；

③ 润湿时可吸附污泥体积 30%～40%的水分；

④ 良好的脱色除臭性能；

⑤ 吸收太阳光热量的效能高；

⑥ 富含热值；

⑦ 适合微生物在其表面生长。

目前炭化污泥已用做土壤改良剂，提高农作物产量；用做污泥脱水助剂，改善污泥脱水性能以及用做废水脱色除臭剂等。

《中华人民共和国固体废物环境污染防治法》规定"产生固体废物的单位和个人，应当采取措施，防止或减少固体废物对环境的污染"，"国家鼓励、支持综合利用资源，对固体废物充分回收和合理利用，并采取有利于固体废物综合利用活动的经济、技术政策和措施"。根据世界各国污泥处理技术的发展趋势和中国相关的政策导向，资源化必将成为未来污泥处理的主流。

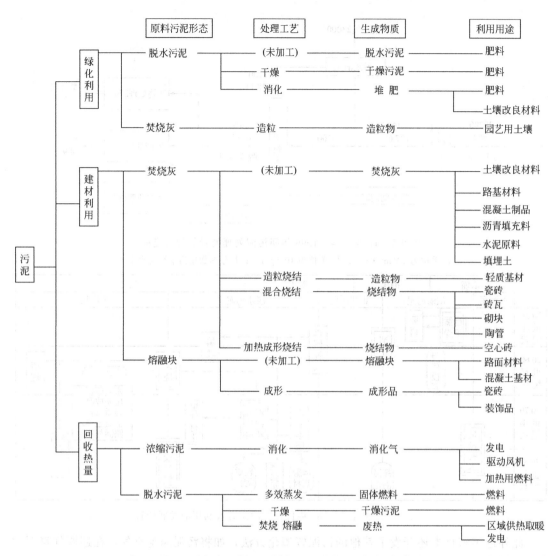

图 9-7　到 1997 年为止日本污泥有效利用的主要途径

9.1.5　国内外污泥处理处置的现状

随着世界工业生产的发展、城市人口的增加，城市工业废水与生活污水排放量日益增多，污水污泥的产量也迅速增加。据统计，美国每年所积累的干污泥达 $1×10^7t$ 以上，日本为 $1.4×10^6t$，中国也有近 $5×10^5t$。大量积累的污水污泥，不仅占用了大量的土地面积，而且其中的有害成分如重金属、病原菌、寄生虫、有机污染物及臭气等已成为影响城市卫生的一大公害。因此世界各国对污泥的处理处置都十分重视。近年来，对其处理和应用进行了大量研究。

（1）中国污水污泥的处理处置现状

随着中国国民经济的发展以及城市环境和生态平衡的要求，城市污水处理厂的兴建已成为现代化城市建设不可分割的一部分。各地都在做改善水质、进行污水处理、污水回用、污泥处理处置的工作。据统计，到 1998 年为止，中国已建成和在建的城市污水处理厂已近300 座，污水处理能力约为 $1×10^7m^3·d^{-1}$。根据中国国民经济发展计划和建设部规划要求，到 2010 年要实现强化城市排水和污水处理设施的建设，城市污水处理厂要达到 600 多

160

座，污水处理率达到 50％以上。

随着中国污水处理工程的发展，产生的污泥量也日益增加。据统计，中国城市污水处理厂每年排放干污泥约 $2×10^5$ t，以湿污泥计约为 $(3.8～5.5)×10^6$ t，并以每年 20％的速度递增。

由于污水污泥处理费用约占污水处理厂总运行和总投资费用的比例很高，分别约为 20％～40％和 30％～40％。因此长期以来，在中国普遍存在重废水处理、轻污泥处理的倾向。在全国现有污水处理工程中有污泥稳定处理设施的还不到 1/4。中国的污水处理厂中污泥未经任何处理直接农用的占 60％以上，即使在设有消化池的污水处理厂，消化后的污泥也只是稍加脱水后就直接农用，不符合污泥农用卫生标准，与国外先进国家相比尚有较大差距。某些地方的污水虽然得到了有效治理，污水处理的伴生产物污泥却没有得到处理和处置。大量未经稳定处理的污泥没有正常出路。有的城市甚至露天堆存，造成了城市周围垃圾堆积、蚊蝇滋生、环境污染的状况。具体来说中国城市污水污泥的处理处置与国外相比，还存在：①污泥处理率低、工艺不够完善；②污泥处理技术、设备落后；③污泥处理管理水平较低；④污泥处理设计水平较低；⑤污水污泥处理投资低；⑥污水污泥处置水平落后等问题。

中国污水污泥的处理处置的总体现状可概括为：相对落后，问题不少，发展良好，前景广阔。

（2）国外城市污水污泥处理处置状况

根据资料统计，英国在过去的五年中，污泥每年增长率为 5％～10％，达到 $1.7×10^6$ t 干污泥/年。美国 15300 个城市污水处理厂中，每年所积累的干污泥达 $1×10^7$ t 以上，欧盟 12 国年产干污泥 $6.5×10^6$ t，日本约为 $1.4×10^6$ t。

对污水处理厂的污泥处理、处置系统的装备，发达国家在 20 世纪 60 年代就已达到先进的成套化水平，如污泥消化系统设备、污泥浓缩脱水设备、污泥干燥焚化设备、沼气综合利用设备、污泥高温堆肥系统装备以及污泥固化工业利用技术与设备，80 年代末又启用湿式氧化技术处理污泥。

为避免污泥对环境的二次污染，各国政府及研究机构对污泥的最终处置问题十分重视并根据各国的国情制定出污泥处置的法规和具体方案。如国外污水厂将污泥用于农林绿化、焚烧、投海，以及其他方式处置或利用。一般来说，污泥农用费用最低，其次为填埋方法，处理费用最高为焚烧方法，其处理费用约为污泥农用费用 3.8 倍，约为污泥填埋费用 2.1 倍。由此可见，农用和污泥填埋是国外大多数国家进行污泥处置的两种主要方法。农用和陆地填埋方案的选择很大程度上取决于各国政府有关的法律、法规和污染控制状况，同时也与国家的大小和农业发展情况有关。近年来，随着污泥农用标准（如合成有机物和重金属含量）日益严格，许多国家，如德国、意大利、丹麦等，污泥农用的比例不断降低，而污泥填埋的比例有增加的趋势。但也有一些国家，如美国、英国和日本等污泥农用的比例呈增加趋势，填埋呈减少趋势。表 9-2 为日本城市污水污泥产出情况和处置途径。

表 9-2　日本城市污水污泥产出情况和处置途径

国　家	人口/10^4	污泥产量 /$(1×10^3$ t · a^{-1} 干重)	处置途径及处理量/$(×10^3$ t · a^{-1} 干重)			
			填　埋	土　地	焚　烧	其　他
日本	122	1365	403	148	896	18

（3）中国城市污水污泥处理处置对策

从中国今后的发展趋势来看，城市污水处理将形成以国家投资的大型污水处理厂为主，各地区根据经济发展状况投资兴建不同规模的污水处理厂并存的局面，因此对污水厂污泥的处理应根据污水厂所处的地理位置、处理规模、资金来源、经济技术水平来确定适合中国国情的工艺方法和技术设备等。

对中国城市的各类污水处理厂来说，应该不断完善其污水污泥处理工艺，选择包括污泥浓缩、厌氧消化、脱水等较完善的污泥处理工艺，并积极开发性能良好的、国产的污泥浓缩、稳定和脱水的装置和机械，以提高污泥的含固率，使后续的污泥处置和综合利用能顺利进行。就选择污水污泥浓缩技术来说，由于中国城市污水污泥中有机物含量低，所以采用重力浓缩仍然是一种经济、有效的污泥减容方法。污泥脱水的方法主要包括自然干化和机械脱水，而自然干化由于受到气候、地区的限制而很少被采用。污泥的机械脱水能有效降低污泥体积，为污泥的后续处置打下良好基础。现在常用的机械脱水技术有板框压滤脱水、带式压滤脱水和离心脱水等，在实际运行中各有其优缺点，同时污泥的性质对脱水效果影响很大，因此对机械脱水方法的选择应根据污水厂工艺、运行的特点和污泥处理的要求而定。

污泥处理时采用不同的稳定方法对整个污水处理的工艺选择和技术经济有重要的影响，典型的稳定方法有厌氧消化、好氧消化和堆肥等的生物稳定法及投加石灰的化学稳定法。就目前中国现有的情况来说，应考虑采用基建投资少、运行管理费用低、简易高效的污泥稳定方法。

中国部分污水处理厂采用了污泥中温厌氧消化法，它不仅能将污泥中的有机物降解，同时能杀死部分病原菌和寄生虫（卵），从而使污泥达到稳定化以及部分无害化，而且消化产生的沼气还可作能源回收。不过该法投资大，操作管理严格，对工艺技术及安全运行的要求也较高，这对中国大型污水处理厂来说是可行的，而对于中国缺乏技术经济优势的小型污水处理厂，在实际应用中则有一定问题。因此，对于小型污水处理厂，一是在选择污水处理工艺时，可选择延时曝气法（如采用氧化沟），这种工艺的特点是产生的污泥随着泥龄的增长，有机物分解趋于完善，挥发分含量随之减少，其能量也逐渐降低，污泥趋于稳定，其好氧稳定的结果与厌氧消化稳定的结果很接近；二是采用生污泥直接脱水后进行好氧堆肥法，将污泥转化为腐殖质，可消除污泥恶臭，堆肥后污泥稳定化、无害化程度高，是经济简便，高效低能耗的污泥稳定化、无害化替代技术。

9.2 污泥处理技术

9.2.1 污泥的浓缩

污水处理过程中排出的污泥含水率和体积都很大，初次沉淀污泥含水率介于 95%～97%，剩余活性污泥达 99%以上。污泥中所含的水分大致可以分为 4 类：颗粒间的空隙水，约占总水分的 70%；颗粒间的毛细水，约占 20%；污泥颗粒的吸附水和颗粒内部水，两者约占 10%，见图 9-8。

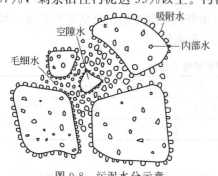

图 9-8 污泥水分示意

污泥浓缩可以降低污泥的含水率，实现污泥的减容化，污泥浓缩效率的高低、浓缩效果的好坏直接影响污泥处理成本乃至整个污水处理厂的运行成本。污泥浓缩主要是降低污泥中的空隙水，污泥浓缩采用的是物理处理方法，主要包括重力浓缩法、气浮浓缩法、离心浓缩法等，它们的性能如表 9-3 所示。

表 9-3　几种浓缩方法的比能耗和含固浓度

浓缩方法	污泥类型	浓缩后含水率/%	比能耗	
			干固体/kW·h·t^{-1}	脱除水/kW·h·t^{-1}
重力浓缩	初次沉淀污泥	90～95	1.75	0.20
重力浓缩	剩余活性污泥	97～98	8.81	0.09
气浮浓缩	剩余活性污泥	95～97	131	2.18
框式离心浓缩	剩余活性污泥	91～92	211	2.29
无孔转鼓离心浓缩	剩余活性污泥	92～95	117	1.23

从表 9-3 可以看出,初沉污泥用重力浓缩法处理最为经济。对于剩余污泥来说,由于剩余活性污泥浓度低,有机物含量高,浓缩困难,采用重力浓缩法效果不好,而采用气浮浓缩、离心浓缩则设备复杂,费用高,也不适合中国国情。所以,目前中国推行将剩余活性污泥送回初沉池与初沉污泥共同沉淀的重力浓缩工艺,利用活性污泥的絮凝性能,提高初沉池的沉淀效果,同时使剩余污泥得到浓缩。试验研究表明,这种工艺的初沉池出水水质好于传统工艺。因此,中国当前将重力浓缩法作为主要的污泥浓缩方法。

9.2.2　污泥的调质

调质或调理是为了提高污泥浓缩和脱水效率,采用多种方法,改变污泥的理化性质(减小与水的亲和力,调整固体粒子群的性质及其排列状态),使凝聚力增强,颗粒变大。它是污泥浓缩和脱水过程中不可缺少的工艺过程。

(1) 目的

污泥调理的目的是为了提高污泥浓缩脱水的效率、经济地进行后续处理而有计划地改善污泥性质的措施。

有机质污泥(包括初沉污泥、腐殖污泥、活性污泥及消化污泥)均是以有机物微粒为主体的悬浊液,颗粒大小不均且很细小,具有胶体特性。由于和水有很大的亲和力,可压缩性大,过滤比阻抗值也大,因而过滤脱水性能较差。其中活性污泥由各类粒径胶体颗粒组成,过滤比阻抗值高,脱水更为困难。

一般经验,进行机械脱水的污泥,其比阻抗值在$(0.1～0.4)\times10^9 S^2·g^{-1}$之间较为经济,但各种污泥的比阻抗值均大于此值(参见表 9-4)。因此,为了提高污泥的过滤、脱水性能,进行调理是必要的。

(2) 方法

污泥调理方法有洗涤(淘洗调节)、加药(化学调节)、热处理及冷冻熔融法。以往主要采用洗涤法和以石灰、铁盐、铝盐等无机混凝剂为主要添加剂的加药法,近年来,高分子混凝剂得到广泛应用,特别是阳离子聚丙烯酰胺的应用对强化污泥的脱水性能,起了重要作用。此外,热处理及冷冻熔融法也受到重视。特别在以污泥作为肥料再利用时,为了不使有效成分分解,采用冷冻熔融是有益的,尤其在有液化石油气废热可供利用时,用冷冻熔融法更为有利。

选定上述调理工艺时,必须从污泥性状、脱水的工艺、有无废热可利用及与整个处理、处置系统的关系等方面综合考虑决定。表 9-4 列出了加药法、洗涤法对消化污泥的调理效果。

表 9-4　加药、洗涤法对消化污泥的调理效果

调理方法	混凝剂投量/%	比阻抗/S^2·g^{-1}	调理后 pH 值
加入混凝剂 FeCl$_3$	—	1.6×10^9	8.3
	4.4	1.6×10^9	7.5
	13.4	0.092×10^9	6.4
	22.3	0.047×10^9	4.2
	31.1	0.097×10^9	2.5

调理方法	混凝剂投量/%	比阻抗/$S^2 \cdot g^{-1}$	调理后 pH 值
洗涤	—	1.1×10^9	7.4
洗涤后加 $FeCl_3$	1.66	0.14×10^9	6.7
	4.21	0.027×10^9	5.8
	6.77	0.026×10^9	5.2
	9.30	0.027×10^9	4.2
	13.50	0.035×10^9	2.5
洗涤后加聚合氯化铝	0.22	0.10×10^9	7.4
	0.86	0.12×10^9	7.3
	1.32	0.068×10^9	6.8
	2.20	0.021×10^9	6.7
	5.36	0.028×10^9	6.4
	8.60	0.044×10^9	5.8

9.2.3 污泥的稳定

污泥稳定是污泥处理处置中重要的一环，污泥稳定可以减少各种病原体、消除气味、减少液体和固体的数量以及抑制污泥的腐化。目前用于污泥稳定化的主要技术有氯氧化、石灰稳定、热处理、厌氧消化、好氧消化、两相厌氧消化等。

（1）氯氧化

氯氧化法就是利用高剂量的氯气将污泥化学氧化。通常氯气直接加入贮存在密封反应器内的污泥中，经过短时间反应后脱水。常采用的砂床干化层是一种有效的方法。大多数氯氧化装置是按定型设计预制的，通过设置加氯器向反应器中加氯，为使污泥在脱水前处于良好状态需要添加氢氧化钠和聚合电解质。

（2）石灰稳定

在石灰稳定中，将足够数量的石灰加到处理的污泥中，将污泥的 pH 值提高到 12 或更高。高 pH 值所产生的环境不利于微生物的生存，则污泥就不会腐化、产生气味和危害健康。石灰稳定并不破坏细菌滋长所需的有机物，所以必须在污泥 pH 值显著降低或会被病原体再感染和腐化以前予以处理。

将石灰加到未处理的污泥中作为促进污泥脱水的调理方法，实际已经使用了若干年，然而用石灰作为稳定剂是最近才被发现。稳定单位质量的污泥所需要的石灰量比脱水所需要的量还要大。此外，要在脱水前高水平的杀死病原体必须提供足够的接触时间，当 pH 值高于 12，经 3h 可以使石灰处理杀死病原体的效果超过厌氧消化所能达到的水平。

（3）热处理

在热处理的连续过程中，污泥在压力容器内加热至 260℃，压力达到 275MPa，经短暂的时间进行实质性的稳定过程和调理过程，使污泥处于不加化学药剂而能使固体脱水的状态。当污泥经受高温和高压时，热的作用使污泥释出结合水，最终形成固体凝结物。此外，还使蛋白质水解，使细胞破坏，并放出可溶性有机化合物和氨氮。

热处理既是稳定过程，也是调理过程。热处理使污泥在一定压力下得到短时间加热。这种处理方法使固体凝结，破坏凝胶体结构，降低污泥固体和水的亲和力，从而污泥也被消毒，臭味几乎被消除，而且不加化学药品就可以在真空滤机或压滤机上迅速脱水。热处理法的过程包括 Porteus 法和低温湿式氧化法。通过湿式氧化过程，污泥中大部分有机物可被分解掉，特别是污泥挥发组分大量减少，同时污泥颗粒内和颗粒间结合水被脱除，这样就达到了污泥稳定和减容的目的。若温度合适，采用该法还能将污泥中的剧毒有机物如苯并 [a] 芘等分解掉。

（4）污泥厌氧消化

污泥厌氧消化即在无氧的条件下，借兼性菌及专性厌氧细菌降解污泥中的有机污染物，使污泥中有机物最终矿化成一些无机物和气体。消化后污泥体积显著减小，呈黑色粒状结构，易脱水、性质稳定。

污泥厌氧消化的好处在于，一方面具有较高的产气率；另一方面污泥经消化后含水率有较大的降低，从而大大降低了污泥的贮存、运输费用。厌氧消化一般是在密闭的消化槽内，在 30℃下停留 30d 左右，主要是通过微生物的作用使有机物分解，最终生成以甲烷为主的沼气，沼气热量可达 $5000 \sim 6000 kcal \cdot m^{-3}$，可作为燃料用于锅炉燃烧（$1m^3$ 沼气相当于 1kg 煤），又可作为动力资源（$1m^3$ 沼气可发电 $1.25kW \cdot h$），还可作为重要的化工原料。在日本从 1980 年就开始把消化所产生的沼气用于发电系统，这种利用途径无论是在运行管理还是在经济效益方面都有广阔的前景。但是在目前的污泥厌氧消化处理中，大约只有一半的有机物转化为甲烷气体。如何提高污泥消化水平，提高产气率与能源回收率，并尽量减少污泥体积，成为该领域的研究重点。目前的研究主要有，利用各种前处理（碱处理、超声波处理等）来改善污泥的厌氧消化性能；探索高效可靠的新型污泥厌氧处理工艺；此外应用生物技术（如酶催化技术等）来进一步提高污泥的产气量也已引起研究者的重视。

（5）污泥好氧消化

污泥的好氧处理是在延时曝气活性污泥法的基础上发展起来的。好氧消化池内的微生物生长于内源代谢期，通过该法处理，使污泥中有机物被最终转化为 CO_2 和 H_2O 以及 NO_3^-、SO_4^{2-}、PO_4^{3-} 等。好氧处理需供应足够的空气，保证污泥有至少 $1 \sim 2 mg \cdot L^{-1}$ 溶解氧，并充分地搅拌使泥中颗粒保持悬浮状态。污泥的含水率需大于 95% 左右，否则难于搅拌起来。污泥好氧处理系统的设计根据经验数据或反应动力学进行，消化时间根据试验确定。

（6）两相厌氧消化

两相厌氧消化是近年发展起来的一种高效稳定的新型污泥处理工艺，它将产酸相和产甲烷相分别在不同的生长环境内进行，形成各自的相对优势，以便提高整个消化过程的处理效率、反应速度及稳定性。

表 9-5 为上述几种污泥稳定技术的比较，总的来说，每种污泥稳定方法都各有其优缺点，在实际应用过程中，要综合考虑各方面的因素来选择污泥稳定技术。

目前，国际上污泥稳定化处理的总的方向是以厌氧消化为主，欧美、日本等国家和地区采用厌氧消化处理污泥已占所产污泥量的一半以上。中国城市污水处理厂污泥处理起步较晚，20 世纪 80 年代中期才开始建设城市大型污水厂，污泥处理采用的也是中温厌氧消化，主要先进技术和设备都是引进的。十多年来，中国城市污水厂的污泥处理技术和某些单项专用设备有较大发展，积累了不少中温厌氧消化技术方面的经验。

表 9-5　污泥稳定化处理技术比较

稳定技术	应 用 范 围	特　　　点	缺　　　点
氯氧化	任何生物污泥、化粪池污泥	①污泥化学氧化 ②污泥便于脱水	费用高昂；仅限于在相当于 0.2 $m^3 \cdot s^{-1}$ 或更小的处理厂
石灰稳定	无机污泥、有机污泥	①pH 值不利于微生物的生存,污泥不会腐化、产生气味和危害健康 ②杀死病原体的效果较好	稳定单位质量的污泥所需要的石灰量比脱水所需要的量要大
热处理	生物污泥	①既是稳定过程,也是调理过程 ②能够不添加化学药品就迅速脱水 ③污泥的臭味被消除并消毒	设备的基本建设费用较高,不宜于用于污泥大规模处理,场地狭小时使用受到限制

稳定技术	应用范围	特　点	缺　点
污泥厌氧消化	有机污泥	①投资费用低 ②产生的甲烷气体可以利用	污泥难于用机械法脱水；易发生一些运转上的问题；有臭味，池子一般要加盖
污泥好氧消化	多用于中小型生活污水处理厂	①上层澄清液中生化需氧量的浓度较低 ②生物稳定的最终产物如腐殖土没有气味，易于处置 ③产生的污泥易脱水 ④污泥中可以利用的基本肥效较高 ⑤操作问题较少 ⑥设备费用较低	提供氧气的动力费用较高；不能回收有用的副产品；去除寄生虫卵和病原微生物的效果差
两相厌氧消化	有机污泥	①可同时达到对城市污泥的稳定和灭菌 ②高温可缩短酸化时间	产甲烷反应器和产酸反应器的容积 R 对整个消化系统的处理效果有很大的影响，R 的偏大或偏小都会降低消化处理的效果

9.2.4　污泥的脱水

污泥浓缩主要是分离污泥中绝大部分空隙水，但污泥经浓缩之后，其含水率仍在95%以上，呈流动状态，体积庞大，且易腐败发臭，不利于运输和处置，对后续处理带来相当大的困难。因此需要进行脱水，这样可以降低污泥的含水率，减小污泥的体积，降低运输成本。脱水主要是将污泥中的表面吸附水和毛细水分离出来，这部分水分只占污泥中总含水量的15%～25%，但经过脱水以后，污泥呈固体状态，体积减小为原来的1/10以下，大大降低了后续处理的难度。

脱水后污泥可利用物质的含量会有所增加（如农用的肥分、焚烧的热值等），且利于污泥的后续处置和利用。

常用的脱水方法有自然干燥和机械脱水两种。自然干燥是利用自然力量（如太阳能）将污泥脱水干化。传统上常用的是污泥干化床。该方法适用于气候比较干燥、占地不紧张以及环境卫生条件允许的地区。最近利用芦苇等沼生植物进行脱水引起人们的关注。该方法可将污泥干固体含量由排出时的1%左右增加到40%，还可富集过量的重金属。用芦苇进行污泥干燥不需电能也不需化学物质，是一种可持续过程。其缺点是占地面积大，会引起地下水污染。机械脱水是目前世界各国普遍采用的方法。常用的脱水机械有真空过滤机（真空脱水）、板框压滤机、带式压滤机（加压脱水），离心机（离心分离脱水），还有蒸发脱水和湿法造粒脱水等。近年来，转筒离心机和带式压滤机得到迅速发展，作为污泥脱水的主要机种在世界各国得到广泛应用。Banerjee等发展了一种新的节能型活性污泥脱水系统，在该系统中，污泥被一个热表面（200℃左右）脉冲短暂压缩，在热表面和污泥之中产生的蒸汽又可以使污泥中的一部分以液体形式脱出，利用这种方法可使城市污泥脱水率提高10%～15%，使污泥的干燥、焚烧或填埋费用有较大的降低。

9.2.5　污泥的热干燥

9.2.5.1　传统污泥处理中需要解决的问题

在以活性污泥法为基础的城市污水处理过程中，不可避免地将产生污泥，随着该技术的推广应用，污泥产量亦愈来愈大，致使污泥的消纳问题日益突出，亟待解决。污水厂污泥因其体积庞大（含水率太高所致）、性质复杂而难以处理。一般，在传统的污泥处置技术系统中，农用或因浓缩后污泥含水率太高，造成运输困难、运量大，或因脱水泥饼分散困难需借助机械设备支持田间操作，使该技术在实际应用中存在较多的困难；填埋则因脱水泥饼含水率较高（一般为70%～85%），土力学性质差，需混入大量泥土[0.4(w)]，从而导致土地的容积利用系数明显降低；脱水泥饼直接焚烧，也因其含固率低，不能维持过程的自持进行，需加入辅助燃料，使处理成本明显增加，难以承受。

综合分析上述污泥处理处置技术系统在实际应用中所遇到的困难，不难看出污泥的含水率是关键的影响因素。因此，降低污泥含水率是解决目前在污泥处理所遇到问题的关键。国内外应用实践表明，经传统的浓缩和脱水工艺处理之后，污泥的含水率不可能达到60%，如机械脱水泥饼含水率为75%左右。要达到对污泥的深度脱水，比较经济的方法是引入化工操作中常用的热干燥技术。

9.2.5.2 污泥的热干燥处理

污水厂污泥是一种由有机物和无机物组成的含水率很高的混合物，性质相当复杂，国内外关于污泥热干燥的基础研究及机理论述方面的成果不多。20世纪80年代，Muller，Satoetal以及Smollen等对污泥的干燥特性进行了研究，发现其与晶体物质的干燥特性有很大的差异。他们认为，水分在污泥中有4种存在形式：自由水分、间隙水分、表面水分以及结合水分，分别反映了水分与污泥固体颗粒结合的情况，如图9-9所示。

① 自由水分　蒸发速率恒定时去除的水分。

② 间隙水分　蒸发速率第一次下降时期所去除的水分，通常指存在于泥饼颗粒间的毛细管中的水分。

③ 表面水分　蒸发速率第二次下降时期所去除的水分，通常指吸附或黏附于固体表面的水分。

④ 结合水分　在该干燥过程中不能被去除的水分。这部分水一般以化学力与固体颗粒相结合。

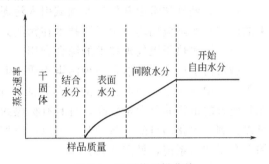

图9-9　污泥热干燥曲线

由于污泥中水分分布状况与晶体物质的差异性，化工操作中已经成熟的数学模型和设备直接用于污泥处理不一定有效，需对污泥的热干燥特性进行深入的研究，以建立相应的数学模型，开发适用的干燥设备。

在对污泥的热干燥特性的试验研究中，发现随着含水率的降低，污泥的性状朝着有利于处理方向转化。表9-6列出了含水率与污泥流动特性、发热量及植物养分含量之间的关系。可见污泥经热干燥处理后，处理特性得到改善，利用价值提高，为其后续处理创造了良好的条件。

表9-6　污泥含水率与污泥性状变化的关系

含水率/%	95	90	75	50	10
热值/MJ·kg^{-1}	—	—	1.78	6.06	12.9
植物养分/%	0.25	0.5	1.25	2.5	4.5
流动特性	黏性流体	浆状	膏体	弹性颗粒	脆性颗粒

注：植物养分以N+P+K的含量表示。

9.2.5.3 现行的污泥热干燥处理技术

污泥热干燥处理技术因操作灵活，可根据污泥的量终处置要求来调节干污泥的含固率等优点，愈来愈受到人们的重视。目前，相当多的国家已在污泥处理中采用热干燥技术。按照介质是否与污泥相接触，现行的污泥热干燥技术可以分为两类：直接热干燥技术和间接热干燥技术。

直接热干燥技术又称对流热干燥技术。在操作过程中，热介质（热空气，燃气或蒸汽等）与污泥直接接触，热介质低速流过污泥层，在此过程中吸收污泥中的水分，处理后的干污泥需与热介质进行分离。排出的废气一部分通过热量回收系统回到原系统中再用，剩余的部分经无害化后排放。此技术热传输效率及蒸发速率较高，可使污泥的含固率从 25% 提高至 85%～95%。但由于与污泥直接接触，热介质将受到污染，排出的废水和水蒸气需经过无害化处理后才能排放；同时，热介质与干污泥需加以分离，给操作和管理带来一定的麻烦。旋转式热干燥器以及闪蒸热干燥器都是典型的直接热干燥装置。

在间接热干燥技术中，热介质并不直接与污泥相触，而是通过热交换器将热传递给湿污泥，使污泥中的水分得以蒸发，因而热介质不仅限于气体，也可用热油等液体，同时热介质也不会受到污泥的污染，省却了后续的热介质与干污泥分离的过程。过程中蒸发的水分到冷凝器中加以冷凝，热介质的一部分回到原系统中再用，以节约能源。由于间接传热，该技术的传热效率及蒸发速率均不如直接热干燥技术。这种技术的操作设备有薄膜热干燥器，圆盘式热干燥器等。

9.2.5.4 污泥热干燥处理技术的应用分析

热干燥处理技术由其他工业领域引入污泥处理中的时间不长，发展还不够成熟，但近年来的研究和实际应用均显示了该技术在污泥处理中良好的应用前景。

（1）污泥热干燥处理技术的综合利用

城市污水厂污泥虽然是一种污染物质，但也含有具有利用价值的物质如植物养分和含能量等。对中国污水厂污泥含有的营养物质和干基组分调查结果显示（见表 9-7），污水厂污泥其所含的植物养分含量较高，且具有标煤约 50% 的热值，通过采取合理有效的处理技术，可以达到资源化的目的。基于此，可以构成如下的以机械脱水+热干燥为主线的污泥处理与综合利用技术系统，见图 9-10。

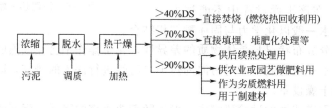

图 9-10　以机械脱水+热干燥为主线的污泥处理与综合利用系统

采用上述处理与综合利用系统，污泥经脱水和热干燥之后，含水率会大大降低，体积明显减小，进而克服污泥处理中因含水率过高而带来的困难。污泥的最终消纳途径也因此而多样化，可根据污泥产地的实际情况来做出合适的选择。从而可满足污泥的减量化、稳定化、无害化和资源化的要求。

（2）热干燥技术在污泥焚烧中的应用　近年来，焚烧处理技术因其减量化显著、无害化彻底以及燃烧热可回收利用等优点，在污泥处理中的地位不断提高。欧共体的调查结果表明焚烧处理技术的应用比例在近 10 年内增长了 38%（同期污泥产量增长 16%），日本约 75%的污泥采用焚烧法进行处理，焚烧有可能成为今后污泥处理与处置的主流技术。传统的脱水泥饼直接焚烧处理，因泥饼发热值太低，需加入辅助燃料[0.7(w)]以维持过程的自持进行，导致处理成本明显增加。与之相比，如采用预干燥-焚烧处理技术，在能量消耗及处理成本方面均有明显的优势。

表 9-7 比较了热干燥处理过程的能量产耗情况（根据有关调研资料与操作资料，确定计算参数为：燃气加热效率 85%，锅炉热效率 70%，过程热损失 5%）。在二者的处理成本方

面，国外有关资料对此进行了比较。K.Okazawa 和 M.Hiraoka 指出，预干燥-焚烧和直接焚烧的处理成本分别为 250 美元·t^{-1} 和 300 美元·t^{-1} 干污泥。虽然由于国情不同直接引用这些数据不能说明问题，但从费用结构分析，预干燥-焚烧增加了一套干燥设备，约占总投资的 15%，但却因此省去了直接焚烧所消耗的约占总投资 35% 的辅助燃料费用，故处理成本至少可降低 20% 左右。

表 9-7　污泥干燥过程的能量产耗分析（以 1kg 脱水泥饼为计算基准）

项　目	含水率/%		过程耗能/MJ	过程产能/MJ	剩余能量/MJ	能量产耗比
	干燥前	干燥后				
数值	75	10	2.32	2.86	0.52	1.23

从以上的能量产耗情况及处理成本的比较分析看，采用预干燥-焚烧处理技术，过程热量自持有余，且处理成本较脱水泥饼直接焚烧有明显的下降。同时，如有其他热源可以利用，污泥焚烧炉的建造就可省去，相应的尾气处理设备也可省却。最终干燥污泥可用作肥料和燃料，如成分合适，亦可用于制建材，国外已有这方面的报道，如此，污泥的处理成本还可大幅下降。

9.2.6　超声波技术处理污泥

超声波是指频率高于 20kHz，人耳听不到的声波。以往，超声波技术主要应用于医疗诊断、清洗、探伤等领域。目前，人们已认识到超声波在饮用水、污水及污泥处理中具有巨大应用潜力。但是，由于在理论和技术上还存在许多问题，如频率、溶解气体和悬浮物对空化作用的影响；反应器优化设计；超声波设备的经济性、可靠性和寿命等，使超声波技术在环境工程中的应用方面还处于初期。在国外，超声波技术作为一种新的水处理技术已有大量实验室的基础研究成果，并有部分进入实际应用，而在国内，这方面开展的工作还非常有限。

（1）超声波降解有机物主要机理

超声波的频率范围一般为 20kHz～10MHz，如图 9-11 所示。当一定强度的超声波施于某一液体系统中时，将产生一系列的物理和化学效应，并明显改变液体中溶解态和颗粒态物质的特性。这些反应是由声场条件下大量空化气泡的产生和破灭引起的。

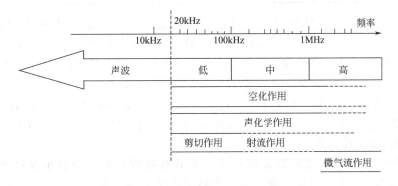

图 9-11　超声波频率范围及各频段主要作用

在很高的声强度下，特别是在低频和中频范围内，将产生大量气泡，这些气泡靠吸收液体中的空气和蒸汽变大。它们随声波改变大小并最终在瞬间破灭。这种气泡在瞬间破灭的现象称为空化。气泡破灭时，将产生极短暂的强压力脉冲，并在气泡周围微小空间形成局部热点，产生高温（5000K）、高压（5.00×10^4 kPa）。持续数微秒后，该热点随之冷却。空化发

169

生时，液体中会产生很高的剪切力（射流时速达 400km）施加于其中的物质上，同时这种高温高压还将产生明显的声化学反应。这种反应是由于产生高活性的自由基（H·，·OH）和热解引起的。这种空化气泡充满蒸气并被疏水性的液体边界层包围，因此挥发性和疏水性物质优先累积于气泡中，发生热解和自由基反应。自由基可用电子自旋共振（ESR）谱法检测，其中有些自由基到达液体边界层进入膨胀的溶液中与亲水性物质发生反应。最近研究表明，这种声化学反应主要发生在 100～1000kHz 的中等频率范围内，而在 1MHz 以上很难产生空化。因用于产生空化的声强随频率的升高而升高，所以对于 1MHz 以上的高频，液体中的声波产生的微流和气泡较稳定，不会破灭，有时还升至水体表面。

空化作用是个复杂的过程，目前还未被彻底弄清。人们正在理论和实践上不断探索以求对空化及其相关化学反应有更深的了解。在水溶液中，发生空化时产生的主要影响有：①很高的流体剪切刀；②自由基 H·、·OH 反应及化学转化；③挥发性疏水物质的热分解。

另外，超声波对混凝有促进作用。当超声波通过有微小絮体颗粒的流体介质时，其中的颗粒开始与介质一起振动，但由于大小不同的粒子具有不同的振动速度，颗粒将相互碰撞、黏合，体积和质量均增大。当粒子变大已不能随超声振动时，只能做无规则运动，继续碰撞、黏合、变大，最终沉淀。

（2）利用超声波处理污水污泥

污水污泥主要由颗粒有机物（微生物）组成。通常对原生污泥采用厌氧消化工艺进行稳定处理，其终产物是消化污泥，但其中仍包含 50% 有机固体。在欧盟国家，消化污泥由于含大量有机物质被禁止采用填埋，因此必须尽量减少污泥体积及其中有机物质。通常采用的污泥厌氧稳定工艺较慢，生物固体停留时间约 20d。为了寻找一种简便快速的方法，近年人们一直试图用其他方式来替代污泥生物水解方法，如用机械、化学、热力学或它们的组合方法使污泥分解，如表 9-8 所示。

表 9-8　污水污泥分解的主要方法

方　法	工　艺	方　法	工　艺
机械法	球磨、高压均质、剪切均质、溶菌产物离心	生物法	好氧消化、加酶法
电子法	电子脉冲	化学法	酸碱反应、臭氧氧化
热力法	热解	声处理法	空化/声化学反应

采用高强度的超声波可使污泥得到分解。德国的 Uwe Neis 最初从各地采集泥样在实验室做间歇超声试验，超声反应器采用频率为 31kHz，能耗为 500W。随后他们又开发了更加高效的超声反应器，其主要参数和性能为：频率 31kHz；反应器容积 1.28L；能耗 3.6kW；声强 5～18W·cm^{-2}；单位体积能量输入 2.2～7.9W·cm^{-3}。

如图 9-12 所示，超声波反应器可与其他污泥处理工艺任意组合。采用这种新型工艺，可使污泥分解所需声化时间大大缩短。从图 9-13 可看出，仅仅经过 96s 的声化反应，泥样的上清液 COD 即上升到 6000mg/L。

空化可在低频至中频超声波范围产生。在低频范围只有少量自由基产生，在 100～1000kHz 范围内，自由基形成显著。为了考察超声波分解是否仅仅是空化作用时气泡崩灭产生的力学作用，自由基反应是否对细胞有破坏作用，及分解生物固体的最佳频率范围是多少，Uwe Neis 在超声反应器中采用不同振子以产生不同的频率，而其他条件保持不变。如图 9-14 所示，随着频率增加，细胞降解程度明显下降。最佳分解时的频率为 41kHz。这些数据表明，污泥分解主要是力学过程。为了获得高效的污泥分解效果，推荐采用较低的超声频率。

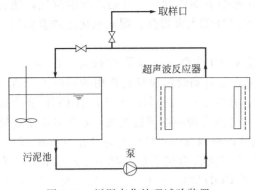

图 9-12 污泥声化处理试验装置

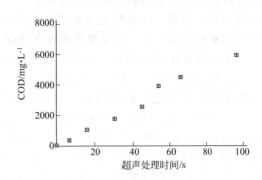

图 9-13 剩余活性污泥经超声处理
后溶解有机物的释放变化

很显然污泥细胞分解的程度是声处理时间的函数，那么可分解时间应多长最有利于后续的消化处理呢？因为采用超声分解污泥的最终目的是提高厌氧工艺的反应效率和降解程度，所以为了进行比较，Uwe Neis 定义了一个分解程度系数 DD_{COD}，将采用超声进行的分解和标准化学水解进行的最大分解值联系起来。

Uwe Neis 进行的中试结果如图 9-15 所示。图 9-15 表明生污泥的厌氧消化效率可通过超声细胞预处理得到提高，经过超声处理的污泥的消化时间可从传统的 22d 减至 8d（DD_{DOC} 为 2.75＝22/8）。比容积消化速率从 4378gVSdeg $\cdot$ m^{-3} $\cdot$ d^{-1} 升至 1166gVSdeg $\cdot$ m^{-3} $\cdot$ d^{-1}，平均超声细胞分解程度为 12%，相比之下生物产气量也得到增加。另外声处理还加快了厌氧降解过程，污泥可降解性能变得更好，所产生的剩余挥发固体浓度基本相同。

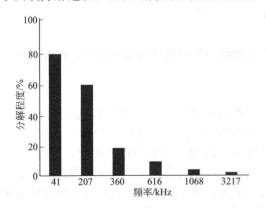

图 9-14 超声频率对污泥
分解程度的影响

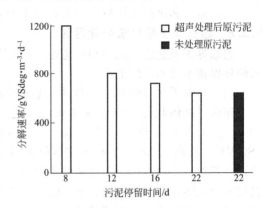

图 9-15 超声预处理及污泥厌氧停留
时间对已分解挥发固体比产率的影响

目前国外正在研究使超声能量输入、细胞分解程度和厌氧消化时间最佳组合工艺。最近的研究表明，用经过优化的脉冲信号产生超声波可显著减少能耗。试验中，剩余污泥厌氧消化前仅经超声处理 10s，采用的超声能量为 4kW $\cdot$ h $\cdot$ m^{-3}。但有时也可能需要较长的处理时间，一般采用 4~10kW $\cdot$ h $\cdot$ m^{-3} 已足够。采用超声波若不是旨在破坏生物细胞壁，一般耗能较少。

9.2.7 湿式氧化法处理污泥

湿式氧化法（WO 法）是一种物理-化学法。这种方法在高温下（临界温度为 150~370℃）和一定压力下用来处理高浓度有机废水和不易生化的废水十分有效。由于活性污泥在物质结构上与高浓度有机废水十分相似，因此这种方法也可用于处理剩余污泥。湿式氧化法处理污泥是经浓缩后的污泥（含水率96％），在液态下加热加压、并通入压缩空气，使有机物被氧化去除，从而改变污泥结构与成分，使脱水性能大大提高。湿式氧化法约有80％～90％的有机物被氧化，故又称为不完全焚烧。

用湿式氧化法处理活性污泥，反应温度对总COD的降解效果影响很大。在300℃和30min的停留时间下，总COD可去除80％，反应温度对剩余污泥氧化作用的影响大于活性污泥中溶解氧浓度的变化对湿式氧化效果的影响。在特定的温度和压力下，总COD要变成可溶性有机物主要依赖于氧化时间。由于剩余污泥是由大量的细菌群组成，它在高温下能够比较容易水解，从细胞中释放出大量可溶性有机物，所以在300℃以上并氧化30min以后，除部分可溶性COD被氧化成CO_2和H_2O外，剩余可溶性有机物成分都是以乙酸和其他有机酸为主的难分解有机物。在这一过程中，82％的COD降解（其中75％被氧化，7％转化成可溶性有机物），18％的COD以非溶性形式存在；70％以上的MLSS被去除，且使MLVSS与MLSS的比率明显降低。反应中灰分并没有发生化学反应，它的减少是由于本身被溶解进入溶液中所致。经处理后的MLSS极易从混合液中沉淀出来。

为了使污泥得到进一步的生物处理，目前国外研究的方向大多集中在污泥成分的转化。湿式氧化法液体中剩余有机物在临界条件下很难被氧化，最终的产物以乙酸的形式存在，而不是CO_2和H_2O。乙酸在湿式氧化处理中很难被进一步氧化，但在厌氧和好氧生物处理过程中却十分容易被降解，因此在湿式氧化设计中，通常选择乙酸的浓度作为动力学参数。由于活性污泥的组分非常复杂，很难用一个简单的表达式表示，所以在设计湿式氧化处理系统中必须使用简化的分析参数，例如MLVSS，可溶性COD，乙酸，甲醛等。这些参数被优化组合后，就可能使湿式氧化系统在最佳条件下运行，并为下一步的生物处理提供最易降解的原料。湿式氧化法处理城市污水厂活性污泥是十分有效的，但由于是在高温高压下运行，设备复杂，运行和维护费用高，一般只适用于大中型污水处理厂。

9.2.8 超临界水氧化法处理污泥

超临界水氧化法（SCWO）是处理有机废水废物的一种最具优势的新技术，作为一种新兴的环保技术受到广泛重视。

（1）超临界水（SCW）的性质及基本原理

超临界流体状态是介于气体和液体之间的一种特殊状态，当温度和压力超过临界点（T_C、p_C）时就形成超临界流体。水的临界温度和压力为374℃和22.5MPa，超临界水（SCW）具有高度选择性、极强的溶解能力和高度可压缩性。超临界水的密度、介电常数、氢键及其他一些物理性质和通常的水大不一样，超临界水能与非极性物质（烃类）和其他有机物完全互溶，能与正庚烷、苯、酚类以任意比例混溶，甚至某些木材也可以完全溶解在超临界水（SCW）中。相反无机盐溶解度却非常低，例如NaCl在超临界水中的溶解度低于$100×10^{-6}$，当温度超过723K时，无机物的溶解度会急剧下降。

理论上，在超临界条件下，无需机械搅拌，有机物、空气（氧）和水均相混合就能开始自发氧化，无需外界供热，在很短的反应停留时间内，99.99％以上的有机物能被迅速氧化成H_2O、CO_2、N_2等其他小分子。某些有害物质在超临界水中的氧化反应如下：

碳氢化合物 　　　$2C_6H_6 + 15O_2 = 12CO_2 + 6H_2O$
　　　　　　　　苯

有机氯　　　$Cl_2—C_6H_2—O_2—C_6H_2—Cl_2 + 11O_2 = 12CO_2 + 4HCl$
　　　　　　　$2CHCl_3 + O_2 + 2H_2O = 2CO_2 + 6HCl$
　　　　　　　氯仿

有机硫　　　$Cl—C_2H_4—S—C_2H_4—Cl + 7O_2 = 14CO_2 + 2H_2O + 2HCl + H_2SO_4$

有机氮　　　$4CH_3— C_6H_2 —(NO_2)_3 + 21O_2 = 28CO_2 + 10H_2O + 6N_2$
　　　　　　　三硝基甲苯

重金属 $$Pu(NO_3)_4 + 2H_2O + 2CO_2 \Longrightarrow Pu(CO_3)_2 + 4HNO_3$$

超临界水氧化法过程可以完全消除有害物质，去除率高达99%，目前已经试验的物质有苯、多氯联苯、硝基苯、氰化物、酚类、重金属等。图9-16是超临界水氧化法处理纸浆厂污泥的流程示意。

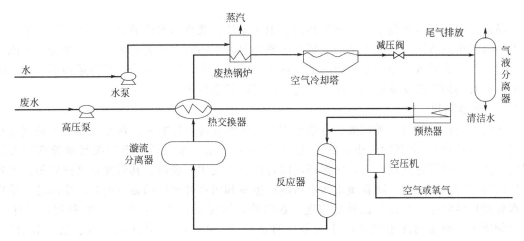

图9-16　超临界水氧化法处理纸浆厂污泥的流程示意

（2）超临界水氧化法处理废水废物的特点

表9-9是超临界水氧化法（SCWO）与湿式高压氧化法（WAO）和传统焚烧法的比较。超临界水氧化法的特点是：效率高、废水处理彻底（湿式高压氧化法还需经生化处理才能使有害物质转化成CO_2等无毒物质）；均相反应和停留时间短、工艺简单、设备体积小（一般采用管式氧化装置），投资费用比湿式高压氧化法使用高压釜低；适用广、无需大量脱水，污泥在浓度10%时即可进料，无需外界供热，超过45%的污泥热值能以蒸气形式回收。

表9-9　超临界水氧化法与湿式高压氧化法及焚烧法的比较

过　程	超临界水氧化法	湿式高压氧化法	焚　烧　法
温度/℃	400～600	150～250	2000～3000
压力/10^5Pa	300～400	20～200	常压
催化剂	不需要	需要	不需要
停留时间/min	≤1	15～20	≥10
去除率/%	≥99.99	75～90	99.99
自热	是	是	不是
适用性	普通	受限制	普通
排出物	无毒、无色	有毒、有色	含NO_2等
后续处理	不需要	需要	需要

目前，用超临界水氧化法处理各种废物的研究越来越受到重视，一些发达国家已经建立中试或工业装置并投入运行。最早是美国Modar公司于1985年建立中试工厂，日本、德国等均陆续建立中试工厂，1994年在联邦德国建立日处理能力为30t有机物的工厂。超临界水氧化法是一种新型污泥处理技术，具有十分突出的潜在优势，可以彻底全面地处理污泥，能够实现工业清洁化生产。随着高温高压技术的日臻完善和有关的热力学及超临界水化学反应动力学和机理等方面研究的深入，将对超临界水氧化法处理污水污泥的潜力的了解会越来

越深刻，应用也会更普及。

9.3 污泥的处置技术

城市污泥的处置途径很多，土地利用、卫生填埋、焚烧和水体消纳（排入江河湖海）是许多国家常用的方法。这些方法的选择因国家情况的不同而有很大差异，一般来说，各国对于污泥处置方式的选择是根据本国的地理环境、经济水平、技术措施、交通运输等因素而确定的，而且会随着公众认识的提高和兴趣的改变而发生变化。

9.3.1 土地利用

污泥的土地利用是一种积极、有效而安全的污泥处理处置方式。污水污泥的土地利用在中国已经有超过 20 多年的历史，20 世纪 80 年代初，第一座大雪城市二级污水处理厂天津纪庄子污水处理厂建成投产后，污泥即由附近郊区农民用于农田。其后北京高碑店等污水处理厂的污泥也用于农田。随着城市污水污泥产生量和污水处理厂的逐渐增多，中国已开始将污水处理厂污泥用于城市绿化林地改造。在国外，污泥及其堆肥作肥源土地利用，已有 60 多年的历史，城市污泥土地利用比例最高的是荷兰，占 55%；其次是丹麦、法国和英国，占 45%；美国占 25%。

9.3.2 土地填埋

污泥的土地填埋始于 20 世纪 60 年代，是在传统填埋的基础上，从保护环境角度出发，经过科学选址和必要的场地防护处理，以严格的管理制度和科学的工程操作来加以实施的污泥处置方法。到目前为止，这种方法已发展成为一项比较成熟的污泥处置技术。该技术的基本方式是城市污泥经过简单的灭菌处理后，直接倾倒于低地或谷地制造人工平原。它的好处是处理成本低、不需要高度脱水（自然干化），既解决了污泥出路问题，又可以增加城市建设用地，故成为大多数西方国家主要的污泥处置方法之一。

据有关资料统计，1992 年欧盟采用填埋法处理的污泥量大约占总发生量的 40%。20 世纪 90 年代以来，随着污泥农用标准日趋严格，欧盟许多国家，如法国、意大利、丹麦等国污泥农用比例不断缩减，污泥填埋有增加的趋势，其中，法国污泥填埋量高达污泥总发生量的 80%；据日本 1994 年的资料统计，日本通过陆地和海洋填埋的污泥也达到了总发生量的 35%。

然而，城市污泥土地填埋也存在许多问题，如污泥中含有的各种有毒有害物质经雨水的浸蚀和渗漏会污染地下水。此外，适宜污泥填埋的场所因城市污泥大量产出而显得越来越有限。据调查预测，到 2005 年，欧盟国家的污泥土地填埋场所仅能容纳污泥总产量的 17%。因此，将污泥作土地填埋处理时，除了要考虑城市周围是否有适合填埋的低地或谷地之外，还应考虑到环境卫生问题。

建设污泥填埋场如同生活垃圾卫生填埋场一样，地址需选择在底基渗透系数低且地下水位不高的区域，填坑应铺设防渗性能好的材料，卫生填埋场还应配设渗滤液收集装置及净化设施。目前中国修建的卫生填埋场中，都用高密度聚乙烯为防渗层，这样可避免对地下水及土壤的二次污染。由于污泥填埋对污泥的土力学性质要求较高，需要大面积的场地和大量的运输费用，地基需作防渗透处理以免污染地下水等，近年来污泥填埋处置所占比例越来越小。但对于不能资源化的固体废物而言，填埋是目前唯一的最终处置途径。污泥可与城市垃圾一起填埋或单一填埋，对于污泥的填埋，在部分发达国家的城镇垃圾技术规范中有相应的规定值，其中对污泥填埋能力规定了两类重要参数：①强度参数为横向剪切强度 >25kPa 或单轴压强＞50kPa；②干固体中的有机物比例为灼烧减量＜3％（Ⅰ类填埋场即惰性废物填埋场）或灼烧减量＜5％（Ⅱ类填埋场即生活垃圾填埋场）。

9.3.3 污泥焚烧

焚烧的优势在于可以迅速和较大程度地使污泥达到无害化和减量化，其产物为无菌、无臭的无机残渣，含水率为零，且在恶劣的天气条件下不需存储设备。近年来焚烧法由于采用了合适的预处理工艺和焚烧手段，达到了污泥热能的自持，并能满足越来越严格的环境要求和充分地处理不适宜于资源化利用的部分污泥。对于大城市，因远离填埋场造成运输费用较高时，使用焚烧法处置可能是经济有效的。人口稠密的沿海及岛屿国家（如日本、新加坡等）由于污泥的农田利用和土地填埋受到限制，加之近年来海洋排放受到强烈反对，所以十分注重污泥焚烧技术的研究和开发。早在 1984 年，新加坡南洋技术研究院的 Jarnis 和 Vickrdge 就发现，取自新加坡各个污水厂的污泥，在 550℃ 燃烧时是自燃的；而安大略湖现场污泥焚烧炉的成功生产，则进一步证明经合适预处理的污泥，在焚烧过程中完全达到了热能的自持。污泥焚烧已成为很具发展前景的处置方法。1995 年，日本有近 50％ 的污泥采用了焚烧的方法进行处置，而欧盟各国采用焚烧方法处置的污泥也超过了 10％，并预测到 2005 年这一比例将增至 38％。

污泥焚烧处置方法有利也有弊，主要缺点是，污泥中的重金属会随着烟尘的扩散而污染空气，残余灰烬也富含污染物，再进行填埋处置也易造成环境污染，而且焚烧的成本是其他工艺 2～4 倍；另外，污泥必须保证比较低的含水率才能制作"合成燃料"，这就需要提高污泥的脱水程度。从目前的技术水平看，机械脱水成本比较高，自然脱水虽然成本低，但时间长、占地大，而且晾晒期间的污泥腐臭气体会污染空气。在所有的污泥处置中，焚烧只有在其他的污泥处置方法由于环境或土地利用的限制而被排除时才可考虑。从焚烧的产物来看，干污泥颗粒可用作发电厂燃料的掺合料，也可通过干馏提取焦油、焦炭、燃料油和燃气等。污泥燃烧灰可作水泥添加剂、污泥砖、污泥陶粒等建筑材料。污泥细菌蛋白可制造蛋白塑料、胶合生化纤维板等。污泥生物气可用作燃料，还可制造四氯化碳、氢氰酸、有机玻璃树脂、甲醛等化工产品。

9.3.4 水体消纳

水体消纳城市污泥是一种方便、经济的处理处置方法。它一般不需进行严格的无毒无害化处理，也不需要脱水就可直接排入水体。据欧盟资料显示，1984 年英国的弃海污泥量达 $3.7 \times 10^5 t$，占欧盟弃海污泥总量的 86.7％。日本、美国等沿海国家也较多采用这种方法。但这种方法只能是解决污泥污染问题的一种权宜之计，并没有从根本上解决环境污染问题。污泥进入水体后，其中的有毒有害物会溶入水环境，最终导致水生环境恶化，对海洋生态系统和人类食物链造成威胁。纽约市每年约有 $1.2 \times 10^6 t$ 污泥倾倒处置，40 年时间使 $51.8 km^2$ 海洋变成死海。1988 年美国已禁止向海洋倾倒污泥，并于 1991 年全面加以禁止。欧盟也在 1998 年 12 月 31 日起，不在水体中处置污泥。中国政府已于 1994 年初接受三项国际协议，承诺于 1994 年 2 月 20 日起，不在海上处置工业废物和污水污泥。

9.4　污泥的资源化技术

9.4.1　污泥的堆肥化

9.4.1.1　概述

污泥堆肥是一种无害化、减容化、稳定化的综合处理技术。它是利用好氧的嗜温菌、嗜热菌的作用,将污泥中有机物分解,并杀灭传染病菌、寄生虫卵与病毒,提高污泥肥分。

污泥堆肥化过程中经常要用调理剂和膨胀剂。调理剂是指加进堆肥化物料中的有机物,借以减小单位体积的重量,增加碳源及与空气的接触面积,以利于需氧发酵。污泥堆肥化过程中常用的调理剂有木屑、禾秆、稻壳、粪便、树叶、垃圾等有机废料。膨胀剂是指用有机或无机物制成的固体颗粒,把它加入湿的堆肥化物质中时,能有足够的大小保证物料与空气的充分接触,并能依靠粒子之间的接触起到支撑作用。常用的膨胀剂有木屑、团粒垃圾、破碎成颗粒状的轮胎、塑料、花生壳、秸秆、树叶、岩石及其他物质。根据污泥的组成和微生物对混合堆料中碳氮化、碳磷比、颗粒大小、水分含量和 pH 值等要求,给其中加入一定量的调理剂与膨胀剂,保持合适的水分,然后进行堆积。

堆肥化可分为两个阶段,即一级堆肥阶段与二级堆肥阶段。

一级堆肥分为 3 个过程,即发热、高温消毒及腐熟。堆肥初期为发热过程:在强制通风条件下,堆肥中有机物开始分解,嗜温菌迅速成长,堆肥温度上升至约 45～55℃;高温消毒过程:有机物分解所释放的能量,一部分合成新细胞,一部分使堆肥的温度继续上升可达55～70℃,此时嗜温菌受到抑制,嗜热菌繁殖,病原菌、寄生菌卵与病毒被杀灭,由于大部分有机物已被氧化分解,需氧量迅速减少,温度开始回落;腐熟过程:温度降至 40℃左右,堆肥基本完成。一级堆肥阶段约耗时 7～9d,在堆肥仓内完成。

二级堆肥阶段:一级堆肥完成后,停止强制通风,采用自然堆放方式,使进一步熟化、干燥、成粒。堆肥成熟的标志是物料呈黑褐色,无臭味,手感松散,颗粒均匀,蚊蝇不繁殖,病原菌、寄生虫卵、病毒以及植物种子均被杀灭,氮、磷、钾等肥效增加且易被作物吸收。二级堆肥阶段周期为一个月左右。

污泥堆肥的特点包括:①自身产生一定的热量,并且高温持续时间长,不需外加热源,即可达到无害化;②使纤维素这种难于降解的物质分解,使堆肥物料有了较高程度的腐殖化,提高有效养分;③基建费用低、容易管理、设备简单;④产品无味无臭、质地疏松、含水率低、容重小,便于运输施用和后续加工复混合(商品肥)。

9.4.1.2 污泥堆肥化工艺

污泥堆肥一般包括污泥单独堆肥和污泥与城市垃圾混合堆肥。

(1)污泥单独堆肥

污泥单独堆肥的工艺流程见图 9-17。

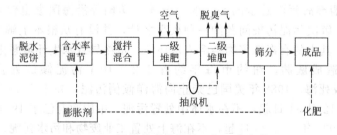

图 9-17 污泥单独堆肥的一般工艺流程

污泥干化后,含水率约 70%～80%,加入膨胀剂,调节含水率至 40%～60%,C/N 为(20～35):1,C/P 为(75～150):1,颗粒粒度约 2～60mm。堆肥过程产生的渗透液 $BOD_5 > 10000mg/L$,$COD > 20000mg/L$,总氮 $> 2000mg/L$,液量约占肥堆质量的 2%～4%,需就地或送至污水处理厂处理。

(2)污泥与城市生活垃圾混合堆肥

污泥与城市生活垃圾混合堆肥工艺流程见图 9-18。

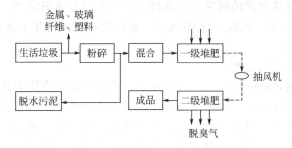

图 9-18　混合堆肥工艺流程

中国城市生活垃圾中有机成分约占 40%～60%，燃煤气或电的城区为高限，燃煤城区为低限。因此污泥可与城市生活垃圾混合堆肥，使污泥与垃圾资源化。城市生活垃圾先经分离去除塑料、金属、玻璃与纤维等不可堆肥成分，经粉碎后与脱水污泥混合进行一级堆肥，二级堆肥，制成肥料。一级堆肥在堆肥仓内完成，二级堆肥采用自然堆放。城市生活垃圾起膨胀剂的作用。

9.4.2　污泥的燃料化

9.4.2.1　污泥的沼气化

污泥厌氧消化不仅现在是，而且未来仍将是应用最为广泛的污泥稳定化工艺。厌氧消化较其他稳定化工艺广泛应用的原因是它具有如下优点。

① 产生能量（甲烷），有时超过废水处理过程所需能量。

② 使最终需要处置的污泥体积减小 30%～50%。

③ 消化完全时，可以消除恶臭。

④ 杀死病原微生物，特别是高温消化时。

⑤ 消化污泥容易脱水，含有有机肥效成分，适用于改良土壤。

但是，当处理厂规模较小，污泥数量少，综合利用价值不大时，也可考虑采用污泥好氧消化。它的主要优点是：运行操作比较方便和稳定、处理过程中需排出的污泥量少。但运行费用大、能耗亦多。

在具体工程实践中，污泥处理采用哪一种工艺较好，厌氧消化还是好氧消化，应视具体情况而定，如污泥的数量、有无利用价值、运转管理水平的要求、运行管理与能耗、处理场地大小等。

有机污泥经过消化之后，不仅有机污染物得到进一步的降解、稳定和利用，而且污泥数量减少（在厌氧消化中，按体积计减少 1/2 左右），污泥的生物稳定性和脱水性大为改善。这样，有利于污泥再作进一步的处置。因此，可以说，污泥消化在废水生物处理厂中是必不可少的，它同废水处理组合在一起，构成一个完整的处理系统，才能充分达到有机物无害化处理的目的。

9.4.2.2　污泥的液化

（1）概述

污泥直接热化学液化处理技术，可以追溯到 1913 年德国人 F. Bergius 进行的高温高压（400～500℃，20MPa）加氢，从煤或煤焦油得到液体燃料的试验。这项技术后来被称为煤的直接液化技术，并在第二次世界大战中的德国实现了工业化，生产规模曾达到每年 4×10^6 t 液体燃料。20 世纪 70 年代发生"石油危机"以后，这项技术的原理被应用于可再生能源的生产中，研究了从稻草、木屑和废纸等生物源有机物中生产燃料油的过程。1980 年以后，美国首先将该技术的工艺框架应用于污泥处理，并于 80 年代中期发表了研究报告，以后其他国家也开始进行这方面的研究，使该技术的工艺过程逐渐定型。它可使污泥中有机质的 40％以上转化为燃料油（热值≥33MJ/kg），相应的有机碳转化率达到 90％左右。整个过程为一能量净输出过程。

（2）工艺过程的特征与分类

污泥直接热化学液化的原理是，污泥中有机固体在一定温度压力条件下的列解反应。它的最基本工艺特征是在反应过程中，污泥颗粒悬浮于溶剂中，其反应过程是气-液-固三相化学反应与传递过程的结合，同时它的反应是在气相无氧的条件下进行的，这就使它有别于一般的热解过程。这些基本工艺特征决定了它的基本工艺流程，如图 9-19 所示。

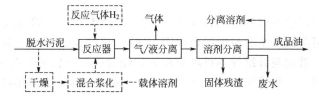

图 9-19　污泥直接热化学液化的基本流程

图 9-19 中实线所示为基本步骤，虚线所示为在某些工艺中出现的步骤。由于该技术源于煤和固体有机物的液化过程，后来逐渐作了适合于污泥特征的改进，因此形成了一些不同的工艺流程。具体的分类见表 9-10。

表 9-10　污泥热化学液化工艺分类

高　压	水　溶　剂	无催化剂	加氢工艺
			不加氢工艺
		有催化剂	加氢工艺
			不加氢工艺
	有机溶剂	无催化剂	加氢工艺
		有催化剂	加氢工艺
常　压	有机溶剂	无催化剂	不加氢工艺

（3）研究状况及进展

W. L. Kranich（1984）研究了污泥直接热化学液化转化为油的可行性，试验了两种基本工艺，污泥干燥后以蒽油为载体溶剂的高压加氢工艺和脱水污泥直接加氢或不加氢工艺。发现以蒽油为溶剂的工艺，占污泥有机质重量50％的物质转化为油。而在直接使用脱水污泥（即以水为溶剂）时，没有分离到显著量的油。对照后来的研究，这一结果与 Kranich 对油作了较为苛刻的定义有关，他把油定义为正戊烷中可溶的有机质。尽管如此，Kranich 以污泥有机质的转化率或油得率为评价指标，比较了 Na_2CO_3、Na_2MoO_4、$NiCO_3$ 作为催化剂和加氢与否对过程的影响。A. Suzuki(1986) 研究了以水为溶剂不加氢的污泥液化工艺，得到了大于 40％的油得率，并初步确定了 300℃为适宜的操作温度。P.M.Molton(1986) 以水为溶剂，Na_2CO_3 为催化剂，在不加氢的条件下，对一个连续化反应装置进行了污泥液化过程的研究，发现输入污泥能量的73％可以油和可燃炭焦的形式回收。K.M.Lee(1987) 对以水为溶剂、不加氢的污泥液化过程研究的重要贡献之一是，比较了反应和未反应污泥的可分离油量，结论是至少50％的油是经反应后产生的。N.Millot(1989) 研究了以沥青或芳香族溶剂为载体的污泥液化过程，其明显的特征是反应在常压下进行，反应温度在 200～300℃，低于相应溶剂的沸点，试验结果取得了 40％～60％的油得率。上述已进行的各种研究情况，如表 9-11 所示。

表 9-11　污泥液化工艺工艺研究简况

技术分类	催化剂	反应温度/℃	压力/MPa	溶　剂	研　究　者
有机溶剂高压加氢	有/无	425～440	8～9	蒽油	Kranich W.L.
有机溶剂常压	无	200～300	常压	沥青/芳香油	Millot N.
水溶剂高压加氢	有/无	290～300	8.3～10	水	Kranich W.L.
水溶剂高压	有/无	250～340	8～15	水	LeeK.M.,Molton P.M.,SuzukiA.

（4）发展前景

在各种污泥液化制油工艺中，以水为溶剂的工艺流程最为简单，因此也成为此项技术的代表性工艺。特别是，在这种工艺中由于脱水污泥的水无需在反应前或反应中蒸发，与其他热化学处理过程相比，可节约占污泥总能量 40％以上的能量。所以污泥直接热化学液化成了净能量输出过程，这正是该技术的最大优越性。此外，处理过程需排放的气体以 CO_2 为主（95％，φ），废物具有良好的生物可降解性，使得这一过程对于环境是相对"清洁的"。虽然它的操作温度与压力对设备的要求较高，但并没有超出现代化工技术设备可支持的范围，同时初步的经济分析说明它的投资相对于传统的焚烧有竞争力，它的操作费用明显低于焚烧处理。

9.4.2.3　污泥热解制燃料油

生物法污水处理过程中，不可避免地有一定量的污泥产生，污泥处理已经成为污水处理系统的重要组成部分。目前最常见的污泥处理方法是农用、填埋和焚烧。由于前两种方法均需要一定的土地，而占总处理成本 25％～50％的燃料费用又使焚烧成为相当昂贵的污泥处理方法。因此，通过改善污泥的燃烧性质，取得污泥燃烧的能量自身平衡是节约污泥热化学处理过程能源的有效途径。

污泥低温热解是利用污泥有机质在加热条件下的部分热裂解过程，产生污泥衍生燃料的技术。经此过程污泥转化为燃烧特性优越的油、炭和可燃气，过程所需的能量由产生的燃料燃烧提供，剩余能量以燃料油形式回收。此技术由 Bayer 和 Bridle 进行了实验室研究，Canada 进行了中试研究，证明是一个能量自给有余的过程，有可观的应用前景。

（1）低温热解工艺流程

污泥低温热解制油生产流程见图 9-20。污泥经脱水、干燥后在转化反应器中产生衍生燃料油和同样可燃的副产物（炭、不凝性气体和反应水），副产物在流化床中燃烧，其尾气中显热用于干燥和反应过程的加热。

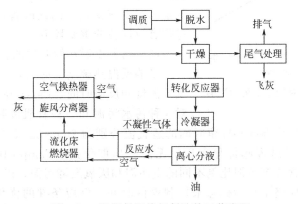

图 9-20　污泥低温热解制油的工艺流程

污泥制油技术的核心设备是转化反应器，经中试确定采用带加热夹套的卧式搅拌反应器，其技术关键是具有螺旋密封机构将反应器分为蒸汽挥发和气团接触两个区域，两区以一个蒸汽内循环系统相连接，从而满足了反应过程对反应器的要求，图 9-21 为反应器剖面图。

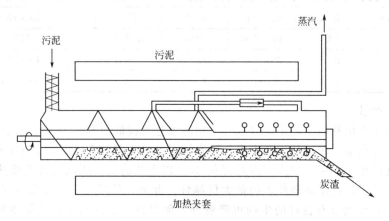

图 9-21　带加热夹套的卧式搅拌反应器剖面图

（2）污泥低温热解处理的平衡

污泥在 270℃ 热解的能量平衡结果见表 9-12。结果表明过程是能量净输出的。1kg 干污泥热解可回收燃料油约 68g（33.3MJ·kg^{-1}）。

表 9-12　热解过程能量平衡计算　　　　　　　　　单位：MJ·kg^{-1}

项　目	消 耗 的 能 量				产 生 的 能 量			能量消费比[①]
	干燥	热解	燃烧器	合计	油	炭	合计	
理论值	7.61	0.54	0.60	8.75	4.08	10.81	14.89	
加热损失	0.38	0.08		0.46				1.18
锅炉损失	3.42							
小计	11.41	0.62	0.60	12.63	4.08	10.81	14.89	

① 能量消费比＝总能量供给/总能量需求。

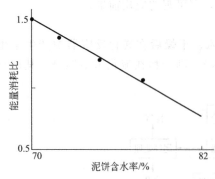

图 9-22　污泥含水率对能量平衡的影响

影响过程能量平衡的主要因素为泥饼含水率、污泥有机质含量和锅炉热交换效率，其中含水率因素最重要，污泥含水率对能量平衡的影响如图 9-22 所示。由图可见，随着污泥泥饼含水率的升高，能量消耗比逐渐降低，直至小于 1，即能量的需要大于能量的产生或供给。因此改善污泥脱水效率是保证过程有效运转的重要环节。

（3）污泥低温热解制油的反应条件及产品特性

影响低温热解制油的主要反应条件有污泥种类、反应温度和反应时间。Bayer 在 250～320℃ 范围内，对 4 种污水污泥和一种有机废物的制油过程进行了间歇实验研究，认为反应温度和停留时间的适宜值分别为 300～320℃ 和 0.5h，污泥所含的金属氧化物的盐类可对过程起催化作用，无需外加催化剂。Campbell 的研究温度范围为 275～550℃，原料为含二沉污泥比例不同的生污泥和厌氧发酵污泥，以有机蒸气从污泥中析出过程中止（热解反应终了）为标志来控制停留时间，反应条件的优化标准是油得率最大化。结果为：

① 发酵污泥的油得率约为生污泥的一半；

② 生污泥中二沉污泥比例大时，油得率高；

③ 各种污泥均在450℃左右取得最大油得率；

④ 反应温度与停留时间呈负相关，450℃时的停留时间<0.5h。

因此建议：生污泥直接脱水干燥后进反应器，反应条件是温度450℃和停留时间0.5h。

在此条件下，污泥低温热解制油的产物分布、能量特性和产物组成如表9-13、表9-14和表9-15所示。

表9-13　产物的组成分布

研　究　者	污泥类型	反应温度/℃	停留时间/h	产物得率/%			
				油	炭	不凝性气体	反应水
E. Bayer	混合生污泥	300~320	0.5	20~27	59~70		
H. W. Campbell	混合生污泥	455	0.5	22~46	40~66	3~12	3~15

表9-14　产物的能量特性

油		炭热值/MJ·kg^{-1}	不凝性气体热值/MJ·kg^{-1}	反应水热值/MJ·kg^{-1}
热值/MJ·kg^{-1}	黏度/mm^2·s^{-1}			
33.1~39.0	31~61	9.9~20.0	2~9	3~16

表9-15　产物组成　　　　　　　　　　　　单位：%

油									气体化学组成		反应水有机碳
元素					化学组成						
C	H	N	O	S	直链烃	芳香族	极性化合物	其他	CO$_2$	烃类	
76	11	4	6.5	0.5	26.0	5.4	28	39	80~90	5~15	10~15

污泥制油产生的衍生油的热值约为市售重质燃料油的90%，但黏度和氮、硫含量高。Boocock发展了一个简单的热处理过程（450℃），处理后的油含氯量降低50%并且可与商品柴油完全混溶，可实现衍生油在煤油取暖器和内燃机油料市场上销售。Frost对此种油在家用取暖器中的使用进行了评价，认为其燃烧特性和尾气性质均可满足使用要求，但更现实的则是用做锅炉燃料。

9.4.3　污泥制动物饲料

污泥本身含有机物，如蛋白质、脂肪、多糖，还含有维生素，均是动物所需的营养物质。污泥中70%的粗蛋白以氨基酸形式存在，以蛋氨酸、胱氨酸、苏氨酸和缬氨酸为主，各种氨基酸之间相对平衡，是一种非常好的饲料蛋白。

S. S. Chishu分析了污泥中蛋白质的精细组成，并对比了家畜饲料中所需的氨基酸，发现污泥蛋白中含有几乎所有的家畜饲料中所需的氨基酸，因此有可能作为饲料蛋白而被很好地利用。当前，有学者利用净化的污泥或活性污泥加工成含蛋白质的饲料用来喂鱼，可提高产量。还有研究者用污泥制成的饲料养家禽，经过1年多的试验，未发现对动物有有害作用。用活性污泥制成的这种饲料和一般饲料混合（混合比例为9:1）饲养的动物与完全由一般饲料饲养的动物对照，体重有所增加，鸡的产蛋率也有提高。其一般的制造过程为先将污泥脱水至含水率为75%~80%，再与生活垃圾混合，在200个大气压（1大气压=1.01×10^{5}Pa）下，加热至80℃，再迅速加温至110℃，停留0.2~5min，干燥至含水率为12%。不过采用何种技术，如何将污泥中的营养成分转化饲料蛋白，目前研究得还不够深入，长期利用过程中污泥产生的有毒物质在动物体内的累积，造成的潜在危害和长远影响还有待进一步研究。

9.4.4 污泥制吸附剂

污泥中含有大量有机物，其含量随社会发展水平而增高。它具有被加工成类似活性炭吸附剂的客观条件，在一定的高温下以污泥为原料通过改性可以制得含碳吸附剂。由污泥制成的活性炭吸附剂对 COD 及某些重金属离子有很高的去除率，是一种优良的有机废水处理剂。用过的吸附剂若不能再生，可以用作燃料在控制尾气条件下进行燃烧。

在日本，有研究人员将物化处理过程絮凝澄清池中所排出的浓缩污泥及脱水污泥（含 Al^{3+} 和 Ca^{2+}）用来除 P，用酸再生凝集污泥，污泥再生后作 Al 盐和 Ca 盐用。结果表明：直接用浓缩污泥作水处理剂，各指标的去除效果都不理想，脱水后效果也不佳，但经过处理的再生污泥可去除胶质悬浮物、着色成分、有机物、P、重金属等，特别是除 P 效果显著，若能将有机污泥与无机污泥结合处理，则会大大改善污泥的质量。

对于二级污水处理厂所产生的活性污泥，自 20 世纪 70 年代以来，国内外就开始有用活性污泥作为生物吸收剂的研究报道。利用活性污泥和剩余活性污泥的胞外吸附或胞内吸收作用，能非常有效地去除废水中的重金属（Cu^{2+}、Cd^{2+}、Pb^{2+}、Cr^{3+}、Zn^{2+}、Ni^{2+} 等），并分离出抗金属菌；也有过关于吸附等温线及其影响因子范围的研究。马志毅等将活性污泥先炭化，再通过水蒸气进行物理活化制成新材料后处理污水，其对 COD、重金属、总 P 等都有较好的效果。也有人将活性污泥提取驯化制成微生物絮凝剂，可用于去除悬浮物、脱色及进行油水分离，并能改善污泥的沉淀性能，降解有机物，但尚处于实验室研究阶段。

中国有学者成功地利用石化污泥制备出用于回收水表面溢油的吸附剂，并已申请专利。这种吸附剂是利用污泥中水分，在 300～350℃ 炭化温度下，采用炭化、活化合二为一工艺制造的吸附剂，具有亲油疏水性，悬浮率为 100％，具有发达大孔，去除率可达 99.6％，吸附剂可吸收 14.2g 原油。按美国（ASTM）标准，这种由污泥制备的吸附剂属于回收水表面溢油最好的一种。

9.4.5 污泥制造建材

污泥中除了有机物外往往还含有 20％～30％ 的无机物，主要是硅、铁、铝和钙等。因此即使将污泥焚烧去除了有机物，无机物仍以焚烧灰的形式存在，需要做填埋处置。如何充分利用污泥中的有机物和无机物，污泥的建材利用是一种经济有效的资源化方法。

污泥的建材利用大致可以归结为以下方法：制轻质陶粒、制熔融资材和熔融微晶玻璃、生产水泥等，制砖已经很少应用。过去大部分以污泥焚烧灰作原料生产各种建材，近年来为了节省投资（建设焚烧炉），充分利用污泥自身的热值，节省能耗，直接利用污泥作原料生产各种建材的技术已开发成功。

9.4.6 污泥制黏结剂

污泥本身含有机物，具有一定热值，又有一定的黏结性能。活性污泥能够作为黏结剂将无烟粉状煤加工成型煤，而污泥在高温气化炉内被处理，防止了污染。污泥作为型煤黏结剂替代白泥（一种常用黏结剂）可改善在高温下型煤内部孔结构，提高型煤气化反应性，降低灰渣中的残炭，提高炭转化率。污泥既是黏结剂，又起了疏松剂的作用，且污泥热值也得到充分利用，并无二次污染。此外，吴启堂等利用污泥所具有强黏性代替白泥，作为复合肥的黏结剂也获得了成功。华南农业大学和广州大坦沙污水处理厂合作，对利用城市污水污泥做复合肥黏结剂技术进行了探讨，初级产品进行了盆栽和大田肥效的对比试验。通过试验认为，由于污泥制成复合肥后施用量小，污染物又得到稀释，不会造成农产品的污染。对于超过国家农用污泥重金属允许标准 10 倍以内的城市污泥用作复合肥黏结剂可以认为是安全的。但对经济有效的干燥途径、减少机器磨损和工厂化生产等方面仍需进行探讨。

思 考 题

1. 污泥的处理和处置方法有哪些？各方法的优缺点？
2. 简述浓缩的作用，浓缩的方法有哪些？
3. 污泥脱水前为何要进行调理？调理的方法有哪些？
4. 脱水设备有哪些？比较它们的适用范围。
5. 污泥稳定的作用是什么？污泥的稳定方法有哪些？各有何优缺点？
6. 污泥含水率从 97.5% 降到 94%，污泥的体积减小多少？

10 固体废物的最终处置技术

固体废物处置方法分为陆地处置（或地质处置）和海洋处置两大类。海洋处置分为深海投弃和海上焚烧，目前海洋处置已被国际公约所禁止；陆地处置分为土地耕作、永久贮存、土地填埋、深井灌注和深地层处置。目前固体废物处置主要以土地填埋为主，本书也将该法为主进行介绍。

填埋本质上是对惰性物质的长期保存，同时伴随着可生物降解物质相对无法控制的自然分解，因此填埋可作为废弃物处理的一种工艺，它可处理几乎所有废弃物。而其他处理方法，如生物处理和热化学处理，都会产生残余废弃物，需进一步填埋处理。填埋处理也是最简单的处理方法，所以历来使用也最为广泛。

事实上，填埋作为废弃物最终处理方法的传统理念，已受到挑战。与其他处理方法一样，填埋亦是一种处理工艺，有其输入和输出。各种成分的废弃物是其输入物，同时伴有运行这个过程的能量，还有废弃物的分解过程，输出物则是最终稳定的废弃物，以及分解产生的填埋气体和含水物质，即填埋气和渗滤液。

10.1 概述

10.1.1 固体废物处置的基本原理和处置原则

10.1.1.1 废物处置过程中污染物的释放与迁移

我们知道，固体废物中的污染物具有迟滞性，但在长期的地质处置过程中，因一系列相互关联的物理、化学和生物的作用，导致污染物不断释放出来进入环境。

（1）废物在处置过程中的反应

① 生物反应

a. 好氧：处置场中发生的生物降解过程，首先进行的是好氧生物反应，降解有机物产生 CO_2，此后进入厌氧消化降解过程。

b. 厌氧：填埋场的好氧过程只维持很短时间，废物中的氧一经耗尽，就开始进入厌氧降解过程，通过厌氧发酵将有机物转化为 CO_2，CH_4 和少量的 NH_3、H_2S 等。

② 化学反应　处置场的主要包括如下化学反应。

a. 溶解/沉淀：废物中原有的或经生物转化产生的可溶性物质，因雨水等进入处置场的废物层而溶解，产生高浓度有机物和高盐分浓度的渗滤液。而渗滤液中的某些盐类，因 pH 值变化等原因又会产生沉淀反应。

b. 吸附/解吸：处置场产生的某些挥发性和半挥发性有机化合物，以及渗滤液中的有机和无机污染物，会被处置的固体废物和土壤吸附，而在某些条件下，也会发生解吸作用，使污染物进入气体或液体。

c. 脱卤/降解：有机化合物的脱卤、水解、化学降解。

d. 氧化还原：金属和金属盐的氧化还原作用。

③ 物理反应

a. 蒸发/气化：废物中的水分、挥发性和半挥发性有机化合物通过蒸发、气化转入处置过程所产生的气体中。

b. 沉降/悬浮：渗滤液中的胶体物质，因重力的作用沉降或悬浮。

c. 扩散/迁移：如气体在处置场中的横向扩散和向周围环境的释放；渗滤液的迁移或渗入覆土的下层。

（2）污染物释放、迁移途径

废物处置场实际可看成一个生化或物化反应器（见图10-1）。

当降雨和地表水通过渗透进入处置区时，一方面污染物溶解产生渗滤液；另一方面废物在达到稳定化之前，含污染物的气体会不断释放到环境中。处置场释放到环境中的渗滤液和气体污染物经迁移、转化造成水体污染、空气污染和土壤污染。

图 10-1　处置场污染物的迁移过程

10.1.1.2　固体废物的处置原则

固体废物的最终安全处置原则如下所述。

① 区别对待、分类处置、严格管理的原则　根据固体废物对环境的危害程度和危害时间长短可分为六类。

a. 对环境无有害影响的惰性固体废物，如建筑垃圾；

b. 对环境有轻微、暂时影响的固体废物，如矿业渣、电厂粉煤灰、钢渣；

c. 在一定的时间内对环境有较大影响的固体废物，如城市生活垃圾；

d. 在较长时间内对环境有较大影响的固体废物，大部分工业固体废物；

e. 在很长时间内对环境有严重影响的固体废物，如危险废物，含有特殊化学物质的固体废物；

f. 在很长时间内对环境和人体健康有严重影响的废物，如易溶难分解、易爆、放射性废物。

应根据不同废物的危害程度与特性，区别对待、分类管理。如此，既可有效控制主要污染危害，又能降低处置费用。

② 将危险废物与生物圈相隔离的原则　固体废物，特别是危险废物和放射性废物，最终处置的基本原则是合理地、最大限度地使其与自然和人类环境隔离，减少有毒有害物质释放进入环境的速率和总量，将其对环境的影响降到最低程度。

③ 集中处置原则　固体废物实行集中处置，既可节省人力、物力、财力，利于管理，也是有效控制乃至消除危险废物污染危害的重要技术手段。

那么如何才能使所处置的废物及产生的污染物与环境相隔离呢？实际上，要完全做到废物与环境相隔离，阻断废物与环境相联系的通道，绝对不让环境中水分等物质进入处置场，而产生渗滤液和废气；然后再完全阻止产生的渗滤液和气体释放到环境中，这是非常困难的，几乎是不可能的。我们所能做的工作只能是：采用各种天然的或工程的措施尽量减少避免之。

10.1.1.3　多重屏障原理

为使将处置场污染物释放速率减至最小，必须：

① 将联系固体废物与环境的通道数量减至最少，也就是将环境中渗入处置场内的水分减至合适的限度；

② 尽可能将处置场内污染物与环境相联系的通道降到最少，使污染物释放的速度减至最小。

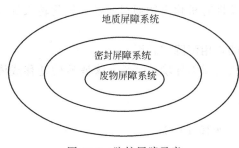

图 10-2　防护屏障示意

为此，必须通过各种天然或工程措施达到以上目的。利用天然环境地质条件而采取的措施，称为天然防护屏障；而采取的工程措施称为工程防护屏障。下面介绍三道防护屏障系统（见图 10-2）。

a. 废物屏障系统。根据废物的性质进行预处理，包括固化或惰性化处理，以减轻废物的毒性或减少渗滤液中有害物质的浓度。

b. 密封屏障系统。利用人为的工程措施将废物封闭，使废物的渗滤液尽量少地突破密封屏障，而向外溢出。

c. 地质屏障系统。地质屏障系统包括场地的地质基础、外围和区域综合地质技术条件。良好的地质屏障系统应达到以下要求：

ⅰ. 土壤和岩层较厚、密度高、均质性好、渗透性低，含有对污染物吸附能力强的矿物成分；

ⅱ. 与地表水和地下水的动力联系较少，可减少地下水的入浸量和渗滤液进入地下水的渗流量；

ⅲ. 从长远上讲，能避免或降低污染物的释出速率。

"地质屏障系统"决定"废物屏障系统"和"密封屏障系统"的基本结构。如果"地质屏障系统"优良，对废物有足够强的防护能力，则可简化"废物屏障系统"和"密封屏障系统"的技术措施。

10.1.2　地质屏障的防护性能

若要对地质屏障的防护能力做出评价，首先要了解处置场释放出的污染物在地质介质中的迁移速度和去除机制。

10.1.2.1　介质的渗透性及水的运移速度

（1）土壤的渗透性及水通量

土壤的渗透性是指空气或水通过土壤的难易程度。渗透性通常用水通量 q 来表示，水通量指单位时间流过的距离，即水通过地质介质的流动通量：

$$q = Ki \qquad (10\text{-}1)$$

式（10-1）称为达西公式。其中，q 为达西通量或水通量，$cm \cdot s^{-1}$；i 为水力坡度，$cm \cdot cm^{-1}$；K 为渗透系数或渗透率，$cm \cdot s^{-1}$。地质介质的渗透系数 K 是决定地下水运移速度和污染物迁移速度的重要参数。土壤结构越紧密，K 越小。

表 10-1 为不同渗透系数的渗透性能。表 10-2 不同地质介质的渗透系数取值范围。

表 10-1　渗透性分级

渗透系数/$cm \cdot s^{-1}$	分级	渗透系数/$cm \cdot s^{-1}$	分级
$>7 \times 10^{-3}$	非常快	$1.4 \sim 6 \times 10^{-4}$	稍慢
$3.5 \sim 7 \times 10^{-3}$	快	$3.5 \sim 14 \times 10^{-5}$	慢
$1.7 \sim 3.5 \times 10^{-3}$	稍快	$<3.5 \times 10^{-5}$	非常慢
$0.6 \sim 1.7 \times 10^{-3}$	中速		

表 10-2　地质介质的典型渗透系数值

介质	渗透系数/cm·s^{-1}	介质	渗透系数/cm·s^{-1}
砾石	$10^{-3} \sim 10^{0}$	未风化的黏土	$10^{-12} \sim 10^{-6}$
砂	$10^{-5} \sim 10^{-2}$	碳酸岩	$10^{-9} \sim 10^{-2}$
淤泥状砂	$10^{-7} \sim 10^{-3}$	砂岩	$10^{-10} \sim 10^{-6}$
亚黏土	$10^{-9} \sim 10^{-6}$	黏土岩	$10^{-12} \sim 10^{-6}$

（2）水的运移速度

土壤孔隙中水的运动速度 v 与孔隙的大小及数量有关，即

$$v = \frac{q}{\varepsilon_e} \tag{10-2}$$

式中，ε_e 为土壤的有效孔隙率，$cm^3 \cdot cm^{-3}$。

10.1.2.2　污染物的迁移及吸附滞留

（1）污染物的迁移速度

污染物迁移与地下水的运动速度有关，且其迁移路线与地下水的运移路线基本相同。则污染物的迁移速率 v' 与 v 的关系为

$$v' = \frac{v}{R_d} \tag{10-3}$$

式中，R_d 为污染物在地质介质中的滞留因子，无量纲量。

$$R_d = 1 + \frac{\rho_b}{\varepsilon_e} k_d \tag{10-4}$$

式中，ρ_b 为土壤的堆积容重（干），$g \cdot cm^{-3}$；k_d 为污染物在土壤/水中的吸附平衡分配系数，$mL \cdot g^{-1}$。

（2）地质介质对污染物的吸附阻滞作用

土壤中的有机质（腐殖质）和黏土颗粒带负电荷，因而，荷正电离子（阳离子），如铵、铅、钙、锌、铜、汞、铬（Ⅲ）、镁、钾等可被土壤中的腐殖质或黏土吸附滞留；而荷负电的离子（CrO_4^{2-}、NO_3^-、Cl^- 等）则不能被土壤所滞留，即负离子随土壤中的水一起迁移。

各种污染物被土壤吸附而阻滞的能力，可用土壤的阳离子交换容量（CEC）表示，CEC 越大，腐殖质和黏土含量越高，则滞留荷电组分的能力越强。

土壤的 CEC 可用每 100g 土壤的毫克当量数表示，即 $Meq \cdot 100g^{-1}$ 土壤。如纯腐殖质的 CEC 为 $200Meq \cdot 100g^{-1}$。

由以上讨论可知，影响废物组分在土壤中迁移的主要因素有：①土壤的种类或结构；②土壤的渗透性；③土壤的阳离子交换容量（CEC）。这三者的关系可用图 10-3 表示。

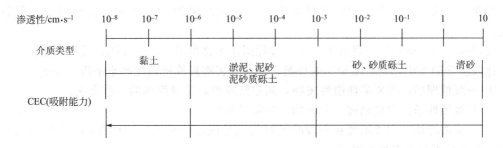

图 10-3　介质层渗透性与吸附能力的关系

黏结性岩石（黏土、亚黏土），其渗透性极小，表面带有很多的负电荷，能吸附大量的有害物质，对有害物质的滞留能力最强。

10.1.2.3 污染物在土壤中的降解

（1）生物降解作用

土壤中的有机污染物可被微生物分解而转化。有机物污染物被生物降解后，浓度衰减的表达式为：

$$c(t) = c_0 \exp(-kt) \tag{10-5}$$

式中，k 为反应速率常数，s^{-1}；c_0 为初始浓度；$c(t)$ 为 t 时刻的浓度。

（2）地质介质的屏障作用

地质介质的阻滞能力，包括污染物在地质介质中的物理衰变、化学反应和生物降解作用。

设地质介质的厚度为 L(m)，则污染物通过所需的时间（迁移时间）为

$$t^* = \frac{L}{v'} = \frac{L}{v/R_d} \tag{10-6}$$

式中，v' 为污染物的迁移速率；v 为水的运动速度；R_d 为污染物在地质介质中的滞留因子。

污染物通过某些地质介质层后，其浓度衰减可示为

$$c = c_0 \exp(-k't^*) \tag{10-7}$$

式中，c_0 为污染物进入地质介质前的浓度；c 为污染物穿透地质介质后的浓度（穿透后地下水的浓度）；k' 为污染物降解或衰变速率常数。

因此，对于在地质介质中既被吸附，又会发生衰变或降解的污染物，只要污染物在此地质层内有足够的停留时间，就可使污染物浓度降到所要求的浓度。

10.1.3 固体废物陆地处置的基本方法

陆地处置可分为土地耕作、永久贮存和土地填埋三大类。应用最多的是土地填埋处置技术。

10.1.3.1 土地填埋处置的特点

① 土地填埋处置是一种按照工程理论和土工标准，对固体废物进行有控管理的综合性的科学工程技术，而不是传统意义上的堆放、填埋。

② 处置方式上，已从堆、填、覆盖向包容、屏蔽隔离的工程贮存方向发展。

③ 填埋处置工艺简单，成本较低，适于处置多种类型的固体废物。

10.1.3.2 分类

按填埋场地形特征分为：①山间填埋；②峡谷填埋；③平地填埋；④废矿坑填埋。

按填埋场地水文气象条件分为：①干式填埋；②湿式填埋；③干、湿式混合填埋。

按性质或状态可分为：①厌氧性填埋；②好氧性填埋；③准好氧性填埋；④保管性填埋。

按固体废物污染防治法规分为：①一般性固体废物填埋；②工业固体废物填埋。

比较科学的方法，是根据废物的种类，以及有害物释放所需控制水平进行分类。

① 一级填埋场：主要填埋惰性废物，如建筑垃圾，是最简单的一种方法。

② 二级填埋场：主要填埋矿业废物，如粉煤灰等。

③ 三级填埋场：主要填埋在一段时间对公众健康造成危害的固体废物。主要处置城市垃圾，称为城市垃圾卫生填埋场。

④ 四级填埋场：主要填埋工业有害废物（工业废物处置场），场地下部土壤要求渗透率 $K < 10^{-6}\,cm \cdot s^{-1}$。

⑤ 五级填埋场：也称危险废物土地安全填埋场，处置危险废物。对选址、工程设计、

建筑施工、营运管理和封场后管理都有特殊的严格要求，$K < 10^{-8}$ cm·s⁻¹。

⑥ 六级填埋场：也称为特殊废物深地质处置库，或深井灌注，处置时，必须封闭处理液体、易燃废气、易爆废物、中高水平的放射性废物。

10.1.3.3 选址

选址必须以场地详细调查、工程设计和费用研究、环境影响评价为基础。总原则是：以合理的技术、经济的方案，尽量少的投资，达到最理想的经济效益，实现保护环境的目的。需考虑的因素如下所述。

① 运输距离：越短越好，但要综合考虑其他各个因素。目前长距离运输越来越多。

② 场址限制条件：场址位于居民区 1 公里以上（德国标准）。

③ 可用土地面积：一个场地至少要运行 5 年。时间越短单位废物处置费用就越高。

④ 出入场地道路：要方便、顺畅，具有在各种气候条件运输的全天候道路。

⑤ 地形、地貌及土壤条件：原则上地形的自然坡度不应大于 5%，尽量利用现有自然地形空间，将场地施工土方减至最少。

⑥ 气候条件：风的强度和风向等，要求位于下风向。

⑦ 地表水文：所选场地须位于 100 年一遇洪水区之外。

⑧ 地质条件：场地应选在渗透性弱的地区，K 值最好达到 10^{-8} m·s⁻¹ 以下，并有一定厚度。

⑨ 当地环境条件：a. 应位于城市工农业发展规划区、风景规划区、自然保护区以外；b. 应位于供水水源保护区和供水远景区以外；c. 应备具较有利的交通条件。

⑩ 地方公众：减少对公众的影响。

10.1.3.4 填埋场设计运行的环境法规要求

我国建设部 1991 年颁布的《城市垃圾卫生填埋技术标准》中，对城市垃圾卫生填埋场场址限制、运行、设计、地下监测及保护、封场保护、封场及封场后的管理等，均确定了最小标准。

例如，要求填埋底部黏土衬层的厚度须 >1m，且其渗透系数必须 $< 10^{-7}$ cm·s⁻¹，对封场后的填埋场必须细心照管 30 年。

10.1.3.5 场地的设计

选址后，就可按法规和标准进行设计。设计的内容一般包括场地面积和场地容积大小的确定；防渗措施，地下水保护以及逸出气体的控制等。

填埋场面积和容积的大小，与城市的人口数量、垃圾的产率、固体废物填埋的高度、废物与覆盖材料的比值以及填埋后的压实密度有关。

常用的设计参数为：①覆土与填埋垃圾之比为 1:4 或 1:3；②固体废物的压实密度为 $50 \sim 700$ kg·m⁻³；③场地的容积至少使用 20 年。

一年中需要填埋的固体废物的体积按下式计算

$$V = 365 \times \frac{WP}{D} + C \, (\text{m}^3 \cdot \text{a}^{-1}) \tag{10-8}$$

式中，W 为城市垃圾和无害废物的产率，kg·d⁻¹·人⁻¹；P 为服务区内的人口总数，人；D 为填埋后垃圾的压实密度，kg·m⁻³；C 为覆土体积，m³；

若填埋高度为 H，则每年所需的场地面积为

$$A = V/H \, (\text{m}^2) \tag{10-9}$$

【例 10-1】 一个 5 万人口的城市，平均每人每天产生垃圾 2.0kg，若用填埋法处置，覆土与垃圾之比为 1:4，填埋后废物的压实密度为 600kg·m⁻³，试求一年填埋废物多少立方

米？占地面积为多少？（填埋高度为 7.5m）

解：（1）确定填埋容积

$$V=\frac{365\times2.0\times50000}{600}+\frac{365\times2.0\times50000}{600\times4}=60833+15208=76041\ (\text{m}^3)$$

（2）每年占地面积

$$A=\frac{V}{H}=\frac{76041}{7.5}=10138.8\ (\text{m}^2)$$

如果运营 20 年，则填埋面积为

$$A_{20}=10138.8\times20=202776\ (\text{m}^2)$$

运营 20 年的总体积为

$$V_{20}=76041\times20=1.5\times10^6\ (\text{m}^3)$$

10.2 填埋场的基本构造和类型

按填埋废物的类别和填埋场污染防治原理，填埋场的造构分为衰减型填埋场和封闭型填埋场。城市垃圾的卫生埋场属衰减型。而处置危险废物的安全填埋场属封闭型。

10.2.1 自然衰减型填埋场

10.2.1.1 构造

一个理想的自然衰减型填埋场的基本结构（剖面）如图 10-4 所示。即其构造由填埋底部为黏土层、黏土层之下为含砂水层、含砂水层下为基岩组成的岩层。

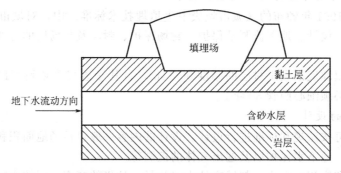

图 10-4　自然衰减型填埋剖面

10.2.1.2 渗滤液的衰减过程

渗滤液的衰减过程可分为黏土层中的衰减和含水层中的衰减两阶段。

（1）黏土层中的衰减

渗滤液在此层内发生的降解作用有：①吸附/解吸；②离子交换；③沉淀/溶解；④过滤；⑤生物降解。发生以上这些作用（渗滤液与黏土层），渗滤液中有些污染物浓度降低，有些也可能升高。

使渗滤液降低的因素主要有：①吸附；②离子交换；③沉淀；④过滤。它们使污染物迁移速度变慢，使浓度降低。

使污染物浓度升高的因素有：①解吸；②离子交换；③溶解。它们使污染物的迁移速度加快。

生物降解，化学降解和物理衰变，会使地下水中的污染物消失，当然也存在产生新物质的问题。

（2）含水层中的衰减

穿过黏土层进入含水层的渗滤液发生以下过程：

① 首先发生混合、扩散（弥散）作用被地下水稀释。

② 随地下水迁移过程中，与水层介质发生吸附、离子交换、过滤、沉淀等反应而衰减。

10.2.1.3 影响污染物自然衰减的因素

（1）介质层类型、厚度及水运移参数

① 填埋场场地土壤类型（如砂土、黏土等）、厚度及其成层排列对渗滤液的自然衰减有重要影响，见表 10-3。

② 渗滤液进入地下水的流速、含水层中的厚度以及地下水本身的流速，都会影响渗滤液组分在含水层中的稀释。

最适合于自然衰减的土壤地质层介质的离子交换容量为 $30 \sim 40 \mathrm{Meq} \cdot 100 \mathrm{g}^{-1}$，渗透率 K 为 $1 \times 10^{-4} \sim 1 \times 10^{-5} \mathrm{cm} \cdot \mathrm{s}^{-1}$。

表 10-3　几种介质的离子交换容量

介质类型	纯腐殖质	蒙脱土	高岭土	多数土壤
CEC/Meq · $100 \mathrm{g}^{-1}$	200	90	80	$10 \sim 30$

（2）渗滤液流速

所有衰减机理无论怎样都与渗滤液流速有关。反应动力学将支配着五种机理中的四种机理：吸附作用、生物降解、离子交换作用和沉淀作用。无论何种衰减机理均与渗滤液流速有关。

（3）渗滤液中的污染物

渗滤液中的污染物在土层中浓度降低的趋向是：①大多数金属能被黏土等矿物质吸附，吸附能力越强，污染物的迁移速度就越慢；②微量非金属物质只能部分被土壤吸附，迁移速度较快；③硝酸盐、硫酸盐和氯化物等常量物质，很少被土壤吸附，易穿透土层直接进入地下含水层；④BOD、COD 及挥发性有机物（VOC）在土壤中有一定吸附和生物降解；⑤土壤对微量浓度的放射性核素吸附能力较强，迁移速度较慢。

在包气带土层中发生的这些反应，使渗滤液-土壤系统的 pH 值逐渐趋近于中性，铜、铅、锌、铁（部分）、铵、镁、钾、钠等因吸附或离子交换而浓度降低，但是，铵、镁、钾将置换出钙，从而增加渗滤液的总硬度，最终会显著增加填埋场附近地下水中硬度。同时，对于不发生生物降解、化学降解或物理衰变的污染物，其自土层的流出浓度随时间将会逐渐升高，最终会与渗滤液中浓度相同。能发生生物降解、化学降解或物理衰变的污染物，虽然其自土层的流出浓度随时间也会逐渐升高，但最终仍会小于渗滤液中的浓度。

（4）含水层的渗透性及厚度

对渗滤液中不能被土壤吸附降解的污染物，含水层的渗透性要小，较合适的渗透率为：$<1 \times 10^{-3} \mathrm{cm/s}$，厚度应尽可能小（如砂质含水层）。

若含水层中的渗透性大，则在同一水力梯度下，地下水的流速就快，有害物质在含水层中的传播速度也快，使有害物质的传播由静水时扩散，转变为流动状态的渗透弥散迁移，即大大加强了有害物质的传播速度和距离。对含水层厚度而言，若含水层很薄，则在地下水同一流速下，流经地下水的径流量就小，有害物质扩散效果就差；即使是渗透性很大的含水层，若其厚度很小，采取人工治理也很容易。

191

10.2.2 全封闭型填埋场

全封闭型填埋场的设计概念，是将废物和渗滤液与环境隔绝开，将废物安全保存相当一段时间（数十甚至上百年）。这类填埋场通常利用地层结构的低渗透性或工程密封系统，来减少渗滤液产生量和通过底部的渗透泄漏渗入蓄水层的渗滤液量，将使地下水的污染减少到最低限度，并对所收集的渗滤液进行妥善处理处置，认真执行封场及善后管理，从而达到使处置的废物与环境隔绝的目的。

全封闭填埋场的基础、边坡和顶部均需设置由黏土或合成膜衬层，或两者兼备的密封系统，且底部密封一段为双衬层密封系统，并在顶部安装入渗水收排系统（SLCR），底部安装渗滤液收集主系统（LCRS）和渗漏渗滤液检测收排系统（LDCR）。在这类填埋场内，整个衰减过程是在废物中进行的，这些过程通常能减少渗滤液的有机负荷。在某些情况下，特别是含有难降解废物时，渗滤液的负荷也可以有所降低。

10.2.3 半封闭型填埋场

这种类型填埋场的设计概念实际上介于自然衰减型填埋场和全封闭型填埋场之间。半封闭型填埋场的顶部密封系统一般要求不高，而底部一般设置单密封系统和在密封衬层上设置渗滤液收排系统。大气降水仍会部分进入填埋场，而渗滤液也可能会部分泄漏进入土层和地下含水层，特别是只采用黏土衬层时更是如此。但是，由于大部分渗滤液可被收集排出，通过填埋场底部渗入下黏土层和地下含水层的渗滤液量显著减少，下黏土层的屏障作用可使污染物的衰减作用更为有效。

10.3 填埋场中的生物降解行为

10.3.1 填埋场垃圾的降解过程

垃圾的降解实质上是一个由多种细菌参与的多阶段复杂的生物化学过程，主要可分为以下 5 个阶段。

（1）初始调整阶段

垃圾一旦被填入填埋场中就进入初始调整阶段。此阶段内垃圾中易降解组分迅速与填埋垃圾所夹带的氧气发生好氧生物降解反应，生成 CO_2 和 H_2O，同时释放一定的热量，垃圾温度明显升高。本阶段的主要化学反应如下

碳水化合物 $\quad C_xH_yO_z + \left(x + \dfrac{1}{4}y - \dfrac{1}{2}z\right)O_2 \longrightarrow xCO_2 + \dfrac{1}{2}yH_2O + 热量$

含氮有机物 $\quad C_xH_yO_zN_v \cdot aH_2O + bO_2 \longrightarrow C_sH_tO_u + eNH_3 + dH_2O + fCO_2 + 热量$

在此阶段的初期，除了微生物生化反应外，还包括许多昆虫和无脊椎动物（螨、倍足纲节肢动物、等足类动物、线虫）对易降解组分的分解作用。

（2）过渡阶段

在此阶段，填埋场内氧气被耗尽，填埋场内开始形成厌氧条件，垃圾降解由好氧降解过渡到兼性厌氧降解，此时起主要作用的微生物是兼性厌氧菌和真菌。

此阶段垃圾中的硝酸盐和硫酸盐分别被还原为 N_2 和 H_2S，填埋场内氧化还原电位逐渐降低，渗滤液 pH 值开始下降。

（3）酸化阶段

填埋场填埋气中 H_2 含量达到最大值，意味着填埋场稳定化已进入酸化阶段。在此阶段，对垃圾降解起主要作用的微生物是兼性和专性厌氧菌，填埋气的主要成分是 CO_2，渗

滤液 COD、VFA 和金属离子浓度继续上升至中期达到最大值、此后逐渐下降，同时 pH 值继续下降至中期达到最低值（5.0 甚至更低），此后又慢慢上升。

此阶段可分为以下 6 个步骤进行：①将有机单体转化为氢、重碳酸盐以及乙酸、丙酸、丁酸等小分子酸类；②专一性产氢产乙酸菌将还原的有机产物氧化成氢、重碳酸盐和乙酸；③同源产乙酸菌将重碳酸盐还原成乙酸；④硝酸盐还原菌和硫酸盐还原菌将还原的有机产物氧化成重碳酸盐和乙酸盐；⑤硝酸盐还原菌和硫酸盐还原菌将乙酸氧化成重碳酸盐；⑥硝酸盐还原菌和硫酸盐还原菌氧化氢原子。

（4）甲烷发酵阶段

当填埋气中 H_2 含量下降至很低时，填埋场稳定化即进入甲烷发酵阶段，此时产甲烷菌将醋酸和其他有机酸以及 H_2 转化为 CH_4。

此阶段专性厌氧细菌缓慢却有效地分解所有可降解垃圾至稳定的矿化物或简单的无机物。这一过程的主要生化反应如下

$$5nCH_3COOH \longrightarrow 2(CH_2O)_n + 4nCH_4 + 4nCO_2 + 热量$$

在此阶段前期，填埋气 CH_4 含量上升至 50% 左右，渗滤液 COD 浓度、BOD_5 浓度、金属离子浓度和电导率迅速下降，渗滤液 pH 值上升至 6.8～8.0；此后，填埋气 COD 浓度、BOD_5 浓度、金属离子浓度和电导率缓慢下降。

（5）成熟阶段

当垃圾中生物易降解组分基本被分解完时，填埋场稳定化就进入了成熟阶段。此阶段，由于大量的营养物质已随渗滤液排出或生物降解，只有少量的微生物分解垃圾中的难生物降解物质，填埋气的主要组分依然是 CO_2 和 CH_4，但其产率显著降低，渗滤液常常含有一定量的难以降解的腐殖酸和富里酸。

10.3.2　填埋场固液相、液气相反应的特点

（1）固液相反应的特点

垃圾降解，实际上就是各种微生物作用下的复杂有机物的生物分解。微生物的营养和代谢只有在酶的参与下才能正常进行。酶是在微生物体内合成、催化生物化学反应并传递电子、原子或化学基团的生物催化剂。微生物的种类繁多，其酶的种类也很丰富。

固体垃圾中生物可降解大分子有机化合物（纤维素、半纤维素、蛋白质），在微生物的作用下，水解成分子量较小的有机化合物（多肽、多聚糖）；然后，此类分子量较小的有机化合物，在其他微生物的作用下，进一步分解成分子量更小的有机化合物（葡萄糖、氨基酸、长链有机酸）和少量 CO_2；最后，在各种产甲烷菌的控制作用下，醋酸、氢和部分二氧化碳转化为甲烷。

垃圾中可溶性有机化合物溶解于水，是以扩散为控制步骤的过程。固体分子溶进水中是很快的，但已溶分子离开固液界面，扩散到整个水中的速度比较慢。固体分子的扩散速度可用 Fick 扩散第一定律表示

$$\frac{dn}{dt} = -DA \cdot \frac{dc}{dz}$$

$$\frac{dc}{dz} = \frac{c - c_i}{\delta}$$

式中，dn/dt 为扩散速度，即单位时间内以垂直方向扩散通过固液界面积 A 的物质量；dc/dz 为沿扩散方向的浓度梯度；A 为固液界面积；D 为扩散系数；c 为溶液体相浓度；c_i 为固液界面处溶液浓度；δ 为扩散层厚度。

由此可见，如将垃圾在填埋前进行破碎，可增大固液相接触面积（即式中的面积 A）

使可溶性有机化合物更快地溶解于水，加快固体垃圾中生物可降解大分子有机化合物水解速度和垃圾渗滤液的产生，从而有利于垃圾的降解。同时，若填埋场内通过覆盖层渗透到垃圾层的雨水流动畅通，可以增大溶液内部与固液界面处有机物的浓度差（$c-c_i$）来提高扩散速率，有利于有机化合物扩散到水中，从而有利于固体垃圾中生物可降解物的分解。

（2）液气相反应的特点

从可溶性有机化合物溶解于水后进行水解，到最后醋酸、氢和部分二氧化碳在各种产甲烷菌作用下转化为甲烷，此期间在垃圾渗滤液中所进行的各种分解反应都是酶促反应。此类酶促反应明显的特点是：

① 催化活性好，催化剂效率高，催化效率比一般催化剂高 $10^6 \sim 10^{10}$ 倍。

② 酶促反应的选择性非常高（即专一性），一种酶往往只对某一特定反应起作用。

③ 酶反应一般在常温下就能进行，其反应速度对温度和酸度等的变化很敏感，在温度稍高时，酶的失活作用增强，酶反应总速度下降，当温度达 $50 \sim 60$℃ 时，大多数酶几乎完全失去活性，催化反应速度接近于零。

④ 酶促反应与酸度的关系也很大，每个酶促反应都有一最适宜的 pH 值，pH 值的升高或降低都将削弱催化活性。

上述的部分分子量较小的有机化合物（多肽、多聚糖）分解成分子量更小的有机化合物（葡萄糖、氨基酸、长链有机酸）和 CO_2、部分分子量更小的有机物分解为乙酸和 CO_2 以及乙酸、H_2 和部分 CO_2 在各种产甲烷菌作用下转化为甲烷等反应又为气液反应，反应所产生的气体（CH_4 和 CO_2）分压的大小，直接影响到反应物（多肽、多聚糖、葡萄糖、氨基酸、长链有机酸、醋酸）分解的速度。填埋场导气系统导气性能好，垃圾降解产生的 CO_2 和 CH_4 容易被导出，CH_4 和 CO_2 的气体分压易变小，从而有利于垃圾的降解。

（3）垃圾成分的变化

垃圾填埋后，垃圾成分将随填埋年限的变化呈现出有规律的变化，纤维素、半纤维素含量不断下降，木质素转化为腐殖酸的过程十分缓慢，故其含量变化很小。粗蛋白质含量（总凯氏氮含量乘以 6.25）变化不大。研究表明，填埋 5 年以后粗蛋白含量为 3.52%，填埋 18 年以后粗蛋白含量仅下降为 2.33%。

10.3.3 卫生填埋场内的微生物种类

卫生填埋场内微生物主要分为三大类。

第一类是水解细菌。Hungate 分离出了以下几种水解菌：①产琥珀酸拟杆菌属；②湖生（lochheadii）芽孢梭菌属；③柱孢梭菌属；④生黄瘤胃球菌；⑤白色瘤胃球菌落；⑥溶纤维丁酸弧菌。同时还分离出纤维酶 β-1,4-葡聚糖酶，外 β-1,4-葡聚糖酶和纤维素二糖酶；并指出纤维素水解慢的原因主要与纤维素结构以及纤维素和木质素含量有关。

第二类为产氢产乙酸菌群。在卫生填埋场中，分离出产氢产乙酸菌的有布氏甲烷杆菌属和 G 株布氏生-甲烷杆菌属等；产氢产乙酸菌群是将第一阶段发酵产物如丙酸等三碳以上的有机酸、长链脂肪酸和醇类等氧化分解成乙酸和分子氢。

第三类为产甲烷菌群。在卫生填埋场中，产甲烷菌群可分为杆状菌、球状菌和八叠球菌三类。杆状产甲烷菌通常呈弯曲、链状或丝状，此类细菌有史密斯甲烷短杆菌属、甲酸甲烷杆菌属、巴氏甲烷杆菌、反刍甲烷短杆菌属、史密斯甲烷杆菌属及嗜热自养甲烷杆菌属等。球状产甲烷细菌直径为 $0.3 \sim 0.5 \mu m$，球形细胞呈正圆形或椭圆形，成对排列成链状。此类细菌有巴氏甲烷八叠球菌、以范尼氏甲烷球菌、沃氏甲烷球菌、马氏产甲烷球菌及嗜热无机营养甲烷球菌等。八叠球状产甲烷球菌，其细胞繁殖成规则、大小一致的类似砂粒的堆积物，有 227 巴氏甲烷球菌、巴氏甲烷八叠球菌、嗜热甲烷八叠球菌。

（1）优势菌种

当反刍产甲烷短杆菌和甲烷八叠球菌共存时，优质菌种为甲烷八叠球菌，因为反刍产甲烷短杆菌对分子氢的亲和能力较低。当脱硫弧菌与甲烷细菌共存时，硫酸盐还原细菌利用游离氢还原硫酸盐成硫化氢比产甲烷细菌利用游离氢还原二氧化碳成甲烷的反应较容易。也就是说脱硫弧菌和产甲烷菌之间存在着能量协同联合作用，又存在竞争，当硫酸盐含量高时，产甲烷菌由于缺少可利用的分子氢而不能生存，脱硫弧菌为优势菌种。

（2）非产甲烷菌和产甲烷菌

在卫生填埋场内，不产甲烷菌和产甲烷菌相互依赖，但又相互制约。不产甲烷菌通过其生命活动为产甲烷菌提供了合成细胞物质和产甲烷菌所需要的碳前体和电子供体、氢供体和氮源，而产甲烷菌充当厌氧环境中有机物分解中微生物食物链的最后一个生物体。

（3）产甲烷菌数量与活性指标

对垃圾填埋场中的产甲烷菌的数量进行了测定结果为每克垃圾产甲烷菌的数量在 $10^5 \sim 10^6$ 个之间，每克垃圾产氢产乙酸菌在 $10^7 \sim 10^8$ 个之间。辅酶 F_{420} 是一种低电位电子载体的形式存在，它的化学名称为 7,8-二脱甲基-8-羟基-5-脱氮核黄素，其含量可以用分光光度计或荧光光度计测定。各种产甲烷菌中均含有辅酶 F_{420}，它的测定快速方便，相对代表了产甲烷菌的活性。

10.3.4 影响固体废物降解的因素

影响垃圾降解的因素分为两大类：一类是环境因素，包括温度、pH 值、湿度和氧化还原电势等；另一类是基本因素，包括微生物量、有机物组成、营养比等。

（1）温度

微生物生长的温度范围很广，约为 $-5 \sim 85 ℃$。根据不同微生物生长温度可将其分为低温型、中温型和高温型。垃圾的降解主要发生在中温和高温段。中温型最适为 $18 \sim 35 ℃$，最高为 $40 \sim 45 ℃$；高温型最适 $50 \sim 60 ℃$，最高 $70 \sim 85 ℃$。Robert. K. Hanz 等研究了温度对填埋场垃圾试样产气的影响，结果表明，41℃是垃圾产气的最佳温度，而在 $48 \sim 55 ℃$ 之间，垃圾基本上不产气。

（2）湿度

水作为营养物质、酶、胞外酶和气体的溶剂，以及在不同转化时（水解过程）作为化学有效物质，水的存在是微生物活动和厌氧降解成功的基本条件。垃圾卫生填埋过程能承受的含水率范围较宽，为 $25\% \sim 70\%$。含水量较高时，卫生填埋过程中容易形成恶臭，导致空气污染。卫生填埋场的恶臭问题也是公众关注的焦点问题。通常填埋场的渗滤液回灌能加速填埋场的稳定，这是 Federeck. G. Poland，F. G. Poland 和 James. O. Leckie 等通过大量实验得出的结论。George Tvhobanoglous 等认为垃圾降解的最佳含水率为 $50\% \sim 60\%$，并给出了有充足水分和水分不充足条件下垃圾产气的比较，结果表明，垃圾含水率较高，产气量也较高。

（3）pH 值

在卫生填埋过程中，垃圾中的有机物被微生物所降解，而产甲烷菌最适宜 pH 值为 $6.8 \sim 7.5$，低于 6.8 或高于 7.5，产甲烷菌的活性均降低，且要求绝对厌氧。因为 pH 值变化可以影响不产甲烷菌的活动，从而间接影响产甲烷菌。pH 值高时会使 CO_2 浓度下降，而

pH 值低时又会抑制细菌的活动。

(4) 垃圾中有机物组成

在垃圾厌氧降解中，为满足微生物生长的需要，垃圾中要有足够的碳、氮、磷存在，一般 C/N 比宜在（10~20）∶1 之间，有机物去除量最大。若 C/N 比值太高，则细菌生长所需的氮量不足，容易造成有机酸的积累，从而抑制产甲烷菌的生长。如 C/N 值太低，盐大量积累，pH 值上升到 8 以上，也会抑制产甲烷菌的生长。另外，Morton. A. Barlaz 等所做的垃圾质量平衡研究表明，垃圾中的糖分在厌氧条件下产生羧酸而引起 pH 值下降，抑制垃圾的降解。因此，通过堆肥预先去除部分含糖量高的厨余垃圾将有助于填埋场内垃圾的降解。

10.4　渗滤液的产生及控制

渗滤液的污染控制是填埋场设计、运行和封场的关键性问题。

10.4.1　渗滤液的组成及特征

(1) 填埋场渗滤液的主要成分

主要成分有四类：①常见元素和离子，如 Cd、Mg、Fe、Na、NH_3、CO_3^{2-}、SO_4^{2-}、Cl^- 等；②微量金属，如 Mn、Cr、Ni、Pb 等；③有机物，常以 COD、TOC 来计量；④微生物。

(2) 性质

① 色、臭：呈淡茶色或暗褐色，色度在 2000~4000 之间。有较浓的腐化臭味。

② pH：填埋初期 pH 为 6~7，呈弱酸性，随时间推移，pH 为 7~8，呈弱碱性。

③ BOD_5：随时间和微生物活动的增加，渗滤液中 BOD_5 也逐渐增加。一般填埋 6 个月~2.5 年，达到最高峰值，此后 BOD_5 开始下降，6~15 年稳定。

④ COD：填埋初期，COD 略低于 BOD_5，随时间推移，BOD_5 快速下降，而 COD 下降缓慢，使 COD 略高于 BOD_5。

渗滤液的生物可降解性用 BOD/COD 表示。当 BOD/COD≥0.5 时，渗滤液易生物降解；当 BOD/COD<0.1 时，难于降解。

⑤ TOC：其值一般为 265~280mg·L^{-1}。BOD_5/TOC 可反映渗滤液中有机碳的氧化状态。初期：BOD_5/TOC 较高，随时间推移，渗滤液中的有机碳呈氧化态，BOD_5/TOC 降低。

⑥ 总溶解固体：填埋初期，溶解性盐浓度可达 10000mg·L^{-1}，同时具有相当高的 Na^+、Ca^{2+}、Cl^-、SO_4^{2-}、Fe^{3+} 等，6~24 个月达高峰值，此后随时间增加，无机物浓度降低。

⑦ 总悬浮固体（SS）：一般多在 300mg·L^{-1} 以下。

⑧ 氮化物：氨氮浓度较高，以氨态氮为主，一般为 0.4mg·L^{-1} 左右，有时高达 1 mg·L^{-1}，有机氮占总氮的 10%。

⑨ 重金属：生活垃圾单独填埋时，重金属含量较低。不会超过环保标准，但与工业废物或污泥混埋时，重金属含量增加，可能超标。

其实，渗滤液的化学组成是随时间变化的。有两层含义：①随填埋场使用年限的增加，渗滤液中各成分的浓度会发生较大的变化；②即使是新建的填埋场，在不同的时间段，渗滤液的成分也是变化的。

通常，当填埋场处于初期阶段时，渗滤液的 pH 较低，而 COD、BOD_5、TOC、SS、硬度、挥发性脂肪酸和金属的含量较高；当填埋场处于后期时，渗滤液的 pH 升高（6.5～7.5），而 COD、BOD_5、硬度、挥发性脂肪酸和金属的含量则明显下降。

10.4.2 来源

填埋场渗滤液的来源如下所述。

（1）直接降水

降水包括降雨和降雪，它是渗滤液产生的主要来源。影响渗滤液产生数量的降雨特性有降雨量、降雨强度、降雨频率、降雨持续时间等。降雪和渗滤液生成量的关系受降雪量、升华量、融雪量等影响。在积雪地带，还受融雪时期或融雪速度的影响。一般而言，降雪量的十分之一相当于等量的降雨量，其确切数字可根据当地的气象资料确定。

（2）地表径流

地表径流是指来自场地表面上坡方向的径流水，对渗滤液的产生量也有较大的影响。具体数字取决于填埋场地周围的地势、覆土材料的种类及渗透性能、场地的植被情况及排水设施的完善程度。

（3）地表灌溉

与地面的种植情况和土壤类型有关。

（4）地下水

如果填埋场地的底部在地下水位以下，地下水就可渗入填埋场内，渗滤液的数量和性质取决于地下水与垃圾的接触情况、接触时间及流动方向。如果在设计施工中采取防渗措施，可以避免或减少地下水的渗入量。

（5）废物中的水分

指随固体废物进入填埋场中的水分。包括固体废物本身携带的水分以及从大气和雨水中的吸附水量。入场废物携带的水分有时是渗滤液的主要来源之一。填埋污泥时，不管污泥的种类及保水能力如何，即使通过一定程度的压实，污泥中总有相当部分的水分变成渗滤液自填埋场流出。

（6）覆盖材料中的水分

随覆盖层材料进入填埋场中的水量与覆盖层物质的类型、来源以及季节有关。覆盖层物质的最大含水量可以用田间持水量（FC）来定义，即克服重力作用之后能在介质孔隙中保持的水量。典型的田间持水量对于砂而言为 6%～12%，对于黏土质的土壤为 23%～31%。

（7）有机物分解生成水

垃圾中的有机组分在填埋场内经厌氧分解会产生水分，其产生量与垃圾的组成、pH值、温度和菌种等因素有关。

渗滤液的来源及影响因素如图 10-5 所示。

10.4.3 控制渗滤液产生量的工程措施

（1）入场废物含水率的控制

城市垃圾卫生填埋场一般要求入场填埋的垃圾含水率<30%（质量分数）。

（2）控制地表水的入渗量

地表水渗入是渗滤液的主要来源。因此对包括降雨、地表径流、间歇河和上升泉等的所有地表水进行有效控制，可减少填埋场渗滤液的产生量。

（3）控制地下水的入渗量

有关法规规定，填埋场底部距地下水最高水位应>1m。具体有以下控制措施：①设置隔离层法；②设置地下水排水管法。

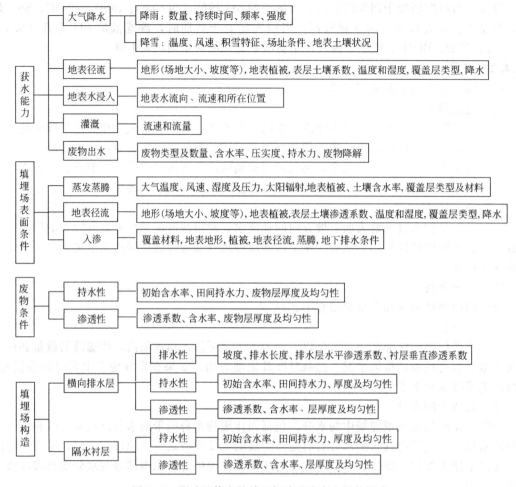

图 10-5　影响固体废物填埋场渗滤液产生量的因素

10.4.4　渗滤液产生量计算

10.4.4.1　水平衡计算法

（1）简单水量衡算法

对于运行中的填埋场，渗滤液年产量的计算式

$$L_0 = T - E - \alpha W \qquad (10\text{-}10)$$

式中，L_0 为填埋场渗滤液年产量，$m^3 \cdot a^{-1}$；T 为进入场内的总水量（降雨量＋地表水流入量＋地下水流入量），$m^3 \cdot a^{-1}$；E 为蒸发损失总量（地表水的蒸发量＋植物蒸腾量），$m^3 \cdot a^{-1}$；α 为单位质量废物压实后产生的沥滤水量，$m^3 \cdot t^{-1}$；W 为固体废物量，$t \cdot a^{-1}$。

（2）含水率逐层月变化法

$$Q = 0.0001 A_a PER_R + W_{GR} \qquad (10\text{-}11)$$

式中，Q 为整个填埋场渗滤液月产生量，$m^3 \cdot$ 月$^{-1}$；A_a 为填埋场的面积，m^2；PER_R 为通过固体废物层的水渗透率，$mm \cdot$ 月$^{-1}$；W_{GR} 为地下水的月入浸量，$m^3 \cdot$ 月$^{-1}$。

10.4.4.2　经验公式法

（1）年平均日降水量法

$$Q = 1000^{-1} CIA \qquad (10\text{-}12)$$

式中，Q 为渗滤液平均日产生量，$m^3 \cdot d^{-1}$；I 为年平均日降雨量，$mm \cdot d^{-1}$；A 为填埋场面积，m^2；C 为渗出系数，表示填埋场内降雨量中成为渗滤液的质量分数，其值随填埋场覆盖土性质、坡度而变化。一般，其值为 0.2～0.8，封顶的填埋场则以 0.3～0.4 居多。

Ehrig 对德国 15 个填埋场的观察结果表明，高压实填埋场（压实密度≥$0.8t \cdot m^{-3}$）的渗出系数为 0.25～0.4；低压实填埋场（压实密度≤$0.8t \cdot m^{-3}$）的渗出系数 0.15～0.25。

（2）n 年概率降水量法

$$Q = 10I_n[(W_{sr}\lambda A_s + A_a)K_r(1-\lambda)A_s/D]/N \tag{10-13}$$

式中，I_n 为 n 年概率的年日平均降水量，$mm \cdot d^{-1}$；W_{sr} 为流入填埋场场地的地表径流流入率；λ 为由填埋场流入的地表径流流出率，0.2～0.8；A_s 为场地周围汇水面积，$10^4 m^2$；A_a 为填埋场场地面积，$10^4 m^2$；$1/N$ 为降水概率；D 为水从积水区中心到集水管的平均运移时间，d；K_r 为流出系数，$K_r = 0.01(0.002I_n^2 + 0.16I_n + 21)$。

10.4.5 渗滤液的处理方法

城市垃圾填埋渗滤液处理的基本方法有：①渗滤液再循环；②渗滤液蒸发；③处理后处置；④排往城市废水处理系统。

10.4.5.1 渗滤液再循环处理

该法是将渗滤液收集后再回灌到填埋场。作用过程：

① 将填埋场初期阶段渗滤液中存在的 TDS、BOD、COD、氮和金属，通过填埋场内的生物作用和其他物理化学反应被稀释。

② 渗滤液中的简单有机酸将转换为二氧化碳和 CH_4，CH_4 的产生，使渗滤液的 pH 上升，金属将发生沉淀被保留在填埋场。

③ 渗滤液循环有利于含 CH_4 的填埋场气体的恢复利用。

10.4.5.2 渗滤液的蒸发处理

其处理是将渗滤液直接浇洒到地面而蒸发。英国，采用较多。意大利，则不采用此法，怕浇洒到地面的污水会导致地下水污染，蔬菜中毒。

10.4.5.3 排往城市污水处理厂处理

应注意在排往收集系统前，须进行预处理。否则渗滤液量太多，使城市污水厂出现污泥膨胀、铁沉淀等一系列问题。

10.4.5.4 渗滤液现场处理

处理填埋场渗滤液的方法与废水（污水）的处理方法相同，有生物法，化学法，物理法和物理化学法。

（1）生物法

根据微生物的呼吸特性，生物处理可分为好氧处理和厌氧处理两大类。

根据微生物的生长状态，废水生物处理可分为悬浮生长法（活性污泥法）和附着生长法（生物膜法）。

① 好氧生物处理

a. 悬浮生长型（主要为活性污泥法）。主要有普通活性污泥法，完全混合式表面曝气法，吸附再生法等。

b. 生物膜法（附着系统处理）。主要有生物滤池，生物转盘，生物接触氧化法（在曝气池中放置填料作为载体），如生物流化床等。

② 厌氧生物处理

a. 厌氧悬浮生长系统处理技术。主要有厌氧活性污泥法（消化池，搅拌悬浮），升流式厌氧污泥床（UASB）等。

b. 厌氧附着生长系统处理技术。主要有厌氧生物滤池，厌氧膨胀床（膨胀率10%～20%），厌氧流化床（$\geqslant u_{mf}$），厌氧生物转盘（转盘完全淹没水中）等。

③ 自然生物处理法（利用天然的藻类共生系统净化水体）。包括好氧氧化塘（悬浮生长型），厌氧塘（悬浮），兼性塘，曝气塘等。

（2）化学法

包括化学沉淀法，混凝法，中和法，氧化还原法等。

（3）物理法

包括格栅、筛网法，重力分离法（沉淀法），浮选（气浮法），离心分离法，砂滤池法等。

（4）物理化学法

包括萃取法（液-液），吸附法，离子交换法，电渗析法（在外加电场作用下，利用阴、阳离子交换膜对水中的离子的选择性透过，以达到分离净化的目的），反渗透法，超滤法（截留大分子）。

按胶体科学的观点，各种废水，不管它的来源、组成如何，以粒子尺度划分都可视为以水为分散介质的分散体系，因此，依分散相粒度的不同，可将废水分为以下体系。

① 粗悬浮颗粒体系：$d_S > 100\mu m$ 的粗大颗粒废水体系。

② 悬浮液体系：$100nm < d_S < 100\mu m$ 的悬浮液废水体系。

③ 胶体溶液体系：$1nm < d_S < 100nm$ 的胶体废水体系。

④ 真溶液体系：$d_S < 1nm$ 的真溶液废水体系。

因此，①对粒大颗粒体系，可通常筛滤、沉淀等除去挟带在水中的污染物；②对悬浮液体系，可通过重力沉降、离心沉降、过滤等方法除去。③对胶体体系，可采用混凝、超滤、纳滤等方法去除；④对溶解性污染物，可用反渗透、电渗析、反应分离等方法去除。

10.4.6　渗滤液处理方法的选择

渗滤液处理方法的选择，取决于渗滤液的特性和填埋场当地的地理和自然条件。

（1）渗滤液特性

主要考虑的因素有：COD、TDS、SO_4^{2-}、重金属和非特殊有毒组分。例如：①若渗滤液的 TDS>500000mg·L^{-1}，就不能用生物法处理；②若COD很高，不利好氧处理，应选择厌氧处理；③若渗滤液中硫的浓度很高，会限制厌氧处理过程，因为生物降解含硫渗滤液会产生恶臭气体；④重金属的毒理性质也是生物处理过程要考虑的问题。

（2）处理设施的大小

取决于填埋场的大小和填埋场的使用年限。例如对老式填埋场而言，需要考虑特殊有毒组分的存在。

10.5　填埋场气体的产生与控制

10.5.1　填埋场气体组成特征

填埋场气体包括主要气体和微量气体。

（1）主要气体组成

主要有：NH_3、CO_2、CO、H_2、H_2S、CH_4、N_2、O_2 等。表10-4为城市垃圾填埋气

体的典型组成。由表可知，CH_4 和 CO_2 是填埋气体（LFG）中的主要气体。

表 10-4　城市垃圾填埋气体的典型组成

组分	NN_3	CH_4	CO_2	N_2	O_2	H_2S	H_2	CO	微量组分
体积分数/%	0.1～1.0	45～50	40～60	2～5	0.1～1.0	0～1.0	0～0.2	0～0.2	0.01～0.60

注：甲烷爆炸的含量范围为 5%～15%。

（2）微量气体组成

主要为挥发性有机化合物（VOCs）。

10.5.2　填埋场气体的产生方式

10.5.2.1　主要气体的产生方式

填埋场主要气体的产生方式分 5 个阶段。

① 第一阶段：初始调整阶段。主要是废物中可降解有机物组分，在被放置到填埋场后，很快被生物分解而产生的。

② 第二阶段：过程转移阶段（好氧向厌氧阶段转化）。此阶段的特点是氧气逐渐被消耗，厌氧条件开始形成并发展。

③ 第三阶段：酸性阶段（产酸阶段），pH≤5。

④ 第四阶段：产甲烷阶段（产甲烷菌），pH≈6.8～8。

⑤ 第五阶段：稳定化阶段（成熟阶段）。

10.5.2.2　主要气体产生量的估算

（1）经验估算

典型的垃圾填埋场，每年的气体产生量约为 $0.06 \text{m}^3 \cdot \text{kg}^{-1}$。若比较干旱，则产气量可降到 $0.03～0.045 \text{m}^3 \cdot \text{kg}^{-1}$；若比较湿，产气量可上升到 $0.15 \text{m}^3 \cdot \text{kg}^{-1}$。

（2）化学计量法

若用 $C_a H_b O_c N_d$ 表示除塑料以外的所有有机组分，则可采用下式来计算气体产生量

$$C_a H_b O_c N_d + \frac{4a-b-2c+3d}{4}H_2O \longrightarrow$$

$$\frac{4a+b-2c-3d}{8}CH_4 + \frac{4a-b+2c+3d}{8}CO_2 + dNH_3 \tag{10-14}$$

10.5.2.3　化学需氧量法

$$L_O = W(1-w)\eta C_{COD} V_{COD} \tag{10-15}$$

式中，L_O 为产气量，m^3；W 为废物质量，kg；η 为垃圾中的有机物含量（质量分数），%（干基）；w 为垃圾的含水率（质量分数），%；C_{COD} 为单位质量废物的 COD，$\text{kg} \cdot \text{kg}^{-1}$；我国垃圾的 $C_{COD} = 1.2 \text{kg} \cdot \text{kg}^{-1}$；$V_{COD}$ 为与单位 COD 相当的填埋场产气量，$\text{m}^3 \cdot \text{kg}^{-1}$。

10.5.3　填埋场气体的运动

10.5.3.1　主要气体的运动

填埋场主要气体的运动与填埋场的构造及环境地质条件有关，其运动方式可分为：①向上迁移扩散；②向下迁移运动；③地下横向迁移运动。

（1）埋场气体的向上迁移

例如：填埋场中的 CO_2 和 CH_4 可通过对流和扩散释放到大气中。

气体通过覆盖层的扩散，可用 Fick 定律描述：

$$N_A = -D_z \frac{dc_A}{dz} \tag{11-16}$$

式中，N_A 为气体 A 的通量，$g \cdot m^{-2} \cdot s^{-1}$；$D_z$ 为 z 方向的有效扩散系数，$cm^2 \cdot s^{-1}$；c_A 为组分 A 的浓度，$g \cdot cm^{-3}$；z 为垂直方向的距离，cm。

假设浓度梯度是线性的，总孔隙度为 ε_t，覆盖层厚度为 L，则填埋场主要气体向上迁移的气体通量为：

$$N_A = -\frac{D_z \varepsilon_t^{4/3}(c_{A_2} - c_{A_1})}{L} \qquad (10\text{-}17)$$

式中，ε_t 为总孔隙率，$cm^3 \cdot cm^{-3}$；c_{A_1} 为覆盖层底面气体 A 的浓度，$g \cdot cm^{-3}$；c_{A_2} 为覆盖层表面气体 A 的浓度，$g \cdot cm^{-3}$。

（2）气体的向下迁移

CO_2 的密度是空气的 1.5 倍，是 CH_4 的 2.8 倍，有向填埋场底部运动的趋势，最终在填埋场的底部聚集。

CO_2 可通过扩散作用经衬里（层）向下运动，最后扩散进入并溶于地下水，与水反应生成碳酸 H_2CO_3，使地下水的 pH 下降，进而增加地下水的硬度和矿化度。

（3）气体的地下迁移

主要指横向迁移，主要气体的横向迁移会在离填埋场较远的地方释出气体，或通过树根造成的裂痕、人造或风化造成的洞穴、疏松层、人工线路造成的人工管道、地下公共管道造成的地表裂缝等途径释出，也有可能进入建筑物。例如：在未封衬的填埋场以外 400m 处，仍发现甲烷和二氧化碳浓度高达 40%。

10.5.3.2　微量气体的运动

同样可据 Fick 定律得到

$$N_i = -\frac{D\varepsilon_t^{4/3}(c_{iatm} - c_{is}\omega_i)}{L} \qquad (10\text{-}18)$$

式中，N_i 为组分 i 的蒸气通量，$g \cdot cm^{-2} \cdot s^{-1}$；$D$ 为气体的弥散系数，$cm^2 \cdot s^{-1}$；ε_t 为土壤的总孔隙度，$cm^3 \cdot cm^{-3}$；c_{iatm} 为组分 i 在填埋场覆盖层顶的浓度，$g \cdot cm^{-3}$；c_{is} 为组分的饱和蒸气浓度，$g \cdot cm^{-3}$；ω_i 为废物中微量组分 i 的实际比例因子；$c_{is}\omega_i$ 为组分 i 在填埋场覆盖层底的浓度，$g \cdot cm^{-3}$；L 为填埋场覆盖层的厚度，cm。

微量组分到达地面后，因为风吹和向空气中扩散，其浓度很低，所以 $c_{iatm} \approx 0$。则

$$N_i = \frac{D\varepsilon_t^{4/3}c_{is}\omega_i}{L} \qquad (10\text{-}19)$$

实际野外测量时，将气体探针从填埋场顶部插入，探头正好到达覆盖层底部，得到 $c_{is}\omega_i$。进行计算得到气体的平均释放率。

10.5.4　填埋场气体处理系统

填埋场气体处理采用燃烧系统燃烧，即使有填埋气能源利用系统，亦要设置燃烧系统，以防止产能系统停运或出现故障时，能继续燃烧气体，控制其迁移。燃烧炉主要有两种形式：①蜡炬式燃烧器；②封闭式地面燃烧器。

10.5.5　填埋场气体利用技术

（1）填埋气体的能源回收系统

将填埋气体转换成能源：①对于小装机容量，一般使用内燃发电机或汽轮机；②对于大装机容量，常使用蒸汽涡轮机。

需要注意，使用内燃发电机时，必须控制焚烧温度，防止 H_2S 产生腐蚀，或先除去 H_2S 再燃烧。

（2）气体净化和回收

CO_2、CH_4 可以通过物理、化学吸附和膜分离法予以分离。

（3）就地使用

采用管道回收填埋废气，从采集点输送到邻近的使用地。

注意在输送前必须进行干燥或过滤，去除冷凝液和粉尘，得到含量约 35％～50％ 的洁净甲烷气体。

（4）管道注气

若无临近的使用者就采用管道输送。

填埋场气体利用技术将在资源化部分作详细介绍。

10.6　矿化垃圾的开采与利用

简单来讲，矿化垃圾是指填埋场埋入或堆放多年（大致南方地区在 8～10 年以上，北方地区至少 10 年以上）的城市生活垃圾（原生垃圾中不含或含量小于 10％粉煤灰）。

我国现有几十座卫生和准卫生城市生活垃圾填埋场和一般堆场，已填入或堆放垃圾几千万吨。其中的一些垃圾经 8～10 年的降解后，基本上达到了稳定化状态，因而被称为矿化垃圾。我国一些大城市，如北京、上海、天津、广州等城市所堆存的矿化垃圾估计有几千万吨。在美国、日本、印度、印度尼西亚、马来西亚、中东等国家，堆存的矿化垃圾数量也是十分庞大的。因此这些矿化垃圾的资源非常充足，可以认为是取之不尽、用之不绝的。同时矿化垃圾还含有大量的具有很强生存和降解能力的微生物。在填埋场中，这些微生物可降解诸如纤维素、半纤维素、多糖和木质素等难降解有机物，因此是一种性能非常优越的生物介质，只要条件合适，完全可用来降解废水中的有机物。

随着城市的发展，几乎每个城市的垃圾产生量都在增加，所需的填埋场面积越来越大。但对于寸土寸金的城市，要不断地提供新的填埋场以满足需要谈何容易。对此难题的一个解决办法就是把矿化垃圾从填埋场挖出，腾出的空间重新填入新垃圾。为此需要解决矿化垃圾的出路问题。目前其主要途径是作为肥料用于花草培植，未有其他实际应用报道。

建设一座填埋场所需投资一般 4000 万元以上，使用年限仅为 10～15 年。我国有些填埋场已使用多年，当中的一部分垃圾已成为矿化垃圾，完全可以开采利用，即把填埋场作为垃圾的中转处理场所，而不是最终的归宿。据研究报道，矿化垃圾开采、筛分后，一般有 80％左右的垃圾可被利用，腾出的空间可再填埋新鲜垃圾；矿化垃圾除了作为优越的生物介质用于处理有机废水外，还是一种肥料，可用于种植草皮和树木。

随着我国经济、社会的高速发展和城市化的不断加快，"垃圾围城"的现象日益突出，全国所有城市均存在数量不同的垃圾堆场。随着城市规模的扩大，原来是垃圾堆场的地方，如今却要成为建设用地。解决这些堆存了上百万吨的垃圾出路，是堆场土地利用的前提（另外还有环境修复）。办法之一是把垃圾搬迁至现有填埋场，如上海市新龙华地铁站旁边的堆场，有关单位为了利用这个堆场的土地，花费巨额资金把一百万吨的矿化垃圾（该堆场已经封场多年）运至老港填埋场。虽然这个办法不是上策，但由于数量庞大的矿化垃圾还找不到出路，目前看来也只能这么做。因此，有关矿化垃圾的开采与利用研究，是很有意义的。

思　考　题

1. 固体废物陆地处置方式有哪些？

2. 简述固体废物的处置原则。

3. 多重防护屏障包括哪些屏障系统，各起什么作用？

4. 表示土壤渗透性的指标是什么？并说明与污染物迁移速度的关系。

5. 影响污染物在土壤中迁移的主要因素有哪些？渗透性与吸附阻滞能力的关系是什么？

6. 土地填埋处理处置的特点是什么？

7. 土地填埋按填埋场地形特征分为哪几种？

8. 填埋场选址总的原则是什么？选址时主要考虑哪些因素？

9. 通常要求填埋场底部黏土的厚度为多少？对其渗透性的要求如何？

10. 填埋场大小的确定需要考虑什么因素？

11. 自然衰减型填埋场中渗滤液的衰减过程分几个阶段，各阶段发生哪些作用，其特点如何？影响自然衰减的因素是什么？

12. 渗滤液主要是由哪些因素造成的？

13. 控制渗滤液产生的工程措施有哪些？其作用如何？

14. 处理渗滤液的基本方法有哪些？各自的特点如何？

15. 渗滤液处理方法的选择主要考虑哪些因素？

16. 填埋场主要气体的产生分几个阶段？各是什么？

17. 填埋场主要气体的运动方式是什么？

18. 微量气体运动与哪些因素有关？

计 算 题

1. 一填埋场中污染物的 COD 为 $10000\text{mg} \cdot \text{L}^{-1}$，该污染物的迁移速度为 $3 \times 10^{-2}\text{cm} \cdot \text{s}^{-1}$，降解速度常数为 $6.4 \times 10^{-4}\text{s}^{-1}$。试求当污染物的浓度降到 $1000\text{mg} \cdot \text{L}^{-1}$ 时，地质层介质的厚度应为多少？污染物通过该介质层所需的时间为多少？

2. 对人口为 5 万人的某服务区的垃圾进行可燃垃圾和不可燃垃圾分类收集，可燃垃圾用 $60\text{t} \cdot \text{d}^{-1}$ 的焚烧设施焚烧，不可燃垃圾用 $20\text{t} \cdot \text{d}^{-1}$ 的破碎设施处理；焚烧残渣（可燃垃圾的 10%）和破碎不可燃垃圾（不可燃垃圾的 40%）填埋；用破碎法分选出 30% 的可燃垃圾和 30% 的资源垃圾。

已知每人每天的平均排出量为 $800\text{g} \cdot \text{人}^{-1} \cdot \text{d}^{-1}$，其中可燃垃圾 $600\text{g} \cdot \text{人}^{-1} \cdot \text{d}^{-1}$，不可燃垃圾 $200\text{g} \cdot \text{人}^{-1} \cdot \text{d}^{-1}$；直接运入垃圾量为 $4\text{t} \cdot \text{d}^{-1}$，其中的可燃垃圾 $3\text{t} \cdot \text{d}^{-1}$，不可燃垃圾 $1\text{t} \cdot \text{d}^{-1}$。求使用 15 年的垃圾填埋场的容量（覆土量与填埋垃圾量之比为 1:3，填埋压实密度为 $1\text{t} \cdot \text{m}^{-3}$）。

11 固体废物的资源化

11.1 概述

11.1.1 固体废物的资源化

固体废物的处理处置技术自 20 世纪 80 年代以来已有很大发展,处理处置的固体废物的量也在不断增加。但是,由于固体废物排放量的急剧增长,人们虽已投入了巨大的人力、物力和财力,仍没有从根本上解决问题。实际上,我们所说的"废物"中含有许多可利用的资源,如能将它们分离出来并加以充分利用,实现固体废物的资源化,才是解决固体废物污染环境的根本途径。

固体废物的资源化是指对固体废物进行综合利用,使之成为可利用的二次资源的过程。不少国家都通过经济杠杆和行政强制性政策来鼓励和支持固体废物资源化技术的开发和应用,从消极的污染治理转为回收利用,向废物索取资源,使之成为固体废物处理的替代技术措施。例如美国已建立了废物交换中心,服务于 5000 多个企业,使固体废物的综合利用率得到提高。许多国家固体废物管理法规中也都强调了废物中有用资源和能源的回收利用,并且作为保护环境、保护自然资源的重要技术手段和政策。

11.1.2 资源化系统

固体废物的资源化和其他的生产过程相似,也是由一些基本过程所组成,把由这些基本过程所组成的总体系统叫做固体废物的资源化系统。

资源化系统的构成如图 11-1 所示,根据循环经济的思想,整个系统可以分为两大类。第一类叫做前端系统,被应用于该系统内的有关技术如分选、破碎等物理方法称为前端技术或前处理技术;第二类叫做后端系统,被应用在后端系统的有关技术如燃烧、热解、堆肥等化学和生物方法称为后端技术或后端处理技术。

(1)前端系统

在资源化处理过程中,物质的性质不发生改变,是利用物理的方法,对废物中的有用物质进行分离提取型的回收。这一系统又可分两类:一类是保持废物的原形和成分不变的回收利用。例如,对空瓶、空罐、设备的零部件等只需经分选、清洗及简单的修补即可直接再利用。另一类是破坏废物原型,从中提取有用成分加以利用。例如从固体废物中回收金属、玻璃、废纸、塑料等基本原材料。

(2)后端系统

它是把前端系统回收后的残余物质用化学的或生物学的方法,使废物的物性发生改变而加以回收利用。这一系统显然比前端系统复杂,实现资源化较为困难,成本也比较高。其中的生物学方法使废物原材料化、产品化而再生利用;另一类是以回收能源为目的,包括制得燃料气、油、微粒状燃料、发电等可贮存或迁移型的能源回收和燃烧、发电、水蒸气、热水等不能贮存或随即使用型的能源回收。对于物质回收和能源回收有时不能截然区分，应用某一技术处理废物时，有时既能回收物质，又可回收能源，则应视其主要作用而分类。

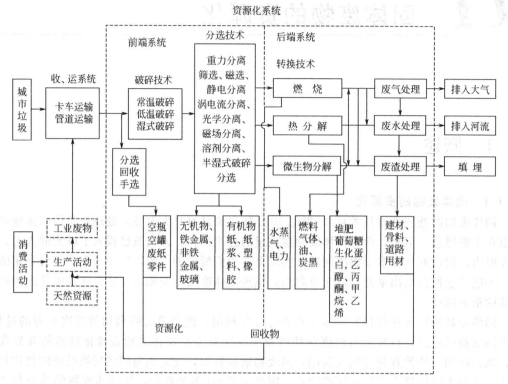

图 11-1　资源化系统

综上所述，资源化综合系统是由若干个分系统所组成，但它绝不意味着是几个分系统的简单加合，还要考虑各分系统之间的相互作用，相互影响，从整体循环利用加以考虑。

另外有些固体废物如城市垃圾的处理，属于社会公益事业，除了从技术、经济等因素考虑之外，还要考虑到环境卫生、政治、人民生活等社会因素。所以在设计一个资源化综合处理系统时，要综合各方面的因素全面考虑，使固体废物的资源化和回收利用收到最佳效果。

在固体废物的资源化过程中，可处理和利用的固体废物的种类很多，本章将根据我国的实际情况，将排放量较大、综合利用程度较高、技术上较为成熟的几类固体废物的综合处理利用的情况作一介绍。

11.2　城市固体废物的资源化

11.2.1　城市固体废物资源化途径

11.2.1.1　资源化途径概述

城市固体废物通过其所具有的可溶性、挥发性、迁移性进入环境，它们侵占土地，污染大气、水体和土壤，传播疾病，影响环境卫生。

我国的垃圾治理政策是："减量化"、"无害化"和"资源化"。《城市生活垃圾处理及污染防治技术政策》中明确指出"应按照减量化、资源化、无害化的原则，加强对垃圾产生的全过程管理，从源头减少垃圾的产生量；对已经产生的垃圾，要积极进行无害化处理和回收利用，防止污染环境。"这充分体现了循环经济的理念。对已经产生的垃圾，则"无害化"是垃圾处理的基础，在实现"无害化"的同时，实现垃圾的"减量化"和"资源化"是我们追求的目标。

垃圾资源化方法有许多，从利用方式可分为两类，即循环再利用和通过工程手段利用，而通过工程手段回收利用又可分为加工再利用和转换利用，图 11-2 列出了一些常用的资源化方法。

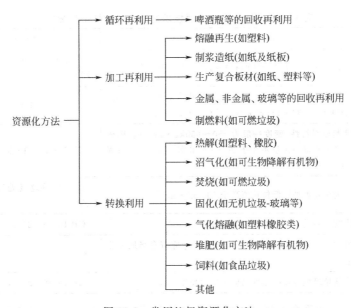

图 11-2　常用垃圾资源化方法

① 循环再利用　是指对垃圾中的有用物质的利用，如啤酒瓶的回收再利用。

② 加工再利用　是指对垃圾中的某些物质经过加压、加温等物理方法处理，其化学性质未发生改变的利用，如废塑料的熔融再生，用废塑料、废纸生产复合板材等。

③ 转换再利用　是指利用垃圾中某些物质的化学和生物性质，经过一系列的化学或生物反应，其物理、化学和生物性质发生了改变的利用，如垃圾的焚烧、堆肥等。

显然，在上述垃圾资源化方式中以"循环再利用"最为简便易行，只需增加很少的设备和人力，但其对再利用物的单一性有要求，一般只能通过多源头回收获得；"加工再利用"次之，它需要增加一定的设备，加工再利用物可以是一种物质也可以是几种物质的混合物，可以通过源头回收获得也可以通过一些分选设备获得；"转换利用"要经过化学或生物反应，其工艺过程较难控制，设备较为复杂，二次污染控制措施较难实现，但由于垃圾的特殊性决定了垃圾完全的分类是不可能的，最终仍会有大量的混合垃圾，而"转换利用"中的大部分技术可适用于混合垃圾，因而被广泛采用。

从垃圾产生的源头最大限度地分类回收垃圾是垃圾资源化最有效的方法，也是其他资源化方法能够顺利实施的基础。在垃圾产生的源头通过分类回收，将可直接回收利用的物质通过一定的回收渠道回收，作为再生产原料而不进入垃圾，如丢弃的大量的塑料可以再生利用，废旧报纸、废弃办公用纸可送往造纸厂直接制浆造纸，这样既减少了垃圾处理总量，又由于没有进入垃圾，污染小、再利用成本低，在选择资源化的方法时，通过源头分类回收实现垃圾的"循环再利用"是最经济、污染最小、最简便的方法，是首选方案。

通过一系列的工艺技术、工程手段，在实现了垃圾无害化的前提下，实现垃圾的资源再循环，也是有效的垃圾资源化方法。如利用垃圾具有一定的热值这一物性条件，将垃圾焚烧，垃圾在高温燃烧下有毒有害的病原微生物等被彻底杀灭，有机物变成稳定的无机物，同时体积、质量大大减小，实现了垃圾的无害化、减量化；燃烧反应产生的热能经回收加以利用，又实现了垃圾的资源化。在这类资源化方法中，"加工再利用"由于设备简单，再利用成本较低、污染较小也是应大力提倡和优先考虑的；而"转换利用"由于可供选择的方法较多、适应性较广，但也要在充分考虑垃圾的物性，特别是各种资源化方法对垃圾物性的要求后作出合理选取，表 11-1 列出了几种典型垃圾资源化方法对垃圾的物性要求。

表 11-1　垃圾资源化处理技术对垃圾的物性条件要求

项　　目	垃圾物性条件	相应政策和标准
垃圾堆肥	垃圾堆肥适用于可生物降解的有机物含量需大于 40%	城市生活垃圾处理及污染防治技术政策
	堆肥原料符合：含水率 40%～60%；有机物含量 20%～60%；碳氮比(20∶1)～(30∶1)；重金属含量符合 GB 8172—87	CJJ/T 52—1993
	适宜堆肥原料特性：密度一般为 350～650kg·m^{-3}；组成成分(湿重)其中有机物含量不少于 20%；含水率 40%～60%；碳氮比(20∶1)～(30∶1)	CJ/T 3059—1996
垃圾焚烧	适用于进炉垃圾平均低位热值高于 5000kJ·kg^{-1}	城市生活垃圾处理及污染防治技术政策
	危险废物不得进入生活垃圾焚烧厂处理	GB 18485—2001
垃圾填埋	对填埋物要求：含水量、有机成分、外形尺寸应符合当地具体填埋工艺要求	CJJ 17—2001
	进入生活垃圾填埋场的填埋物应是生活垃圾(见附录 4)	GB 16889—2008,CJ 17—2001

当然，也必须看到除在垃圾产生的源头回收利用的物质外，垃圾是多种物质的混合物，因而会造成诸如塑料、纸张等上沾满油、灰土等污染现象，而"循环再利用"、"加工再利用"和"转换利用"中的部分技术对废物的清洁程度要求较高，废物的清洁程度直接影响到资源化产品质量，进而影响其经济性，制约了这些资源化方法的利用。

11.2.1.2　城市固体废物资源化途径

从上面分析可见，实现城市固体废物资源化途径主要有两大类：以废物回收利用为代表的物理法和以废物转换利用为代表的化学、生物法。

(1) 废物回收利用

回收垃圾中废品的方法包括：垃圾分类收集与废品回收以及混合垃圾分选回收。

① 垃圾分类收集和废品回收

a. 垃圾分类收集。垃圾分类收集是在垃圾产生源头按不同组分分类的一种收集方式。随着经济的发展，我国垃圾组分及其含量在不断地发生变化，表 11-2 为中国城市1985～2000 年生活垃圾的成分统计结果。由表 11-2 可看出，中国城市生活垃圾的成分具有如下特点：ⅰ.垃圾中的有机物(主要包括厨余物、纸类、塑胶、织物、竹木等)所占比例由1985～1990 年的 27.54% 上升到 1996 年的最大值（57.15%），但近些年上升的势头减缓，占 50% 左右；ⅱ.垃圾中无机物(灰、土、砖、瓦、石块等)所占比例与有机物相反，基本呈下降趋势；ⅲ.垃圾中可回收物(纸、塑胶、织物、竹木、金属、玻璃等)所占比例有大幅增长，其平均值由 1991 年的 11.70% 上升到 2000 年的 26.62%，增长了 1 倍以上；ⅳ.垃圾中可燃物成分增加，热值有所提高。其中，塑胶类增长最快，其平均值由 1991 年的2.77% 增长到 2000 年的 11.49%，增长了 3 倍以上；其次为纸类，其平均值由 2.85% 增长到 6.64%，增长了 1 倍以上。这些结果充分表明纸类、织物等有机物和可回收物的含量逐年提高（见表 11-2），越来越显示垃圾分类收集的必要性。实践证明，垃圾分类收集不仅能降低垃圾中废品的回收成本，提高废品回收率和回收废品质量，促进资源化，也有利于垃圾处理。

表 11-2　1985～2000 年中国城市生活垃圾组成成分　　　　单位：%

城市数量/座	年　份	湿基成分									水分
		厨余物	纸类	塑料橡胶	织物	木竹	金属	玻璃	砖瓦陶瓷	其他	
57	1985～1990	27.54	2.02	0.68	0.70		0.54	0.78	67.76		
68	1991	59.86	2.85	2.77	1.43	2.10	0.95	1.60	25.03	3.41	41.06
72	1992	57.94	3.04	3.30	1.71	1.90	1.13	1.79	25.90	3.28	40.68
67	1993	54.25	3.58	3.78	1.71	1.83	1.08	1.69	27.76	4.32	41.61
75	1994	55.39	3.75	4.16	1.90	2.05	1.16	1.89	25.69	4.00	40.71
69	1995	55.78	3.56	4.62	1.98	2.58	1.22	1.91	23.71	4.64	39.05
82	1996	57.15	3.71	5.06	1.89	2.24	1.28	2.07	22.31	4.27	40.75
67	1999	49.17	6.72	10.73	2.10	2.84	1.03	3.00	21.58	3.26	48.15
73	2000	43.60	6.64	11.49	2.22	2.87	1.07	2.33	23.14	6.42	47.77

　　建设部已选择北京、上海、广州等 8 个垃圾分类收集起步较早，有一定基础和良好社会支持环境的城市作为试点，首先开展生活垃圾的分类收集。尽管我国的垃圾分类收集工作还处于试点阶段，但人们已经认识到垃圾分类收集的必要性和重要性，并认真总结试点经验，为全面实现垃圾分类打下良好的基础。

　　b. 废品回收。我国传统的做法是城市居民通常将生活中产生有价值的废物挑选出来出售，而将其余废物扔到垃圾桶中，采用混合收集方式收运垃圾。这种直接回收废品方式，对从源头减少垃圾收运、处理量起到了不可低估的作用，仅北京市 2000 年直接回收废物旧物品就有 110 万吨左右。但由于这种废品回收只从经济目标出发，没有从减少垃圾量、保护资源、保护环境出发，回收还没有作为一种义务而是作为一种赚钱的手段，回收对象多集中为废旧报纸、废旧书刊、废旧金属、废旧电器等利润高的物质，而对废旧塑料、玻璃制品、废电池等的回收不重视，使得废品回收的种类少，回收率比较低。此外，由于强制和义务回收制度还未建立，国营回收点不断减少，废品收购价格越来越低，加上生活水平的提高，越来越多的居民对卖废品物不再热心，而将其投入垃圾中。为此政府有关部门已经着手调整废品收购工作，在加强、改革国有回收公司的同时，加强对个体回收商贩的管理，促进废品的回收利用，减少进入垃圾中的废品量。

　　② 混合垃圾分选回收　混合垃圾回收利用时，分选是重要的操作工序，分选效率成为决定回收物质价值和市场销路的重要因素。例如，废塑料是各种塑料的混合物，往往还夹杂各种杂质，所以，再生利用前必须加以分选；垃圾在堆肥前必须经过分选以去除非堆肥化物质。

　　以往，广泛采用的城市垃圾分选方法是从传送带上进行手选，然而，这种方法效率低，不能适应大规模的垃圾资源化再生利用。所以，近些年国内外研究和开发了各种先进的分选技术设备，以适应大规模的城市生活垃圾的处理。

　　大体来说，适用于城市生活垃圾的分选技术是以粒度、密度差等颗粒物理性质差异为基础的分选方法为主，如通过筛网来分离物料的筛分技术；通过调节气流大小达到分离目的风力分选技术；通过使轻固体上浮、重固体沉降从而进行分选的浮选法等。以磁性、电性等性质差别为基础的分选方法，如利用磁选分离铁系金属的磁选技术；利用各种物质的电导率、热电效应及带电作用不同而分离被分选物料的电分离技术等。

（2）废物转换利用

① 废物转化资源　废物转换资源就是通过一定技术，利用垃圾中的某些组分制取新形态的物质。如利用微生物分解垃圾中可堆腐有机物生产堆肥；用废塑料裂解生产汽油和柴油；用灰土和灰渣制砖、陶粒等建筑材料；用木竹等纤维制刨花板和纤维板等。但在推广应用过程中却存在如何保证原料供给，提高原料质量和降低原料回收价格等问题。这些问题主要是由于垃圾混合收集引起的，混合收集的垃圾杂质含量高，为保证产品质量采用复杂的分离过程将导致产品成本过高，没有政府补贴，是很难正常运行下去的；混合垃圾中碎玻璃、碎石块很难分离出来，直接影响了堆肥的质量。

② 废物转化能源　能源转换就是通过化学或生物转换，释放垃圾中蕴藏的能量，并加以回收利用。在垃圾填埋或焚烧处理过程中，回收填埋气体或焚烧产生热量而加以利用，是实现垃圾资源化的一条重要途径，二者在我国均处于起步阶段，但有着广阔的发展前景。

垃圾焚烧发电已成为国外发达国家处理城市垃圾，回收资源的一种方式。我国垃圾焚烧供热、发电始于深圳市政环卫综合处理厂，1988 年建成投产的一期工程为 $2 \times 150 \mathrm{t} \cdot \mathrm{d}^{-1}$ 的焚烧炉，20 世纪 90 年代后扩容至 $450 \mathrm{t} \cdot \mathrm{d}^{-1}$，最大发电能力为 4000kW，1998 年全年发电量 $1420 \times 10^4 \mathrm{kW} \cdot \mathrm{h}$。根据国外经验，至少单炉处理垃圾量在 $150 \mathrm{t} \cdot \mathrm{d}^{-1}$ 以上，利用焚烧的生成热量发电才有较好的规模经济效益。

对垃圾卫生填埋场产生的气体作为能源回收，进行发电或区域集中供暖，也在世界各国取得了广泛应用。目前和今后相当长的一段时期，卫生填埋仍将是我国处理城市生活垃圾的主要技术，许多大中城市新建的垃圾填埋场，其日处理能力都大于上千吨。总填埋库容达数千万立方米。回收垃圾填埋产生的填埋气体，用于发电或直接作为能源，是实现我国城市固体废物资源化的一个重要途径，并可有效减少填埋场释放气体对环境所造成的不利影响和危害。杭州天子岭垃圾填埋场和广州大田山垃圾填埋场的垃圾沼气发电项目已分别于 1998 年和 1999 年投产，其中杭州天子岭垃圾填埋场气体发电厂一期工程投资 350 万美元，安装 2 台燃气发电机组，每台装机容量 970kW，年发电约为 15295MW，产生较好的经济和环境效益。广州兴丰生活垃圾填埋场是目前国内最大、建设和营运水平最高的垃圾填埋场，每日处理生活垃圾 7000～8000t 左右，产生填埋气体约 10 万立方米。2006 年 12 月清洁发展机制（CDM）项目获国家发改委批准立项，2007 年 2 月与英国爱斯凯有限公司签订减排量交易合约，2008 年 12 月 9 日 CDM 上网线路建成通过验收。该项目已完成装机容量 5MW，并于 2009 年 6 月份扩容到 7MW，年发电约 5000 万千瓦·时，可满足超过 3 万户居民的生活用电，年节约标煤 1.5 万吨以上。预计项目到 2012 年可累计实现碳减排 100～200 万吨。英国爱斯凯有限公司则按合约购买本项目至 2012 年前所取得的所有碳减排量，碳减排交易一项可带来可观的收入（预计的 5000 万美元）。虽然兴丰垃圾填埋场预计将于 2011 年关闭，但垃圾场封场后沼气仍继续产生 10～15 年，所以该 CDM 发电项目可持续运行 10 年以上。填埋气体回收率的大小在很大程度上取决于填埋场底部、边坡防渗措施；填埋过程中有没有实行分区填埋、分区封顶；垃圾有没有很好压实和进行覆盖等。

11.2.2　城市固体废物资源化技术框架

如上节所述，城市生活垃圾资源化是涉及收集、破碎、分选、转换等的一个技术系统，在这个系统里需要采用不同技术，经过多道工序，才能实现垃圾资源化。技术的选择、工序的排列，必须根据城市生活垃圾数量、组成成分和物化特性，正确地进行选择。

如前所述，资源化系统技术可分为前期系统技术和后期系统技术（见表 11-3）。

210

表 11-3　资源回收系统

资源化系统技术	前期系统技术(分选提取型回收,用物理和机械的方法)	保持废物原形的回收:重复利用(分选、修补、清洁洗涤)
		破坏废物原形回收材料:靠物理作用使废物原料化,再生利用(破碎、物理或机械的分离精制)
	后期系统技术(转化回收,用化学的、生物的方法)	回收物质:用化学和生物的方法使废物原料化、产品化而再生利用(转化+分离精制、热分解、催化分解、熔融、烧结、堆肥发酵等)
		回收能源:可贮存迁移型能源回收[热解、发酵、破碎,可得燃料气体、炭黑、粒状燃料(如 RDF)、发电等]。非贮存、即时使用型能源回收(燃烧、发电、水蒸气、热水等)

前期系统技术是通过分类收集、分选、破碎等物理和机械作业,回收原形废物直接利用或破坏废物原形从中分选出有用的物质。前者如回收空瓶、空罐、家用电器中有用零件,通常采用手选,清洗并对回收废物料进行简易修补或净化操作后再利用;后者如回收的金属、玻璃、纸张、塑料等,多采用破碎、分选等技术处理,当作再生资源简单再循环利用。这一过程处理成本较低,但所用物料再循环利用时性能下降、品质变差,如废塑料简单再生造粒后的制品质量不如全新制品。

后期系统技术是通过化学的、生物的或生物化学的方法回收物质和能量。在很多情况下,回收物质和能量是不能严格区分的,如废塑料热分解产物中,有的已用作化工原料,有的则作为燃油使用。

后期系统技术要比前期系统技术复杂,技术含量高、工艺相对复杂,因而成本较高。根据资源化系统的全过程,可以构成如图 11-3 所示的城市生活垃圾资源化技术框图。

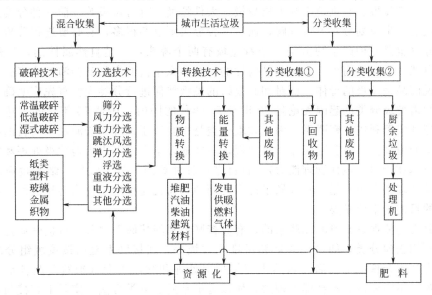

图 11-3　城市生活垃圾资源化技术框图

从图中可以看出,不同的收集方式,在实现垃圾资源化过程中,运行路线不同,难易程度也不一样。分类收集①是在垃圾产生源将垃圾中的可回收物质分类出来直接回收,其他废弃物通过转换技术处理;分类收集②是在垃圾产生源将垃圾中的厨余物分类出来,直接送入小区内厨余垃圾处理场制肥,其他废弃物送处理厂,通过分选技术实现废品回收。混合收集的垃圾如果没有大件物体,可直接进入分选系统。

在实际中,可根据收集方式,按照框图中所列技术,选择对应的一种或多种方法,组成资源化技术系统。

11.2.3 城市固体废物资源化技术系统

城市垃圾资源化技术系统，是一个包括各个子系统的组合系统，根据要处理垃圾的特性和资源化最终要达到的目的，组合系统可大可小，可以是两个子系统组合，也可以是多个子系统组合，组合系统着眼于整体效果。

资源化系统技术可以分为前期系统技术和后期系统技术。如果前期处理技术和后期处理技术组合为系统，则这个系统必然有许多单元操作，形成复杂的工艺过程并需使用各种设备。目前世界先进国家，除了用破碎、分选方法可以取得纯度较高的物质为原料进行资源利用外，对于分选困难，难以取得高纯度的物质，多用燃烧、热分解、生化分解方法回收能源。着眼点除了经济效益外，更着重于环境效益和社会效益。

以下按物流的顺序，介绍主要资源化系统技术。

11.2.3.1 前期资源化技术系统

（1）分类收集系统

我国《固体废物污染环境防治法》中指出：城市生活垃圾应逐步做到分类收集、储存、运输和处置。近年来许多城市开展了垃圾分类收集的工作，垃圾类别的划分方法也引起了关注。科学分类对深入研究和推进垃圾分类收集、处理和资源利用具有重要意义。

目前我国城市固体废物主要有为规划和收集服务的两种分类方式。在规划管理上垃圾是按产生源分类的，有居民垃圾、清扫垃圾、商业垃圾、单位（非生产性）垃圾、医疗垃圾和建筑垃圾等，这些类别经常作为垃圾概念的外延被使用。在收集管理上垃圾通常是按组分特性分类，目前采用的类别有：可回收垃圾和不可回收垃圾、可燃垃圾和不可燃垃圾、可堆肥垃圾和不可堆肥垃圾、有机垃圾和无机垃圾、大件垃圾、有害垃圾等。前一种分类是按城市各功能垃圾的产生源划分，不难理解，而后一种分类则复杂得多，有必要进行分析。

从来源（也是一种产生源分类）来看垃圾有两个源头：一是自然属性的，如落叶和灰土，这些自然垃圾比较简单；二是商品属性的，有多么丰富的商品就会演变成多么复杂的垃圾，可以说商品是垃圾的母体。面对如此复杂的垃圾如何进行分类呢？首先应明确分类的目的，我们知道垃圾分类的起因无论是 20 世纪 50 年代的国内，还是 70 年代的发达国家，都与垃圾处理和资源利用紧密联系，因此垃圾分类是以有利于处理和资源利用为目的的。这似乎极为简单的道理往往在实际工作中被忽视，一些地方不全面考虑当地垃圾处理和资源利用的对象、技术和能力（包括管理能力），盲目进行各种类别的分类收集，结果垃圾并未得到有效的分类处理和资源利用，不仅做了许多无用功，而且还挫伤了公众的积极性。所以强调垃圾分类的目的是十分必要的。

垃圾分类的依据是与目的相联系的，有直接联系和间接联系之分。直接联系是指按垃圾的处理和利用去向分类，如可燃垃圾和可堆肥垃圾等。间接联系是指按垃圾组分的性质分类，如纸类和厨余食品等。后者虽然未直接指出处理和利用去向（当然专业者是明确的），但对象直观、不需要概念解释即可理解，所以是最常用的分类方法。实际上直接与间接之间也是相关的，处理和利用去向正是垃圾组分性质决定的，例如，可堆肥垃圾是由于该组分具有可以发酵的生物化学性质。

（2）破碎与分选系统

城市生活垃圾组分复杂，形状大小及性质有很大差异，为了适合于某种处理和资源化形式，需要预加工。例如，当填埋作为最终处置方式时，需先将垃圾压实减容，这样就可占据较小的空间，运输费用也可减少。但当进行堆肥或焚烧时，如事先压实就会产生不利的影响，这时宜预先加以分选、破碎等操作。在进行垃圾资源化的回收能源和材料利用时，也往往需要进行分选、破碎等预处理。适当的预处理还有利于垃圾的收集和输送。因此，这一步骤是有重要意义的。

对垃圾进行破碎的目的主要将垃圾变成适合于进一步加工或能经济地再处理的形状与大小。有时也将破碎后的垃圾直接进行填埋处置，或者像废塑料等物质那样在破碎后直接作为轻质骨料。将垃圾破碎，使其细碎化，均匀化有下述4条优点。①容易使组成不一的垃圾混合均匀化；有可能实现稳定燃烧，因破碎后物料表面积大，燃烧快而完全，可以提高焚烧效率。②可防止大块垃圾装料时损伤焚烧炉炉体。③可减少容积，降低运输费用。用破碎的垃圾填埋时，压实密度高而均匀，可加快实现覆土还原。④容易通过磁选等方法回收小块金属。

对垃圾进行分选的目的主要是根据垃圾的物理性质或化学性质，如颗粒大小、密度、电磁性质等方面的差异，将有用的成分分选出来加以利用或处理。

（3）材料性资源利用

城市生活垃圾经过破碎、分选等分离处理后，许多物料可以作为原材料直接利用，如无机垃圾制成建材、木质垃圾制成纤维板等。这种直接利用不但节约了资源，而且一般都有现成的技术，许多技术还有降低成本的经济效益，因此是首选的应用最广泛的资源化方式。下面简单介绍几项新开发的实用技术。

① 垃圾制烧结砖 垃圾制烧结砖是分选技术单元，破碎技术单元和制砖技术子系统的垃圾资源化复合系统。垃圾烧结砖是用垃圾代替部分黏土制的砖。具体做法是：将陈腐垃圾经过分选预处理，按一定比例与黏土混配，再掺兑适量辅料后经搅拌、挤压、切坯、烘干、焙烧等工艺制成烧结砖。它的性能与普通砖相比，强度相同，而质量约轻10%，产品使用时与普通烧结砖完全相同，便于应用。

② 垃圾制加气砖 加气砖是由加气混凝土制取的一种轻体建筑材料，加气混凝土属于轻混凝土类（密度＜$1800kg \cdot m^{-3}$）。它具有质量轻、保温、隔热、效能高，并具有一定强度，又可随意加工的特点，是节能效果比较好的建材制品。

加气砖生产的工艺原理是：将水泥及一定细度的生石灰、硅质沙和一定的铝粉，在水介质下混合均匀后置于模具中，铝粉碱性介质反应放出氢气而使料浆体积膨胀，形成具有多孔结构的坯体，再经过一系列物理化学反应形成孔蒸压硅酸盐制品，也称为加气混凝土。

根据此原理，垃圾加气砖是用垃圾代替部分硅质沙掺兑一定量发泡剂。将水泥、生石灰在水介质下混合均匀后，置于模具中，发生化学反应形成水化硅酸钙和水化铝酸钙。其化学反应式为

$$x H_2O + nCaO + SiO_2 \longrightarrow nCaO \cdot SiO_2 \cdot x H_2O$$
$$mCaO + Al_2O_3 + y H_2O \longrightarrow mCaO \cdot Al_2O_3 \cdot y H_2O$$

垃圾制加气砖流程如图11-4所示。

③ 垃圾制陶粒 陶粒是构成混凝土主要成分之一的人工骨料，用以代替天然石料而开发出来的一种新型人造轻质建筑材料。陶粒作为人工骨料与水泥混合搅拌成混凝土被广泛应用。

垃圾制陶粒：将陈腐垃圾经过预处理，按一定比例与黏土混配，再掺兑适量的添加剂，经混合、成球、焙烧而制成。其性能与黏土陶粒相近，具有强度高、热导率小、耐腐蚀、透气透水性好等特点。

陈腐垃圾化学成分主要是SiO_2，与黏土化学成分相近，因此垃圾可以代替黏土作为制陶粒原料。

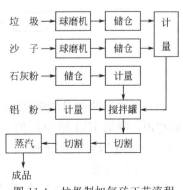

图11-4 垃圾制加气砖工艺流程

213

a. 垃圾预处理工艺　陈腐垃圾经粗筛分、破碎、细筛分预处理后，将 5mm 以下细料储仓。

b. 垃圾制陶粒生产工艺　垃圾制陶粒生产工艺包括两部分：经过预处理的垃圾细料（5mm 以下），通过给料机送到电脑皮带秤上，此时将 2%～4% 的黏结剂也送入皮带秤上，经过自动称量将适量的垃圾料送入混合料仓；同时另一条皮带运输机将黏土经皮带秤称量也送入混合料仓；混合料经破碎机破碎再经给料机送入成球机进行造粒；成型的陶粒送入烘干窑烘干，温度控制在 400～1000℃，出口温度小于 900℃；再送入焙烧窑，此时向窑内喷入煤粉 12～15kg/min，控制温度在 1000～1100℃；出窑后再经筛分，分出成品陶粒和废品，成品入库，废品返回，工艺流程如图 11-5 所示。

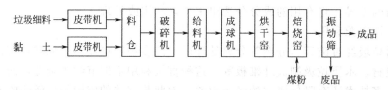

图 11-5　垃圾制陶粒生产工艺流程

④ 垃圾制纤维板和刨花板　城市生活垃圾中的木材类（树枝、竹筐、柳筐、企业废弃木材、废旧家具）的主要成分是纤维素、半纤维素、木质素和少量其他成分。这些废料与一般纤维厂所用的原料有以下几点不同：a. 纤维板厂所用原料大部分是新砍伐的木材，木材质量较好，而城市废弃物中木材一般都是使用一段时间后废弃的木材，木材质量较差；b. 纤维厂所用原料一般为单一树种，原料性质较稳定，而城市废弃物中的木材源复杂，树种繁多，原料性质相对不稳定；c. 纤维板厂所用原料都是有一定直径要求、粗细均匀的枝材，树皮含量较少，而城市废弃物中的树枝粗细不均，树皮含量较多，对板材的质量有一定的影响。因此，须注意以下几点。

a. 生产纤维板及刨花板，应注意废纸纤维的加入量不宜超过 30%，否则，会造成板材吸水率超标。

b. 废塑料在纤维板中添加量以不超过 10% 为宜，否则将对纤维板的变形影响较大。

c. 以废木纤维及废纸制造刨花板，废纸加入量不宜大于 50%，废塑料不宜大于 20%，否则将对板材的吸水率及变形产生较大影响。

⑤ 垃圾固体燃料　垃圾作为固体燃料被利用时，一般称为 RDF（Refuse Derived Fuel）。制作系统是由破碎分选子系统和加工成型子系统组成。其制造工艺是：将垃圾进行破碎，分选出可燃物，加入添加剂干燥，压缩成型，变成高密度的圆柱形或其他形状的固体燃料（见图 11-6）。

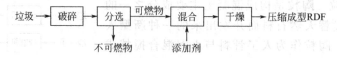

图 11-6　RDF 工艺流程

加入添加剂的作用是使 RDF 具有防腐作用，可以长期储存而不产生臭气；燃烧时起到除酸作用，降低 HCl 和 SO_2 的产生浓度；加工时起到固化作用，不需要高压固化装置。

11.2.3.2　后期资源化系统

（1）生物转化

城市生活垃圾的生物转化是指借助于自然界中微生物的生物能，对生活垃圾进行生物处理，实现有机生活垃圾的稳定化、无害化、资源化的技术。根据处理过程中起作用的微生物对氧气要求不同，生物处理可分为好氧生物处理（堆肥化）和厌氧生物处理（沼气化）。城市生活垃圾中含有大量食品垃圾、纸制品、草木等有机物，这些有机物可以通过生物化学的方法使其转化为有用的产物，此处主要介绍城市生活垃圾的堆肥化处理技术、垃圾沼气化技术和填埋气利用技术。

① 堆肥化技术系统　利用微生物对有机垃圾进行分解腐熟而形成的产物称为堆肥。堆肥技术的目的是实现生活垃圾无害化，使城市生活垃圾中的有机物完成稳定化，使之成为可供农作物吸收利用的肥料，实现生活垃圾的资源化。

城市生活垃圾中因含有一定量有机物质，经自然界广泛分布且种类繁多的微生物作用，通过生物化学变化，将稳定的有机物转化为较稳定的腐殖质，所以堆肥化就是将有机垃圾通过人为控制来促进这一生化过程的微生物处理技术。

堆肥过程包括前期的破碎分选、发酵、后期的分选和肥料的储存等，从而组成堆肥化系统。堆肥化系统方法有很多，按堆制方式可分为间歇堆积法和连续堆积法；按原料发酵所处状态可分为静态发酵（堆肥物一旦堆积之后，不再添加新的有机废物和翻倒，让它的微生物生化反应完成后，成为腐殖土后运出）和动态发酵（采用连续进料连续出料的动态机械堆肥装置）；按微生物对氧气的需求，可分为好氧堆肥和厌氧堆肥。

好氧堆肥具有对有机物分解速度快，降解彻底，化学性质稳定，堆肥周期短的特点，一般一次发酵 4～10d，二次发酵10～20d 便可完成（包括腐熟期）。好氧堆肥温度高，可以杀灭病原体、虫卵和垃圾中的植物种子，使堆肥达到无害化。此外，好氧堆肥的环境条件好，产生臭气少，而且可大规模地机械化处理，效率高。目前采用的堆肥工艺一般均为好氧堆肥。常见的发酵设备如图 11-7 所示。

② 沼气化技术系统

a. 沼气的产生过程。城市生活垃圾有机物沼气化是一种成熟的生物转化技术，是有机物在厌氧（无氧）和保持一定水分、温度、酸碱度条件下，经过微生物的发酵作用产生的以甲烷为主的气体混合物的过程。

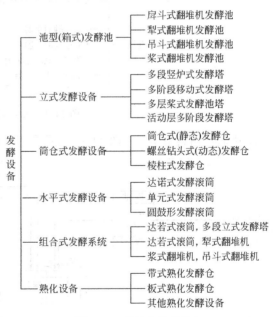

图 11-7　常见的发酵设备

有机物进行厌氧分解时主要经历两个阶段，第一阶段是通过厌氧性微生物菌的作用，分解为有机酸、醇、二氧化碳、氨、硫化氢等低脂肪酸和气体；第二阶段也称为发酵反应阶段（液化反应），在反应过程中，通过厌氧性菌群的作用，将第一阶段产生的低脂肪酸等分解为甲烷气体，即沼气。故把第二阶段也称为气化反应阶段，这一阶段主要产生沼气，其分解过程图 11-8 所示。

沼气发酵分为中温发酵（30～37℃）和高温发酵（45～55℃）。

城市生活垃圾中的易腐性有机物，例如厨余物、菜市场垃圾、粪尿处理的污泥等是很好的产沼气的原料。

沼气的主要成分是甲烷，其他伴生气体还有二氧化碳、氮气、一氧化碳、氢气、硫化氢和极少量的氧气。一般在沼气中甲烷的含量约为 $50\%\sim60\%$；二氧化碳在 30% 左右。

b. 沼气发酵工艺和装置。一般的沼气发酵过程是：在同一个发酵槽内液化反应和气化反应的中温发酵同时进行，需要 $25\sim40d$ 才可以完成发酵过程。但当处理一些难以分解有机物（如纸等）时，也有采用分解高分子有机物的液化反应，将液化反应和气化反应分为两个槽，在高温条件下回收沼气。发酵槽内的有机废物可以分批进料，也可以连续进料。

厌氧发酵装置是微生物分解转化的场所，是发酵产沼工艺中的核心装置，也称为消化器，其种类如图 11-9 所示。

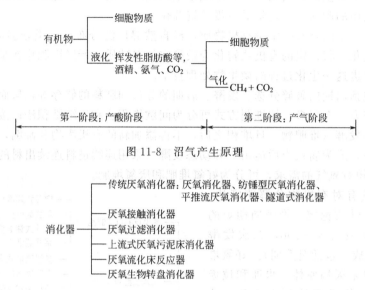

图 11-8 沼气产生原理

图 11-9 厌氧消化器种类

c. 厌氧产沼典型工艺。图 11-10 所示为沼气化的典型工艺，主要过程如下。

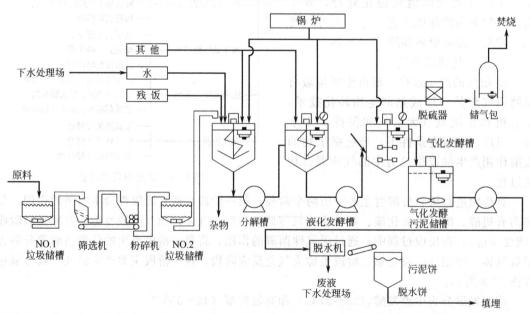

图 11-10 城市生活垃圾制沼气工艺流程

Ⅰ. 前处理 通过分选设备去除垃圾中杂物，如金属、玻璃、瓦砾。为了使固体状态有

216

机物容易液化，还要将有机物破碎，并调整其含水率。

Ⅱ. 分解　进入发酵罐之前将有机物加温并保持一段时间以灭菌。灭菌后有机物进入发酵罐，在一定温度下，借厌氧微生物菌群作用，有机物分解为低脂肪酸。

Ⅲ. 发酵产沼　在发酵槽内通过中温、高温发酵完成产沼过程，沼气净化进入储气包，燃烧发电或供暖。

Ⅳ. 固液分离　发酵后进行固液分离。残渣可作为农肥或填埋，一部分液体也可以用于调节有机物含水率。

在欧洲利用垃圾产沼气的研究较多，而且得到广泛应用。目前德国已有 450 多家企业利用生活垃圾制沼气。日本在 20 世纪 80 年代作为国家的研究课题开展了利用城市生活垃圾产沼气工艺研究，并建立了规模为 $10t \cdot d^{-1}$ 的试验厂，近年来，各厂家又联合引进欧洲的技术，在地方政府的支持下，开始建造工厂，进行规模生产。

③ 填埋气技术系统

a. 垃圾的分解作用和气体产生。当生活垃圾运到卫生填埋场被填埋后，垃圾中有机物的可生物降解成分开始进行细菌分解，产生大量的气体。

分解和产气过程可分为 4 个阶段（见图 11-11）。

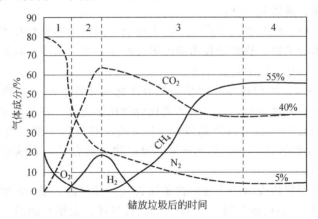

图 11-11　典型填埋气体成分的演变

1—好氧；2—厌氧，不产甲烷；3—厌氧，产甲烷，
不稳定；4—厌氧，产甲烷，稳定

第一阶段（约几天），称为好氧阶段。这种分解在好氧情况下进行，这时填埋物中的氧气是填埋垃圾时带入的，分解时所产生的主要气体是二氧化碳（它的增长很快），氧逐渐耗尽；第二阶段（约 2 个月），可利用的氧被耗尽之后，厌氧条件便占了上风，当厌氧分解开始时，便产生大量的二氧化碳，以及一些氢气；第三阶段（约 2 年），还是厌氧情况，其特征是：二氧化碳和氮的百分比大大减少，氢气被耗尽，甲烷开始出现，并迅速增加；第四阶段（大于 30 年），仍旧是厌氧，也称为伪稳态阶段，它与第三阶段的差别在于，气体的产生和成分趋于稳定状态。

各个产气阶段时间的长短，是随着填埋场内垃圾组分和填埋条件的不同而表现出差异，一旦填埋场内开始产生甲烷，一般产气持续数年，总的时间根据各个场地的情况而定，在某些环境条件下，气体产生年份可以是几年，甚至几十年。

b. 填埋气利用。对小规模垃圾填埋场，一般是将填埋气引出直接燃烧，但随着垃圾填埋的增加，垃圾中有机物含量的增加，采用燃烧掉的办法造成了资源的浪费，于是，各国开始采用收集填埋气，作为燃气能源利用。利用形式有直接做燃料（但需要净化处理，提高纯度）、发电、产生蒸气供热等。

（2）热化学转化

所谓热化学转化就是通过热分解（或气化）技术，使有机物发生热化学分解，从而使有机物转化成气体、液体和炭黑的过程。

热分解技术是使用外部热源并在完全没有氧气的状态下处理垃圾。气化技术是指控制供气量在理论空气量之下的部分燃烧。

热分解和气化均用来将垃圾转换为气体、液体和固体燃料，两者不同之处在于，热分解是在无氧状态下进行吸热分解，而气化则是利用垃圾本身的热源，使用部分空气或氧气进行燃烧。

热分解法与焚烧法相比是完全不同的两个过程，焚烧是放热，热解是吸热；焚烧的产物是二氧化碳和水，而热解的产物主要是低分子化合物，气态的有氢、甲烷、一氧化碳，液态的甲醇、丙醇、乙酸等；焚烧产生的热量可用于发电，热解产物是燃料油和燃烧气，便于储存及运输。

① 热解技术系统

a. 垃圾热解技术。垃圾热分解过程包括垃圾经过筛选、破碎之后进入热解炉，通过高温热分解，产生气体、液体和固体燃料。

筛选技术和破碎技术的各单元操作技术已在前面介绍过，热解炉技术在热解一章已有介绍，它是热分解技术的关键，热解炉技术的各单元操作技术，主要有回转炉热分解技术、移动床式热分解技术、流化床热分解技术等。

b. 废塑料热解技术。废塑料热分解是在无氧或低氧条件下高温加热使其分解，它可产生各种有机气体，一般温度越高，气态的碳氢化合物比例越高。热分解温度取决于废塑料的种类和组成及回收的目的产品。温度超过 600℃ 的高温热分解主要产物是混合燃料气，如 H_2、CH_4、轻烃；温度在 400~600℃ 热分解主要产物为混合烃、石脑油、重油、煤油混合燃料油等液态产物和蜡。

聚烯烃等热塑性塑料热裂解的主要产物是燃料气和燃料油，废 PS 塑料热解产生的主要是苯乙烯单体，而 PVC 塑料热分解产生 HCl 的酸性气体，废塑料制品中含硫较少，热分解得到的油品含硫也较低，是优质低硫燃料。

废塑料油化技术最为典型的是废聚乙烯油化技术，有热解法、催化热解法（一步法）、热解-催化改质法（二步法）。

热解法所得产物组成分散，利用价值不大，热解制得的柴油含蜡量高，凝点高，制得的汽油燃点低。催化热解法（一步法）是热解与催化同时进行，优点是裂解温度低，时间短，液体回收率高，投资少，缺点是催化剂用量大，裂解产生的炭黑和杂质难以分离。热解-催化改质法（二步法）是将废塑料进行热解后的热解产物再进行催化改质，得到油品，是一种应用最多，比较有发展前景的工艺，国内外都很重视这种技术。

废塑料热分解油化技术工艺流程如下：将废塑料经初步分拣后加入反应器中，在催化剂及一定温度作用下进行裂化反应，反应后生成汽油混合物，经冷凝进入储罐分离杂质和水分，再加热进入分馏塔将两种产品分开。催化工艺分出的低碳氢化合物气体通过火炬进行最后处理，所得到轻组分为汽油，重组分为柴油，残渣作为焦油处理，重新参加二次反应。

② 焚烧技术系统　垃圾焚烧是热化学氧化过程，垃圾在 850~1000℃ 的焚烧炉膛内，其可燃成分与空气中的氧气进行剧烈化学反应，放出热量。此热量可以作为热能回收利用。

垃圾焚烧系统是由储存及进料、焚烧炉、热量回收利用、废气处理、灰渣收集等技术和设备组成。在这个系统中，焚烧技术和设备影响着热量的产生；热量回收技术与设备影响着能源的利用。

城市垃圾焚烧处理工艺流程见图11-12所示。

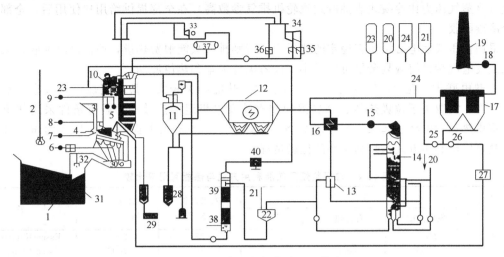

图 11-12　城市垃圾焚烧处理工艺流程

1—垃圾贮坑；2—抓斗；3—进料口；4—推杆；5—燃烧室；6——次风；7—侧面冷风；

8—二次风；9—燃烧机；10—燃烧炉床；11—喷淋；12—静电除尘；13—废气冷却；

14—湿式净化；15—抽风机；16—混合器；17—袋式过滤；18—抽风机；19—烟囱；

20—NaOH；21—Ca(OH)$_2$；22—中和；23—氨水；24—吸附剂；25—循环；

26—剩余物排出；27—消除二噁英；28—废气处理残余物储槽；29—飞灰

储槽；30—出渣；31—炉渣储槽；32—抓斗；33—自用透平机；

34—热电站；35—供热；36—冷凝；37—锅炉水储罐；

38—蒸汽；39—挥发分脱出；40—冷却

城市生活垃圾焚烧过程中会产生大量热量，即焚烧余热。目前几乎所有大中型垃圾焚烧厂均设置余热回收利用系统。对垃圾焚烧余热通过能量转换等形式加以回收利用，不仅能满足焚烧厂自身设备运转的需要，降低运行成本，而且还能向外界提供热能和动力，以获得比较可观的经济效益。余热利用可以通过余热直接利用、余热发电、热电联供等途径得以实现。

a. 余热直接利用。将垃圾焚烧产生的余热转换为蒸气、热水和热空气是典型的直接利用形式。可以通过布置在垃圾焚烧炉之后的余热锅炉或其他热交换器，将余热转换成一定压力和温度的热水、蒸气及一定温度的助燃空气。一方面，可利用蒸气预热助燃热空气，改善垃圾在焚烧炉中的着火条件，促进燃烧效果；另一方面，热空气带入焚烧炉内的热量还提高了垃圾焚烧炉热量的有效利用。热水和蒸气除提供焚烧厂本身生产需要外，还可以提供生活需要。

b. 余热发电。余热产生的蒸气驱动汽轮发电机组，将热能转换为电能，以产生电力，称为余热发电。由于增加了一套发电系统设备，使生活垃圾焚烧厂的建设投资有所增加，但产生的电力也因此使焚烧厂取得了较为明显和稳定的收益。余热发电的主要方式有以下两种。

ⅰ. 纯冷凝式发电。余热锅炉送出的蒸气全部用于发电或与发电系统有关的设备。此时，汽轮机往往根据蒸气压力不同设1~3个定压、定量抽气口，供加热助燃空气和进行给水加热，以提高整个垃圾焚烧厂的热效率，所抽气量的大小，根据事先计算而定，并且抽气为非可调性，抽气用途仅与发电系统有关，所采用的汽轮机为纯冷凝式汽轮机。发电后由冷凝器将蒸气冷凝，再送往锅炉加热。采用这种方式，垃圾焚烧厂的补给水量最小。

ⅱ. 背压式发电。余热锅炉产生的蒸气首先全部用于驱动汽轮机，发电后的汽轮机背压蒸气（该蒸气压力比冷凝式或抽冷式汽轮机排气参数高）在全部提供给用户使用后，全部或部分冷凝回收。

采用背压式发电必须要有稳定的热用户，否则排气只能浪费热量，而被冷凝回收。采用背压式发电汽轮机组规划余量可以最小（仅考虑垃圾量和热值波动）。

c. 热电联供。在热能转变为电能的过程中，热能损失较大。垃圾焚烧厂热效率一般在20%以下，它取决于垃圾热值、余热锅炉和汽轮发电机组的热效率。若有条件采用热电联供，将供热和发电结合起来，则垃圾焚烧厂的热能利用率会大大提高。表 11-4 为国外几家垃圾焚烧厂热利用方式与热利用率的比较情况。

表 11-4 垃圾焚烧厂热能利用方式与热能利用率比较

工厂规模 /t·d^{-1}	热利用率/%			发电设备 /MW	垃圾热值 /kcal·kg^{-1}	厂 名
	发电热能	直接热能	合计			
1890	20.39	—	20.39	37	2000	Essen-Kamap
1890	5.56	68.34	73.90	10	2000	Essen-Kamap
600	14.47	37.53	52.00	2×4.8	2000	札幌冈

常见的热电联供方式发电和区域性供热结合起来，发电除厂内使用，其余则售予电力公司，区域性供热一般是供应附近的工厂、宿舍、医院、公共休闲福利设施的暖气系统使用，以及热水。实现热电联供的发电和供气设备主要有以下两种。

ⅰ. 抽气冷凝式发电。在纯冷凝式汽轮机基础上，中间抽取一部分蒸气供用户使用，所抽取的这部分蒸气是已做了一部分功之后的蒸气，蒸气温度和压力已降低到某设计点，而且所抽取的蒸气量比较大，以满足用户需要为主要目的；抽气量可调，当不需要抽气时，抽气口阀门关闭，但汽轮发电机组不会因关闭抽气阀门而增大发电量，此时则需要减少供给汽轮机的蒸气量（这就意味着减少垃圾焚烧量）。采用这种方式需要有一个相对稳定的热用户，抽气点可根据用户要求设计。

ⅱ. 抽气背压式发电。在背压式汽轮机基础上，中间抽出一部分蒸气，供另外要求较高蒸气参数的用户使用，与抽气冷凝机一样，当不需要中间抽气时要求对送往汽冷机的蒸气量进行调整。

③ 气化（熔融）技术系统 气化是指控制供应空气量小于理论空气量的部分燃烧。气化过程将碳素物部分燃烧，同时产生一氧化碳、氢气和以甲烷等数种碳水化合物为主的可燃气体。可燃气体可以供内燃机、发电机锅炉使用。

a. 气化理论。气化过程主要发生下述 5 种反应

$$C + O_2 \longrightarrow CO_2 \qquad 放热反应$$
$$C + H_2O \longrightarrow CO + H_2 \qquad 吸热反应$$
$$C + CO_2 \longrightarrow 2CO \qquad 吸热反应$$
$$C + 2H_2 \longrightarrow CH_4 \qquad 放热反应$$
$$CO + H_2O \longrightarrow CO_2 + H_2 \qquad 放热反应$$

整个过程所需热量主要从放热反应中得到，而可燃成分主要从吸热反应中得到。在 1 个标准大气压下，用空气作为氧化剂的气化装置得到的气化最终产物通常如下：

- 低热值气体，如 CO10%、$CO_2$20%、$H_2$15%、CH_4>50%以及 $N_2$2%；
- 由碳素和燃料中本身带来的惰性物质组成的炭；
- 与热分解相近的凝缩液体。供应的空气中氮气起到稀释作用，气化得到的低热值气

体的热值约为 $5500kJ \cdot m^{-3}$。供应空气的气化装置运行很稳定，可得到较均匀的气体。当供应氧气而不是空气作为氧化剂时，可得到热值约达 $11000kJ \cdot m^{-3}$ 的气体。

b. 气化技术。根据气化炉的形式，可将气化装置分为：固定床式（垂直、水平）、流化床式、旋转窑式和机械炉排式。

按是否进行熔融处理可分为：带熔融气化和不带熔融气化。而带熔融气化又根据气化过程和焚烧熔融过程是否分开，分为单工艺气化熔融和双工艺气化熔融两类（见图 11-13）。

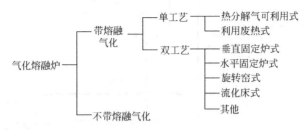

图 11-13　气化熔融技术的分类

图 11-14 为传统的焚烧＋灰熔融与气化熔融的工艺流程比较。在传统的焚烧＋灰熔融处理工艺中，将垃圾焚烧，灰渣冷却以后，再进行熔融。热分解气化技术却在热分解气化以后，将焚烧和熔融融为一体，这是气化熔融的最大特点之一。另外，因为气化过程的温度约为 $450 \sim 600℃$，所以可将垃圾中的铁、铝等金属回收利用。

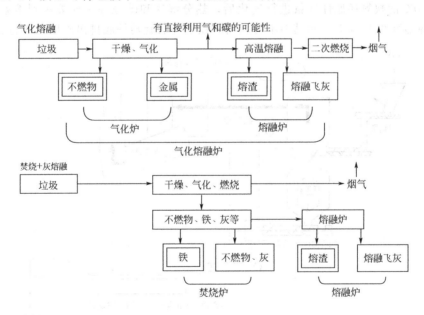

图 11-14　垃圾气化熔融与焚烧＋灰熔融工艺流程

（ 为有利用可能性的物质）

c. 气化熔融技术系统实例

● 旋转窑式气化熔融（双工艺）（见图 11-15）。经过粉碎的垃圾被投入长形旋转窑中，在 $450 \sim 600℃$ 的缺氧还原性气氛进行气化后，将热分解气送到熔融炉内燃烧，而碳分和其他不可燃物，铁、铝等从旋转窑中排出来以后进行筛选分离，碳分再投入到焚烧熔融炉内进行焚烧熔融，熔融温度约 $1300℃$。

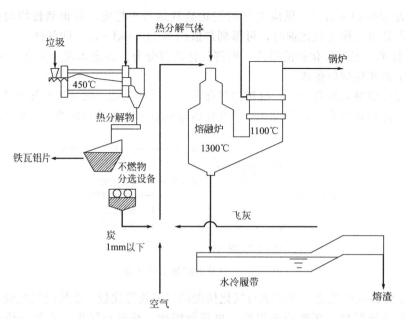

图 11-15　旋转窑式气化熔融炉

- 流化床炉式气化熔融（双工艺）（见图 11-16）。经过粉碎的垃圾被投入流化床炉中，在 450～600℃的缺氧还原性气氛进行气化后，热分解气和碳分等一同被送到熔融炉内燃烧熔融，熔融温度约 1300℃，而其他不可燃物和铁铝等从旋转炉底排出来以后进行分离。

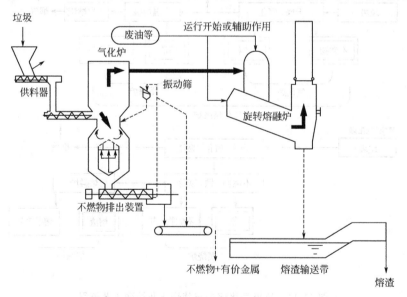

图 11-16　流化床式气化熔融炉

（3）填埋气资源化利用

填埋气体的利用与当地或周围地区对能源的需求及使用有关，目前的主要利用方式有 4 种，介绍如下。

① 用作发电。

a. 燃气内燃机发电。利用填埋气体作为内燃机的燃料，带动内燃机和发电机发电。这种利用方式设备简单，投资少，不需对填埋气体做复杂的净化脱水，利用效率高，适合于发电量为 1～4MW 的小型填埋气体利用工程。

　　b. 燃气轮机发电。利用填埋气体燃烧产生的热烟气直接推动涡轮机，涡轮机带动发电机发电，这种利用方式与燃气内燃机发电方式相比，其发电效率低，投资较大，需要对填埋气体进行深度冷却脱水处理，适合发电量为 3～10MW 的填埋气体利用工程。

　　c. 蒸汽轮机发电。利用填埋气体作为锅炉燃料，产生蒸汽，蒸汽再带动蒸汽轮发电。这种方式发电效率低，在规模较大、填埋气体产气量大的填埋场宜采用这种方式，一般发电量在 5MW 以上。

　　② 用作锅炉燃料。用于锅炉燃料，用于采暖和热水供应。这是一种比较简单的利用方式，不需要对填埋气体进行净化处理，设备简单，投资少，利用效率高，适用于填埋场附近。

　　③ 用作民用或工业燃气。用于民用或工业燃气，将填埋气体处理后，用管道输送到用户或工厂，作为生活或生产燃料。这种方式需要对填埋气体进行比较细致的处理，包括去除 CO_2 和有害气体等。此种方式投资大，技术要求高，适合于规模大的填埋气体利用工程。

　　④ 用作汽车燃料。填埋气体净化处理做汽车燃料，其尾气排放的污染可大大减轻，具有显著环境效益；且成本不高，经济效益显著。其工艺过程是除去气体中的 CO_2、H_2S，使用的甲烷浓度由 40%～45% 提高到 80% 以上；然后，将净化气加压至 25MPa，压入高压储罐做汽车加气用。

　　洛杉矶卫生局等筹建的由 LFG 制取汽车清洁燃料示范工程于 1993 年建成。该工程规模为 1000m³·d⁻¹，其工艺如图 11-17 所示。

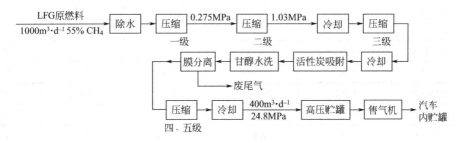

图 11-17　清洁燃料工艺流程

几种填埋气体利用方式的比较见表 11-5 所示。

表 11-5　几种填埋气体利用方式比较

序号	利用方式	气体预处理要求	一次性投资	运行管理费用	技术要求	利用效率	系统稳定性	二次污染
1	燃气内燃机发电	脱水、去除杂质	3	2	2	3	2	1
2	燃气轮机发电	脱水、去除杂质	4	3	3	2	4	3
3	蒸汽轮机发电	脱水	4	4	4	3	5	5
4	锅炉燃料	简单脱水	1	1	1	4	3	5
5	用于民用燃气	脱水、去除酸性气体和杂质	4	4	4	4	3	4
6	汽车燃料	脱水、去除 CO_2、H_2S 及杂质	5	5	5	5	5	1

　　注：上表的数字表示程度，即：a. 一次性投资为 5>4>3>2>1；b. 运行管理费用为 5>4>3>2>1；c. 技术要求为 5 高于 4 高于 3 高于 2 高于 1；d. 利用效率为 5>4>3>2>1；e. 系统稳定性为 5 好于 4 好于 3 好于 2 好于 1；f. 二次污染程度为 5 高于 4 高于 3 高于 2 高于 1。

　　对于某个特定的填埋场来说，填埋气体利用方案的选择应根据气体产量、特性、当地条件确定。一般原则是因地制宜，设备简单，最大限度地利用气体。

11.3 工业固体废物的资源化

11.3.1 工业固体废物资源化现状

表 11-6 为 1999～2015 年中国内陆工业固体废物产量生与资源化综合利用情况。

表 11-6 全国工业固体废物产生、排放和综合利用情况（1999～2015 年）

年度	产生量/万吨	倾倒丢弃量/万吨	综合利用量/万吨	贮存量/万吨	处置量/万吨	综合利用率/%
1999	78441.9	3880.5	35755.9	26294.8	10764.3	51.2
2000	81607.7	3186.2	37451.2	28921.2	9151.5	51.8
2001	88746	2894	47290	30183	14491	52.1
2002	94509	2635	50061	30040	16618	52.0
2003	100428	1941	56040	27667	17751	54.8
2004	120030	1762	67796	26012	26635	55.7
2005	134449	1655	76993	27876	31259	56.1
2006	151541	1302	92601	22398	42883	59.6
2007	175632	1197	110311	24119	41350	62.1
2008	190127	782	123482	21883	48291	64.3
2009	203943	710	138186	20929	47488	67.0
2010	240944	498	161772	23918	57264	66.7
2011	322722.3	433.3	195214.6	60424.3	70465.3	59.9
2012	329044.3	144.2	202461.9	59786.3	70744.8	61.0
2013	327701.9	129.3	205916.3	42634.2	82969.5	62.2
2014	325620.0	59.4	204330.2	45033.2	80387.5	62.1
2015	327079	56	198807	58365	73034	60.3

注："综合利用量"和"处置量"指标中含有综合利用和处置往年量。工业固体废物排放量计算公式是：工业固体废物排放量＝工业固体废物产生量－贮存量－（综合利用量－综合利用往年贮存量）－（处置量－处置往年贮存量）；工业固体废物综合利用率指工业固体废物综合利用量占工业固体废物产生量的百分率。计算公式为：工业固体废物综合利用率＝工业固体废物综合利用量/（工业固体废物产生量＋综合利用往年贮存量）×100％（数据来自环保部环境统计公报）。

2014 年，全国一般工业固体废物产生量为 32.6 亿吨，比 2013 年减少 0.6％；综合利用量为 20.4 亿吨，比 2013 年减少 0.8％，综合利用率为 62.1％；贮存量为 4.5 亿吨，比 2013 年增加 5.6％；处置量为 8.0 亿吨，比 2013 年减少 3.0％；倾倒丢弃量为 59.4 万吨，比 2013 年减少 54.1％。2015 年，全国一般工业固体废物产生量 32.7 亿吨，比 2014 年增加 0.4％。综合利用量为 19.9 亿吨，比 2014 年减少 2.7％，综合利用率为 60.3％；贮存量为 5.8 亿吨，比 2014 年增加 29.6％；处置量为 7.3 亿吨，比 2014 年减少 9.1％；倾倒丢弃量为 55.8 万吨，比 2014 年减少 6.1％。

其中，2015 年企业产生的工业固体废物中，尾矿为 95501 万吨，粉煤灰 43785 万吨，煤矸石产生量 38692 万吨，冶炼废渣产生量 33903 万吨，炉渣产生量 31733 万吨，分别占重点调查企业一般工业固体废物产生量的 30.7％、14.1％、12.4％、10.9％和 10.2％；综合利用量尾矿为 27262 万吨、粉煤灰 38117 万吨、煤矸石 25766 万吨、冶炼废渣 31110 万吨、炉渣 28123 万吨，综合利用率分别为尾矿 28.5%、粉煤灰 86.4%、煤矸石 65.5%、冶炼废渣 91.5%、炉渣 88.2%。

11.3.2 矿业固体废物的综合利用

11.3.2.1 煤矿业固体废物的利用

中国是一个煤炭资源丰富的国家，在可燃矿产资源中，煤炭占 96%，由于这种特殊的资源条件和我国的经济发展水平，致使多年来我国的能源结构中一直以煤炭为主，目前全国一次能源消费中 76% 以上是煤炭，而且比例还在逐年增加，在煤炭开采和燃烧使用过程中，将会排出大量的煤炭系固体废物，其中主要的是煤矸石、煤渣和粉煤灰，它们的排放量约占工业固体废物排放总量的 20%～30%。因此，对于煤炭系固体废物的综合利用日益引起人们的广泛重视。

（1）煤矸石的综合利用

煤矸石是煤矿中夹在煤层间的脉石，它是含碳岩石和其他岩石混合物，在煤的开采和洗选过程中都会有相当数量的煤矸石排出。由于煤的品种和产地不同，各地煤矸石排出率亦各异，平均约为原煤产量的 20%。

① 煤矸石的来源及产生情况　煤矸石的来源及产生情况如表 11-7 所示。

表 11-7　煤矸石的来源及产生情况

煤矸石的来源及产生情况	露天开采剥离及采煤巷道，掘进排出的白矸	采煤过程中选出的普矸	选煤厂产生的选矸
所占比例/%	45	35	20

目前，我国煤矸石年排放量近 4×10^8 t，煤矸石中硫化物的逸出或浸出还会污染大气、土壤和水质，特别是矸石堆放日久会引起自然，放出大量有害气体，造成严重的环境污染，产生的 SO_2、NO、H_2S 等有害物质已明显威胁到该地区居民的身体健康。矸石自燃会积蓄大量热能，还易使矸石山发生崩落而造成意外事故。如美国西弗吉尼亚州的布法罗山谷，堆积的煤矸石长达几公里，并筑有 3 个矸石坝，1972 年 2 月 16 日的一场暴雨造成 17 万立方米矸石冲决了矸石坝奔泻而下，造成 116 人死亡，546 间房屋和 1000 辆汽车被毁，4000 人无家可归。

上述情况说明，煤矸石污染已成为煤炭工业的主要环境污染之一。大力开展煤矸石的综合利用，是充分利用煤炭及伴生矿物资源，减轻污染与保护环境的重要措施。

② 煤矸石资源化途径　我国各地煤矸石的组成和热值差别较大，应当根据煤矸石的成分、性质选择利用途径和指导生产。目前在我国煤矸石利用量大，技术成熟的途径主要作为建材工业的重要资源。根据其热值的不同，对煤矸石的利用途径做了如下的划分，见表 11-8。

表 11-8　煤矸石的合理利用途径

热值范围/kJ·kg⁻¹	合理利用途径	说　明
<2090	回填、修路、造地、制骨料	制骨料以砂岩类未燃矸石为宜
2090～4180	烧内燃砖	CaO%<5%
4180～6270	烧石灰	渣可作混合材料和骨料
6270～8360	烧混合材、制骨料、代土节煤生产水泥	可用于小型沸腾炉供热产汽
8360～10450	烧混合材、制骨料、代土节煤生产水泥	可用于大型沸腾炉供热发电

某些地区的煤矸石还可用来作生产化工产品的原料，例如含氧化铝高或含一定量钛与镓的煤矸石，可以从中提取铝、钛、镓，生产相应的化工产品。有些煤矸石粉还可用来改良土

壤、作肥料和农药载体等。

③ 煤矸石用作燃料

a. 回收煤炭。煤矸石含一定量的碳和其他可燃物，可借现有的选煤技术予以回收，这也是煤矸石综合利用所必需的预处理步骤。特别是在用煤矸石生产水泥、陶瓷、砖瓦等建筑材料时，必须洗除其中的煤炭，以保证建材产品质量的稳定和稳定生产操作。

回收煤炭的煤矸石含碳量应大于20%，否则回收成本太高。英国、美国、比利时、日本、法国等工业化国家都建立了专门的煤矸石选煤厂。我国不少煤矿的选煤厂也用洗选或筛选方法从煤矸石中回收低值煤炭。

b. 用做沸腾炉燃料。充分利用低热值燃料的关键是采用合理的燃烧方式和燃烧设备，煤矸石沸腾炉是我国近20年发展起来的新型锅炉，由于它能强化燃料的燃烧，热效率高，一般锅炉不能燃用的煤矸石，在沸腾炉内都能有效而稳定地燃烧。

目前我国投入运行的沸腾炉过2000多台，节省了大量的优质煤炭，经济效益也十分显著。例如辽宁阜新某工厂以前用7台普通锅炉，年耗煤11000t，现改为2台沸腾炉，年耗洗矸30000t，每年仅燃料费即可节约3万多元。

c. 用于制煤气。近年来，某些地区研制出各种各样的新型煤气发生炉，用煤矸石为原料制气体燃料。例如河北邯郸市饮食行业利用矸石煤气炉生产煤气用于炊事或烧锅炉，不但使用方便，还可节约燃料费80%。

④ 煤矸石用作建筑材料　近10年来，我国煤矸石建筑材料发展迅速，开拓了多种利用途径，生产技术也日渐成熟和先进，煤矸石的年利用量也达2500万吨以上，成为煤矸石综合利用的一条最重要途径。

a. 煤矸石制水泥。煤矸石和黏土的化学成分相近，一般含 SiO_2 40%～60%，Al_2O_3 15%～30%，还有 CaO、Fe_2O_3 等可代黏土提供硅质、铝质成分，同时还可利用煤矸石所提供的热量来代替部分燃料，因而可以作为水泥生产的原料。用煤矸石生产水泥的工艺过程与生产普通水泥基本相同。首先以煤矸石代黏土和其他原料按一定配比磨细成生料，再经高温烧制成水泥熟料，然后再加适量的石膏和其他混合材料磨成水泥。

用作水泥原材料的煤矸石，其质量一般应符合表11-9的要求。

表11-9　煤矸石原料质量要求

率值或成分 品级	$n = \dfrac{SiO_2}{Al_2O_3 + Fe_2O_3}$	$P = \dfrac{Al_2O_3}{Fe_2O_3}$	MgO /%	R_2O /%	塑性指数
一级品	2.7～3.5	1.5～3.5	<3.0	<4.0	>12
二级品	2.0～2.7 和 3.0～4.0	不限	<3.0	<4.0	>12

注：1. 当 $n=2.0～2.7$ 时，需掺加硅质校正原料，如粉砂岩，当 $n=3.0～4.0$ 时，需掺加铝质校正原料，如高铝煤矸石；

2. 当塑性指数<12时，应采用预湿后成球工艺，或其他提高生料塑性的措施；

3. R为碱金属氧化物。

自燃或煅烧后的煤矸石具有一定活性，可以作水泥的混合材料使用，掺加量的多少取决于熟料质量与水泥品种和标号，按国家规定，掺加量不超过15%时可制得普通硅酸盐水泥，超过20%时则为火山灰硅酸盐水泥。

以自燃矸石或煤矸石沸腾炉渣为主与适量的生石灰（15%～25%）、石膏（8%～12%）、氯化铝渣（8%～15%）混合磨细即可制得无熟料水泥，其抗压强度可达29.4～39.2MPa，抗拉强度可达2.4～4.2MPa。

煤矸石在水泥生产上的应用是多方面的，有良好的社会和经济效益。但由于煤矸石的成分波动较大，故在生产中要采取相应的措施，保证其成分的均衡和稳定，以利于水泥生产的操作过程和水泥质量的稳定。

b. 煤矸石制烧结砖。煤矸石烧结砖是以煤矸石为原料，替代部分或全部黏土烧制而成。用煤矸石制砖优点很多，一是原料来源丰富，二是焙烧时基本无需另加燃料，三是工艺紧凑并能常年生产。我国矸石砖生产发展相当迅速，据煤炭部统计，全国统配煤矿已建有矸石砖厂 160 余座，年产矸石砖 15 亿块。

泥质碳煤矸石质软，易粉碎，是生产煤矸石砖的理想原料。实践证明，矸石的化学组成和物理性能会影响产品的性能和焙烧工艺，一般应满足以下要求：

- 二氧化硅含量一般应在 50%～70%；
- 三氧化二铝含量一般应在 10%～30%；
- 三氧化铁含量一般应在 2%～8%；
- 氧化钙含量一般应在 2% 以内；
- 氧化镁含量一般应在 3% 以内；
- 三氧化硫含量一般应在 1% 以内；
- 塑性指数一般应在 7～14 之间；
- 发热量要求在 2100～4200kJ/kg 之间。

煤矸石制砖工艺过程和黏土相似，主要包括原料破碎、混合加工成型、砖坯干燥和焙烧等工序，焙烧的最高温度一般控制在 950～1100℃ 之间，焙烧时间为 6～8h。

用煤矸石制砖和用黏土制砖相比，燃料消耗可减少 80%，产品成本降低 20%，并节省了大量农田，是一种很有前途的综合利用方式。

c. 煤矸石生产轻骨料。煤矸石内所含可燃物质和菱铁矿在焙烧过程中析出气体起膨胀作用，同时其中又含大量硅铝物质，因此是生产轻骨料的理想原料。

用煤矸石制轻骨料有两种方法，即成球法和非成球法。成球法是将煤矸石破碎粉磨后制成球状颗粒加入回转窑内，经预热、燃烧脱碳、膨胀烧结、冷却筛分后分级出厂。该法可生产出粒形好（圆球状）、容重小、强度大、热导率低、耐高温、化学稳定性好的煤矸石陶粒。但是由于煤矸石中含有一定数量的碳，使料球膨胀不易控制，工艺难度较大。非成球法是把煤矸石破碎到 5～10mm，铺设在炉箅子烧结机上进行烧结，烧结好的轻骨料经喷水冷却、破碎、筛分分级出厂。

煤矸石轻骨料的质量主要取决于煤矸石的性质和成分，炭质页岩和选煤厂排出的洗矸石都是较为理想的原料。煤矸石中含煤量对轻骨料的质量和成本有很大影响，不同的生产工艺对含碳量要求也不相同，但总的来说要求含碳量不要过大（以低于 13% 为宜），否则煤矸石难以很好地膨胀。据比利时的经验，含碳量达 2% 就足以使料球膨胀起来。

d. 煤矸石轻骨料主要用于配制轻质混凝土。这种混凝土重量轻、吸水率低、强度高、保温性能好、可用于建造大跨度桥梁和高层建筑物。用它做钢筋混凝土楼板，在配筋相同的情况下，跨度可由 4m 增至 7m，保温和防火性能也有改善，造价可降低 10%。

e. 煤矸石生产空心砌块。煤矸石空心砌块是用人工煅烧或自燃的煤矸石，加少量石膏、石灰磨细生成胶结料，并选用适宜的生矸石做粗细骨料经振动成型、蒸汽养护而成的一种墙体材料，产品标号可达 200 号。同红砖相比，这种材料自重轻、节省原料、成本低。

f. 煤矸石作筑路和充填材料。筑路和修筑堤坝是煤矸石利用的重要途径之一。英、美、法、德和日本等国大量使用自燃后的煤矸石作公路路基和堤坝材料，具有很好的抗风雨侵蚀性能。目前，国内使用矸石做筑路材料的不多，有待进一步推广，这对改善环境，减少矸石排放占用土地、降低筑路成本有着十分重要的作用。

　　除了作路基材料外，英国还将煤矸石高温烧结、破碎然后与圭亚那铝矾土制成阻滑剂，按一定比例混合作公路防滑材料。这种材料具有表面多棱角和粗糙特点、防滑性能持久，把它撒在交通繁忙的公路交叉口或用在雨雪天可大大减少交通事故。这种材料成本也很低，不到用铝矾土材料制成防滑材料的1/3。

　　煤矸石还可做煤矿陷区复地的充填材料，我国部分煤矿已开始进行这项工作，它既可使被破坏的土地得到恢复，又可减少矸石堆放占地，消除环境污染。

　　总之煤矸石是发展建材工业的重要资源，建材工业利用煤矸石量大而面广，经济效益也很显著，值得进一步研究和推广。

　　⑤ 煤矸石生产化工产品

　　a. 生产铝盐。大多数地区的煤矸石均属高岭黏土类，含 Al_2O_3 量可达 40% 左右，因此可以用它作为生产铝盐的原料。煤矸石生产铝盐的工艺流程如图 11-18 所示。

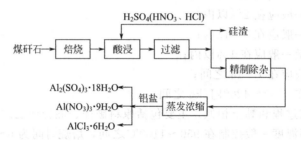

图 11-18　煤矸石生产铝盐工艺流程

　　以生产出的结晶氯化铝为原料，将其加热到170℃，便会分解出氯化氢和水，生成聚合氯化铝。聚合氯化铝是一种新型的无机高分子混凝剂，广泛应用于生活用水和废水的净化处理中。

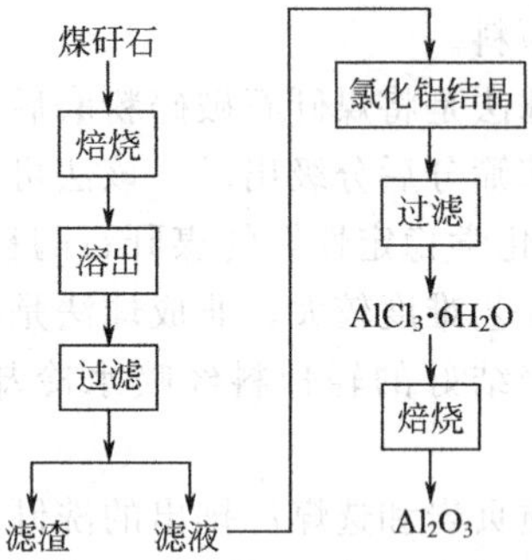

　　b. 生产氧化铝。以煤矸石为原料生产氧化铝的方法有石灰烧结法和酸法两种，图 11-19 所示是酸法生产工艺流程，适于处理含高硅低铝的煤矸石，是一种较为成功的生产方法。

　　除此之外，还可以用煤矸石为原料生产水玻璃、白炭黑、回收镓、锗等贵金属。

　　（2）粉煤灰的综合利用

　　① 粉煤灰的排放及危害　燃煤电厂使用煤粉为燃料，当粉煤在锅炉中燃烧时，大部分成为细灰，自烟道中排出，经除尘设备捕集为粉煤灰。随着电力工业的发展，电厂排出的粉煤灰与日俱增，迄今为止，我国已累计堆放粉煤灰 6 亿多吨，占地超过 20 万亩。如前所述，2015 年，粉煤灰的产生量超过 4 亿吨，占企业一般工业固体废物产生量的 14% 左右。

　　粉煤灰的大量排放，不仅占用大量堆放场地，还要支付巨额处置费用。堆放在地面的粉煤灰还会扬入大气，污染大气环境，影响人体健康和植物的光合作用。粉煤灰若排放江河湖海，还会造成水体污染，严重时将会淤塞航道。因此，如何消化利用粉煤灰资源已引起人们的普遍关注。

　　② 粉煤灰利用现状　我国对粉煤灰的利用始于 20 世纪 50 年代，主要用于制造建筑材料或建筑制品。到 60～70 年代，粉煤灰的利用技术已趋于成熟，使之广泛用于建材、交通、工业、农业、水利等领域。近年来在鼓励资源综合利用的政策的推动下，粉煤灰还相继应用

图 11-19　煤矸石酸法生产氧化铝工艺流程

228

于冶金、轻工、化工行业，粉煤灰利用的新产品、新技术、新工艺正不断涌现。就技术水平而言，我国粉煤灰利用水平与美国大致相当。到 1992 年年底，我国开发的灰渣利用技术达 200 项，进入工程实用阶段的也有 30～50 项之多，灰渣利用率也由 1990 年的 26.65％上升到 1993 年的 34.8％。

但是，从总体上讲，我国的粉煤灰的利用尚处于初步发展阶段，还没形成稳定的市场和可靠的支柱产业。由于排放量大，粉煤灰的质量控制困难；加之产品开发投资大，销路不稳，综合利用产业与国民经济各部门间的关系尚有待完善，致使每年仍有 5000 万～7000 万吨灰渣排入灰场，占用大量土地。

③ 粉煤灰在建材工业中的应用　粉煤灰中含有大量的 SiO_2（40％～65％）和 Al_2O_3（15％～40％）具有一定的活性，可以作为建材工业的原料使用。

a. 生产水泥及其制品。粉煤灰中 SiO_2 和 Al_2O_3 的含量占 70％以上，可以代替黏土配制水泥生料生产水泥，同时还可利用残余炭，降低燃料消耗。

在磨制水泥时，可以加入适量的粉煤灰作混合材，生产普通硅酸盐水泥、矿渣硅酸盐水泥（掺加量≤15％）和粉煤灰硅酸盐水泥（掺加量为 20％～40％）。粉煤灰硅酸盐水泥耐硫酸盐浸蚀和水浸蚀，水化热低，适用于一般民用和工业建筑工程、大体积水工混凝土工程、地下或水下混凝土构筑等方面。

对细度大、活性高、含碳量低的高质量粉煤灰，还可取代部分水泥作混凝土掺合料，每立方米混凝土可用灰 50～100kg，节约水泥 50～100kg。

b. 生产烧结砖和蒸养砖。粉煤灰烧结砖是以粉煤灰、黏土为原料，经搅拌成型，干燥、焙烧而制成的砖。粉煤灰掺加量为 30％～70％，生产工艺与普通黏土砖大体相同，可用于制烧结砖的粉煤灰要求含 SO_3 量不大于 1％，含碳量 10％～20％左右，用粉煤灰生产烧结砖既消化了粉煤灰，节省了大量土地，同时还可降低燃料消耗。

粉煤灰蒸养砖是以粉煤灰为主要原料，掺入适量生石灰、石膏，经坯料制备、压制成型，常压或高压蒸汽养护而制成的砖。粉煤灰蒸养砖配比一般为：粉煤灰 88％、石灰 10％、石膏 2％，掺水量 20％～25％。

近年来，利用粉煤灰制砖法不断得到改进，砖的质量和经济效益都有明显提高。例如最近发明的免烧免蒸粉煤灰制砖法以粉煤灰、石粉、钙渣、水泥、醇胺为原料，按一定配比混合加水搅拌，然后压制成型，出机后洒水自然保护，干燥后即为成品砖。该法节煤省电、不污染环境、成本低且成品砖抗冻性能强。

c. 生产建筑制品。粉煤灰可用来制各种大型砌块和板材。以粉煤灰为主要原料，掺入一定量石灰、水泥、加入少量铝粉等发泡剂材料。可制出多孔轻质的加气混凝土。它容重小，保温性好，且具有可锯、可刨、可钉的优良性能，可制成砌块、屋面板、墙板、保温管等，广泛用于工业及民用建筑。

④ 粉煤灰用于筑路和回填　用粉煤灰与石灰、碎石按一定比例混合搅拌可制作路面基层材料。例如法国普遍采用以 80％的粉煤灰和 20％的石灰配制水硬性胶凝材料，并掺加碎石和砂做道路的底层和垫层。这种材料成本低、施工方便、强度也很好。

回填可大量使用粉煤灰，主要用于工程回填、围海造地、矿井回填等方面，但应注意粉煤灰对水质不造成污染。安徽淮北电厂与煤矿配合，用粉煤灰填煤矿塌陷区千余亩，覆土后造地种植农作物，既解决了电厂排灰出路，又造了土地，这对我国人多地少的国情有重要的现实意义。

⑤ 粉煤灰在农业上的利用　粉煤灰组成，机械组成相当于砂质土，同时含有少量对农作物生长有利的元素如钾、钙、铁、磷、硼等。这些特性决定了它在农业方面应用具有很大

潜力。

a. 直接施于农田。据对热电厂粉煤灰的分析,其所含营养成分如下:氮 0.0588%、磷 0.1298%、钾 0.7133%、钙 1%～8%。因此,将粉煤灰直接施于农田,可以改善黏质土壤结构,使之疏松通气,同时可供给作物所必需的部分营养元素。特别是它所含的各种微量元素和稀土元素可促进作物生长发育,增加对病虫害的抵抗力。但它也可能会改变土壤的化学平衡,影响许多营养元素的有效性,使用时应注意根据土质的不同合理施加粉煤灰。但是不管怎样,它有一定的改土、增产作用,在一定程度上可用作土壤改良剂直接施用于农田。

b. 粉煤灰肥料。粉煤灰含有丰富的微量元素,如 Cu、Zn、B、Mo、Fe、Si 等。可作一般肥料用,也可加工成高效肥料使用。粉煤灰含氧化钙 2%～5%,氧化镁 1%～2%,只要增加适量磷矿粉并利用白云石作助熔剂,即可生产钙镁磷肥。粉煤灰含氧化硅 50%～60%,但可被吸收的有效硅仅 1%～2%,在用含钙高的煤高温燃烧后,可大大提高硅的有效性,作为农田硅钙肥施用,对南方缺钙土壤上的水稻有增产作用。除此之外,还以粉煤灰为原料,配加一定量的苛性钾、碳酸钾或钾盐生产硅钾肥或钙钾肥。

用粉煤灰为原料生产新型化学肥料的工作近年来已取得一定的进展。如日本电力中央研究所研制成功了用粉煤灰制取一种新型钾质肥料的新技术。这种硅酸钾肥料是利用加入 K_2CO_3 后的粉煤灰配合补助剂 $Mg(OH)_2$,加上粉煤、乙醇废液,按一定比例混合、造粒、干燥、筛分后在 800～1000℃ 高温下煅烧而成。这种钾肥在雨水下难以溶解流失,内含的硅酸成分有利水稻生长和保持蔬菜的新鲜度,有利植物根系生长。它巧妙地利用了粉煤灰中的 SiO_2 成分,制成的硅酸钾肥具有通常钾肥所不具有的缓效性肥效的优点,每生产 1t 产品消耗 0.80t 粉煤灰,问世后很快受到各国的重视。

粉煤灰的农业利用投资小、见效快,利用得当将会产生明显的社会效益、环境效益和经济效益。

⑥ 粉煤灰的其他应用

a. 分选空心玻璃微珠。空心玻璃微球在粉煤灰中含量高达 50%～80%,其显著特点是轻质、高强度、耐高温、绝缘性能好,因而成为一种多功能无机材料,在建材、塑料、催化剂、电气绝缘材料、复合表面材料的生产上得到广泛应用。粉煤灰中微珠可采用漂浮法来提取。

b. 用作橡胶、塑料制品的填充剂。经过活化处理的粉煤灰代替碳酸钙作橡胶、塑料制品的填充剂可以提高制品性能、降低生产成本。

c. 提取金属。粉煤灰中铝含量高,因而用它作原料,用酸溶法制取聚合氯化铝、二氯化铝、硫酸铝等化合物。

美国、日本、加拿大等国正在开发从粉煤灰中回收稀有金属和变价金属,如铝、锗、钒的提取已实现工业化。美国田纳西州橡树岭实验室已研制成从煤灰中回收 98% 的铝和 70% 以上其他金属的方法。尽管从目前情况来看,这种提取铝的方法的成本要比从铝矾土中炼出铝高出 30%,但它也有可能成为一种新的“铝矿”资源。

此外,还可以利用粉煤灰生产石棉、吸附剂、分子筛、过滤介质、某些复合材料等。

11.3.2.2 冶金矿业固体废物的综合利用

冶金矿业固体废物是指金属和非金属矿石开采过程中所排出的固体废物,包括废石和尾矿。矿山生产过程中排出的固体废物的数量十分惊人。据统计,全世界每年排弃的废石和尾矿高达 300 亿吨,我国每年的排放量也在 5 亿吨左右。这些废石和尾矿堆放在地面,占用了大量土地,废物中所含的有害组分还会对周围的环境造成污染。另外,由于废石堆、尾矿库的不稳定还会产生滑坡、岩堆移动、泥石流等意外事故,造成巨大的生命财产损失。

冶金矿业固体废物虽然排出量很大，但由于技术和经济方面的原因，被利用的不多，近年来，随着科学技术的发展和人们环境保护意识的提高，冶金矿业固体废物的综合利用已日益被人们所重视。目前对冶金矿业固体废物的利用主要有以下几个方面。

（1）直接利用

① 用做矿井充填料　过去惯用的矿井充填料为碎矿石，为此需单独建立一套采石、破碎和运输系统，花费大量的资金和劳力。利用废石和尾矿作充填料，来源丰富并可就地取材，运输方便，大大降低了充填成本。

用废石和尾矿作充填料时，对其性能一般有如下要求：

a. 废石和尾矿中有用矿物含量低；

b. 废石和尾矿中矿物的性质稳定，不易风化或分解，不易氧化自燃，不会放出有毒有害或恶臭的气体。

② 用作建筑材料　矿业固体废物作为建筑材料用途十分广泛，例如用尾矿为主要原料制尾矿砖；以水泥、水渣、尾矿粉为原料制加气混凝土；代替碎石作路基垫层等。

安徽马鞍山钢铁公司姑山铁矿利用尾矿作混凝土集料，用于工业和民用建筑和修筑公路取得很好的效益，每年可少占地 27 亩，并可增加 150 多万元的经济收入，尾矿对周围环境的危害也大大降低。

细粒尾矿还是一种可塑性好的陶瓷原料，黄梅山铁矿在同济大学的协助下，研制成功用尾矿作原料，烧制墙面砖和地面砖，年处理尾矿 4000t，生产 10 万平方米的墙面砖，经济效益十分可观。

③ 生产微量元素肥料　植物生长过程中需要 B、Mn、Cu、Zn、Mo 等微量元素，施用微量元素肥料具有明显的增产效果。锰矿采选过程中所排出的废石和尾矿，除含锰外，还含有氯离子、硫酸盐离子及氧化镁、氧化钙等，可用来生产微量元素肥料。又如某些钼矿的尾矿作微量元素肥料施用于缺钼土壤，不仅有助农业增产，而且可以降低食道癌发病率。

（2）提取有用成分

随着矿物的不断开采，矿物资源日益减少，处理原矿的品位也越来越贫，不断提高矿石的综合利用率，对矿石所含的各种有价值的成分进行综合性回收已成了当务之急。不少国家都开发了新的技术，综合利用矿产资源。

美国肯尼柯特选矿厂为了充分回收尾矿中的铜，建立了尾矿再处理厂，将尾矿磨细筛分后进行浮选，进一步回收尾矿中所含少量的铜。

我国攀枝花铁矿的矿石中除含铁以外，还含有钒、钛、镍、铬、铜、锰、钪等金属，如能加以回收，其价值将高于主要产品铁的价值。按目前的生产规模，从尾矿中每年可回收钛精矿 27.5 万吨，硫钴精矿 3 万吨，氧化钪 7.2 万吨，总价值达 2 亿元以上。

尽管从冶金矿业固体废物中提取有用金属对固体废物排放量的减少所起的作用是极其有限的，但它在矿资源的充分利用上却有着非常重要的意义，并具有十分可观的经济效益。

11.3.3　冶金工业废渣的综合利用

冶金工业废渣是指从金属冶炼到加工制造所产生的冶金渣、粉尘、污泥和废屑等统称为冶金工业废渣。其中排放量较大，而且综合利用率较高的主要是冶金渣，它包括高炉渣、钢渣、有色金属渣、铁合金属渣等，本节主要介绍冶金渣的综合利用情况。

11.3.3.1　高炉渣的综合利用

高炉渣也称矿渣，是高炉炼铁时所排出的固体废物。目前我国每炼 1t 生铁约产生 0.6～0.7t 高炉渣（工业发达国家为 0.27～0.28t），全国每年排出高炉渣约 3 亿吨以上，其中 80% 以上得到利用。根据对高炉排出熔渣处理方法的不同，可得到三种性能不同的炉渣：熔炉在大量冷却水急剧冷却作用下形成的炉渣叫水淬渣；熔渣经慢冷却处理形成的类石料矿渣叫重矿渣或块渣；采用适量冷却水的半急作用形成的多孔轻质矿渣叫膨胀矿渣。

高炉渣的主要化学成分是 CaO、SiO_2、Al_2O_3 和 MgO，其总量占 90％以上，此外还含少量的 MnO、TiO_2、S、Na_2O 和 K_2O。我国及某些国家的高炉渣化学成分如表 11-10 所示。

表 11-10　我国及某些国家高炉矿渣的化学成分　　　　　　　单位：%

名称	SiO_2	Al_2O_3	CaO	MgO	Fe_2O_3	FeO	S	TiO_2	V_2O_5	MnO
中国	21～45	5～21	24～25	1.1～1.2	0.6～5	—	0.2～2	0～2.6	～0.5	0.1～1.2
日本	31～37.4	12.4～19.5	36～44.3	2.3～8.8	—	～1.1	0.5～1.3	0.2～2.7	—	0.4～1.4
美国	33～42	10～16	36～45	3～12	—	0.3～2	1～3	—	—	0.2～1.5
英国	28～36	12～22	36～43	4～11	—	0.3～1.7	1～2	—	—	—

(1) 水淬渣的应用

① 生产水泥　水淬渣是一种灰黄、棕色、疏松多孔、易磨的粒状炉渣，主要矿物组成是硅酸二钙（$2CaO \cdot SiO_2$），铝硅酸二钙（$2CaO \cdot SiO_2 \cdot Al_2O_3$）等玻璃体。

由于在水淬过程中，矿渣来不及形成矿物而将化学能储存于形成的玻璃体内，当其磨细后，矿渣的化学能则能在水泥熟料、石灰、石膏、NaOH 等激发剂的激发和水共同作用下释放，具有水硬胶凝性，故水淬渣具有很高的活性，在水泥工业中主要作混合材使用，掺加量为 20％～70％，可生产矿渣硅酸盐水泥。水淬渣作混合材生产水泥已有 40 年历史，技术成熟，效果明显，目前全国每年用作水泥混合材的水淬渣已超过 2000 万吨，利用率达 80％。

② 生产矿渣砖　将水淬渣与适量的石灰、石膏破碎后混合并压制成型，再经蒸汽养护即可制成矿渣砖。矿渣砖适用于地下和水工工程。该方法技术成熟、产品质量稳定，是大批量利用水淬渣的有效途径之一。

③ 配制矿渣混凝土　将水淬渣与部分激发剂（水泥、石膏、石灰），放在轮碾机中加水碾磨制成砂浆，然后再与粗骨料拌和即可制得与普通混凝土相似的矿渣混凝土，具有良好的抗水渗透性和耐热性能。

(2) 重矿渣的应用

若将熔融的高炉渣铺成厚 5～10cm 的渣层，喷以适量水使其凝固则形成重矿渣，重矿渣经破碎后制成碎石可以作混凝土骨料配制混凝土。这种混凝土具有和普通混凝土相当的基本力学性能，还具有良好的保温隔热和抗渗性能。

重矿渣碎石还可用作铁路、公路道砟。由于它对光线的漫射性能好，耐磨、摩擦系数大，用它铺设公路路面，既可减小路面光反射强度，又能增强防滑性能，是理想的铺路材料。

(3) 膨胀矿渣的应用

膨胀矿渣主要作粗、细骨料，用于混凝土砌块和轻质混凝土中。这类混凝土具有容重小（为普通混凝土的 3/4）、保温性能好、成本低等优点，可用于制作墙板、楼板等。

11.3.3.2　钢渣的综合利用

钢渣是炼钢过程中所排出的固体废物，按冶炼方法可分为平炉钢渣、转炉钢渣和电炉钢渣。钢渣的主要成分有：CaO、SiO_2、Al_2O_3、FeO、Fe_2O_3、MgO、MnO、P_2O_5、f-CaO 等。表 11-11 给出了我国某些钢厂钢渣的化学成分。

表 11-11　我国某些钢厂钢渣的化学成分　　　　　　　　　　单位：%

成分		SiO₂	Fe₂O₃	Al₂O₃	CaO	MgO	MnO	FeO	P₂O₅	S	f-CaO	碱度
转炉钢渣	马钢	15.55	5.19	3.84	43.15	3.24	2.31	19.22	4.02	0.35	4.58	2.19
	本钢	16.36	1.49	2.56	50.44	1.22	2.06	11.50	0.56	0.34	1.57	2.98
	鞍钢	8.84	8.79	3.26	45.37	7.98	2.31	21.38	0.75	0.26	6.95	4.74
	武钢	16.24	3.18	3.37	58.22	2.28	4.48	7.90	1.17	0.35	2.18	3.34
	首钢	12.26	6.12	3.04	52.66	9.12	4.59	10.42	0.62	0.23	6.24	4.08
平炉钢渣	马钢	12.10~16.30	2.7~7.24	2.7~6.83	43.97~52.74	6.93~12.43	0.62~2.51	10.19~18.53	0.33~4.67	—	0.64~4.20	1.82~3.00
	鞍钢	16.64~32.77	1.79~7.02	1.10~9.64	16.52~37.79	11.15~12.42	1.04~3.96	3.97~36.92	0.13~1.00			0.37~1.80
电炉钢渣	氧化渣	21.3	—	11.05	41.60	13.48	1.39	9.14		0.04		1.18
	还原渣	17.38	—	3.44	58.53	11.34	1.79	0.85		0.10		3.60

注：1. f-CaO 为游离氧化钙；2. 碱度＝$CaO/(SiO_2 + P_2O_5)$。

钢渣的产生量为钢产量的 20% 左右，全世界每年排出钢渣约 1 亿~1.5 亿吨，我国每年排放量约 1000 万吨，而利用率只有 30%。钢渣主要成分为 CaO、SiO₂、Al₂O₃、FeO、Fe₂O₃、MgO 等，具有一定的胶凝性，其主要用途有以下几个方面。

（1）生产钢渣水泥

将钢渣破碎后与高炉水淬渣、少量水泥熟料、石膏一起混合磨细后即可制得钢渣水泥，这是钢渣最主要的用途。用作水泥原料的钢渣，碱度不得小于 1.8，金属含量应小于 1%，游离 CaO 量应小于 5%，并经水浸或蒸汽处理，以降低游离氧化钙的量。

钢渣水泥具有微膨胀性，因而抗渗性好。它的早期强度低，但后期强度高，耐磨性、抗冻性能好，并具有较好的抗腐蚀性。由于上述特性，钢渣水泥可用于浇灌大坝等大体积混凝土，也适于海港工程。

（2）作骨料和路材

钢渣容重大、强度高，表面粗糙、耐蚀与沥青结合牢固，因而特别适于在铁路、公路、工程回填、修筑堤坝、填海造地等方面代替天然碎石使用。但由于钢渣内可能含有游离氧化钙，它的分解会造成钢渣碎石体积膨胀，出现碎裂、粉化，所以不能作为混凝土骨料使用。用作路材时，也必须对其安全性进行检验并采取适当措施，促使游离氧化钙的完全分解。例如将钢渣堆放半年到一年，是一种降低游离氧化钙含量的简便办法。

（3）制免烧砖

以钢渣为主要原料，掺入部分高炉水淬渣和激发剂（石灰和石膏），并加水搅拌，经轮辗、压制成型，然后蒸汽养护半个月，即制成免烧砖，它与普通黏土砖一样，可广泛用于工业和民用建筑中。

钢渣免烧砖的生产工艺简单，成本低，质量可达到或超过普通黏土烧结砖的标准。例如，太原钢铁公司太钢加工厂在有关院校和科研部门协助下试制成功四种型号的免烧砖，其抗冻性、软化系数以及吸水率等技术参数都达到普通烧结砖的指标，抗压强度为 100~260kgf·cm⁻²，超过了普通烧结砖的指标，深受用户欢迎。

（4）用作农肥

含磷生铁炼钢时产生的钢渣含有一定量的磷及钠、镁、硅、锰等元素，可以直接加工成钢渣磷肥。例如我国马鞍山钢铁公司的钢渣含磷可达 4%~20%（以 P₂O₅ 计），生产出的磷

肥含 P_2O_5 量最高可达 16% 以上。钢渣磷肥特别适用于酸性土壤和缺磷的碱性土壤，具有一定的增产效果。

（5）用于钢铁生产

钢渣可用于作烧结配料，在烧结矿原料中加入钢渣，不仅利用了钢渣中残存的钢粒，氧化铁、CaO、MgO、MnO 等有用成分，而且提高了烧结矿的强度及产量。

钢渣中含有较高的 CaO，可以代替石灰作为高炉熔剂，同时钢渣中所含的锰等金属也能予以利用。根据太原钢铁公司的试验，在高炉中按每吨铁加入 86kg 转炉钢渣，可减少石灰用量的 52.8%，白云石用量 92.4%，萤石用量的 53.7%，焦炭用量的 2%～10%，铁产量也有所增加。

转炉渣的 CaO 及 FeO 含量高，因此可以直接返回转炉炼钢，加入量为 $20\sim130kg \cdot t^{-1}$ 钢。转炉加入转炉渣后，可使脱碳速率加快，出钢温度提高、石灰用量减少、化渣情况良好、炉衬寿命提高，但含磷量有所增加，因此必须控制钢渣加入量。

11.3.3.3 有色金属冶炼渣综合利用

有色金属冶炼渣是有色金属在冶炼过程中排出的固体废物。我国目前有色金属冶炼渣每年排放量约 425 万吨，其中有害有色金属冶炼渣约 110 万吨，这些废渣中含有镉、砷、铬、汞等有害成分，如不经治理就任意排放，会对环境和人畜造成危害。

目前我国对有色金属冶炼渣的利用率很低，这里只简要介绍赤泥和铜渣等的利用。铬渣的利用将在化工废渣一节讨论。

（1）赤泥的利用

赤泥是炼铝过程中生产氧化铝时形成的残渣，其成分以钙、硅、铁的氧化物为主。每生产 1t 氧化铝约排出 1～2t 赤泥。我国每年排放约 200 万吨，但由于其含水量大，碱性强，综合利用率不高。

赤泥的矿物组成主要包括硅酸二钙和硅酸三钙，在激发剂的激发下，有水硬胶凝性能。因此可以用它为原料生产水泥。赤泥在水泥工业上的应用主要有两个方面：一是代黏土烧制普通硅酸盐水泥，其生产工艺与普通硅酸盐水泥相同。二是生产赤泥硫酸盐水泥，这种水泥的生产工艺简单，只需将赤泥烘干，然后按一定配比与其他原料混合磨细即可。

赤泥中含有一定量的氧化铁（10%～45%），可将其在 700～800℃下还原使赤泥中的 Fe_2O_3 转变为 Fe_3O_4，然后经磁选选出铁精矿（含氧化铁 63%～81%），供炼铁使用。

赤泥还可用来制赤泥硅钙肥，作填充剂生产塑料制品，以及用作筑路材料、填充土方等。不少国家还在研究从赤泥中回收铝、钛、钒等金属以及做净水剂，气体吸收（附）剂等。

（2）炼铜渣的综合利用

炼铜渣是炼铜过程中由反射炉排出的炉渣，它的利用主要有以下几个方面。

① 生产水泥　铜渣与少量激发剂（石膏和水泥熟料）混合磨细即可制成铜渣水泥，其生产工艺简单、成本低、建厂投资少。

② 生产小型砌块　用铜渣水泥作胶凝材料，用铜渣、尾砂为骨料可生产小型砌块，产品自重轻，后期强度高，有一定推广价值。

③ 生产矿渣棉　将铜渣与电厂水淬成粒状玻璃态的炉渣（即液态渣）混合配料，在池窑内熔化并经离心机微孔甩成细丝，就可制成纤维细长柔软的优质矿渣棉。

11.3.4 化工废渣的综合利用

化工废渣是化学工业及其他工业部门在生产各种化学产品时所排放出的固体或半固体形式的废物。据统计，2015 年，化学原料和化学制品制造业固体废物产生量 3.3 亿吨，占一般工业固体废物的 10 倍左右。不少化工废渣都含有毒有害物质，有的还是剧毒物质，如果不加处理或利用而任意排放就会对环境产生严重的污染。同时化工废渣的综合利用价值较大，如能充分利用，将具有良好的经济效益。

以下将对几种排放量较大及有毒的化工废渣综合利用情况作一介绍。

11.3.4.1 硫铁矿烧渣综合利用

硫铁矿烧渣是以硫铁矿为原料生产硫酸时所排出的废渣。每生产 1t 硫酸约排出硫铁矿烧渣 0.7～1.0t。全国每年烧渣排放，占用了大量土地，污染了环境。硫铁矿渣的利用已有 100 多年历史，目前有些国家如德国，利用率几乎达 100％。我国从 20 世纪 50 年代开始综合利用烧渣，利用途径已有十多种，下面介绍几种较为成熟的利用途径。

(1) 硫铁矿烧渣炼铁

硫铁矿烧渣中含铁约 30％～45％，可以作为炼铁原料使用，但由于铁的品位低，并含有硫、砷、锌等有害杂质，直接用于炼铁效果不理想，必须先进行预处理以提高含铁量及降低杂质含量，预处理过程包括选矿和造块烧结两个步骤。

选矿是利用烧渣中各矿物成分的物理性质（磁性、密度等）的不同，采用磁选或重选等方法，将烧渣中含铁矿物与脉石分离，达到提高铁的品位和去除有害杂质的目的。

造块烧结一般可有两种方法：一种是将选矿后的烧渣精矿代替铁精粉配入烧结料中生产烧结矿。另一种是在烧渣中配入一定量的熔剂和黏合剂，经混料后造粒成球，再经干燥，焙烧制成炼铁球团矿即可送入高炉炼铁。

(2) 回收有色金属

硫铁矿烧渣中除含有大量的氧化铁外，还含有一定数量的有色金属如 Cu、Pb、Zn、Ni、Au、Ag 等。可用氯化焙烧法将它们回收，同时也提高了烧渣含铁的品位。氯化焙烧是利用氯化剂（一般为 NaCl 或 $CaCl_2$）与烧渣在一定温度下加热焙烧，使有色金属转化为氯化物而加以回收。氯化焙烧工艺可分为中温氯化焙烧（500～650℃）和高温（1000～1200℃）氯化焙烧两种，图 11-20 所示的是应用较为普遍的中温焙烧工艺流程简图。

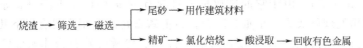

图 11-20　硫铁矿烧渣的中温氯化焙烧工艺

经筛分、磁选后的精矿与 8％～10％的 NaCl 混合，送入 10～11 层的多膛炉中焙烧，氯化焙烧最高温度为 600～650℃，焙烧时间为 4～5h，焙烧后的烧渣用 5％～7％的稀硫酸浸出，然后将浸出液中的有色金属和铁分别加以回收。

(3) 用石灰作胶结剂制砖

硫铁矿烧结本身无胶结能力，但和石灰混合后石灰就能和烧渣中的活性氧化硅、氧化铝反应生成硬性胶凝物质，使渣砖具有一定强度。

该法的生产工艺是：将沸腾炉中排出的烧渣用水淬冷，然后堆放 10～15d，使之粉化，再与消石灰按比例均匀混合，加水混碾使其进一步细化、均匀化、胶体化，经压砖机压制成型，自然养护 28d，即为成品砖。石灰加入量对烧渣砖强度影响很大，加入量在 14％～18％时，砖的强度最高。

烧渣砖具有较高的抗压、抗折强度，在耐水性、耐腐蚀性和耐大气稳定性等几方面都可满足一般墙体材料的要求。

(4) 生产化工产品

对含铁量低的硫铁矿烧渣，可经化学处理生产化工产品。

① 生产氧化铁红、透明氧化铁。我国已研究成功由低品位（含铁 23%～31%）的硫铁矿烧渣生产氧化铁红的工艺。其过程是：将烧渣经筛分、磁选出强磁性的 Fe_3O_4，与 50%～70% 的硫酸在一定温度下反应，反应后溶液内加一定晶种，然后烘干脱除结晶水，将所得物料粉碎后煅烧（300～800℃），再进一步处理即可得含 Fe_2O_3 75% 以上的氧化铁红。

武汉大学研制出利用硫铁矿渣生产透明氧化铁红新工艺，用烧渣为原料加还原剂焙烧后用盐酸浸取，浸取液经空气氧化，加碱沉淀 Fe^{3+}，加入表面活性剂凝聚胶体粒子，然后用有机溶剂萃取分离杂质，最后将胶体热处理可制得透明氧化铁。该产品色彩鲜艳透明，广泛应用于涂料、油墨、塑料制品、胶片着色以及化妆品等方面。

② 制取 $FeSO_4 \cdot 7H_2O$。将硫铁矿烧渣经还原处理，使 Fe^{3+} 转化为 Fe^{2+}，再用 20%～30% 废硫酸浸取，浸取液过滤后结晶、干燥即可得合格产品。

③ 制取水处理剂。对于含氧化铝较高（>25%）的硫铁矿烧渣可用来制备铁铝复合无机絮凝剂。将烧渣用热盐酸浸溶，使其中的 Fe_2O_3 和 Al_2O_3 与酸作用生成相应的盐酸而溶解，维持一定温度和 pH 值则可使其水解聚合而生成一种黄棕色半透明树脂状物质——聚合氯化铝铁（PAFC）。它是一种优良的水处理剂，具有很强的吸附能力和良好的凝聚沉淀性能。

11.3.4.2 化学石膏的综合利用

化学石膏是在生产某些化工产品时所排出的以硫酸钙为主要成分的固体废物。它包括磷石膏、氯石膏、盐石膏等。我国每年化学石膏的排放量很大，而且以惊人的速度在增加。据统计，1985 年化学石膏的排放量仅为 120 万吨，到 90 年代已达 500 万吨左右，2000 年已达1000 万吨。

化学石膏的应用目前主要是在建材方面，下面对排放量较大的几种化学石膏综合利用情况作一简单介绍。

磷石膏是湿法生产磷或高效磷肥所得的副产品，其主要成分是 $CaSO_4$，通常每生产 1t磷酸可得 5t 磷石膏（干）。由于它的排放量大且含有少量 P_2O_5、F、^{226}Ra 等对人体有害物质，所以它的利用处理就成为一个重要问题，目前磷石膏的利用主要有以下几个方面。

① 在水泥工业上的利用　主要以有两个方面：a. 代替天然石膏作水泥缓凝剂使用，生产普通硅酸盐水泥。目前全世界每年利用磷石膏大约生产 150 万吨水泥缓凝剂，其中日本约有 50% 的磷石膏都用来作水泥缓凝剂使用；b. 近年来国外利用磷石膏作原料生产硫铝酸盐早强水泥研究较多，我国湖北省襄樊市水泥厂利用磷石膏为原料在立窑上烧制硫酸盐早强水泥也获得成功。它的生产工艺简单，原料来源丰富，节能效果显著，产品性能优越，为磷石膏的综合利用开辟了一条新路。

② 制建筑板材　磷石膏可代替天然石膏制轻质建筑板材。由于磷石膏含有一定量的杂质，会影响到石膏的凝结时间和制品强度，其中影响最大的杂质是磷，因此，用磷石膏为原料生产建筑板材首先要去除其中水溶性磷，去除方法有两种——水洗法和石灰中和法。将去除杂质后的磷石膏加热至 120～130℃ 使其脱水，生成以 β 形态为主的半水石膏即可用于生产轻质建筑板材。为了提高制品的强度，还可加入超过 3% 的麻筋，玻璃纤维以起增强作用。

③ 生产硫酸和水泥　将磷石膏与碳混合加热到 900～1200℃，二者起反应最终生成氧化钙、二氧化硫和二氧化碳，其反应式如下：

$$CaSO_4 + 2C \longrightarrow CaS + 2CO_2$$
$$3CaSO_4 + CaS \longrightarrow 4CaO + 4SO_2$$

反应所得产物二氧化硫可用于制造硫酸，而氧化钙可用于生产水泥。

用磷石膏同时生产水泥和硫酸的工艺流程如图 11-21 所示。

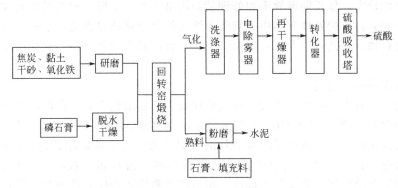

图 11-21　磷石膏生产水泥和硫酸工艺流程

以磷石膏为原料生产水泥和硫酸的技术在我国已开发成功，年产 4 万吨硫酸和 6 万吨水泥的装置已建成。年产 20 万吨硫酸和 30 万吨水泥的磷石膏利用项目也已建设。

④ 制硫酸铵　以磷石膏制硫酸铵的生产过程主要包括以下两个步骤。

氨与二氧化碳制成碳酸铵溶液

$$2NH_3 + CO_2 + H_2O \longrightarrow (NH_4)_2CO_3$$

碳酸铵与磷石膏反应制硫酸铵

$$CaSO_4 + (NH_4)_2CO_3 \longrightarrow CaCO_3 + (NH_4)_2SO_4$$

如印度由于缺乏优质的天然石膏，因此大量使用磷石膏为原料来生产硫酸铵。

11.3.4.3　电石渣的综合利用

电石渣是生产乙炔、聚氯乙烯、聚乙烯醇等产品所排出的废渣，我国每年排放量为 200 万吨左右。随着国内对电石需求量的不断增加，电石渣的排放量也将大大增加，因此，开拓对电石渣的综合利用，是改善环境，提高效益的一项重要措施。

（1）电石渣用于建材工业

① 生产水泥　电石渣的主要成分是 $Ca(OH)_2$，经烘干焙烧生成 CaO，可代替石灰石和其他原料生产水泥。我国以电石渣为原料生产水泥的方法有湿法、干法两种，其工艺过程与常规的水泥生产工艺相同。

锦西化工总厂利用生产聚氯乙烯产生的电石渣生产水泥，用掉了每年产生的 6 万多吨电石渣，减少了对环境的污染，同时生产出合格的水泥，每年仅节约排污费就达 30 多万元。

② 作无机型外墙涂料　用电石渣和水玻璃为原料生产无机型外墙涂料，有较好的保光色泽、不剥落、不变色、经久耐用，各项性能指标均可达到或超过普通无机型外墙涂料。这是因为电石渣中所含的三氧化物（如 Al_2O_3）也可以与氧化钙作用生成铝酸三钙和铝酸四钙，它们都是外墙的优良养护素。

电石渣为原料制外墙涂料，原料易得，工艺简单，使用方便，质量也超过用水泥制的外墙涂料，值得推广。

（2）用于化工尾气处理

氯磺酸（$ClSO_3H$）生产过程中会产生 SO_2、SO_3、HCl 等尾气，过去用浓硫酸酸洗和水洗两级处理，尾气中 SO_2 的浓度也只能降到 0.3%。四川化工厂将水洗改为电石渣洗，可使 SO_2 脱除率达 85% 左右，使 SO_2 的排放浓度由水洗的 $4290mg \cdot L^{-1}$ 降到 $1430mg \cdot L^{-1}$。

11.3.4.4　铬渣的处理与综合利用

铬渣是冶金和化工部门在生产金属铬盐时所排出的废渣，主要由 CaO、MgO、Al_2O_3、

Fe_2O_3、SiO_2 及少量六价铬的化合物组成。每生产 1t 金属铬约排出铬渣 1.5t，每生产 1t 重铬酸钠要排出铬渣 3t。虽然目前我国铬渣的年排放量并不高（十几万吨），但由于铬渣中所含的六价铬毒性较大，如长期堆放不加处理就会污染水源和土壤，对人类和其他生物造成严重的损害。因此对铬渣的处理和利用必须将毒性大的六价铬还原为毒性小的三价铬，并使其生成不溶性化合物，在此基础上再加以综合利用。目前我国对铬渣的处理和利用主要有以下几个方面。

（1）铬渣作玻璃着色剂

在制玻璃的配料中，可用铬渣代替铬铁矿作着色剂制绿色玻璃。在玻璃窑炉高温还原气氛下，铬渣中的 Cr^{6+} 被还原成 Cr^{3+} 而进入玻璃熔融体中，急冷固化后即可制得绿色玻璃。同时铬也被封固在玻璃中，达到了除毒的目的。用铬渣代替铬铁矿作着色剂，可消除污染，而且铬渣中含有 MgO、CaO，可以代替玻璃配料中的白云石和石灰石，降低了生产成本。生产出来的玻璃色泽鲜艳，质量有所提高。用铬渣代替铬矿粉作着色剂时，适宜的加入量为 2％～6％，加入量过高，则会产生 Cr_2O_3 失透现象。

目前，天津、沈阳、青岛、北京、重庆等地玻璃厂都采用铬渣作玻璃着色剂，国内用于这方面的铬渣量已达每年 4 万吨左右。

（2）铬渣作助熔剂制钙镁磷肥

在钙镁磷肥的生产过程中，为了降低磷矿石的熔点，需加入蛇纹石、白云石及硅石作助熔剂。铬渣与蛇纹石、白云石相比，在主要成分上十分相近，因此可以作助熔剂使用。在炉内高温状态下（800～1500℃），燃烧产生的大量 CO 和 H_2，以及存在的固定碳，可将铬渣中的六价铬还原为三价铬和金属铬，分别进入磷肥及富集在铬镍铁中。

用铬渣作助熔剂生产钙镁磷肥可使铬渣彻底解毒并资源化，每生产 1t 钙镁磷肥可消耗铬渣 150～400kg。对于使用钙镁磷肥对人畜和农作物是否安全问题，自 1983 年以来，国内许多铬盐厂和科研单位对其可行性进行了研究，论证了铬渣用于生产钙镁磷肥是可行的，并规定了铬渣钙镁肥中铬的安全控制指标，为该肥料的安全施用铺平了道路。

（3）铬渣作炼铁烧结熔剂

铬渣中含有大量的 CaO、MgO、Fe_2O_3（三者之和大于 60％），与炼铁烧结熔剂料（白云石、石灰石）成分类似，且具有自熔性和半自熔性，其物理特性（粒度、黏度）也适于作烧结矿熔剂，因此可代替石灰石等作炼铁辅料。

重庆钢铁公司和重庆东风化工厂已成功进行了铬渣作烧结熔剂的工业化试验。试验结果表明，铬渣作为烧结炼铁的熔料使用工艺上完全可行，且使固体燃料消耗下降，烧结矿质量上升；六价铬还原解毒彻底，烧结过程中六价铬还原率达 99.98％以上，残留的微量六价铬还可在高炉冶炼中进一步被还原。

除上面介绍的之外，铬渣还可用于制铬渣铸石、制砖、作水泥添加剂生产水泥等。对铬渣的治理和综合利用，我国的科技工作者做了大量的研究工作，开发出 20 余种治理技术。但是，不少技术推广应用还有相当难度，并受到许多局限。因此，对铬渣的处理和利用还有待进一步的研究和实践。

11.4　典型固体废物的综合利用

11.4.1　废塑料的回收与利用

塑料是由石油化工衍生的原料制成，目前它的产量以体积计已超过金属材料的产量。除极少数塑料管、板材以外，90%左右的塑料制品使用寿命只有1～2年，造成了废塑料数量的急剧增加。鉴于前面所叙及的填埋、热解、焚烧等处理方法外，对废塑料的污染治理应侧重于它的回收、再生和综合利用。目前回收利用的方法主要有以下几种。

11.4.1.1 废塑料的再生利用

废塑料再生加工利用主要分为前处理、熔融和成型三个步骤。

（1）前处理

将回收的废塑料除去异物，并按其种类加以分选，可根据它们的外观特征采用人工分选或采用重力分选、风力风选、静电分选等方法进行分选。分选后的废塑料要进行清洗，一般先用碱水清洗，然后再用清水冲净。洗涤后需干燥，并粉碎成小片或小块。

（2）熔融混炼

熔融混炼过程及所使用的机械和原塑料熔融混炼完全一样，即将预处理后的废塑料加入适量的改性剂在一定的温度下熔融混炼即可。

（3）成型

主要成型的方法有四种：压注成型、注射成型、延压成型和挤出成型。通过成型可以直接得到棒、板、片材或各种成型品，也可制成粒状作为生产各种类型的塑料制品的原料使用。

塑料的再生方法又可分为单纯再生和复合再生两类。前者的原料是塑料生产厂和加工厂的废料，是单一树脂，可以和树脂加工方法一样进行加工造粒再利用。

复合再生是用不同种类树脂的混合物原料来制造再生制品。

再生加工所得的塑料制品保留不少原有塑料的特性，它的优点是具有一定的耐久性、耐腐蚀生和强韧性，但膨胀系数大，负载大时可能产生弯曲。

废塑料的再生利用目前仍是废塑料综合利用的主要方式，并开发出许多较为成熟的技术。例如，日本塑料处理促进协会与朋东铁工所共同成功地开发了比较经济的废农用PE膜的干法处理技术。该工艺的基本过程为：先将废农膜碎为50mm左右的碎片，然后分两次将其干燥，在干燥装置中设置磁铁以除去铁屑或铁片，并经振动筛、筛选机分离除去土砂等杂质。再将已干净的片状薄膜进一步粉碎成8mm左右即可熔融造粒，然后作为原料加工成各种制品。

11.4.1.2 废塑料的改性利用

利用某些填料对废塑料进行改性以增大它的应用范围也是近年来进展较快的一项工作。目前常用的填料有两大类——无机填料和有机填料。无机填料主要有碳酸钙、滑石粉、硅灰石、赤泥、粉煤灰等。有机填料主要选择木材加工废料木粉、锯屑及农副产品稻壳、玉米秆、麦秆等。这些惰性材料均需进行表面活化处理，才能与废塑料很好地复合。改性后的填料具有良好的填充性，并可提高塑料制品的稳定性和具有一定的增强效果。

以木屑为填充料所制成的塑料材料也称"合成木材"，这种材料密度小、强度高、耐腐蚀、耐热。可像木材一样使用，可锯、可钉、可钻，广泛用于建筑，家具，车辆及包装等方面。我国20世纪80年代即开发出锯木屑与废塑料经高温混炼而制成的"合成木材"。

11.4.1.3 废塑料在其他方面利用的新进展

废塑料通过过滤、精选、分级、破碎、造粒、出膜等几道工序还可生产农用地膜，河南周口农膜厂这一项目的研究早在1994年已获得较大的进展。

废塑料的裂解转化近年来也取得了一定进展。美国阿莫科化学公司最近开发出一项新工艺，它的技术特点是先将收集的废塑料清洗，然后溶解于热的精炼油中进行加工。该公司已在中试装置中处理了很多不同的废塑料，使它们得到回收利用。例如PS裂解后得到高收率的芳烃石蜡油；PP 裂解后得到脂肪烃石蜡油；PE 则裂解成轻质石油气和石蜡油。日本的工业开发实验室和富士循环应用工业公司开发了将废塑料转化为汽油，煤油和柴油的技术。该法的工艺过程是将聚烯烃塑料（PE、PP、PS）或某些氯化塑料粉碎，通过两台反应器，在合成沸石 ZSM-5 的催化作用下进行气相催化转化，冷却后可得低沸点的油品。每千克塑料可生产 0.5L 汽油、0.5L 柴油和煤油，目前正在建造的实验设备每小时可处理 50kg 塑料，生产 30kg 汽油。

荷兰国家公路研究中心正在进行利用废塑料作铺路原料的研究，将废塑料粉碎、加热、熔剂化处理后添加到沥青中去用来铺路，所铺成的道路更具有弹性，与车轮摩擦的噪声也更小。这种废塑沥青已在两段公路上试验成功。

美国得克萨斯州立大学开发的专用技术可将废塑料制成混凝土。该技术采用黄沙、石子、液态 PET 和固化剂为原料，生产混凝土。其中由废软饮料瓶（PET）加工成的液态 PET 可取代普通水泥中的水和泥浆，从而大大降低了混凝土的生产成本。

无论在国内或是国外，废塑料回收和综合利用都还处于起步阶段，但经过技术人员的努力，已取得许多可喜的成绩。目前，全世界每年废塑料的回收量约占总消耗的 7%～8%，废塑料的再生和利用将会取得更大的进展。

11.4.2　废橡胶的回收与利用

11.4.2.1　废橡胶的基本概念

废橡胶是固体废物的一种，其来源主要是废橡胶制品，即废的轮胎、力车胎、胶管、胶带、胶鞋、工业杂品等，另外一部分来自橡胶制品厂生产过程的边角余料和废品。当然橡胶的废与不废都是相对的，它们本身都有特定的属性和用途，都有被人类所利用以及循环利用的可能。一切所谓"废物"只不过是物质的形态性质或用途发生了变化，而它本身可以利用的属性并没有消失，只要被人们发现和利用，就能重新发挥它的作用，由"废物"变成"宝物"。而且有些东西只是在一定地点一定条件下，失去了它的使用价值成为"废物"，而在新的地点新的条件下，又可能成为有用之物。

11.4.2.2　废橡胶的产生量

现在全世界的生胶消耗量约 500 万吨·年$^{-1}$，其中约 50% 是轮胎。据统计，全世界的轮胎废弃量约 900 万吨·年$^{-1}$，另外，有 700 万吨·年$^{-1}$ 的轮胎橡胶在路面上磨耗掉。在美国，橡胶制品的生产量为 500 万吨·年$^{-1}$，其中轮胎为 300 万吨·年$^{-1}$，这些轮胎在 2～3 年内几乎全部报废，1992 年报废量为 2.5 亿条；另外，工厂每年约产生废橡胶（边角余料及废品）45 万吨。联邦德国 1989 年废橡胶产生量 75.8 万吨，其中废轮胎 45.5 万吨。日本的废橡胶产生量约为 140 万吨·年$^{-1}$，前苏联的废轮胎年产生量约 150 万吨，加拿大 22 万吨，意大利 15 万吨，英国 40 万吨。

根据中国多年的生胶耗量、橡胶制品产量、废橡胶产生量及其回收量统计，橡胶制品产量约为生胶耗量的 2 倍，废橡胶产生量约为橡胶制品产量的 40%，废橡胶的回收量一般为废橡胶产生量的 40%。中国 1993 年生胶耗量 110 万吨，橡胶制品产量约为 220 万吨，废橡胶产生量约为 88 万吨。

11.4.2.3　废橡胶回收利用的意义

（1）保护环境

废橡胶造成的环境污染是严重的。整条废轮胎堆集在一起变成了蚊虫滋生的理想场所，这些蚊虫散布脑炎、疟疾等传染病。整条轮胎不会自燃，但任何想纵火的人，只要稍微借助一下助燃剂就能引起难以扑灭的大火，可见废轮胎堆集既是危害人类健康的祸源，又是危害环境安全的定时炸弹。所以，回收利用废橡胶对于保护环境具有重要意义。

（2）节约能源

橡胶工业的原料，很大程度上依赖于石油，特别是在天然橡胶资源少、大量使用合成橡胶以及合成纤维的国家，70%以上的原材料是以石油为基础原料制造的。在美国每生产一条乘用车轮胎要消耗 26L(7gal) 石油，每生产 1 条载重车轮胎要消耗 106L(28gal) 石油。另外废橡胶本身就是一种高价值的燃料，其发热量一般为 $31397kJ \cdot kg^{-1}(7499kcal \cdot kg^{-1})$，在工业废弃物中是发热量较高的物质，与煤的发热量差不多。废轮胎的发热量更高，为 $33494kJ \cdot kg^{-1}(8000kal \cdot kg^{-1})$。全世界废轮胎为 $900 \times 10^4 t \cdot a^{-1}$，就等于损失理论值为 $3 \times 10^{14} kJ(7.2 \times 10^{13} kcal)$ 的热量。所以，不管通过什么方式利用废橡胶，其最终结果都是提高了石油的使用价值。在目前能源日趋紧张的形势下，利用废橡胶对节约能源具有重要意义。

（3）重要的橡胶原材料

废橡胶通过粉碎和物理化学处理制得的再生橡胶和胶粉是橡胶工业的重要原材料，它可以部分或全部代替橡胶用以制造橡胶制品。20 世纪 50 年代至 60 年代再生橡胶的发展达到了鼎盛时期，例如美国，在 20 世纪 50 年代再生橡胶生产厂家达 24 家之多，最高年产量达到 371788t。再生橡胶消耗量占生胶耗量的 20%以上。此后，由于价格低廉的充油丁苯橡胶的发展和再生橡胶生产本身的问题，再生橡胶的产量逐渐下降，有的国家已经停产，但是，仍保持一定数量，特别是在发展中国家还有一定增加，近来，在子午线轮胎的胶料中掺用胶粉取得了良好的效果，从而刺激了胶粉的发展。

11.4.2.4　橡胶回收利用方法分类

根据世界上多数工业发达国家废橡胶利用的情况，将以废轮胎为主的利用分类归纳如下：

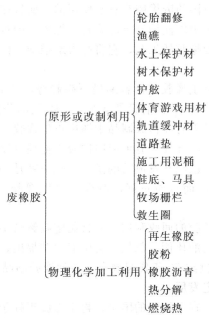

11.4.2.5　橡胶回收利用发展概况

19 世纪开发了硫化橡胶变为有用材料的技术。最早提出废硫化胶再生方法的是 Alexander Parkes。1846 年他将废硫化胶放在漂白粉的溶液中煮沸，加压达到成为一体的状态，然后用碱溶液洗净而制得再生橡胶。1858 年 Parkes 发明了用蒸汽压对天然橡胶进行脱硫的橡胶再生方法。此后，各种废橡胶再生的方法相继发明，其中油法（盘法）、水油法

（蒸煮法）、压出法、高压蒸汽法、动态高温蒸汽法、密炼机法等成为世界上主要的再生工业方法。废橡胶冷冻粉碎工艺的发明，促使废橡胶的粉末利用进入了一个新阶段。中国于20世纪90年代开始研制活化胶粉并应用于子午线轮胎，取得了良好的效果。废橡胶的原形及改制利用是最经济有效的方法，历来受到重视。世界上不少地方已将相当数量的废旧轮胎用于翻新、渔礁、游戏设施等。1969年美国矿山局研究成功了废橡胶的热分解回收油、煤气等技术。与热分解利用相比，燃烧热利用比较受欢迎。20世纪70年代日本已经大量将废轮胎燃烧热作为热源应用于各个方面，例如废轮胎与煤混合生产水泥等。

废橡胶的回收利用率在近年不断提高。其中，美国提高了9%，1992年总计利用约6800万吨废轮胎，利用率为27%。联邦德国提高了20%～30%，1989年废轮胎利用量45.5万吨，占废橡胶产生量的60%。日本提高了12%，1992年废轮胎利用率92%（77.6万吨），中国的废橡胶利用率约50%。

11.4.2.6 橡胶回收利用发展趋势

从再生资源和保护环境的观点出发，人们越来越重视废橡胶的综合利用。但是，随着高分子材料科学的发展，使得橡胶制品的材料构成日趋复杂。如何处理和利用这些复杂的制品将是今后人们面临的一项重大课题。根据各国国情，采用最有效最经济的利用方式，并建立全国性的废橡胶综合利用体系是今后废橡胶利用的方向。

（1）胶粉

废橡胶冷冻粉碎工艺的开发，为废橡胶的利用开辟了广阔的前景。冷冻粉碎可以生产各种细度的粉，最细可达300目，它不仅可以掺入胶料代替部分生胶，而且能与沥青很好的混合，广泛用于公路建设和房屋建筑。另外，胶粉还可以用于改性塑料、改良土壤，精细胶粉还能用于涂料、油漆和黏合剂的制造。随着技术的提高和经济性的改善，废橡胶的冷冻粉碎工艺将会很快地得以推广。中国的废橡胶是有偿使用的，而且作为废橡胶冷冻粉碎工艺的制冷剂液氯价格昂贵，所以，在中国使用液氯冷冻粉碎橡胶是困难的。据报道，中国近年来已开发成功涡轮空气制冷粉碎废橡胶新工艺，它将有力地推动中国的废橡胶回收利用。

（2）再生橡胶

世界上工业发达国家的再生橡胶生产普遍呈下降趋势，1980年英国全面停止了再生橡胶生产。美国30家再生橡胶工厂到目前只剩下2家。但是部分国家，再生橡胶生产仍保持一定水平，或者稳中有升，是因为在橡胶制品中掺用再生橡胶，有利于合成橡胶的加工。

随着废橡胶新的脱硫方法的开发，有可能向橡胶工业提供物美价廉的再生橡胶，这将是再生橡胶工业发展的转折点。已经开发成功的微波脱硫法就是一项突破性的再生技术，这种方法是干态脱硫，没有污染，而且质量好，对今后再生橡胶工业的发展必将产生重大的影响。

各国政府都非常重视废橡胶的回收利用，并且制定政策鼓励利用废橡胶，有的国家规定了在橡胶制品中掺用再生橡胶的比例。例如，美国能源部提出，各种橡胶中掺用再生橡胶的比例要达到5%。中国从20世纪70年代起规定了各种橡胶制品掺用再生橡胶的比例，这样做有利于再生橡胶生产的稳定发展。

发展中国家，特别是生产资源缺乏的国家，再生橡胶正处于稳定发展时期，它们将是今后世界上再生橡胶的生产国。1994年中国生产再生橡胶超过30万吨。

（3）热分解利用

将废橡胶热分解，利用其煤气、油料及炭黑等，这项技术已在很多国家开发成功，但由于经济性的问题，目前尚难以形成大面积推广。热分解废轮胎，一般要经过粉碎、热分解、油回收、气体处理、二次公害的防止等工序，设备费、操作费比较高，如果废橡胶是有偿使

242

用，即使回收的产品能卖出去，也很难赢利。另外，目前回收的炭黑质量与原炭黑不同，只能用于一般橡胶制品，如果卖不出去，将形成积压、污染，造成二次公害。今后如能提供回收炭黑的质量或扩大其用途，将有利于废橡胶热解利用的发展。

（4）燃烧热利用

用废轮胎作燃料制造水泥是一项成功的利用方法，在日本已经广泛采用。由于这种利用方式无二次公害，不影响水泥质量，而且不需要热分解方式那样多的设备，所以可以从分利用水泥厂原来的设备。根据伦敦的一份橡胶咨询报告表明，由焚烧废轮胎获得能量是解决大量废橡胶的最有希望的方法。燃烧废轮胎获得蒸汽或电能已经在很多国家开发成功，这种利用方法能否得到广泛推广，取决于两个方面：一是燃烧装置的建设费用能否降低；二是废橡胶价格能否低于其他燃料价格。

（5）原形及改制利用

废橡胶的原形及改制利用历来受到人们的重视，特别是轮胎翻修公认为是最经济、最有效的利用方式，它可以节约能源，提高总的行驶里程，减少环境污染，是一项一举三得的好方式。轮胎还将更多地采用高强度合成纤维、钢丝以及子午线结构，其翻修价值将会变得更高。其他废旧橡胶制品的原形利用也有一定的价值。

11.4.3　废电池的回收与利用

随着科技水平的提高和经济的发展，使得日常工作和生活中人们所使用的电池数量及种类不断增加，相应的对电池的需求量也在不断增加，废旧电池污染及其处理已成为目前社会最为关注的环保焦点之一。目前，全球的电池产量每年递增近20%。中国是世界电池生产和消费大国。据有关资料统计，1980年中国电池生产量跃居世界第一。1998年，电池生产量达140亿只，1999年，电池生产量150亿只，占全球电池产量的1/3，品种有250个之多。目前，我国市场上每年大约销售60亿只电池。面对如此大量的电池生产和消费，回收处理并使之无害化、资源化、减量化的工作却远远没有跟上。由此给人们带来现实的和潜在的污染危害，既浪费了宝贵的资源又影响了经济的可持续发展。

通常所说的干电池包括锌锰干电池、碱性锌锰干电池、氧化银电池、水银电池和锂电池。上述电池中，除锂电池外，都或多或少使用汞，而取代汞又相当困难。如果回收处理工作跟不上，随便乱抛乱丢的大量废旧电池已成为现代社会尤其是都市中影响生态和环境的不可忽视的隐性污染。

11.4.3.1　废旧电池资源化及无害化的意义

废旧电池的危害特点是：生产多少，最终废弃多少；集中生产，分散污染；短时使用，长期污染。废旧电池进入环境后，电池中的有害物质缓慢地消解，进入土壤和水体，溶出的有害物质随食物链进入人体和动物体内，对人体带来一系列的致畸、致癌、致变，还可引发人体的其他方面的疾病；废旧电池中的重金属又是可以利用的资源，为此必须对废旧电池进行资源化和无害化处理。但是目前废旧电池的资源化和无害化处理技术及相应的管理工作没能跟上，致使废旧电池进入生活垃圾及其他不合适的处理处置，对环境构成严重污染。许多不合格产品运往国外回收处理，造成我国的资源总量的流失。

目前，废旧电池的主要流向是进入城镇生活垃圾。生活垃圾的主要回收处理方式为填埋、焚烧、堆肥。在堆肥过程中混入废电池，由于重金属含量高，将会严重影响堆肥产品的质量；混入焚烧过程中，重金属通常挥发而在飞灰中浓集，可能污染土壤和大气环境，底灰中富集大量重金属，产生难处理的灰渣；填埋是现今生活垃圾处理最常用的方法，但就我国填埋场情况而言，水准较低，许多垃圾处于简单堆放状态，废电池中的重金属可能通过渗滤作用污染水体或土壤。由此可见，废电池随生活垃圾共同处理、处置存在着潜在的环境污染。另外，由于公众对废电池的正确合理回收处理方式缺乏了解，出现了不正确行为，增加了废电池管理的难度。因此，加强对废旧电池回收处理是我们义不容辞的责任。

11.4.3.2 国际上废旧电池回收处理现状

消费者废弃及生产企业报废的废旧电池，以汞来区分，可分为含汞与不含汞电池；以重金属区分，可分为 Ni-Cd、Ni-Mn、AgO、Zn-C、Zn-Air 锂电池及锂离子电池。含汞电池经前处理后，需进行无害化和安全处置，不含汞与含重金属电池经预处理后，进行资源回收。下面就不同种类电池的处理方法作简要说明。

(1) 碱性电池、锌-碳电池、锌空气电池

这组电池不包括汽车用铅酸电池或工业用钢盒铅酸电池。这种化学电池占到电池总产量的 80%，这部分电池又分成两组。

① 不含汞电池（汞<0.025%，质量分数）　电池被破碎，并用少量的酸淋洗，以中和电池中的电解液。固体料通过干燥，得到的电池干料，其碳和铁混合比为（20～40）:1。它被挤压成料块，经高温处理，电池中金属锌转化为气态被真空袋滤室回收，收回的锌以氧化锌形式重新销售，氧化锰转化为锰铁合金，费用为每千克 1.91 美分。

② 含汞的电池（汞>0.025%，质量分数）　回收这种电池中的汞其费用是非常昂贵的。尽管目前北美已有许多回收处理含汞电池的办法和设备，但 Battery Solutions 公司认为处理此类电池的最好方式是将这些电池进行预处理，利用物理和化学两种反应来稳定电池中的金属，使这些金属转化为氢氧化物或碳酸盐不溶物，并使之成为物理硬块，最后进行安全填埋处置，费用为每千克 1.46 美分。

(2) 镍镉/镍氢电池

这些电池是可再充电电池，它占电池总产量的 8%，其处理方法是将电池破碎后，中和电池电解液，其中的重金属通过干法或湿法冶金技术回收。较小的干电池费用为每千克 1.91 美分。工业用的湿电池费用为每千克 2.47 美分。

(3) 铅酸电池

这种电池比通常的干电池要小，可以充电。占到电池产量的 7%，被锤式破碎机打碎，电解液被中和，电池中的铅通过控温工艺进行回收，铅被提纯后重新销售，费用为每千克 0.772 美分。

(4) 氧化汞、氧化银和纽扣电池

这部分电池占到电池产量的 4%，该组电池中氧化银电池占到 1% 并且氧化银的含量为 50%，氧化银电池含有汞被划分到含汞电池类别中。值得注意的是许多国家正在通过立法来禁止销售氧化汞电池，氧化汞电池正在减少。这部分电池被破碎，电解液被中和且重金属通过控制温度加以回收，剩下无害的电池废料进行安全填埋，费用为每千克 10.11 美元。

(5) 锂电池及锂离子电池

这部分电池占电池总产量的 1%。当前可行的处理工艺：通过盐溶液使电池放电并使电池转为无害，再进行双衬垫安全填埋，费用为每千克 1.46～12.7 美元。

11.4.3.3 中国废旧电池的回收处理方法

废旧电池的回收处理方法主要有湿法和干法两种冶金处理法。湿法回收是基于锌、二氧化锰与酸作用进入溶液，溶液经净化后电解产生金属锌，二氧化锰或产生化工产品及化肥等。湿法回收流程冗长，回收后的电解液含有汞、镉、锌等重金属，污染严重，能量消耗也较高。干法回收处理废旧电池是在高温下使废旧电池中的金属及其化合物氧化还原分解挥发和冷凝。与湿法相比，干法可回收汞、镍、锌等更多的重金属。但由于处理废旧电池的常压冶金法在大气中进行，空气参与了作业，造成二次污染，且能量消耗高，因此，在工业应用

中与湿法一样存在许多问题和困难。

（1）锰废旧电池的回收处理

目前市场上大量销售锌锰干电池，由于锌锰干电池的大量废弃，电池中的一些成分如锰的氧化物、汞及氯化汞等的流失，对环境造成严重污染，给人类带来极大的危害，研究锌锰废旧电池回收处理，具有重大意义。

基于对各种方法的分析，结合实际情况采用机械（粉碎机）将电池分解；加水高速搅拌使碳包呈浆状，用筛网过滤得到浆状物和残渣；将浆状物加水淘洗，然后抽滤得到滤液和固体成分；对残渣用重力分选法选出锌皮、铜帽、碳棒、铁皮、塑料等，然后进行分类回收；将滤液净化后蒸发得到 MnO_2 和淀粉的混合物，固体部分则是锰的氧化物和碳粉的混合物 A。

对混合物 A，根据其组成和市场需求，可以采用以下处理方法。

① 在高温（1000℃）和隔绝空气的情况下使其中的炭黑将 Mn(Ⅳ) 还原成 Mn(Ⅱ)，在用硫酸溶解后电解回收二氧化锰。

② 在中温（300～500℃）时，在空气气氛中灼烧，此时炭黑被燃烧除去，得到平均氧化数为 26～30 的氧化锰。用硫酸浸取低价态的锰，所得溶液用电解法回收。滤得的残渣干燥后成为活化的二氧化锰。

③ 不经灼烧直接酸浸，所得的溶液用电解法回收，二氧化锰与炭黑留在滤渣中，调整组成后作为干电池阴极粉使用。

（2）锌锰废旧电池的初步回收

将废旧电池按照上述方法进行分解、处理、分类回收得到 Zn、$ZnCl_2$ 和 NH_4Cl 的混合物，MnO_2 和碳粉的混合物 A 等。对混合物 A 在实验中采用的是上述方法中的第②种方法。表 11-12 为各品牌废旧电池的初步回收结果。

表 11-12　各品牌废旧电池的初步回收结果

牌号	数量/节	总质量/g	回收率/g	回收 $ZnCl_2+NH_4Cl$ /g	回收 MnO_2+C /g	灼烧回收 MnO_2 /g	回收量占总量 /%
长命 5 号	5	78.0	15.2	3.2	29.0	23.2	53.3
西湖 1 号	3	239.2	15.0	16.6	107.5	90.6	51.1
杭州甲	1	752.0	59.2	59.3	362.0	261.5	46.0

（3）扣式废旧电池的回收处理

在中国，扣式电池的回收处理与锌锰电池相比还处于起步阶段。随着电子产品在工业、农业、人们日常生活等各个领域的大量使用，扣式电池的用量在逐年增加。在欧洲、瑞士、丹麦和法国收集扣式电池，从水银电池、氧化银电池、镉-镍电池里回收汞、银、镉、镍早已开始。

总之，随着电池工业的发展，废旧电池的回收处理，无论从资源循环利用，还是从保护环境及人类健康方面来说都有重要意义。废旧电池的回收处理已经是一个迫在眉睫的问题，开发废旧电池的回收处理技术刻不容缓，加大对其的研究，加深对其的了解，从而使废旧电池的回收处理系统化、规范化、科学化，从根本上解决废旧电池的污染环境的问题。

11.5　农业固体废物的处理利用

农业固体废物是在农业生产过程中所产生的固体废物，它的种类繁多，如秸秆、树皮、树枝、稻壳、农畜家禽粪便等。我国是一个农业大国，每年所排放的固体废物数量巨大，如能加以综合利用，变废为宝，将具有十分重要的意义。

11.5.1 农作物秸秆的利用

（1）制氨化饲料

以前农作物秸秆的利用主要用于厌氧发酵法制取沼气。但是这种方法所能消纳秸秆的数量有限，绝大多数作物秸秆仍得不到合理利用，只能作为燃料烧掉。近几年来，有关人员研究开发出利用作物秸秆制作氨化饲料，作为养牛饲料，给秸秆的合理利用开辟了一条新途径。

氨化饲料的制作简单易行，技术上也较为成熟可靠。把秸秆切成 2～3cm，每氨化 100kg 秸秆加 3kg 尿素，60～80kg 水，拌匀、压实、用塑料布密封数日即可。经氨化处理后的秸秆粗蛋白含量提高 1～2 倍，据分析测算，每公斤氨化饲料相当于 0.4～0.5 个燕麦饲料的营养价值，4kg 氨化饲料就可节省 1kg 精料。由于氨化饲料营养价值高，易于消化、采食量大，使牛的日增重量要比用普通饲料喂养高出 30% 以上，喂养周期也大大缩短。

（2）加工压块燃料

秸秆主要是由纤维素、半纤维素和木质素组成，在适当的温度（200～300℃）下会软化，此时施加一定压力就可以使其紧密粘接，冷却固体成型后即可得到具有一定机械强度的棒状或颗粒状新型燃料。

秸秆压块燃料的热值为 $1.4 \times 10^4 \sim 1.8 \times 10^4 kJ \cdot kg^{-1}$，其燃烧性能与中质烟煤相近，燃烧时没有有害气体产生，生产工艺简单，使用方便。

秸秆压块燃料可直接民用和用作锅炉燃料，也可用于热解生产煤气。

11.5.2 稻壳的综合利用

稻壳是最难利用，数量最大的农业固体废物，这约占水稻重量的 20% 左右。我国是稻谷生产大国、产量居世界第一，所产生的稻壳数量十分可观，它既是火灾隐患，又是环境污染源。因此，如何有效地处理和利用稻壳，也是当前令人关注的课题。

（1）稻壳成型

稻壳成型是在一定温度和压力下，在专用设备中将稻壳压实而制成密实的稻壳块的过程。成型过程中也可加入适宜的黏结剂和添加剂以降低成型温度和压力。

稻壳成型的工艺过程为：稻壳→筛选→晒干→混合→成型→冷却→破碎→包装。成型后的稻壳密度大，发热量大，单位体积的热密度与中等质量的煤炭相近，可以代替煤炭用作工业和生活燃料，由于稻壳中硫和重金属含量极小，因此也不会对大气产生污染。

成型之后的稻壳块内部仍有很多孔隙，因而热导率小，可以做保温材料使用。鞍钢利用稻壳块进行了铁水保温试验，结果表明，稻壳块的保温效果要高于生蛭石粉，仅此一项，每年即可创经济效益超过 1000 万元。

（2）稻壳热解

稻壳热解可以获得燃烧值为 5880～6720kJ·kg^{-1} 的可燃气体，从焦油馏分中还可分离出醋酸、丙酮及其他类似木柴的热解产物，热解残留物（黑灰）还具有极优良的吸附性，可代替活性炭作吸附剂使用。目前对稻壳热解的研究已取得了一定成果，甚至已经工程化，它被认为可能是最有前途的利用方式。

思 考 题

1. 什么是固体废物的资源化系统？

2. 简述固体废物的资源化途径。

3. 从煤矸石的组成来分析它的综合利用途径。

4. 简述粉煤灰的综合利用途径。

5. 论述高炉水淬渣用于生产水泥的理论依据。

6. 从硫铁矿烧渣中可以回收哪些物质？试举例加以说明。

7. 简述磷石膏的利用途径。

8. 试设计一个生活垃圾中废塑料的回收和综合利用方案。

12 电子废弃物的处理与资源化

随全球经济和技术的发展，电子信息技术创新与电子产品市场需求迅猛发展和扩大，加速了电子产品的更新换代，产生了大量的电子废弃物。这些含有大量有毒有害物质废弃物，给全球的生态环境造成了巨大的威胁，成为困扰全球可持续发展新的环境问题；另外，电子废弃物中又含有大量有价值的资源，若不妥善处理，势必造成资源巨大的浪费和对环境的破坏，因此，电子废弃物的资源化和处理、处置具有重要意义。

12.1 电子废弃物及其生态环境问题

12.1.1 电子废弃物概述

电子废弃物（Waste Electric and Electronic Equipment，简称 WEEE），即"废弃电器电子产品"，俗称"电子垃圾"，是指废弃的电子电器设备及其零部件。包括生产过程中产物不合格设备及其零部件；维修过程中产生的报废品及废弃零部件；消费者废弃的设备等。随着电子技术的发展和广泛应用，电子产品的范围还在不断延伸，因此目前很难对电子废弃物具体内容给出准确的界定。世界各国在研究和制定本国电子废弃物问题解决方案时，通常根据自身实际情况，选择代表性的电子产品分析。

欧盟《废弃电子电器设备指令》（简称 WEEE 指令）中将电子电器产品定义为依靠电流或电磁场才能够正常工作的产品，其使用的交流或直流电压分别不超过 1000V 或 1500V，并包括所有的附件、零部件和消耗品。该法令将电子废弃物分为 10 大类，具体类别如下：

①大型家用电器；②小型家用电器；③信息技术与通信设备；④家庭娱乐设备；⑤照明设备；⑥电动工具；⑦电动玩具；⑧除植入型和感染型产品之外的医疗设备；⑨监视与控制仪器；⑩自动售货机。

我国《废弃电器电子产品处理污染控制技术规范》（HJ 527—2010）中指出，所谓废弃电器电子产品，即产品的拥有者不再使用且已经丢弃或放弃的电器电子产品［包括构成其产品的所有零（部）件、元（器）件和材料等］，以及在生产、运输、销售过程中产生的不合格产品、报废产品和过期产品。废弃电器电子产品包括计算机产品、通信设备、视听产品及广播电视设备、家用及类似用途电器产品、仪器仪表及测量监控产品、电动工具和电线电缆共七类，并包括构成其产品的所有零（部）件、元（器）件和材料。表 12-1 为 2014 年版废弃电器电子产品处理目录。

12.1.2 电子废弃物的产生

电子废弃物一般来源于电子产品的生产企业、维修服务企业和消费者。我国电子废物的来源还包括国外进口。根据电子电器产品的使用目的可将中国电子废弃物的主要产生源分为社会源和工业源。以家庭为单位的消费者、个体消费者、大量使用电子电器设备的企业或行政事业单位、个体电子电器设备维修点属于社会源，电子电器设备制造企业和大型电子电器设备维修服务企业属于工业源（见表12-2）。

表 12-1　废弃电器电子产品处理目录（2014 年）

序号	产品名称	产品范围及定义
1	电冰箱	冷藏冷冻箱(柜)、冷冻箱(柜)、冷藏箱(柜)及其他有制冷系统,消耗能量以获取冷量的隔热箱体(容积<80L)
2	空气调节器	整体式空调器(窗式、穿墙式等)、分体式空调器(挂壁式、落地式等),一拖多空调器等制冷量在 14000W 及以下(一拖多空调时,按室外制冷量计算)的房间空气调节器具
3	吸油烟机	深型吸排油烟机、欧式塔型吸排油烟机、侧吸式吸排油烟机和其他安装自炉灶上部,用于收集、处理被污染空气的电动器具
4	洗衣机	波轮式洗衣机、滚筒式洗衣机、搅拌式洗衣机、脱水机及其他依靠机械作用洗涤衣物(含兼有干衣功能)的器具(干衣量<10kg)
5	电热水器	储水式电热水器、快热式电热水器和其他将电能转换为热能,并将热能传递给水,使水产生一定温度的器具(容积<500L)
6	燃气热水器	以燃气作为燃料,通过燃烧加热方式将热量传递到流经热交换器的冷水中以达到制备热水目的的一种燃气用具(热负荷<70kW)
7	打印机	激光打印机、喷墨复印机针式打印机、热敏打印机和其他与计算机联机工作或利用云打印平台,将数字信息转换成文字和图像并以硬拷贝形式输出的设备,包括以打印功能为主,兼有其他功能的设备(用印刷幅面<A2,印刷速度<80 张/min)
8	复印机	静电复印机、喷墨复印机和其他用各种不同成像过程产生原稿复制品的设备,包括以复印功能为主,兼有其他功能的设备(用印刷幅面<A2,印刷速度<80 张/min)
9	传真机	利用扫描和光电变换技术,把文字、图表、相片等静止图像变换成电信号发送出去,接收时以记录形式获取复制稿的通信设备,包括以传真功能为主,兼有其他功能的设备
10	电视机	阴极射线管(黑白、彩色)电视机、等离子电视机、液晶电视机、OLED 电视机、背投电视机、移动电视接收终端及其他含有电视调谐器(高频头)的用于接收信号并还原出图像及伴音的终端设备
11	监视器	阴极射极管(黑白、彩色)监视器、液晶监视器等有显示器件为核心组成的图像输出设备(不含高频头)
12	微型计算机	台式微型计算机(含一体机)和便携式微型计算机(含平板电脑、掌上电脑)等信息事务处理实体
13	移动通信手持机	GSM 手持机、CDMA 手持机、SCDMA 手持机、3G 手持机、4G 手持机、小灵通等手持式的,通过蜂窝网络的电磁波发送或接收两地讲话或其他声音、图像、数据的设备
14	电话单机	PSTN 普通电视机、网络电话机(IP 电话机)、特种电话机和其他通信中实现声能与电能相互转换的用户设备

表 12-2　电子废物的主要产生源

类别	主要产生源	废电视机	废洗衣机	废电冰箱	废空调机	废计算机	废手机
社会源	以家庭为单位的消费者	*	*	*	*	*	
	个体消费者					*	*
	大量使用电子电器设备的企业	*	*	*	*	*	
	大量使用电子电器设备的行政事业单位	*	*		*	*	
工业源	电子电器设备制造企业	*	*	*	*	*	*
	电子电器设备维修服务企业	*	*		*	*	*
	国外的电子废物进口	*	*	*	*	*	*

12.1.3　电子废弃物的材料组成

与普通的生活垃圾不同，电子废弃物是由金属和非金属材料通过物理或化学方式构成的混合物。虽然各种材料在不同的电子产品中的比例会有较大差异，但就整体而言，金属和塑料所占比例最高。

电子废弃物中材料的多样性和复杂性使得很难给出其通用的物质组成。大量研究分析表明，电子废弃物主要包含五种类别的物质：黑色金属、有色金属、玻璃、塑料及其他。欧洲资源和废物管理中心的研究结果显示，电子废弃物中最常见的物质是钢铁，占全部质量的一半左右；塑料是第二大组分，约占总质量的21%；其余金属约占全部质量的13%，其中铜占7%。

12.1.4 电子废弃物的特点

（1）数量庞大

当今世界正面临着前所未有的电子废弃物浪潮，进入20世纪80年代，受电子产品高度普及、产品更新速度加快等因素的影响，家庭逐渐成为电子废弃物的主要来源，电子废弃物数量快速增加。联合国环境规划署2015年8月底发布的一份报告显示，全世界每小时就有4000吨电子垃圾产生，并以每年3%～8%的速度增长。目前，全球每年产生约4100万吨的电子废弃物，预测2017年将达到5000万吨。2007～2013年，我国电子废弃物产量由234万吨上升至320万吨，增长了36.7%，增长速度远远超过世界平均水平。报废的电子电器产品种类繁多，几乎涉及生产和生活的各个方面。而每一类又包含许多种产品，即是同一产品，不同型号、厂家和不同年代生产的产品在外形、体积、结构、采用的元件和原材料亦有很大的差别，电子电器产品的多样性和复杂性给电子废弃物的回收、运输、分类、拆解以及处理方面带来很大的困难。

（2）资源性

国外有关研究表明，1t电子板卡中，可以分离出286lb铜、1lb黄金、44lb锡，而仅1lb黄金的价值就是6000美元。日本横滨金属公司对报废手机成分进行分析，发现平均每100克手机机身中含有14g铜、0.19g银、0.03g金和0.01g钯，另外从手机锂电池中还能回收金属锂。该公司通过从报废手机中回收多种贵重金属，获得相当可观的经济效益。除了金属回收外，电脑和手机外壳等废旧塑料也可以通过特殊工艺制成工业塑料，国际市场上每吨售价高达6万～7万元。表12-3列出常见的四种家用电器（电视机、冰箱、空调和洗衣机）中所含的主要组分。表12-3结果表明，不同电子产品，其对应组分的比例会有很大差异，但整体而言，金属和塑料占电子废弃物总重的比例高，可回收利用的潜在价值大，视为一座待开采的"矿山"。与传统的矿山相比，电子废弃物品位高，可以省去勘探、开采费用，加工成本低。

表 12-3　四种家用电器所含的主要组分及质量比

名称比例	电视机	冰箱	空调	洗衣机
铝	2	3	7	3
铜	3	4	17	4
铁	10	50	55	53
塑料	23	40	11	36
玻璃	57	—	—	—
其他	5	3	10	4
合计	100	100	100	100

（3）危害性

虽然电子电器废物从整体而言可以粗略地分为金属、塑料、玻璃、陶瓷等几大类，但事实上废弃电子电器产品中含有1000多种物质，其中很多是有毒物质，表12-4给出了废弃电子电器中所包含的主要危险组分。以印刷电路板为例，其除了含有价值不菲的贵金属和稀有金属外，也有一些容易对环境造成危害的重金属，如铅、镉、汞等及含卤素元素的阻燃剂等有害物质。这意味着废弃电路板如果随意堆放或填埋，其所含的重金属可能会渗入地下水，造成潜在的危害；如果燃烧，电路板上含有卤族元素的阻燃剂会产生致癌物质，对人类的健康和周围的环境造成威胁。

表 12-4　电子废弃物中包含的主要危险组分

物 质 组 分	描　　　　述
电池	电池中所含的重金属比如铅、汞和镉
阴极射线管	锥玻璃中的铅和面板玻璃内部的荧光粉
含汞组分，比如含汞开关	传感器、继电器、开关中的汞(比如在印刷电路板中和在测量装置和放电管中)，同样也存在于医疗设备，数据传输，电话和手机中
废石棉	废石棉必须进行单独处理
调色墨盒，液态和浆状的彩色粉	色粉和调色墨盒必须从电子废弃物中取出进行单独处理
印刷电路板	面积大于 $10cm^2$ 的印刷电路板必须单独拆除。在印刷电路板中，镉通常含在 SMD 芯片电阻器、红外检测器和半导体中
电容器中的多氯联苯	含多氯联苯的电容器必须除去进行安全处置
液晶显示器	表面积大于 $100cm^2$ 液晶玻璃必须单独从电子废弃物中除去
含有卤化阻燃剂的塑料	含卤化阻燃剂的塑料在焚烧/燃烧过程中，会产生有害组分
含有 CFC、HCFC 或 HFCs 的设备	存在于泡沫和冷冻回路中的 CFC、HCFC、HFCs 必须进行合理地提取和分解处理或者循环使用
气体放电管	所含的汞必须预先除去

电子产品废弃后，电子废弃物必须采取安全合理的方式进行处理，如果处理不当，不但不能实现所含成分的有效回收，反而会造成更严重的二次污染。以废弃电路板资源化为例，采用简单酸溶或用焚烧的方法提取金属，溶解产生的废酸或印刷电路板中的溴化阻燃剂在燃烧时释放出来的二噁英类和呋喃类物质对环境造成的危害与得到的经济效益相比是得不偿失的。

12.1.5　电子废弃物的生态环境风险

高科技带来的电子产品极大地丰富了人们的物质文化生活，然而数量急剧增长的电子废弃物造成的资源浪费、环境污染和安全隐患等问题也日益突出。我国人口众多，资源相对贫乏，近年来伴随工业化的进程，国民经济快速发展对资源和能源的需求大幅度增长。然而我国资源利用率普遍较低，再生资源利用率仅为世界先进水平的 30%，环境污染和资源不足的矛盾越来越突出。我国每年都需进口大量的铜、铝等有色金属来缓解国内紧张的供求关系，而成鲜明对比的是，废弃电子电器中储藏着的大量有色金属等资源却未得到有效的利用和开发，造成极大的资源浪费。

将未经妥善处理的电子废弃物混于一般生活垃圾进行填埋或直接暴露于环境中，其中的有毒、有害物质将渗入并长期滞留于环境中，且随时可能通过某些途径进入人体，给人们的健康带来极大的威胁。研究表明，废电器拆解后的残余固体废物是一个重要的 Cu、Zn、Pb、Ni 等重金属的污染源，2~3 年雨量范围内的模拟酸雨淋出液中的 Cu 和 Zn 的含量超过一级排放标准。而未经检测、维修等保障措施重新流入市场的拼装电子产品，也会给消费者带来极大的安全隐患。据报道，继续使用超过设计寿命期的废旧家电，可能会造成电力浪费、噪声干扰和环境污染，容易引发直接危害人身安全的触电、火灾等事故。例如废旧电冰箱使用条件恶劣，管道腐蚀严重，电气绝缘强度降低，很容易出现常态击穿导致电冰箱中的制冷剂和发泡剂泄漏，造成环境污染，破坏大气臭氧层。而废旧电视机的显像管老化极易引起爆炸，对人身安全将构成直接威胁。

电子废弃物采取不当的回收处理方法会造成严重的二次污染，对作业人员的健康产生极大危害。我国电子废弃物处理较为集中的某些地区，由于为手工作坊，回收处理手段极为原始，产生的废液、废渣、废气直接排入周围环境，造成了难以逆转的生态灾难。据绿色和平组织报道，当地的土壤已经呈现强酸性。某地河岸沉积物的抽样化验显示，对生物体有严重危害的重金属铅的浓度是美国环保署认定土壤污染危险临界值的 212 倍，钡为 10 倍，铬为 1338 倍，锡为 152 倍，而水中的污染物超过饮用水标准达数千倍。医学调研发现，落后的电子垃圾拆解方式使这些地区大多数儿童处于高铅负荷状态，7 岁以下儿童铅中毒率高达 81.8%，铅污染对当地儿童的健康构成严重威胁，而长期从事电子废弃物拆解业的工人在神经系统、消化系统、呼吸系统以及癌症的发病率均较高。

12.2 电子废弃物环境管理与处理现状

12.2.1 国外情况

欧盟正式颁布了《废弃电子电器设备指令》（简称 WEEE 指令）和《关于在电子电器设备中禁止使用某些有害物质指令》（简称 ROHS 指令），两个指令都要求制造商对电子、电器污染问题承担责任，并规定进入欧盟市场的产品必须达到指令要求，已经进入欧盟市场的企业必须履行的回收责任并支付相关的处理费用，比如彩电或冰箱，每台将被加收 2%～3%左右的废弃物回收费；另外，WEEE 指令还要求生产商（包括其进口商和经销商）在 2005 年 8 月 13 日以后，负责回收、处理进入欧盟市场的废弃电子电器产品，并在投放市场的电子电器产品上加贴回收标识；ROHS 指令还要求 2006 年 7 月 1 日以后投放欧盟市场的电子电器产品不得含有铅、汞、镉、六价铬、多氯联苯和多溴二苯醚 6 种有毒有害物质。正是这样一系列法规指令的陆续颁布，使得世界上多数国家都开始着手研究探讨废弃电子电器产品的处理处置问题。

从 20 世纪 80 年代初开始，德国、瑞典、瑞士等国就展开对电子废弃物的综合回收利用，特别是在电子废弃物的拆卸、回收工艺和方法等方面进行了深入研究，并且利用这些先进技术实现了规模化生产和市场化运作。欧盟各国的电子废弃物资源化产业比较发达，建立了很多处理与回收企业。德国 20 世纪 90 年代先后出台了《循环经济与废物管理法》以及《信息产业废旧设备处理办法》，对废旧家电进行积极回收利用。2005 年 3 月 24 日德国在欧盟成员国中第一个正式颁布了关于电子废弃物循环利用的《电器电子产品条例》。明确提出电器电子产品的生产制造商和进口经销商应对其产品回收处理循环利用负责的原则，同时要求 2006 年 7 月 1 日以后在流通领域，新的电器电子产品中铅、汞、六价铬、多溴联苯和多溴联苯醚有害物质的含量不得大于产品总重的 0.1%，镉的含量不能大于总重的 0.01%。德国的电子废弃物回收处理体系主要是建立在市政系统或制造商联盟基础上，通过成立市政系统专业回收处理公司、制造商专业回收处理公司、社会专业回收处理公司、专业危险废物回收处理公司等来回收处理废弃电子产品。2001 年 2 月，世界首家专门处理电子垃圾的现代化工厂"生态电子公司"在芬兰北部的电子城奥鲁（Oulu）正式建成投产，每年处理电子垃圾 1500～2000t，由于建有良好的环保处理系统，工厂不会造成地下水源和空气的污染。预计 2010 年芬兰电子垃圾的回收利用率有望达到近 100%。

美国是世界上最大的电子产品生产国和电子废弃物的制造国，每年产生的电子废弃物高达 700 万～800 万吨，占全美垃圾量的 2%～5%，而且逐年增长。据文献报道，电子废弃物资源化产业在美国已经形成，有该类企业 400 多家，从业人员 7000 多人，2002 年实现利润 7 亿美元，收集与处理的电子废弃物总量达到 68 万吨，从中回收各种物质 41 万吨，美国国际电子废弃物回收商协会预测，到 2010 年，产业规模可达到 2005 年规模的 4～5 倍。由此可见，美国电子废弃物资源化产业开始进入快速发展时期，数据表明，美国电子垃圾的回收再利用率可达到97%以上。日本也是世界上电子技术最为先进、电子电气产品应用范围最广的国家之一。日本每年要废弃1800万台电视、冰箱、空调和洗衣机。为了解决资源再利用和减少环境污染问题，日本制定了《家用电器回收法》，并已经从2001年4月1日开始实施。根据这项法律，家电生产企业必须承担回收和利用废弃家电的义务，家电销售商有回收废弃家电并将其送交生产企业再利用的义务，消费者也有承担家电处理、再利用的部分义务。自从《家用电器回收法》颁布以来，实施效果非常明显，日本的废旧电器回收处理量和回收处理率连年不断增加。2004年，日本全国回收处理的四大类废旧家电超过1100万台，质量约为42.9万吨，其中空调和电视机的再循环利用率超过80%，电冰箱和洗衣机的再循环利用率为65%。

12.2.2　国内情况

我国已经成为家用电器生产和消费大国。这些电器大多是在20世纪80年代中后期进入家庭的，我国正迎来一个家电更新换代的高峰。由于我国尚未建立规范的废弃家用电器回收利用体系，大量家用电器超期服役和废弃家用电器任意处置的现象较为普遍，由此产生的安全隐患、能源浪费和环境污染问题越来越严重，已引起全社会的普遍关注。近几年电子通信器材如电脑、手机、VCD、DVD、唱片、光盘等更新换代速度加快，每年报废数量急剧上升，带来严重的环境问题。

我国目前废弃电子电器处理处置形式有三种：①家庭作坊式处理方式。采用手工或者依靠最简单的工具改锥、钳子等进行电子电器的拆解，人工将有价成分分类回收或者采用简单酸溶或露天焚烧等落后方式回收高附加值组分，难以回收利用的剩余组分就随意堆放或抛弃。在过去相当长的一段时间，这种处理方式在沿海地区广泛流行。②中等规模处理方式。有一些中等规模的企业，购买和安装了废弃电子电器处置的主要设备设施，但是为节省资金，必要的污染防护措施不配套，在连续生产过程中也易造成二次污染。③环保型处理方式。严格按照环保要求，采用先进工艺，进行废弃电子电器的资源化处理，加工处理过程中产生的废水、废气、废渣都能得以合理处置。这种处理方式和设施在我国已投入运行，如新加坡伟成工业有限公司，在无锡投资建设的电子电器废物处理厂。

近年来，我国在电子废弃物处理方面也取得不小成就，截至2015年年底，全国共有29个省（区、市）的109家废弃电器电子产品拆解处理企业纳入废弃电器电子产品处理基金补贴企业（以下简称"处理企业"）名单，与各地2015年规划处理企业的数量目标相比，完成率达到89.3%；废弃电器电子产品年处理总能力为1.4亿台，比2014年增长6.0%，与各地2015年规划总能力目标相比，完成率达到125.9%。2015年，共有29个省份的106家处理企业实际开展了废弃电器电子产品拆解处理活动，拆解处理总量达7625.4万台，同比增长8.2%。

目前我国废弃电子电器处理处置，与发达国家相比，无论是法律法规还是收集方式，以及废弃电子电器处理处置方面还存在很多不足之处，主要表现在：①电子电器废物回收体系落后，回收再利用率低。未从法律上明确产品制造商、进口商和消费者对于废弃产品回收的责任，没有形成社会化的回收体系和渠道，废弃产品回收者仅限于一些小商贩，回收数量小。目前废弃电子产品回收利用厂规模小，多为一些乡镇企业和家庭小作坊，仅回收废弃电子产品中利用价值高的金属，如金、银、锗、钯、铜等以及部分塑料，总的回收率不超过废弃物总量的30%。②废弃电子电器产品再生利用处置水平低，工艺落后，污染严重。对于大多数的旧家电，直接或者在经过简单的维修之后进入二手市场。对于无法进入二手市场的废家电，主要通过手工拆解来回收原材料。对于那些不能直接通过手工拆解的部分，例如电路板，多采用酸溶、火烧等方式，提取废弃电子产品中的金、银等贵金属，而将含铅、锡、汞、锡、铬等有毒重金属的废液排入周围的水体和土壤中，造成严重的环境污染。与欧美及日本等发达国家废弃电子电器处置技术设施相比，还有很大差距。

12.3 电子废弃物的资源化回收方法

电子废弃物的资源化过程通常分为三步：①对修理或升级后的整机或附属设备重新利用，可以最大限度地利用废弃电子设备；②对可拆解的元器件回收再利用，可以最大限度地利用废弃电子器件；③对不可再利用的有价物质，实现电子废物料的回收利用，可以充分回收其中的有价物质，实现电子废弃物资源化的目的。具体流程如图12-1所示。电子废弃物种类繁多，成分复杂，其处理涉及环境学、化学、矿物加工学、冶金、电子电力、机械等多学科领域，处理过程复杂、难度较大。目前对电子废弃物的回收方法主要有火法回收、湿法回收、机械处理、电化学及生物回收等方法。回收技术的基本发展方向是实现包括铁磁体、有色金属、贵金属和有机物质的全部材料再利用。

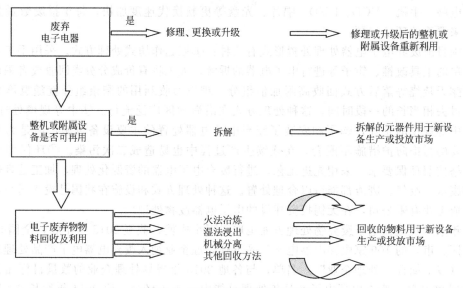

图 12-1　电子废弃物回收利用流程

12.3.1 电子废弃物的火法资源化回收处理

废弃电子设备的火法处理是指通过焚烧、等离子电弧炉或高炉熔炼、烧结或熔融等火法处理的手段去除电子废弃物中塑料及其他有机成分，使金属得到富集并回收利用的方法。这一方法的优点是它可以处理所有形式的电子废弃物，对废弃物的物理成分的要求不像化学处理那么严格，主要金属铜及金、银、钯等贵金属具有非常高的回收效率。图12-2所示为一种常用的火法冶金工艺原理和流程。

将电子废料经预处理工序除掉硅片、极管、电阻等元器件，然后破碎，放入焚烧炉，通入空气或氧气焚烧，以除去有机物。焚烧后转到铜熔炼炉中与粗铜熔料一起熔融使贵金属熔于其中，作为电子主板材料的陶瓷材料或玻璃纤维呈熔融浮渣排出，绝大部分贵金属及其他有色金属与铜形成熔炼合金，再经电解处理，部分有色金属、大部分贵金属从阳极泥中回收。该法贵金属回收率高达90%以上。但火法处理存在以下问题。①易造成有毒气体逸出。

电子废弃物中的塑料及其他有毒物质是主要的空气污染源，特别是卤素阻燃剂在焚烧过程中易产生有毒气体二噁英及呋喃，造成严重的环境污染，电子废弃物中的贵金属也易以氯化物的形式挥发。②电子废弃物中的陶瓷及玻璃成分使熔炼炉的炉渣量增加，易造成金属的损失。③废弃物中高含量的铜增加了熔炼炉中固体粒子的析出量，减少了金属的直接回收。④部分金属的回收率较低，如锡、铅等；或在目前的技术经济条件下还无法回收，如铝、锌等，大量非金属成分如塑料等也在焚烧过程中损失。

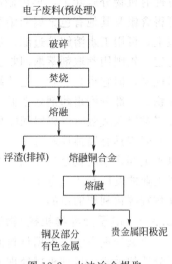

图 12-2　火法冶金提取
金属的工艺流程

12.3.2　电子废弃物的湿法资源化回收处理

通过湿法浸出回收电子废弃物中的贵金属是电子废弃物回收利用研究中应用最早的方法，始于 20 世纪 60 年代末期。废弃电子设备的湿法处理包括破碎后的电子废弃物颗粒在酸性或碱性条件下的浸出，浸出液的溶剂萃取、沉淀、置换、离子交换、过滤及蒸馏等过程。通过这一系列的处理过程可获得高品位及高回收率的金、银等贵金属及铜、锌等有色金属，其中金的浸出率可高达 99%。也有研究利用湿法浸出方式回收电子废弃物中的钯、钌等成分。与其他方法相比湿法处理还具有费用低的优点。20 世纪 80 年代后，许多科研工作者开始从事这方面的研究，并取得技术上的突破与进步，使湿法冶金提取贵金属技术日趋完善。联邦德国中央固体物理与材料研究所的 Gloe K. 等，于 20 世纪 90 年代初研究推出的硝酸-盐酸、氯气联合浸取工艺，不断完善并应用于实际生产中。图 12-3 所示的是一种应用较广的从废弃电子电器中湿法冶金提取贵金属技术。将电子废料在高温 400℃预热

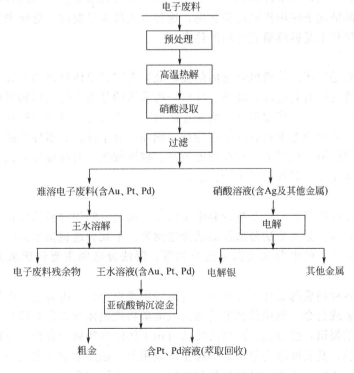

图 12-3　湿法冶金提取金属的工艺流程

可使有机物分解除去，再用硝酸溶解 Ag_2O、Al_2O_3、CuO、ZnO、TiO_2 等氧化物，过滤，可得含银及其他有色金属的硝酸盐溶液，电解回收银。金、钯、铂则不溶于硝酸，仍在电路板上，可用王水溶解，过滤，滤液蒸发，再用水稀释，然后用亚硫酸钠还原沉淀金，溶液中的钯、铂则用萃取剂萃取回收。尽管湿法冶金提取贵金属技术比火法冶金提取贵金属工艺技术优越，但它也存在着一定的缺点。湿法处理其主要缺点是：①不能直接处理复杂的电子废弃物；②部分浸出药剂效率低，作用有限，贵金属的浸出剂只能作用于暴露的金属表面，当金属被覆盖或敷有焊锡时回收较低，包裹在陶瓷中的贵金属更是无法通过湿法回收；③浸出液及残渣具有腐蚀性及毒性，若处理不当，易引起更为严重的二次污染；④该方法只能回收电子废弃物中的贵金属及铜等金属，不能回收电子废弃物中的其他金属及非金属成分。而电子工业的发展趋势是电子产品中的贵金属逐渐被贱金属取代，因而这一方法很难达到电子废弃物资源化利用的目的。

12.3.3 电子废弃物机械/物理资源化回收处理

机械处理方法是根据材料间物理特性的差异，包括密度、导电性、磁性、表面特性等进行分选的手段，这种机械处理方法广泛地应用于原料加工行业，技术发展较成熟。机械处理方法可以使电子废弃物中的有价物质充分地富集，减少了后续处理的难度，与其他方法相比，其主要优点在于污染小、成本低且可对电子废弃物中的金属和非金属等各种成分综合回收利用。电子废弃物的机械处理主要包括拆解、破碎（粉碎）、分选 3 个阶段。

（1）拆解

拆解的目的通常有四点：①拆除电子废弃物中含有有害物质的元器件或附属设备，如含铅电池、电容器等；②拆除电子废弃物中具有一定价值且仍可继续使用的元器件或附属设备，用于旧设备的修理、新设备的生产等，如计算机内存条、集成块可用于某些玩具的生产；③拆除需采用特殊方法单独处理的设备或元器件，如显像管、线路板等；④通过拆解回收部高纯度的材料再用，如果计算机机箱、显示器外壳及玻璃等。传统的拆解操作一般由手工完成，在可能的情况下使用机械设备辅助，这种方式昂贵且费时。近年来，电子废弃设备的机械及自动拆解技术是拆解研究发展的热点。

（2）破碎

单体充分解离是实现高效机械分选的前提，破碎是实现单体解离的有效方法。因此，根据物料的物理特性选择有效的破碎设备，并根据所采用的分选方法选择物料的破碎程度，不仅可以提高破碎效率，减少能源消耗，而且还能为不同物料的有效分选提供前提和保证。在选择破碎设备时，应充分考虑材料的物理特性。例如，对于拆除元器件后的废电路板，主要由玻璃纤维强化树脂覆铜板组成，存在硬度较高、韧性较强、具有良好的抗弯性等特点，因此采用剪切或冲击作用的破碎设备比较合适。

（3）分选

电子废弃物破碎产品的分选是按废弃电子设备不同成分的物理或物理化学性质的差异将物料分离的过程，通常分为干法分选及湿法分选两种。干式分选包括干式筛分、气力摇床或气力涡流分离、磁选、静电分选及涡电流分选等；湿法分选则主要包括水力旋流分级、浮选、水力摇床等。

磁选是利用各种物质的磁性差异在不均匀磁场中进行分选。废弃电子电器粉碎颗粒包含铁磁体和有色金属或合金，利用低强度的磁选机能够将铁磁体与有色金属和其他非磁性物质分离开来。有文献报道，强磁选、高梯度磁选可用于弱磁性物料的分选，分离亚微米尺度的有色金属和贵金属，其发展潜力很大。实际工业应用上，磁选常常和电选结合对某种特定的物料进行分选，如印刷电路板，其经过粗碎和细碎后，金属与非金属基本解离，金属是以铜为主的富集体，可以通过磁选先分离出含铁磁性物料，非金属主要是玻璃纤维和树脂、热固性塑料，此时，铜、非金属两类物质的导电性差别显著，十分适合电选。

电选可分为静电分选和涡流分选。静电分选是让不同性质的物料通过高压电场中的电晕电极带电，当所有颗粒与接地圆筒接触后，导体物料所带的电荷很快就消失，而非导体物料则能长时间地保留所带电荷。静电分选机也是常用的分离非铁金属和塑料的方法，进料颗粒均匀时分选效果较好。涡流分选是利用涡流和磁场相互作用产生的电磁力来实现物料分选的一种方法。涡流分选机是利用涡电流力分离金属和非金属的方法，现在已被广泛地应用于从废弃电子电器中回收非铁金属。研究表明，通过电选机各参数的优化，可获得铜品位高达93%～99%的金属富集体，回收率也可达95%～99%。利用一种新开发的涡流分选机从电脑及线路板废弃物中回收金属铝，可获得品位高达85%金属铝富集体，回收率也可达到90%以上。

气力摇床是电子废弃物干法分选的常用设备。早在1942年气力摇床就用于农业选种以及光缆或电线的回收过程中，近年来已广泛用于电子废弃物的分选过程中。气力摇床是根据颗粒密度的不同实现分选的，它实际上是流化床、摇床及气力分级设备的混合体。物料给入到床面一端，与通过床面孔隙吹入的空气混合，流化并分导，重颗粒落向床面并在床面振荡的推动作用下向床面的上端运动，轻颗粒浮在上部并向床面另一端运动，由此实现不同相对密度颗粒的分离。利用气力摇床从电子废弃物中分选金属，目的金属铜、金、银的回收率分别为76%、83%和91%。

12.3.4 其他回收方法

电化学处理过程大都在电解液中进行，电解提取又称电解沉积，是向金属盐的水溶液或悬浮液中通直流电，使其中的某些金属沉积在阴极的过程。与其他方法相比，电化学处理操作简单，且能回收95%～97%的贵重金属，适用于所有贱金属基质上的贵重金属的回收，因此，电化学处理一般都用于回收金属的精炼阶段。而且电解提取不需大量试剂，对环境污染小。但这种方法需消耗大量电能，而且须严格控制氯化物、氟化物气体的排放。另外还有微波处理技术、生物浸出技术也可以用于电子废弃物的回收处理。生物浸出技术比较简单，其原理就是利用细菌浸取电子废弃物碎料中的金属，从20世纪80年代开始就有科研工作者研究此技术，但目前还未应用到实际生产中。生物技术提取金属或者贵金属具有工艺简单、成本费用低、操作简单方便等优点，但此技术显著的缺陷是浸出时间长而且需暴露目的金属。微波处理技术也可以用来回收电子废弃物中的金属，但这种方法工艺较复杂，目前还处于研究阶段。

12.4 废弃印刷线路板资源化

印刷线路板（PCB）是电子工业的基础，是各类电子产品中不可缺少的重要部件。从计算机、电视机到电子玩具等，几乎所有的电子产品中都有印刷线路板存在。随着信息产业的高速发展，电子电器设备的更新换代速度不断提高，印刷线路板生产也呈急剧增长之势。世界印刷线路板工业的平均年增长率为8.7%，其中韩国、东南亚的一些国家和中国的台湾地区增长率高达20%～30%，中国的增长率为14.4%。2006年我国印刷线路板的总产量为12964万平方米，年产值128亿美元，已经成为PCB第一大生产国，这些印刷线路板含有一定量的铅、汞、六价铬、聚溴二苯醚和聚溴联苯等有毒的"三致"（致癌、致畸、致突变）物质，如处理不当，会对环境与生态造成极大危害。同时废弃印刷线路板中含有大量的金属组分，如铜、铝、铁、镍、铅、锡、锌等以及金、银、钯、铑等贵金属，具有很高的回收价值。因此，进行废弃印刷线路板的资源化回收处理，从资源和环境的角度看都具有十分重要的意义。

12.4.1　酸洗法

酸洗法是用强氧化性的酸（主要是王水）处理废弃印刷线路板，将其中所含的金属氧化为离子进入到溶液中，然后从溶液中利用各种金属离子还原性的差异，采用置换或电解处理工艺回收金属。使用王水是由于印刷线路板中的贵金属的化学性质比较稳定，不能完全溶于硫酸、盐酸和硝酸等常见酸中。王水的溶解作用是由于硝酸将盐酸氧化并产生游离氯，游离氯具有强的氧化性，可与贵金属作用生成金属氯化物，如与金反应生成可溶的氯金酸（$HAuCl_4$）。

$$HNO_3 + 3HCl \Longrightarrow 2H_2O + Cl_2 + NOCl$$
$$Au + Cl_2 + NOCl \Longrightarrow AuCl_3 + NO\uparrow$$
$$HCl + AuCl_3 \Longrightarrow HAuCl_4$$

总反应的化学方程式可表示为

$$Au + HNO_3 + 4HCl \Longrightarrow HAuCl_4 + NO\uparrow + 2H_2O$$

该种处理方法用酸作氧化剂，在处理过程中 N 由高价态还原为低价态不可避免地会产生大量 NO 气体，污染环境；废弃印刷线路板中普通金属会随贵金属一起进入到溶液中，加大了后续分离工作的难度。贵金属回收后，溶液中含有大量金属离子，后期治理投资较大，若处理不当，易造成二次污染；贵金属回收率受贵金属赋存状态的影响，表层贵金属回收率高；王水具有强氧化性，需采用耐腐蚀容器，操作过程危险较大，须注意安全防护。

12.4.2　选择性浸出法

选择性浸出法主要是利用金和银等贵金属与一些配合剂反应，生成水溶性的金属络离子，实现贵金属与普通金属的分离。目前主要利用氰化物等浸出剂进行金和银等贵金属的选择性浸出，然后用铁和锌等普通金属或其他还原剂还原溶液中的贵金属离子。但因氰化物的毒性及其对环境和人类的影响正被公众密切关注，有许多国家和地区已立法规定严禁使用氰化物作金生产过程中的浸出剂。与氰化法相比，采用硫脲等浸出剂具有选择性高、毒性小的特点，但处理成本较高；且选择性浸出法只能回收贵金属，无法回收大量的普通金属；贵金属回收率同样受到贵金属赋存状态的影响，回收率不能得到保证。

12.4.3　热解法

热解法是一种适于回收塑料的技术，同样也适用于热固性复合材料的回收。在热解法处理废弃印刷线路板时，其中的高分子有机聚合物热分解成油状和气态的烃类化合物，可用作燃料或化工原料，而金属、无机组分（如玻璃纤维）和其他固体产物可回收用于复合材料的再生产。目前，热解法常应用在机械破碎金属、非金属组分分离后非金属组分的处理，即通过热解将剩余残渣中的塑料部分转化为气体或液体燃料。研究表明，废弃印刷线路板试样热解后得到的气体产物主要由 CO_2、CO、N_2、溴苯及一些低级烃类（$C_1 \sim C_2$）组成，C—Br键也会断裂，释放出 HBr 及溴代烷烃、溴代芳烃等；液体产物经常压蒸馏后，分别得到轻石脑油、重石脑油和沥青等馏分；固体产物燃烧后可得到高纯度的玻璃纤维和 $CaCO_3$，粉碎加工后可作为替代物填充热固性树脂。热解法用于处理废弃印刷线路板具有很大的优势：热解所需的设备相对较简单；热解过程中释放的有毒气体收集后可集中处理；处理效率高；可避免二次污染。

12.4.4　焚烧法

焚烧法是将废弃印刷线路板焚烧减量、灰渣再精炼回收金属的方法。利用焚烧法可将废弃印刷线路板中的树脂等组分有效除去，固体减量效率高；灰渣回收一般采用基于火法精炼铜和电解法精炼铜的处理过程回收贵金属。利用该种处理方法处理废弃印刷线路板时，组分中主要的金属铜及贵金属金、银、钯等具有较高的回收率。焚烧法处理过程存在的主要问题是由于废印刷线路板中含有溴、苯、铅和汞等有毒物质，燃烧产生的有毒烟气含有二噁英、呋喃和多氯联苯类物质，如焚烧后尾气处理不当会对生态环境造成不可恢复的破坏。回收铜和贵金属的过程中其他金属大部分被氧化到烟尘或渣中，造成资源浪费，如锡和铅的回收率低，铝和锌几乎无回收经济价值。因此，该法不适用于大规模的废弃印刷线路板的处理。

12.4.5 生物法

利用微生物浸取金等贵金属是从 20 世纪 80 年代开始研究的提取低含量物料中贵金属的新技术。利用微生物活动使金等贵金属合金中的其他非贵金属氧化成可溶物而进入溶液，使贵金属裸露出来以便于回收。生物处理技术具有工艺简单、费用低、操作简便等特点，但很难找到特定的微生物实现废弃印刷线路板中各组分金属的分离。目前，该技术并不成熟，处理过程浸取时间较长，对操作条件要求较严格。

12.4.6 超临界流体法

超临界水氧化法是利用超临界状态下水与氧或空气能完全融合在一起的特点，使废弃印刷线路板中难处理的物质与水中的氧反应生成 CO_2、N_2、水。超临界 CO_2 能溶解阻燃剂四溴双酚 A 和六溴环十二烷。据文献报道，在 50MPa、100℃ 条件下，使用 CO_2 可完全分离塑料中的四溴双酚 A。超临界流体法处理废弃印刷线路板不需消耗大量的化学药剂，各组分回收率较高，且处理过程不向环境释放有毒物质，具有很高的环境效益。但该法需要特定的回收设备，需要耐受一定的高压，投资较大，而且设备处理能力较小，目前尚不能大规模应用于废弃印刷线路板或其他电子产品的回收处理。

12.4.7 机械法

机械物理法与化学方法、生物方法相比，具有成本低、投资少和环境污染小等优点，有较强的适应性。机械处理技术是根据物质的物理特性，包括密度、导电性、磁性和韧性等存在的差异性来回收废弃印刷线路板，包括拆卸、破碎、分选等方法，因为不需考虑产品干燥和污泥处置等问题，符合当前的市场要求，因此在我国得到快速发展，在实践中应用的也较多。下面介绍近年来我国发展起来的机械物理法处理废弃线路板的典型工艺。

(1)"湿法破碎＋水力摇床分选"工艺流程

图 12-4 为"湿法破碎＋水力摇床分选"工艺流程图。废弃线路板及加工废料通过两级（或多级）湿法破碎，实现线路板中金属与非金属的解离，采用水力摇床进行分选，得到金属富集体和非金属两产品，或者金属富集体、中间产品和非金属三（多）产品，其中的中间产品可以返回水力摇床进行再次分选，或返回细碎机再次粉碎。金属富集体和非金属经过过滤后，金属富集体送往冶炼厂，非金属（玻璃纤维和环氧树脂等）作为填充材料或者经深加工作为其他产品的原料；过滤水经处理后回用。该工艺的特点是投资少、运行成本低、简单实用。采用湿法破碎，避免破碎过程中刺激性气体和粉尘的产生，可以连续生产。普通水力摇床适合的入料粒度在 0.074~2mm 之间，有效分选下限可以达到 0.037mm。对于线路板而言，最佳的解离粒度在 0.5mm 左右，因此采用普通摇床可以实现破碎解离后线路板中金属富集体的回收。摇床单位面积处理量低、回收精度不高、微细粒级金属容易损失到尾矿中，但却非常适合中小规模废弃线路板处理企业。

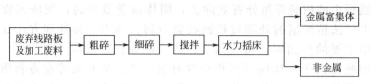

图 12-4　"湿法破碎＋水力摇床分选"工艺处理废弃线路板

（2）"干法破碎＋气流分选/气力摇床"工艺流程

图 12-5 为"干法破碎＋气流分选"工艺流程，废印刷线路板经过干法粗碎和细碎，然后分级，采用空气分离器实现金属与非金属的分离。"干法破碎＋气力摇床"的工艺流程与图 12-5 相似，将气流分选换为气力摇床，分选物料的级别根据具体情况做相应变化。"干法破碎＋气流分选/气力摇床"工艺特点具有投资小、运行成本低等特点，其中"干法破碎＋气流分选"工艺适合于废弃线路板及边角料的分选，回收金属的品位和回收率达到 95％。为了改善传统气流分选分级较多以及进一步提高分选效率，有研究人员采用脉动气流分选技术进行废弃线路板的资源化研究。对于"干法破碎＋气力摇床"工艺。研究结果表明：对于1.2～1.6mm 级电路板（来自计算机的主板），气力摇床分选结果得到金属富集体的品位为56.35％，回收率为 91.57％；对于 0.5～1.2mm 级废旧线路板为主的混合物料，相应的金属富集体的品位为 84.87％，回收率为 94.64％。整体而言，气流分选适合废弃线路板的分选。

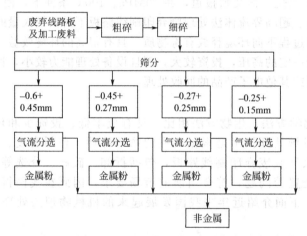

图 12-5　"干法破碎＋气流分选"工艺处理废弃线路板

（3）"干法破碎＋静电分选"工艺流程

图 12-6 为"干法破碎＋静电分选"工艺流程，废弃线路板及加工废料经过多级干法破碎，实现金属与非金属的解离，然后采用超微分级，分离出一部分微细物料作为非金属，剩余适合静电分选入料范围的物料进入滚筒静电分选机分选，得到金属富集体和非金属。该工艺的特点是采用滚筒静电分选机进行分选，具有运转平稳、能耗低、使用可靠性好、易损件寿命长和检修方便等特点，生产过程中无二次污染。对于传统的静电分选，入料范围通常在0.074～2mm，因此处理废弃线路板是十分适合的。静电分选的试验研究结果表明：对于0.45～0.9mm 电路板物料，可以得到铜品位为 77.14％，回收率为 76.66％；对于 0.075～0.45mm 电路板物料，铜的品位为 75.15％，回收率为 84.05％。该工艺的缺点是随着粒度的逐渐降低，颗粒之间的作用力增强，在电场中分选时将会发生排斥、吸引、团聚等现象。由于团聚现象，实现细粒级物料的单层入料变得困难，再加上分选过程出现的吸引、排斥以

及颗粒向电极运动等现象使得分选过程更为复杂，因此不能实现微细级（<0.074mm）线路板的有效分选。

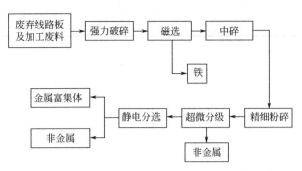

图 12-6　"干法破碎＋静电分选"工艺处理废弃线路板

思 考 题

1. 何谓电子废弃物，有什么特点，它们会造成哪些环境影响？

2. 简述电子废弃物的资源化回收方法。

3. 废弃电路板的回收处理方法主要有哪些？

4. 列举你所接触到的废旧电子电器产品，并说明它们可如何处理进行回收？

5. 根据废旧电路板（包括元器件）的组成特点，设计获得其中主要金属和非金属的处理工艺。

附　　录

附录 1

中华人民共和国固体废物污染环境防治法（2015 年修正）

（1995 年 10 月 30 日第八届全国人民代表大会常务委员会第十六次会议通过 2004 年 12 月 29 日第十届全国人民代表大会常务委员会第十三次会议修订，根据 2013 年 6 月 29 日第十二届全国人民代表大会常务委员会第三次会议《关于修改〈中华人民共和国文物保护法〉等十二部法律的决定》第一次修正，2015 年 4 月 24 日第十二届全国人民代表大会常务委员会第十四次会议通过全国人民代表大会常务委员会《关于修改〈中华人民共和国港口法＞等七部法律的决定》第二次修正）

第一章　总　　则

第一条　为了防治固体废物污染环境，保障人体健康，维护生态安全，促进经济社会可持续发展，制定本法。

第二条　本法适用于中华人民共和国境内固体废物污染环境的防治。

固体废物污染海洋环境的防治和放射性固体废物污染环境的防治不适用本法。

第三条　国家对固体废物污染环境的防治，实行减少固体废物的产生量和危害性、充分合理利用固体废物和无害化处置固体废物的原则，促进清洁生产和循环经济发展。

国家采取有利于固体废物综合利用活动的经济、技术政策和措施，对固体废物实行充分回收和合理利用。

国家鼓励、支持采取有利于保护环境的集中处置固体废物的措施，促进固体废物污染环境防治产业发展。

第四条　县级以上人民政府应当将固体废物污染环境防治工作纳入国民经济和社会发展计划，并采取有利于固体废物污染环境防治的经济、技术政策和措施。

国务院有关部门、县级以上地方人民政府及其有关部门组织编制城乡建设、土地利用、区域开发、产业发展等规划，应当统筹考虑减少固体废物的产生量和危害性、促进固体废物的综合利用和无害化处置。

第五条　国家对固体废物污染环境防治实行污染者依法负责的原则。

产品的生产者、销售者、进口者、使用者对其产生的固体废物依法承担污染防治责任。

第六条　国家鼓励、支持固体废物污染环境防治的科学研究、技术开发、推广先进的防治技术和普及固体废物污染环境防治的科学知识。

各级人民政府应当加强防治固体废物污染环境的宣传教育，倡导有利于环境保护的生产方式和生活方式。

第七条　国家鼓励单位和个人购买、使用再生产品和可重复利用产品。

第八条　各级人民政府对在固体废物污染环境防治工作以及相关的综合利用活动中作出显著成绩的单位和个人给予奖励。

第九条　任何单位和个人都有保护环境的义务，并有权对造成固体废物污染环境的单位和个人进行检举和控告。

第十条　国务院环境保护行政主管部门对全国固体废物污染环境的防治工作实施统一监督管理。国务院有关部门在各自的职责范围内负责固体废物污染环境防治的监督管理工作。

县级以上地方人民政府环境保护行政主管部门对本行政区域内固体废物污染环境的防治工作实施统一监督管理。县级以上地方人民政府有关部门在各自的职责范围内负责固体废物污染环境防治的监督管理工作。

国务院建设行政主管部门和县级以上地方人民政府环境卫生行政主管部门负责生活垃圾清扫、收集、贮存、运输和处置的监督管理工作。

第二章　固体废物污染环境

防治的监督管理：

第十一条　国务院环境保护行政主管部门会同国务院有关行政主管部门根据国家环境质量标准和国家经济、技术条件，制定国家固体废物污染环境防治技术标准。

第十二条　国务院环境保护行政主管部门建立固体废物污染环境监测制度，制定统一的监测规范，并会同有关部门组织监测网络。

大、中城市人民政府环境保护行政主管部门应当定期发布固体废物的种类、产生量、处置状况等信息。

第十三条　建设产生固体废物的项目以及建设贮存、利用、处置固体废物的项目，必须依法进行环境影响评价，并遵守国家有关建设项目环境保护管理的规定。

第十四条　建设项目的环境影响评价文件确定需要配套建设的固体废物污染环境防治设施，必须与主体工程同时设计、同时施工、同时投入使用。固体废物污染环境防治设施必须经原审批环境影响评价文件的环境保护行政主管部门验收合格后，该建设项目方可投入生产或者使用。对固体废物污染环境防治设施的验收应当与对主体工程的验收同时进行。

第十五条　县级以上人民政府环境保护行政主管部门和其他固体废物污染环境防治工作的监督管理部门，有权依据各自的职责对管辖范围内与固体废物污染环境防治有关的单位进行现场检查。被检查的单位应当如实反映情况，提供必要的资料。检查机关应当为被检查的单位保守技术秘密和业务秘密。

检查机关进行现场检查时，可以采取现场监测、采集样品、查阅或者复制与固体废物污染环境防治相关的资料等措施。检查人员进行现场检查，应当出示证件。

第三章　固体废物污染环境的防治

第一节　一般规定

第十六条　产生固体废物的单位和个人，应当采取措施，防止或者减少固体废物对环境的污染。

第十七条　收集、贮存、运输、利用、处置固体废物的单位和个人，必须采取防扬散、防流失、防渗漏或者其他防止污染环境的措施；不得擅自倾倒、堆放、丢弃、遗撒固体废物。

禁止任何单位或者个人向江河、湖泊、运河、渠道、水库及其最高水位线以下的滩地和岸坡等法律、法规规定禁止倾倒、堆放废弃物的地点倾倒、堆放固体废物。

第十八条　产品和包装物的设计、制造，应当遵守国家有关清洁生产的规定。国务院标准化行政主管部门应当根据国家经济和技术条件、固体废物污染环境防治状况以及产品的技术要求，组织制定有关标准，防止过度包装造成环境污染。

生产、销售、进口依法被列入强制回收目录的产品和包装物的企业，必须按照国家有关规定对该产品和包装物进行回收。

第十九条　国家鼓励科研、生产单位研究、生产易回收利用、易处置或者在环境中可降解的薄膜覆盖物和商品包装物。

使用农用薄膜的单位和个人，应当采取回收利用等措施，防止或者减少农用薄膜对环境的污染。

第二十条 从事畜禽规模养殖应当按照国家有关规定收集、贮存、利用或者处置养殖过程中产生的畜禽粪便，防止污染环境。

禁止在人口集中地区、机场周围、交通干线附近以及当地人民政府划定的区域露天焚烧秸秆。

第二十一条 对收集、贮存、运输、处置固体废物的设施、设备和场所，应当加强管理和维护，保证其正常运行和使用。

第二十二条 在国务院和国务院有关主管部门及省、自治区、直辖市人民政府划定的自然保护区、风景名胜区、饮用水水源保护区、基本农田保护区和其他需要特别保护的区域内，禁止建设工业固体废物集中贮存、处置的设施、场所和生活垃圾填埋场。

第二十三条 转移固体废物出省、自治区、直辖市行政区域贮存、处置的，应当向固体废物移出地的省、自治区、直辖市人民政府环境保护行政主管部门提出申请。移出地的省、自治区、直辖市人民政府环境保护行政主管部门应当经接受地的省、自治区、直辖市人民政府环境保护行政主管部门同意后，方可批准转移该固体废物出省、自治区、直辖市行政区域。未经批准的，不得转移。

第二十四条 禁止中华人民共和国境外的固体废物进境倾倒、堆放、处置。

第二十五条 禁止进口不能用作原料或者不能以无害化方式利用的固体废物；对可以用作原料的固体废物实行限制进口和自动许可进口分类管理。

国务院环境保护行政主管部门会同国务院对外贸易主管部门、国务院经济综合宏观调控部门、海关总署、国务院质量监督检验检疫部门制定、调整并公布禁止进口、限制进口和自动许可进口的固体废物目录。

禁止进口列入禁止进口目录的固体废物。进口列入限制进口目录的固体废物，应当经国务院环境保护行政主管部门会同国务院对外贸易主管部门审查许可。进口列入自动许可进口目录的固体废物，应当依法办理自动许可手续。

进口的固体废物必须符合国家环境保护标准，并经质量监督检验检疫部门检验合格。

进口固体废物的具体管理办法，由国务院环境保护行政主管部门会同国务院对外贸易主管部门、国务院经济综合宏观调控部门、海关总署、国务院质量监督检验检疫部门制定。

第二十六条 进口者对海关将其所进口的货物纳入固体废物管理范围不服的，可以依法申请行政复议，也可以向人民法院提起行政诉讼。

第二节 工业固体废物污染环境的防治

第二十七条 国务院环境保护行政主管部门应当会同国务院经济综合宏观调控部门和其他有关部门对工业固体废物对环境的污染作出界定，制定防治工业固体废物污染环境的技术政策，组织推广先进的防治工业固体废物污染环境的生产工艺和设备。

第二十八条 国务院经济综合宏观调控部门应当会同国务院有关部门组织研究、开发和推广减少工业固体废物产生量和危害性的生产工艺和设备，公布限期淘汰产生严重污染环境的工业固体废物的落后生产工艺、落后设备的名录。

生产者、销售者、进口者、使用者必须在国务院经济综合宏观调控部门会同国务院有关部门规定的期限内分别停止生产、销售、进口或者使用列入前款规定的名录中的设备。生产工艺的采用者必须在国务院经济综合宏观调控部门会同国务院有关部门规定的期限内停止采用列入前款规定的名录中的工艺。

列入限期淘汰名录被淘汰的设备，不得转让给他人使用。

第二十九条 县级以上人民政府有关部门应当制定工业固体废物污染环境防治工作规划，推广能够减少工业固体废物产生量和危害性的先进生产工艺和设备，推动工业固体废物污染环境防治工作。

第三十条 产生工业固体废物的单位应当建立、健全污染环境防治责任制度，采取防治工业固体废物污染环境的措施。

第三十一条 企业事业单位应当合理选择和利用原材料、能源和其他资源，采用先进的生产工艺和设备，减少工业固体废物产生量，降低工业固体废物的危害性。

第三十二条 国家实行工业固体废物申报登记制度。

产生工业固体废物的单位必须按照国务院环境保护行政主管部门的规定，向所在地县级以上地方人民政府环境保护行政主管部门提供工业固体废物的种类、产生量、流向、贮存、处置等有关资料。

前款规定的申报事项有重大改变的，应当及时申报。

第三十三条　企业事业单位应当根据经济、技术条件对其产生的工业固体废物加以利用；对暂时不利用或者不能利用的，必须按照国务院环境保护行政主管部门的规定建设贮存设施、场所，安全分类存放，或者采取无害化处置措施。

建设工业固体废物贮存、处置的设施、场所，必须符合国家环境保护标准。

第三十四条　禁止擅自关闭、闲置或者拆除工业固体废物污染环境防治设施、场所；确有必要关闭、闲置或者拆除的，必须经所在地县级以上地方人民政府环境保护行政主管部门核准，并采取措施，防止污染环境。

第三十五条　产生工业固体废物的单位需要终止的，应当事先对工业固体废物的贮存、处置的设施、场所采取污染防治措施，并对未处置的工业固体废物作出妥善处置，防止污染环境。

产生工业固体废物的单位发生变更的，变更后的单位应当按照国家有关环境保护的规定对未处置的工业固体废物及其贮存、处置的设施、场所进行安全处置或者采取措施保证该设施、场所安全运行。变更前当事人对工业固体废物及其贮存、处置的设施、场所的污染防治责任另有约定的，从其约定；但是，不得免除当事人的污染防治义务。

对本法施行前已经终止的单位未处置的工业固体废物及其贮存、处置的设施、场所进行安全处置的费用，由有关人民政府承担；但是，该单位享有的土地使用权依法转让的，应当由土地使用权受让人承担处置费用。当事人另有约定的，从其约定；但是，不得免除当事人的污染防治义务。

第三十六条　矿山企业应当采取科学的开采方法和选矿工艺，减少尾矿、矸石、废石等矿业固体废物的产生量和贮存量。

尾矿、矸石、废石等矿业固体废物贮存设施停止使用后，矿山企业应当按照国家有关环境保护规定进行封场，防止造成环境污染和生态破坏。

第三十七条　拆解、利用、处置废弃电器产品和废弃机动车船，应当遵守有关法律、法规的规定，采取措施，防止污染环境。

第三节　生活垃圾污染环境的防治

第三十八条　县级以上人民政府应当统筹安排建设城乡生活垃圾收集、运输、处置设施，提高生活垃圾的利用率和无害化处置率，促进生活垃圾收集、处置的产业化发展，逐步建立和完善生活垃圾污染环境防治的社会服务体系。

第三十九条　县级以上地方人民政府环境卫生行政主管部门应当组织对城市生活垃圾进行清扫、收集、运输和处置，可以通过招标等方式选择具备条件的单位从事生活垃圾的清扫、收集、运输和处置。

第四十条　对城市生活垃圾应当按照环境卫生行政主管部门的规定，在指定的地点放置，不得随意倾倒、抛撒或者堆放。

第四十一条　清扫、收集、运输、处置城市生活垃圾，应当遵守国家有关环境保护和环境卫生管理的规定，防止污染环境。

第四十二条　对城市生活垃圾应当及时清运，逐步做到分类收集和运输，并积极开展合理利用和实施无害化处置。

第四十三条　城市人民政府应当有计划地改进燃料结构，发展城市煤气、天然气、液化气和其他清洁能源。

城市人民政府有关部门应当组织净菜进城，减少城市生活垃圾。

城市人民政府有关部门应当统筹规划，合理安排收购网点，促进生活垃圾的回收利用工作。

第四十四条　建设生活垃圾处置的设施、场所，必须符合国务院环境保护行政主管部门和国务院建设行政主管部门规定的环境保护和环境卫生标准。

禁止擅自关闭、闲置或者拆除生活垃圾处置的设施、场所；确有必要关闭、闲置或者拆除的，必须经所在地的市、县人民政府环境卫生行政主管部门和环境保护行政主管部门核准，并采取措施，防止污染环境。

第四十五条　从生活垃圾中回收的物质必须按照国家规定的用途或者标准使用，不得用于生产可能危害人体健康的产品。

第四十六条　工程施工单位应当及时清运工程施工过程中产生的固体废物，并按照环境卫生行政主管部门的规定进行利用或者处置。

第四十七条　从事公共交通运输的经营单位，应当按照国家有关规定，清扫、收集运输过程中产生的生活垃圾。

第四十八条　从事城市新区开发、旧区改建和住宅小区开发建设的单位，以及机场、码头、车站、公园、商店等公共设施、场所的经营管理单位，应当按照国家有关环境卫生的规定，配套建设生活垃圾收集设施。

第四十九条　农村生活垃圾污染环境防治的具体办法，由地方性法规规定。

第四章　危险废物污染环境防治的特别规定

第五十条　危险废物污染环境的防治，适用本章规定；本章未作规定的，适用本法其他有关规定。

第五十一条　国务院环境保护行政主管部门应当会同国务院有关部门制定国家危险废物名录，规定统一的危险废物鉴别标准、鉴别方法和识别标志。

第五十二条　对危险废物的容器和包装物以及收集、贮存、运输、处置危险废物的设施、场所，必须设置危险废物识别标志。

第五十三条　产生危险废物的单位，必须按照国家有关规定制定危险废物管理计划，并向所在地县级以上地方人民政府环境保护行政主管部门申报危险废物的种类、产生量、流向、贮存、处置等有关资料。

前款所称危险废物管理计划应当包括减少危险废物产生量和危害性的措施以及危险废物贮存、利用、处置措施。危险废物管理计划应当报产生危险废物的单位所在地县级以上地方人民政府环境保护行政主管部门备案。

本条规定的申报事项或者危险废物管理计划内容有重大改变的，应当及时申报。

第五十四条　国务院环境保护行政主管部门会同国务院经济综合宏观调控部门组织编制危险废物集中处置设施、场所的建设规划，报国务院批准后实施。

县级以上地方人民政府应当依据危险废物集中处置设施、场所的建设规划组织建设危险废物集中处置设施、场所。

第五十五条　产生危险废物的单位，必须按照国家有关规定处置危险废物，不得擅自倾倒、堆放；不处置的，由所在地县级以上地方人民政府环境保护行政主管部门责令限期改正；逾期不处置或者处置不符合国家有关规定的，由所在地县级以上地方人民政府环境保护行政主管部门指定单位按照国家有关规定代为处置，处置费用由产生危险废物的单位承担。

第五十六条　以填埋方式处置危险废物不符合国务院环境保护行政主管部门规定的，应当缴纳危险废物排污费。危险废物排污费征收的具体办法由国务院规定。

危险废物排污费用于污染环境的防治，不得挪作他用。

第五十七条　从事收集、贮存、处置危险废物经营活动的单位，必须向县级以上人民政府环境保护行政主管部门申请领取经营许可证；从事利用危险废物经营活动的单位，必须向国务院环境保护行政主管部门或者省、自治区、直辖市人民政府环境保护行政主管部门申请领取经营许可证。具体管理办法由国务院规定。

禁止无经营许可证或者不按照经营许可证规定从事危险废物收集、贮存、利用、处置的经营活动。

禁止将危险废物提供或者委托给无经营许可证的单位从事收集、贮存、利用、处置的经营活动。

第五十八条　收集、贮存危险废物，必须按照危险废物特性分类进行。禁止混合收集、贮存、运输、处置性质不相容而未经安全性处置的危险废物。

贮存危险废物必须采取符合国家环境保护标准的防护措施，并不得超过一年；确需延长期限的，必须报经原批准经营许可证的环境保护行政主管部门批准；法律、行政法规另有规定的除外。

禁止将危险废物混入非危险废物中贮存。

第五十九条　转移危险废物的，必须按照国家有关规定填写危险废物转移联单，并向危险废物移出地设区的市级以上地方人民政府环境保护行政主管部门提出申请。移出地设区的市级以上地方人民政府环境保护行政主管部门应当商经接受地设区的市级以上地方人民政府环境保护行政主管部门同意后，方可批准转移该危险废物。未经批准的，不得转移。

转移危险废物途经移出地、接受地以外行政区域的，危险废物移出地设区的市级以上地方人民政府环境保护行政主管部门应当及时通知沿途经过的设区的市级以上地方人民政府环境保护行政主管部门。

第六十条　运输危险废物，必须采取防止污染环境的措施，并遵守国家有关危险货物运输管理的规定。禁止将危险废物与旅客在同一运输工具上载运。

第六十一条　收集、贮存、运输、处置危险废物的场所、设施、设备和容器、包装物及其他物品转作他用时，必须经过消除污染的处理，方可使用。

第六十二条　产生、收集、贮存、运输、利用、处置危险废物的单位，应当制定意外事故的防范措施和应急预案，并向所在地县级以上地方人民政府环境保护行政主管部门备案；环境保护行政主管部门应当进行检查。

第六十三条　因发生事故或者其他突发性事件，造成危险废物严重污染环境的单位，必须立即采取措施消除或者减轻对环境的污染危害，及时通报可能受到污染危害的单位和居民，并向所在地县级以上地方人民政府环境保护行政主管部门和有关部门报告，接受调查处理。

第六十四条　在发生或者有证据证明可能发生危险废物严重污染环境、威胁居民生命财产安全时，县级以上地方人民政府环境保护行政主管部门或者其他固体废物污染环境防治工作的监督管理部门必须立即向本级人民政府和上一级人民政府有关行政主管部门报告，由人民政府采取防止或者减轻危害的有效措施。有关人民政府可以根据需要责令停止导致或者可能导致环境污染事故的作业。

第六十五条　重点危险废物集中处置设施、场所的退役费用应当预提，列入投资概算或者经营成本。具体提取和管理办法，由国务院财政部门、价格主管部门会同国务院环境保护行政主管部门规定。

第六十六条　禁止经中华人民共和国过境转移危险废物。

第五章　法律责任

第六十七条　县级以上人民政府环境保护行政主管部门或者其他固体废物污染环境防治工作的监督管理部门违反本法规定，有下列行为之一的，由本级人民政府或者上级人民政府有关行政主管部门责令改正，对负有责任的主管人员和其他直接责任人员依法给予行政处分；构成犯罪的，依法追究刑事责任：

（一）不依法作出行政许可或者办理批准文件的；

（二）发现违法行为或者接到对违法行为的举报后不予查处的；

（三）有不依法履行监督管理职责的其他行为的的。

第六十八条　违反本法规定，有下列行为之一的，由县级以上人民政府环境保护行政主管部门责令停止违法行为，限期改正，处以罚款：

（一）不按照国家规定申报登记工业固体废物，或者在申报登记时弄虚作假的；

（二）对暂时不利用或者不能利用的工业固体废物未建设贮存的设施、场所安全分类存放，或者未采取无害化处置措施的；

（三）将列入限期淘汰名录被淘汰的设备转让给他人使用的；

（四）擅自关闭、闲置或者拆除工业固体废物污染环境防治设施、场所的；

（五）在自然保护区、风景名胜区、饮用水水源保护区、基本农田保护区和其他需要特别保护的区域内，建设工业固体废物集中贮存、处置的设施、场所和生活垃圾填埋场的；

（六）擅自转移固体废物出省、自治区、直辖市行政区域贮存、处置的；

（七）未采取相应防范措施，造成工业固体废物扬散、流失、渗漏或者造成其他环境污染的；

（八）在运输过程中沿途丢弃、遗撒工业固体废物的。

有前款第一项、第八项行为之一的，处五千元以上五万元以下的罚款；有前款第二项、第三项、第四项、第五项、第六项、第七项行为之一的，处一万元以上十万元以下的罚款。

第六十九条　违反本法规定，建设项目需要配套建设的固体废物污染环境防治设施未建成、未经验收或者验收不合格，主体工程即投入生产或者使用的，由审批该建设项目环境影响评价文件的环境保护行政主管部门责令停止生产或者使用，可以并处十万元以下的罚款。

第七十条　违反本法规定，拒绝县级以上人民政府环境保护行政主管部门或者其他固体废物污染环境防治工作的监督管理部门现场检查的，由执行现场检查的部门责令限期改正；拒不改正或者在检查时弄虚作假的，处二千元以上二万元以下的罚款。

第七十一条　从事畜禽规模养殖未按照国家有关规定收集、贮存、处置畜禽粪便，造成环境污染的，由县级以上地方人民政府环境保护行政主管部门责令限期改正，可以处五万元以下的罚款。

第七十二条　违反本法规定，生产、销售、进口或者使用淘汰的设备，或者采用淘汰的生产工艺的，由县级以上人民政府经济综合宏观调控部门责令改正；情节严重的，由县级以上人民政府经济综合宏观调控部门提出意见，报请同级人民政府按照国务院规定的权限决定停业或者关闭。

第七十三条　尾矿、矸石、废石等矿业固体废物贮存设施停止使用后，未按照国家有关环境保护规定进行封场的，由县级以上地方人民政府环境保护行政主管部门责令限期改正，可以处五万元以上二十万元以下的罚款。

第七十四条　违反本法有关城市生活垃圾污染环境防治的规定，有下列行为之一的，由县级以上地方人民政府环境卫生行政主管部门责令停止违法行为，限期改正，处以罚款：

（一）随意倾倒、抛撒或者堆放生活垃圾的；

（二）擅自关闭、闲置或者拆除生活垃圾处置设施、场所的；

（三）工程施工单位不及时清运施工过程中产生的固体废物，造成环境污染的；

（四）工程施工单位不按照环境卫生行政主管部门的规定对施工过程中产生的固体废物进行利用或者处置的；

（五）在运输过程中沿途丢弃、遗撒生活垃圾的。

单位有前款第一项、第三项、第五项行为之一的，处五千元以上五万元以下的罚款；有前款第二项、第四项行为之一的，处一万元以上十万元以下的罚款。个人有前款第一项、第五项行为之一的，处二百元以下的罚款。

第七十五条　违反本法有关危险废物污染环境防治的规定，有下列行为之一的，由县级以上人民政府环境保护行政主管部门责令停止违法行为，限期改正，处以罚款：

（一）不设置危险废物识别标志的；

（二）不按照国家规定申报登记危险废物，或者在申报登记时弄虚作假的；

（三）擅自关闭、闲置或者拆除危险废物集中处置设施、场所的；

（四）不按照国家规定缴纳危险废物排污费的；

（五）将危险废物提供或者委托给无经营许可证的单位从事经营活动的；

（六）不按照国家规定填写危险废物转移联单或者未经批准擅自转移危险废物的；

（七）将危险废物混入非危险废物中贮存的；

（八）未经安全性处置，混合收集、贮存、运输、处置具有不相容性质的危险废物的；

（九）将危险废物与旅客在同一运输工具上载运的；

（十）未经消除污染的处理将收集、贮存、运输、处置危险废物的场所、设施、设备和容器、包装物及其他物品转作他用的；

（十一）未采取相应防范措施，造成危险废物扬散、流失、渗漏或者造成其他环境污染的；

（十二）在运输过程中沿途丢弃、遗撒危险废物的；

（十三）未制定危险废物意外事故防范措施和应急预案的。

有前款第一项、第二项、第七项、第八项、第九项、第十项、第十一项、第十二项、第十三项行为之一的，处一万元以上十万元以下的罚款；有前款第三项、第五项、第六项行为之一的，处二万元以上二十万元以下的罚款；有前款第四项行为的，限期缴纳，逾期不缴纳的，处应缴纳危险废物排污费金额一倍以上三倍以下的罚款。

第七十六条　违反本法规定，危险废物产生者不处置其产生的危险废物又不承担依法应当承担的处置费用的，由县级以上地方人民政府环境保护行政主管部门责令限期改正，处代为处置费用一倍以上三倍以下的罚款。

第七十七条　无经营许可证或者不按照经营许可证规定从事收集、贮存、利用、处置危险废物经营活动的，由县级以上人民政府环境保护行政主管部门责令停止违法行为，没收违法所得，可以并处违法所得三倍以下的罚款。

不按照经营许可证规定从事前款活动的，还可以由发证机关吊销经营许可证。

第七十八条　违反本法规定，将中华人民共和国境外的固体废物进境倾倒、堆放、处置的，进口属于禁止进口的固体废物或者未经许可擅自进口属于限制进口的固体废物用作原料的，由海关责令退运该固体废物，可以并处十万元以上一百万元以下的罚款；构成犯罪的，依法追究刑事责任。进口者不明的，由承运人承担退运该固体废物的责任，或者承担该固体废物的处置费用。

逃避海关监管将中华人民共和国境外的固体废物运输进境，构成犯罪的，依法追究刑事责任。

第七十九条　违反本法规定，经中华人民共和国过境转移危险废物的，由海关责令退运该危险废物，可以并处五万元以上五十万元以下的罚款。

第八十条　对已经非法入境的固体废物，由省级以上人民政府环境保护行政主管部门依法向海关提出处理意见，海关应当依照本法第七十八条的规定作出处罚决定；已经造成环境污染的，由省级以上人民政府环境保护行政主管部门责令进口者消除污染。

第八十一条　违反本法规定，造成固体废物严重污染环境的，由县级以上人民政府环境保护行政主管部门按照国务院规定的权限决定限期治理；逾期未完成治理任务的，由本级人民政府决定停业或者关闭。

第八十二条　违反本法规定，造成固体废物污染环境事故的，由县级以上人民政府环境保护行政主管部门处二万元以上二十万元以下的罚款；造成重大损失的，按照直接损失的百分之三十计算罚款，但是最高不超过一百万元，对负有责任的主管人员和其他直接责任人员，依法给予行政处分；造成固体废物污染环境重大事故的，并由县级以上人民政府按照国务院规定的权限决定停业或者关闭。

第八十三条　违反本法规定，收集、贮存、利用、处置危险废物，造成重大环境污染事故，构成犯罪的，依法追究刑事责任。

第八十四条　受到固体废物污染损害的单位和个人，有权要求依法赔偿损失。

赔偿责任和赔偿金额的纠纷，可以根据当事人的请求，由环境保护行政主管部门或者其他固体废物污染环境防治工作的监督管理部门调解处理；调解不成的，当事人可以向人民法院提起诉讼。当事人也可以直接向人民法院提起诉讼。

国家鼓励法律服务机构对固体废物污染环境诉讼中的受害人提供法律援助。

第八十五条　造成固体废物污染环境的，应当排除危害，依法赔偿损失，并采取措施恢复环境原状。

第八十六条　因固体废物污染环境引起的损害赔偿诉讼，由加害人就法律规定的免责事由及其行为与损害结果之间不存在因果关系承担举证责任。

第八十七条　固体废物污染环境的损害赔偿责任和赔偿金额的纠纷，当事人可以委托环境监测机构提供监测数据。环境监测机构应当接受委托，如实提供有关监测数据。

第六章　附　　则

第八十八条　本法下列用语的含义：

（一）固体废物，是指在生产、生活和其他活动中产生的丧失原有利用价值或者虽未丧失利用价值但被抛弃或者放弃的固态、半固态和置于容器中的气态的物品、物质以及法律、行政法规规定纳入固体废物管理的物品、物质。

（二）工业固体废物，是指在工业生产活动中产生的固体废物。

（三）生活垃圾，是指在日常生活中或者为日常生活提供服务的活动中产生的固体废物以及法律、行政法规规定视为生活垃圾的固体废物。

（四）危险废物，是指列入国家危险废物名录或者根据国家规定的危险废物鉴别标准和鉴别方法认定的具有危险特性的固体废物。

（五）贮存，是指将固体废物临时置于特定设施或者场所中的活动。

（六）处置，是指将固体废物焚烧和用其他改变固体废物的物理、化学、生物特性的方法，达到减少已产生的固体废物数量、缩小固体废物体积、减少或者消除其危险成分的活动，或者将固体废物最终置于符合环境保护规定要求的填埋场的活动。

（七）利用，是指从固体废物中提取物质作为原材料或者燃料的活动。

第八十九条　液态废物的污染防治，适用本法；但是，排入水体的废水的污染防治适用有关法律，不适用本法。

第九十条　中华人民共和国缔结或者参加的与固体废物污染环境防治有关的国际条约与本法有不同规定的，适用国际条约的规定；但是，中华人民共和国声明保留的条款除外。

第九十一条　本法自 2005 年 4 月 1 日起施行。

附录 2

生活垃圾分类制度实施方案

国家发展改革委　住房城乡建设部

2017 年 3 月 18 日

随着经济社会发展和物质消费水平大幅提高，我国生活垃圾产生量迅速增长，环境隐患日益突出，已经成为新型城镇化发展的制约因素。遵循减量化、资源化、无害化的原则，实施生活垃圾分类，可以有效改善城乡环境，促进资源回收利用，加快"两型社会"建设，提高新型城镇化质量和生态文明建设水平。为切实推动生活垃圾分类，根据党中央、国务院有关工作部署，特制定以下方案。

一、总体要求

（一）指导思想

全面贯彻党的十八大和十八届三中、四中、五中、六中全会精神，深入贯彻习近平总书记系列重要讲话精神和治国理政新理念新思想新战略，统筹推进"五位一体"总体布局和协调推进"四个全面"战略布局，牢固树立和贯彻落实创新、协调、绿色、开放、共享的发展理念，加快建立分类投放、分类收集、分类运输、分类处理的垃圾处理系统，形成以法治为基础、政府推动、全民参与、城乡统筹、因地制宜的垃圾分类制度，努力提高垃圾分类制度覆盖范围，将生活垃圾分类作为推进绿色发展的重要举措，不断完善城市管理和服务，创造优良的人居环境。

（二）基本原则

政府推动，全民参与。落实城市人民政府主体责任，强化公共机构和企业示范带头作用，引导居民逐步养成主动分类的习惯，形成全社会共同参与垃圾分类的良好氛围。

因地制宜，循序渐进。综合考虑各地气候特征、发展水平、生活习惯、垃圾成分等方面实际情况，合理确定实施路径，有序推进生活垃圾分类。

完善机制，创新发展。充分发挥市场作用，形成有效的激励约束机制。完善相关法律法规标准，加强技术创新，利用信息化手段提高垃圾分类效率。

协同推进，有效衔接。加强垃圾分类收集、运输、资源化利用和终端处置等环节的衔接，形成统一完整、能力适应、协同高效的全过程运行系统。

（三）主要目标

到 2020 年年底，基本建立垃圾分类相关法律法规和标准体系，形成可复制、可推广的生活垃圾分类模式，在实施生活垃圾强制分类的城市，生活垃圾回收利用率达到 35％以上。

二、部分范围内先行实施生活垃圾强制分类

（一）实施区域

2020 年年底前，在以下重点城市的城区范围内先行实施生活垃圾强制分类。

1. 直辖市、省会城市和计划单列市。

2. 住房城乡建设部等部门确定的第一批生活垃圾分类示范城市，包括河北省邯郸市、江苏省苏州市、

270

安徽省铜陵市、江西省宜春市、山东省泰安市、湖北省宜昌市、四川省广元市、四川省德阳市、西藏自治区日喀则市、陕西省咸阳市。

3. 鼓励各省（区）结合实际，选择本地区具备条件的城市实施生活垃圾强制分类，国家生态文明试验区、各地新城新区应率先实施生活垃圾强制分类。

（二）主体范围

上述区域内的以下主体，负责对其产生的生活垃圾进行分类。

1. 公共机构。包括党政机关，学校、科研、文化、出版、广播电视等事业单位，协会、学会、联合会等社团组织，车站、机场、码头、体育场馆、演出场馆等公共场所管理单位。

2. 相关企业。包括宾馆、饭店、购物中心、超市、专业市场、农贸市场、农产品批发市场、商铺、商用写字楼等。

（三）强制分类要求

实施生活垃圾强制分类的城市要结合本地实际，于 2017 年年底前制定出台办法，细化垃圾分类类别、品种、投放、收运、处置等方面要求；其中，必须将有害垃圾作为强制分类的类别之一，同时参照生活垃圾分类及其评价标准，再选择确定易腐垃圾、可回收物等强制分类的类别。未纳入分类的垃圾按现行办法处理。

1. 有害垃圾。

（1）主要品种。包括：废电池（镉镍电池、氧化汞电池、铅蓄电池等）、废荧光灯管（日光灯管、节能灯等）、废温度计、废血压计、废药品及其包装物，废油漆、溶剂及其包装物，废杀虫剂、消毒剂及其包装物，废胶片及废相纸等。

（2）投放暂存。按照便利、快捷、安全原则，设立专门场所或容器，对不同品种的有害垃圾进行分类投放、收集、暂存，并在醒目位置设置有害垃圾标志。对列入《国家危险废物名录》（环境保护部令第 39 号）的品种，应按要求设置临时贮存场所。

（3）收运处置。根据有害垃圾的品种和产生数量，合理确定或约定收运频率。危险废物运输、处置应符合国家有关规定。鼓励骨干环保企业全过程统筹实施垃圾分类、收集、运输和处置；尚无终端处置设施的城市，应尽快建设完善。

2. 易腐垃圾。

（1）主要品种。包括：相关单位食堂、宾馆、饭店等产生的餐厨垃圾，农贸市场、农产品批发市场产生的蔬菜瓜果垃圾、腐肉、肉碎骨、蛋壳、畜禽产品内脏等。

（2）投放暂存。设置专门容器单独投放，除农贸市场、农产品批发市场可设置敞开式容器外，其他场所原则上应采用密闭容器存放。餐厨垃圾可由专人清理，避免混入废餐具、塑料、饮料瓶罐、废纸等不利于后续处理的杂质，并做到"日产日清"。按规定建立台账制度（农贸市场、农产品批发市场除外），记录易腐垃圾的种类、数量、去向等。

（3）收运处置。易腐垃圾应采用密闭专用车辆运送至专业单位处理，运输过程中应加强对泄露、遗撒和臭气的控制。相关部门要加强对餐厨垃圾运输、处理的监控。

3. 可回收物。

（1）主要品种。包括：废纸，废塑料，废金属，废包装物，废旧纺织物，废弃电器电子产品，废玻璃，废纸塑铝复合包装等。

（2）投放暂存。根据可回收物的产生数量，设置容器或临时存储空间，实现单独分类、定点投放，必要时可设专人分拣打包。

（3）收运处置。可回收物产生主体可自行运送，也可联系再生资源回收利用企业上门收集，进行资源化处理。

三、引导居民自觉开展生活垃圾分类

城市人民政府可结合实际制定居民生活垃圾分类指南，引导居民自觉、科学地开展生活垃圾分类。前述对有关单位和企业实施生活垃圾强制分类的城市，应选择不同类型的社区开展居民生活垃圾强制分类示范试点，并根据试点情况完善地方性法规，逐步扩大生活垃圾强制分类的实施范围。本方案发布前已制定地方性法规、对居民生活垃圾分类提出强制要求的，从其规定。

（一）单独投放有害垃圾

居民社区应通过设立宣传栏、垃圾分类督导员等方式，引导居民单独投放有害垃圾。针对家庭源有害垃圾数量少、投放频次低等特点，可在社区设立固定回收点或设置专门容器分类收集、独立储存有害垃圾，由居民自行定时投放，社区居委会、物业公司等负责管理，并委托专业单位定时集中收运。

（二）分类投放其他生活垃圾

根据本地实际情况，采取灵活多样、简便易行的分类方法。引导居民将"湿垃圾"（滤出水分后的厨余垃圾）与"干垃圾"分类收集、分类投放。有条件的地方可在居民社区设置专门设施对"湿垃圾"就地处理，或由环卫部门、专业企业采用专用车辆运至餐厨垃圾处理场所，做到"日产日清"。鼓励居民和社区对"干垃圾"深入分类，将可回收物交由再生资源回收利用企业收运和处置。有条件的地区可探索采取定时定点分类收运方式，引导居民将分类后的垃圾直接投入收运车辆，逐步减少固定垃圾桶。

四、加强生活垃圾分类配套体系建设

（一）建立与分类品种相配套的收运体系

完善垃圾分类相关标志，配备标志清晰的分类收集容器。改造城区内的垃圾房、转运站、压缩站等，适应和满足生活垃圾分类要求。更新老旧垃圾运输车辆，配备满足垃圾分类清运需求、密封性好、标志明显、节能环保的专用收运车辆。鼓励采用"车载桶装"等收运方式，避免垃圾分类投放后重新混合收运。建立符合环保要求、与分类需求相匹配的有害垃圾收运系统。

（二）建立与再生资源利用相协调的回收体系

健全再生资源回收利用网络，合理布局布点，提高建设标准，清理取缔违法占道、私搭乱建、不符合环境卫生要求的违规站点。推进垃圾收运系统与再生资源回收利用系统的衔接，建设兼具垃圾分类与再生资源回收功能的交投点和中转站。鼓励在公共机构、社区、企业等场所设置专门的分类回收设施。建立再生资源回收利用信息化平台，提供回收种类、交易价格、回收方式等信息。

（三）完善与垃圾分类相衔接的终端处理设施

加快危险废物处理设施建设，建立健全非工业源有害垃圾收运处理系统，确保分类后的有害垃圾得到安全处置。鼓励利用易腐垃圾生产工业油脂、生物柴油、饲料添加剂、土壤调理剂、沼气等，或与秸秆、粪便、污泥等联合处置。已开展餐厨垃圾处理试点的城市，要在稳定运营的基础上推动区域全覆盖。尚未建成餐厨（厨余）垃圾处理设施的城市，可暂不要求居民对厨余"湿垃圾"单独分类。严厉打击和防范"地沟油"生产流通。严禁将城镇生活垃圾直接用作肥料。加快培育大型龙头企业，推动再生资源规范化、专业化、清洁化处理和高值化利用。鼓励回收利用企业将再生资源送钢铁、有色、造纸、塑料加工等企业实现安全、环保利用。

（四）探索建立垃圾协同处置利用基地

统筹规划建设生活垃圾终端处理利用设施，积极探索建立集垃圾焚烧、餐厨垃圾资源化利用、再生资源回收利用、垃圾填埋、有害垃圾处置于一体的生活垃圾协同处置利用基地，安全化、清洁化、集约化、高效化配置相关设施，促进基地内各类基础设施共建共享，实现垃圾分类处理、资源利用、废物处置的无缝高效衔接，提高土地资源节约集约利用水平，缓解生态环境压力，降低"邻避"效应和社会稳定风险。

五、强化组织领导和工作保障

（一）加强组织领导

省级人民政府、国务院有关部门要加强对生活垃圾分类工作的指导，在生态文明先行示范区、卫生城市、环境保护模范城市、园林城市和全域旅游示范区等创建活动中，逐步将垃圾分类实施情况列为考核指标；因地制宜探索农村生活垃圾分类模式。实施生活垃圾强制分类的城市人民政府要切实承担主体责任，建立协调机制，研究解决重大问题，分工负责推进相关工作；要加强对生活垃圾强制分类实施情况的监督检查和工作考核，向社会公布考核结果，对不按要求进行分类的依法予以处罚。

（二）健全法律法规

加快完善生活垃圾分类方面的法律制度，推动相关城市出台地方性法规、规章，明确生活垃圾强制分类要求，依法推进生活垃圾强制分类。发布生活垃圾分类指导目录。完善生活垃圾分类及站点建设相关标准。

（三）完善支持政策

按照污染者付费原则，完善垃圾处理收费制度。发挥中央基建投资引导带动作用，采取投资补助、贷款贴息等方式，支持相关城市建设生活垃圾分类收运处理设施。严格落实国家对资源综合利用的税收优惠政策。地方财政应对垃圾分类收运处理系统的建设运行予以支持。

（四）创新体制机制

鼓励社会资本参与生活垃圾分类收集、运输和处理。积极探索特许经营、承包经营、租赁经营等方式，通过公开招标引入专业化服务公司。加快城市智慧环卫系统研发和建设，通过"互联网＋"等模式促进垃圾分类回收系统线上平台与线下物流实体相结合。逐步将生活垃圾强制分类主体纳入环境信用体系。推动建设一批以企业为主导的生活垃圾资源化产业技术创新战略联盟及技术研发基地，提升分类回收和处理水平。通过建立居民"绿色账户"、"环保档案"等方式，对正确分类投放垃圾的居民给予可兑换积分奖励。探索"社工＋志愿者"等模式，推动企业和社会组织开展垃圾分类服务。

（五）动员社会参与

树立垃圾分类、人人有责的环保理念，积极开展多种形式的宣传教育，普及垃圾分类知识，引导公众从身边做起、从点滴做起。强化国民教育，着力提高全体学生的垃圾分类和资源环境意识。加快生活垃圾分类示范教育基地建设，开展垃圾分类收集专业知识和技能培训。建立垃圾分类督导员及志愿者队伍，引导公众分类投放。充分发挥新闻媒体的作用，报道垃圾分类工作实施情况和典型经验，形成良好社会舆论氛围。

附录3

生活垃圾焚烧污染控制标准

1 适用范围

本标准规定了生活垃圾焚烧厂的选址要求、技术要求、入炉废物要求、运行要求、排放控制要求、监测要求、实施与监督等内容。

本标准适用于生活垃圾焚烧厂的设计、环境影响评价、竣工验收以及运行过程中的污染控制及监督管理。

掺加生活垃圾质量超过入炉（窑）物料总质量30％的工业窑炉以及生活污水处理设施产生的污泥、一般工业固体废物的专用焚烧炉的污染控制参照本标准执行。

本标准适用于法律允许的污染物排放行为；新设立污染源的选址和特殊保护区域内现有污染源的管理，按照《中华人民共和国大气污染防治法》《中华人民共和国水污染防治法》《中华人民共和国海洋环境保护法》《中华人民共和国固体废物污染环境防治法》《中华人民共和国放射性污染防治法》《中华人民共和国环境影响评价法》《中华人民共和国城乡规划法》和《中华人民共和国土地管理法》等法律、法规、规章的相关规定执行。

2 规范性引用文件

本文件内容引用了下列文件中的条款。凡是不注日期的引用文件，其最新版本适用于本文件。

GB 8978　　污水综合排放标准

GB 14554　　恶臭污染物排放标准

GB 16889　　生活垃圾填埋场污染控制标准

GB 30485　　水泥窑协同处置固体废物污染控制标准

GB/T 16157　固定污染源排气中颗粒物测定与气态污染物采样方法

HJ 77.2　　环境空气和废气二噁英类的测定　同位素稀释高分辨气相色谱-高分辨质谱法

HJ 543　　固定污染源废气汞的测定　冷原子吸收分光光度法（暂行）

HJ 548　　固定污染源排气中氯化氢的测定　硝酸银容量法（暂行）

HJ 549　　环境空气和废气氯化氢的测定　离子色谱法（暂行）

HJ 629	固定污染源废气二氧化硫的测定　非分散红外吸收法
HJ 657	空气和废气　颗粒物中铅等金属元素的测定　电感耦合等离子体质谱法
HJ 693	固定污染源废气　氮氧化物的测定　定电位电解法
HJ/T 20	工业固体废物采样制样技术规范
HJ/T 27	固定污染源排气中氯化氢的测定　硫氰酸汞分光光度法
HJ/T 42	固定污染源排气中氮氧化物的测定　紫外分光光度法
HJ/T 43	固定污染源排气中氮氧化物的测定　盐酸萘乙二胺分光光度法
HJ/T 44	固定污染源排气中一氧化碳的测定非色散红外吸收法
HJ/T 56	固定污染源排气中二氧化硫的测定　碘量法
HJ/T 57	固定污染源排气中二氧化硫的测定　定电位电解法
HJ/T 75	固定污染源烟气排放连续监测系统技术规范
HJ/T 228	医疗废物化学消毒集中处理工程技术规范（试行）
HJ/T 229	医疗废物微波消毒集中处理工程技术规范（试行）
HJ/T 276	医疗废物高温蒸汽集中处理工程技术规范（试行）
HJ/T 397	固定源废气监测技术规范

《污染源自动监控管理办法》（国家环境保护总局令第 28 号）

《环境监测管理办法》（国家环境保护总局令第 39 号）

《医疗废物分类目录》（卫医发〔 2003 〕287 号）

3 术语和定义

下列术语和定义适用于本标准。

3.1 焚烧炉 incinerator

利用高温氧化作用处理生活垃圾的装置。

3.2 焚烧处理能力 incineration capacity

单位时间焚烧炉焚烧生活垃圾的设计能力。

3.3 炉膛 furnace

焚烧炉中由炉墙包围起来供燃料燃烧的空间。

3.4 烟气停留时间 retention time of flue gas

燃烧所产生的烟气处于高温段（≥850℃）的持续时间。

3.5 焚烧炉渣 incineration bottom ash

生活垃圾焚烧后从炉床直接排出的残渣，以及过热器和省煤器排出的灰渣。

3.6 焚烧飞灰 incineration fly ash

烟气净化系统捕集物和烟道及烟囱底部沉降的底灰。

3.7 热灼减率 loss on ignition

焚烧炉渣经灼烧减少的质量占原焚烧炉渣质量的百分数。其计算方法如下

$$P = \frac{A-B}{A} \times 100\%$$

式中　P——热灼减率，%；

　　　A——焚烧炉渣经 110℃ 干燥 2 小时后冷却至室温的质量，g，

　　　B——焚烧炉渣经 600℃（±25℃）灼烧 3 小时后冷却至室温的质量，g。

3.8 二噁英类 dioxins

多氯代二苯并-对-二噁英（PCDDs）和多氯代二苯并呋喃（PCDFs）的统称。

3.9 毒性当量因子 toxic equivalency factor（TEF）

二噁英类同类物与 2,3,7,8-四氯代二苯并-对-二噁英对 Ah 受体的亲和性能之比。

3.10 毒性当量 toxic equivalency quantity（TEQ）

各二噁英类同类物浓度折算为相当于 2,3,7,8-四氯代二苯并-对-二噁英毒性的等价浓度，毒性当量浓度为实测浓度与该异构体的毒性当量因子的乘积。

3.11 一般工业固体废物 non-hazardous industrial solid waste

在工业生产活动中产生的固体废物，危险废物除外。

3.12 现有生活垃圾焚烧炉 existing municipal solid waste incinerator

本标准实施之日前，已建成投入使用或环境影响评价文件已获批准的生活垃圾焚烧炉。

3.13 新建生活垃圾焚烧炉 new municipal solid waste incinerator

本标准实施之日后环境影响评价文件获批准的新建、改建和扩建的生活垃圾焚烧炉。

3.14 标准状态 standard conditions

温度在273.16K，压力在101.325kPa时的气体状态。

3.15 测定均值 average value

取样期以等时间间隔（最少30分钟，最多8小时）至少采集3个样品测试值的平均值；二噁英类的采样时间间隔为最少6小时，最多8小时。

3.16 1小时均值 hourly average value

任何1小时污染物浓度的算术平均值；或在1小时内，以等时间间隔采集4个样品测试值的算术平均值。

3.17 24小时均值 daily average value

连续24个1小时均值的算术平均值。

3.18 基准氧含量排放浓度 emission concentration at baseline oxygen content

本标准规定的各项污染物浓度的排放限值，均指在标准状态下以11%（V/V%）O_2（干烟气）作为换算基准换算后的基准含氧量排放浓度，按下式进行换算

$$\rho = \rho' \frac{21-11}{\varphi_0(O_2) - \varphi'(O_2)}$$

式中 ρ——大气污染物基准氧含量排放浓度，mg/m^3；

ρ'——实测的大气污染物排放浓度，mg/m^3；

$\varphi_0(O_2)$——助燃空气初始氧含量，%，采用空气助燃时为21；

$\varphi'(O_2)$——实测的烟气氧含量，%。

4 选址要求

4.1 生活垃圾焚烧厂的选址应符合当地的城乡总体规划、环境保护规划和环境卫生专项规划，并符合当地的大气污染防治、水资源保护、自然生态保护等要求。

4.2 应依据环境影响评价结论确定生活垃圾焚烧厂厂址的位置及其与周围人群的距离。经具有审批权的环境保护行政主管部门批准后，这一距离可作为规划控制的依据。

4.3 在对生活垃圾焚烧厂厂址进行环境影响评价时，应重点考虑生活垃圾焚烧厂内各设施可能产生的有害物质泄漏、大气污染物（含恶臭物质）的产生与扩散以及可能的事故风险等因素，根据其所在地区的环境功能区类别，综合评价其对周围环境、居住人群的身体健康、日常生活和生产活动的影响，确定生活垃圾焚烧厂与常住居民居住场所、农用地、地表水体以及其他敏感对象之间合理的位置关系。

5 技术要求

5.1 生活垃圾的运输应采取密闭措施，避免在运输过程中发生垃圾遗撒、气味泄漏和污水滴漏。

5.2 生活垃圾贮存设施和渗滤液收集设施应采取封闭负压措施，并保证其在运行期和停炉期均处于负压状态。这些设施内的气体应优先通入焚烧炉中进行高温处理，或收集并经除臭处理满足GB 14554要求后排放。

5.3 生活垃圾焚烧炉的主要技术性能指标应满足下列要求。

（1）炉膛内焚烧温度、炉膛内烟气停留时间和焚烧炉渣热灼减率应满足表1的要求。

表1 生活垃圾焚烧炉主要技术性能指标

序号	项目	指标	检验方法
1	炉膛内焚烧温度	≥850℃	在二次空气喷入点所在断面、炉膛中部断面和炉膛上部断面中至少选择两个断面分别布设监测点，实行热电偶实时在线测量

序号	项目	指标	检验方法
2	炉膛内烟气停留时间	≥2 秒	根据焚烧炉设计书检验和制造图核验炉膛内焚烧温度监测点断面间的烟气停留时间
3	焚烧炉渣热灼减率	≤5%	HJ/T 20

（2）2015 年 12 月 31 日前，现有生活垃圾焚烧炉排放烟气中一氧化碳浓度执行 GB 18485—2001 中规定的限值。

（3）自 2016 年 1 月 1 日起，现有生活垃圾焚烧炉排放烟气中一氧化碳浓度执行表 2 规定的限值。

（4）自 2014 年 7 月 1 日起，新建生活垃圾焚烧炉排放烟气中一氧化碳浓度执行表 2 规定的限值。

表 2　新建生活垃圾焚烧炉排放烟气中一氧化碳浓度限值

取值时间	限值/(mg/m³)	监测方法
24 小时均值	80	HJ/T 44
1 小时均值	100	

5.4　每台生活垃圾焚烧炉必须单独设置烟气净化系统并安装烟气在线监测装置，处理后的烟气应采用独立的排气筒排放；多台生活垃圾焚烧炉的排气筒可采用多筒集束式排放。

5.5　焚烧炉烟囱高度不得低于表 3 规定的高度，具体高度应根据环境影响评价结论确定。如果在烟囱周围 200 米半径距离内存在建筑物时，烟囱高度应至少高出这一区域内最高建筑物 3m 以上。

表 3　焚烧炉烟囱高度

焚烧处理能力/(吨/日)	烟囱最低允许高度/米
<300	45
≥300	60

注：在同一厂区内如同时有多台焚烧炉，则以各焚烧炉焚烧处理能力总和作为评判依据。

5.6　焚烧炉应设置助燃系统，在启、停炉时以及当炉膛内焚烧温度低于表 1 要求的温度时使用并保证焚烧炉的运行工况满足本标准 5.3 条的要求。

5.7　应按照 GB/T 16157 的要求设置永久采样孔，并在采样孔的正下方约 1 米处设置不小于 3m² 的带护栏的安全监测平台，并设置永久电源（220V）以便放置采样设备，进行采样操作。

6　入炉废物要求

6.1　下列废物可以直接进入生活垃圾焚烧炉进行焚烧处置：

——由环境卫生机构收集或者生活垃圾产生单位自行收集的混合生活垃圾；

——由环境卫生机构收集的服装加工、食品加工以及其他为城市生活服务的行业产生的性质与生活垃圾相近的一般工业固体废物；

——生活垃圾堆肥处理过程中筛分工序产生的筛上物，以及其他生化处理过程中产生的固态残余组分；

——按照 HJ/T 228、HJ/T 229、HJ/T 276 要求进行破碎毁形和消毒处理并满足消毒效果检验指标的《医疗废物分类目录》中的感染性废物。

6.2　在不影响生活垃圾焚烧炉污染物排放达标和焚烧炉正常运行的前提下，生活污水处理设施产生的污泥和一般工业固体废物可以进入生活垃圾焚烧炉进行焚烧处置，焚烧炉排放烟气中污染物浓度执行表 4 规定的限值。

6.3　下列废物不得在生活垃圾焚烧炉中进行焚烧处置：

——危险废物，本标准 6.1 条规定的除外；

——电子废物及其处理处置残余物。

国家环境保护行政主管部门另有规定的除外。

7　运行要求

7.1　焚烧炉在启动时，应先将炉膛内焚烧温度升至本标准 5.3 条规定的温度后才能投入生活垃圾。自投入生活垃圾开始，应逐渐增加投入量直至达到额定垃圾处理量；在焚烧炉启动阶段，炉膛内焚烧温度应满足本标准表1要求，焚烧炉应在4小时内达到稳定工况。

7.2 焚烧炉在停炉时，自停止投入生活垃圾开始，启动垃圾助燃系统，保证剩余垃圾完全燃烧，并满足本标准表1所规定的炉膛内焚烧温度的要求。

7.3 焚烧炉在运行过程中发生故障，应及时检修，尽快恢复正常。如果无法修复应立即停止投加生活垃圾，按照本标准7.2条要求操作停炉。每次故障或者事故持续排放污染物时间不应超过4小时。

7.4 焚烧炉每年启动、停炉过程排放污染物的持续时间以及发生故障或事故排放污染物持续时间累计不应超过60小时。

7.5 生活垃圾焚烧厂运行期间，应建立运行情况记录制度，如实记载运行管理情况，至少应包括废物接收情况、入炉情况、设施运行参数以及环境监测数据等。运行情况记录簿应按照国家有关档案管理的法律法规进行整理和保管。

8 排放控制要求

8.1 2015年12月31日前，现有生活垃圾焚烧炉排放烟气中污染物浓度执行 GB 18485—2001 中规定的限值。

8.2 自2016年1月1日起，现有生活垃圾焚烧炉排放烟气中污染物浓度执行表4规定的限值。

8.3 自2014年7月1日起，新建生活垃圾焚烧炉排放烟气中污染物浓度执行表4规定的限值。

表 4　生活垃圾焚烧炉排放烟气中污染物限值

序号	污染物项目	限值	取值时间
1	颗粒物/(mg/m³)	30	1小时均值
		20	24小时均值
2	氮氧化物(NO_x)/(mg/m³)	300	1小时均值
		250	24小时均值
3	二氧化硫(SO_2)/(mg/m³)	100	1小时均值
		80	24小时均值
4	氯化氢(HCl)/(mg/m³)	60	1小时均值
		50	24小时均值
5	汞及其化合物(以 Hg 计)/(mg/m³)	0.05	测定均值
6	镉、铊及其化合物(以 Cd＋Tl 计)/(mg/m³)	0.1	测定均值
7	锑、砷、铅、铬、钴、铜、锰、镍及其化合物(以 Sb＋As＋Pb＋Cr＋Co＋Cu＋Mn＋Ni 计)/(mg/m³)	1.0	测定均值
8	二噁英类/(ng TEQ/m³)	0.1	测定均值
9	一氧化碳(CO)/(mg/m³)	100	1小时均值
		80	24小时均值

8.4 生活污水处理设施产生的污泥、一般工业固体废物的专用焚烧炉排放烟气中二噁英类污染物浓度执行表5中规定的限值。

表 5　生活污水处理设施产生的污泥、一般工业固体废物专用
焚烧炉排放烟气中二噁英类限值

焚烧处理能力/(吨/日)	二噁英类排放限值/(ng TEQ/m³)	取值时间
＞100	0.1	测定均值
50～100	0.5	测定均值
＜50	1.0	测定均值

8.5 在本标准 7.1、7.2、7.3 和 7.4 条规定的时间内，所获得的监测数据不作为评价是否达到本标准排放限值的依据，但在这些时间内颗粒物浓度的 1 小时均值不得大于 $150 mg/m^3$。

8.6 生活垃圾焚烧飞灰与焚烧炉渣应分别收集、贮存、运输和处置。生活垃圾焚烧飞灰应按危险废物进行管理，如进入生活垃圾填埋场处置，应满足 GB 16889 的要求；如进入水泥窑处置，应满足 GB 30485 的要求。

8.7 生活垃圾渗滤液和车辆清洗废水应收集并在生活垃圾焚烧厂内处理或送至生活垃圾填埋场渗滤液处理设施处理，处理后满足 GB 16889 表 2 的要求（如厂址在符合 GB 16889 中第 9.1.4 条要求的地区，应满足 GB 16889 表 3 的要求）后，可直接排放。

若通过污水管网或采用密闭输送方式送至采用二级处理方式的城市污水处理厂处理，应满足以下条件：

（1）在生活垃圾焚烧厂内处理后，总汞、总镉、总铬、六价铬、总砷、总铅等污染物浓度达到 GB 16889 表 2 规定的浓度限值要求；

（2）城市二级污水处理厂每日处理生活垃圾渗滤液和车辆清洗废水总量不超过污水处理量的 0.5%；

（3）城市二级污水处理厂应设置生活垃圾渗滤液和车辆清洗废水专用调节池，将其均匀注入生化处理单元；

（4）不影响城市二级污水处理厂的污水处理效果。

9 监测要求

9.1 生活垃圾焚烧厂运行企业应按照有关法律和《环境监测管理办法》等规定，建立企业监测制度，制定监测方案，并向当地环境保护行政主管部门和行业主管部门本备案。对污染物排放状况及其对周边环境质量的影响开展自行监测，保存原始监测记录，并公布监测结果。

9.2 生活垃圾焚烧厂运行企业应按照环境监测管理规定和技术规范的要求，设计、建设、维护永久采样口、采样测试平台和排污口标志。

9.3 对生活垃圾焚烧厂运行企业排放废气的采样，应根据监测污染物的种类，在规定的污染物排放监控位置进行；有废气处理设施的，应在该设施后检测。排气筒中大气污染物的监测采样按 GB/T 16157、HJ/T 397 或 HJ/T 75 的规定进行。

9.4 生活垃圾焚烧厂运行企业对烟气中重金属类污染物和焚烧炉渣热灼减率的监测应每月至少开展 1 次；对烟气中二噁英类的监测应每年至少开展 1 次，其采样要求按 HJ 77.2 的有关规定执行，其浓度为连续 3 次测定值的算术平均值。对其他大气污染物排放情况监测的频次、采样时间等要求，按有关环境监测管理规定和技术规范的要求执行。

9.5 环境保护行政主管部门应采用随机方式对生活垃圾焚烧厂进行日常监督性监测，对焚烧炉渣热灼减率与烟气中颗粒物、二氧化硫、氮氧化物、氯化氢、重金属类污染物和一氧化碳的监测应每季度至少开展 1 次，对烟气中二噁英类的监测应每年至少开展 1 次。

9.6 焚烧炉大气污染物浓度监测时的测定方法采用表 6 所列的方法标准。

表 6 污染物浓度测定方法

序号	污染物项目	方法标准名称	标准编号
1	颗粒物	固定污染源排气中颗粒物测定与气态污染物采样方法	GB/T 16157
2	二氧化硫（SO_2）	固定污染源排气中二氧化硫的测定碘量法	HJ/T 56
		固定污染源排气中二氧化硫的测定定电位电解法	HJ/T 57
		固定污染源废气 二氧化硫的测定非分散红外吸收法	HJ 629
3	氮氧化物（NO_x）	固定污染源排气中氮氧化物的测定紫外分光光度法	HJ/T 42
		固定污染源排气中氮氧化物的测定 盐酸萘乙二胺分光光度法	HJ/T 43
		固定污染源废气 氮氧化物的测定 定电位电解法	HJ 693
4	氯化氢（HCl）	固定污染源排气中氯化氢的测定 硫氰酸汞分光光度法	HJ/T 27
		固定污染源排气中氯化氢的测定 硝酸银容量法（暂行）	HJ 548
		环境空气和废气 氯化氢的测定 离子色谱法（暂行）	HJ 549

序号	污染物项目	方法标准名称	标准编号
5	汞	固定污染源废气 汞的测定 冷原子吸收分光光度法(暂行)	HJ 543
6	镉、铊、砷、铅、铬、锰、镍、锡、锑、铜、钴	空气和废气 颗粒物中铅等金属元素的测定 电感耦合等离子体质谱法	HJ 657
7	二噁英类	环境空气和废气 二噁英类的测定 同位素稀释高分辨气相色谱-高分辨质谱法	HJ 77.2
8	一氧化碳(CO)	固定污染源排气中一氧化碳的测定 非色散红外吸收法	HJ/T 44

9.7 生活垃圾焚烧厂应设置焚烧炉运行工况在线监测装置,监测结果应采用电子显示板进行公示并与当地环境保护行政主管部门和行业行政主管部门监控中心联网。焚烧炉运行工况在线监测指标应至少包括烟气中一氧化碳浓度和炉膛内焚烧温度。

9.8 生活垃圾焚烧厂烟气在线监测装置安装要求应按《污染源自动监控管理办法》等规定执行并定期进行校对。在线监测结果应采用电子显示板进行公示并与当地环保行政主管部门和行业行政主管部门监控中心联网。烟气在线监测指标应至少包括烟气中一氧化碳、颗粒物、二氧化硫、氮氧化物和氯化氢。

10 实施与监督

10.1 本标准由县级以上人民政府环境保护行政主管部门和行业主管部门负责监督实施。

10.2 在任何情况下,生活垃圾焚烧厂均应遵守本标准的污染物排放控制要求,采取必要措施保证污染防治设施正常运行。各级环保部门在对生活垃圾焚烧厂进行监督性检查时,可以现场即时采样获得均值,将监测结果作为判定排污行为是否符合排放标准以及实施相关环境保护管理措施的依据。

附表 PCDD/Fs 的毒性当量因子

PCDDs[①]	TEF	PCDFs[②]	TEF
2,3,7,8-TCDD	1	2,3,7,8-TCDF	0.1
1,2,3,7,8-PeCDD	0.5	1,2,3,7,8-PeCDF	0.05
1,2,3,4,7,8-HxCDD	0.1	2,3,4,7,8-PeCDF	0.5
1,2,3,6,7,8-HxCDD	0.1	1,2,3,4,7,8-HxCDF	0.1
1,2,3,7,8,9-HxCDD	0.1	1,2,3,6,7,8-HxCDF	0.1
1,2,3,4,6,7,8-HpCDD	0.01	1,2,3,7,8,9-HxCDF	0.1
OCDD	0.001	2,3,4,6,7,8-HxCDF	0.1
		1,2,3,4,6,7,8-HpCDF	0.01
		1,2,3,4,7,8,9-HpCDF	0.01
		OCDF	0.001

① 为多氯代二苯并-对-二噁英;

② 为多氯代二苯并呋喃。

附录 4

废弃电器电子产品处理污染控制技术规范

1 适用范围

本标准规定了废弃电器电子产品在收集、运输、贮存、拆解和处理过程中的污染控制技术要求。

本标准适用于废弃电器电子产品在收集、运输、贮存、拆解和处理过程中的污染控制管理。

本标准适用于废弃电器电子产品拆解和处理等建设项目环境影响评价、环境保护设施设计、竣工环境保护验收及投产后的运营管理。

本标准不适用于废弃电池及照明器具等产品的拆解和处理污染控制管理。

2 规范性引用文件

本标准内容引用了下列文件中的条款。凡是不注日期的引用文件，其有效版本适用于本标准。

GB 150　　　　　钢制压力容器

GB 5085.1～7　　危险废物鉴别标准

GB 8978　　　　污水综合排放标准

GB 13015　　　含多氯联苯废物污染控制标准

GB 16297　　　大气污染物综合排放标准

GB 18484　　　危险废物焚烧污染控制标准

GB 18597　　　危险废物贮存污染控制标准

GB 18599　　　一般工业固体废物贮存、处置场污染控制标准

GBZ 2.2　　　　工作场所有害因素职业接触限值　第2部分：物理因素

HJ/T 364　　　废塑料回收与再生利用污染控制技术规范（试行）

3 术语和定义

下列术语和定义适用于本标准。

3.1　废弃电器电子产品　waste electrical and electronic equipment

产品的拥有者不再使用且已经丢弃或放弃的电器电子产品［包括构成其产品的所有零（部）件、元（器）件和材料等］，以及在生产、运输、销售过程中产生的不合格产品、报废产品和过期产品。废弃电器电子产品类别及清单见附件 A。

3.2　有毒有害物质　hazardous substance

废弃电器电子产品中含有的对人、动植物和环境等产生危害的物质或元素，包括铅（Pb）、汞（Hg）、镉（Cd）、六价铬（Cr^{6+}）、多溴联苯（PBB）、多溴联苯醚（PBDE）、多氯联苯（PCBs）、含有消耗臭氧层的物质以及国家规定的危险废物。

3.3　收集　collection

废弃电器电子产品聚集、分类和整理活动。

3.4　贮存　storage

为收集、运输、拆解、再生利用和处置之目的，在符合要求的特定场所暂时性存放废弃电器电子产品的活动。

3.5　预先取出　advanced fetch

废弃电器电子产品拆解过程中，应首先将特定的含有毒、有害物的零部件、元（器）件及材料进行拆卸、分离的活动。

3.6　拆解　disassembly

通过人工或机械的方式将废弃电器电子产品进行拆卸、解体，以便于再生利用和处置的活动。

3.7　再使用　reuse

废弃电器电子产品或其中的零（部）件、元（器）件继续使用或经清理、维修后并符合相关标准继续用于原来用途的行为。

3.8　再生利用　recycling

对废弃电器电子产品进行处理，使之能够作为原材料重新利用的过程，但不包括能量的回收和利用。

3.9　回收利用　recovery

对废弃电器电子产品进行处理，使之能够满足其原来的使用要求或用于其他用途的过程，包括对能量的回收和利用。

3.10　处理　treatment

对废弃电器电子产品进行除污、拆解及再生利用的活动。

3.11　处置　disposal

采用焚烧、填埋或其他改变固体废物的物理、化学、生物特性的方法，达到减量化或者消除其危害性的活动，或者将固体废物最终置于符合环境保护标准规定的场所或者设施的活动。

4 总体要求

4.1 废弃电器电子产品处理建设项目的选址和建设应符合当地城市规划的要求。

4.2 应采取当前最佳可行的处理技术及必要措施，并符合国家有关环境保护、劳动安全和保障人体健康的要求。

4.3 应优先实现废弃电器电子产品及其零（部）件的再使用。

4.4 应对所有进出企业的废弃电器电子产品及其产生物分类，建立台账，并对其重量和（或）数量进行登记。

4.5 应建立废弃电器电子产品处理的数据信息管理系统，并将有关信息提供给主管部门、相关企业和机构。

4.6 禁止将废弃电器电子产品直接填埋。

4.7 禁止露天焚烧废弃电器电子产品，禁止使用冲天炉、简易反射炉等设备和简易酸浸工艺处理废弃电器电子产品。

5 收集、运输及贮存污染控制技术要求

5.1 收集污染控制技术要求

5.1.1 废弃电器电子产品应分类收集。

5.1.2 不应将废弃电器电子产品混入生活垃圾或其他工业固体废物中。

5.1.3 收集的废弃电器电子产品不得随意堆放、丢弃或拆解。

5.1.4 应将收集的废弃电器电子产品交给有相关资质的企业进行拆解、处理及处置。

5.1.5 应分开收集废弃阴极射线管（CRT）及废弃液晶显示屏，且不能混入其他玻璃制品。

5.1.6 废弃空调器、冰箱和其他制冷设备在收集过程中，应避免制冷剂泄漏。

5.1.7 当收集含有毒有害物质的零（部）件、元（器）件（见附录 B）时，应将其单独存放，并应采取避免溢散、泄漏、污染环境或危害人体健康的措施。

5.2 运输污染控制技术要求

5.2.1 对于运输，收集商、运输商、拆解或（和）处理企业应对以下信息进行登记，且记录保存至少3 年：

a）相关者信息：收集商、运输商、拆解或（和）处理企业名称；

b）运输工具名称、牌号；

c）出发地点及日期；

d）运达地点及日期；

e）所运输废弃电器电子产品的名称、种类和（或）规格；

f）所运输废弃电器电子产品的重量和（或）数量。

5.2.2 运输商在运输过程中不得随意丢弃废弃电器电子产品，并应防止其散落。

5.2.3 禁止运输商对废弃电器电子产品采取任何形式的拆解、处理及处置。

5.2.4 禁止废弃电器电子产品与易燃、易爆或腐蚀性物质混合运输。

5.2.5 运输车辆应符合下列规定：

a）运输车辆宜采用厢式货车。

b）运输车辆的车厢、底板必须平坦完好，周围栏板必须牢固。

5.2.6 运输废弃阴极射线管（CRT）及废弃印制电路板的车辆应使用有防雨设施的货车。

5.2.7 运输废弃冰箱、空调时应防止制冷剂释放到空气中；在运输、装载和卸载废弃冰箱时应防止发生碰撞或跌落，废弃冰箱应保持直立，不得倒置或平躺放置。

5.3 贮存污染控制技术要求

5.3.1 各种废弃电器电子产品应分类存放，并在显著位置设有标识。

5.3.2 对于属于危险废物的废弃电器电子产品的零（部）件和处理废弃电器电子产品后得到的物品经鉴别属于危险废物时，其贮存场地应符合 GB 18597 的相关规定。

5.3.3 露天贮存场地的地面应水泥硬化、防渗漏，贮存场边应设置导流设施。

5.3.4 回收废制冷剂的钢瓶应符合 GB 150 的相关规定，且单独存放。

5.3.5 废弃电视机、显示器、阴极射线管（CRT）、印制电路板等应贮存在有防雨遮盖的场所。

5.3.6 废弃电器电子产品贮存场地不得有明火或热源，并应采取适当的措施避免引起火灾。

5.3.7 处理后的粉状物质应封装贮存。

6 拆解污染控制技术要求

6.1 一般规定

6.1.1 拆解设施应放置在混凝土地面上，该地面应能防止地面水、雨水及油类混入或渗透。

6.1.2 各种废弃电器电子产品应分类拆解。

6.1.3 应预先放出所有液体（包括润滑油），并单独盛放。

6.1.4 附录 B 所规定的零（部）件、元（器）件及材料应预先取出。废弃电器电子产品中的电源线也应预先分离。

6.1.5 禁止丢弃预先取出的所有零（部）件、元（器）件及材料，应按本标准第 7 章、第 8 章的规定进行处理或处置。

6.2 再使用

6.2.1 对废弃电器电子产品进行清洗及组装时，应设置专用场地，并应设有防电器短路保护的装置。

6.2.2 当采用干式方法清洗可再使用的废弃电器电子产品的整机及零（部）件时，所产生的废气应进行收集和处理，处理后的废气排放应符合 GB 16297 的控制要求。

6.2.3 当采用湿式方法清洗可再使用的废弃电器电子产品的整机及零（部）件时，清洗后的废水应循环使用，处理后的废水排放符合 GB 8978 的控制要求。

6.2.4 废气、废水处理后产生的粉尘、残渣及污泥，应按 GB 5085.1～7 进行鉴别，经鉴别属于危险废物的应按危险废物处置。

6.3 预先取出的零（部）件、元（器）件及材料

6.3.1 预先取出的含有多氯联苯（PCBs）的电容器应单独存放，防止损坏，并标识。

6.3.2 对高度＞25mm，直径＞25mm 或类似容积的电解电容器应预先取出，并防止电解液的渗漏。当采用焚烧方法处理印制电路板时，可不预先拆除电解电容器。

6.3.3 对面积＞10mm² 的印制电路板应预先取出，并应单独处理。

6.3.4 预先取出的电池应完整，并交给有相关资质的企业进行处理。

6.3.5 预先取出的含汞元（器）件应完整，并贮存于专用容器，交给有相关资质的企业进行处理。

6.3.6 取出阴极射线管（CRT）时，操作人员应有防护措施。

6.3.7 预先取出含有耐火陶瓷纤维（RCFs）的部件时应防止耐火陶瓷纤维（RCFs）的散落，并存放在容器内，交给有相关资质的企业进行处理。

6.3.8 预先取出含有石棉的部件和石棉废物时应防止散落，并存放在容器内，交给有相关资质的企业进行处理。

6.4 废弃冰箱、废弃空调器的拆解

6.4.1 拆解废弃电冰箱、废弃空调器的设备应设排风系统。在拆解压缩机及制冷回路前应先抽取制冷设备压缩机中的制冷剂及润滑油。抽取装置应密闭，确保不泄漏，抽取制冷剂的场所应设有收集液体的设施，碳氢化合物（HCs）制冷剂宜单独回收，应采用必要的防爆措施。

6.4.2 抽取出的制冷剂、润滑油混合物经分离后，制冷剂应存放于密闭压力钢瓶中，润滑油应存放于密闭容器中，并交给有相关资质的企业或危险废物处理厂进行处理或处置。

6.5 废弃液晶显示器的拆解

6.5.1 拆解废弃液晶显示器时应预先完整取出背光模组，不得破坏背光灯管。

6.5.2 拆解背光模组的装置应设排风及废气处理系统，处理后废气排放应符合 GB 16297 的控制要求。

6.5.3 拆除的背光灯管应单独密闭储存，交给有相关资质的企业进行处置。

6.5.4 拆解背光模组的操作人员应配备防护口罩、手套和工作服。

7 处理污染控制技术要求

7.1 一般规定

7.1.1 废弃电器电子产品的处理技术应有利于污染物的控制、资源再生利用和节能降耗。处理设施应安全可靠、节能环保。

7.1.2 处理废弃电器电子产品应在厂房内进行，处理设施应放置在能防止地面水、油类等液体渗透的混凝土地面上，且周围应有对油类、液体的截流、收集设施。

7.1.3 废弃电器电子产品处理企业应具备相应的环保设施，包括：废水处理、废气处理、粉尘处理、防止或降低噪声等装置，各项污染物排放应符合国家或地方污染物排放标准的有关规定。

7.1.4 采用物理粉碎分选方法处理废弃电器电子产品应设置除尘装置，并采取降低噪声措施，当采用湿式分选时，应设置废水处理及循环再利用系统。

7.1.5 采用化学方法处理废弃电器电子产品应设置废气处理系统、化学药液回收装置和废水处理系统。

7.1.6 采用焚烧方法处理废弃电器电子产品应设置烟气处理系统，处理后废气排放应符合 GB 18484 的有关规定。

7.1.7 对废弃电器电子产品处理中产生的本企业不能处理的固体废物，应交给有相关资质的企业进行回收利用或处置。

7.2 废弃印制电路板的处理

7.2.1 加热拆除废弃印制电路板元器件时，应设置废气处理系统，处理后废气排放应符合 GB 16297 的控制要求。

7.2.2 采用粉碎、分选方法处理废弃印制电路板的设施应有防止粉尘逸出的措施，应有除尘系统、降噪声措施，并应符合下列规定：

a) 采用粉碎、分选方法产生的粉尘、废气应经过处理系统，处理后废气排放符合 GB 16297 的控制要求。

b) 采用粉碎、分选方法处理设施应采用降低噪声措施，操作人员所在作业场所的噪声应符合 GBZ 2.2 的有关规定。

c) 当采用水力摇床分选时，必须设置废水处理及循环再利用系统，处理后废水排放应符合 GB 8978 的控制要求，产生的污泥应按危险废物处置。

7.2.3 采用焚烧方法处理废弃印制电路板时，必须设有废气处理设施。处理后废气排放应符合 GB 18484 的有关规定。

7.2.4 当采用化学方法处理废弃印制电路板时，应采用自动化程度高、密闭性良好、具有防化学药液外溢措施的设备进行处理；储存化学品或其他具有较强腐蚀性液体的设备、储罐，应设置必要的防溢出、防渗漏、事故报警装置等安全措施；应设置废水处理系统，处理后废水排放应符合 GB 8978 的控制要求。同时应设有废气处理设施，处理后废气排放应符合 GB 16297 的控制要求。

7.3 废弃阴极射线管（CRT）处理

7.3.1 处理阴极射线管（CRT）时，应先泄真空，防止发生意外事故。

7.3.2 宜对彩色阴极射线管（CRT）的锥玻璃和屏玻璃分别进行处理；当锥玻璃和屏玻璃混合时，应按含铅玻璃进行处理或处置。

7.3.3 当采用干法工艺分离彩色阴极射线管（CRT）的锥玻璃和屏玻璃时，应符合下列规定：

a) 应设有防止玻璃飞溅装置；

b) 当采用物理切割方法时，应有密闭装置、除尘系统和降低噪声设施，处理后废气排放应符合 GB 16297 的有关规定，噪声控制应符合 GBZ 2.2 的有关规定。

7.3.4 当采用湿法工艺分离彩色阴极射线管（CRT）的锥玻璃和屏玻璃时，应设有废液回收系统和废水处理系统，处理后废水排放应符合 GB 8978 的控制要求，同时应设有废气处理系统，处理后废气排放应符合 GB 16297 的控制要求。

7.3.5 当处理屏玻璃上的含荧光粉涂层时，应符合下列规定：

a) 采用干法工艺时，应安装粉尘抽取和过滤装置，并妥善收集荧光粉，交给有相关资质的企业处置。

b) 采用湿法工艺时，应设置废水处理系统处理洗涤废水，处理后废水排放应符合 GB 8978 的控制要求，含荧光粉的污泥应交给有相关资质的企业处置。

7.3.6 当清洗阴极射线管（CRT）玻璃时，应符合下列规定：

a) 干法清洗时，应设置废气处理系统，处理后废气排放应符合 GB 16297 的有关规定。收集的粉尘应交给有相关资质的企业处置。

b) 湿法清洗时，应设置废水处理及循环利用系统，产生的洗涤废水应进行处理和回用，处理后废水排放应符合 GB 8978 的控制要求，含玻璃粉的污泥应交给有相关资质的企业处置。

c) 清洗时应采取降低噪声的措施，噪声控制应符合 GBZ 2.2 的有关规定。

7.3.7 黑白阴极射线管（CRT）的玻璃应按含铅玻璃进行处理。

7.4 废弃硒鼓和墨盒的处理

7.4.1 含有砷化硒或硫化镉涂层的废弃硒鼓应将涂层去除后再进行处理。去除的物质应收集，贮存于密闭容器内，并应交给有相关资质的企业处置。

7.4.2 处理废弃硒鼓时应设置废气处理系统，处理后废气排放应符合 GB 16297 的有关规定。

7.4.3 处理废弃调色墨盒、液体、膏体和彩色墨粉时，应设置废气处理系统，处理后废气排放应符合 GB 16297 的有关规定。

7.5 废塑料处理

7.5.1 禁止直接填埋废弃电器电子产品拆出的废塑料。

7.5.2 废塑料处理应符合 HJ/T 364 的规定。

7.5.3 废弃电器电子产品拆出的含多溴联苯（PBB）和多溴联苯醚（PBDE）等阻燃剂的废塑料应与其他塑料分类处理。

7.6 废电线电缆类处理

7.6.1 处理废电线电缆时，应将金属、塑料或橡胶分离，含多溴联苯（PBB）和多溴联苯醚（PBDE）等阻燃剂的电线电缆应与其他电线电缆分类进行处理。

7.6.2 禁止采用露天焚烧、简易窑炉焚烧方法处理废电线电缆。当采用焚烧方法处理废电线电缆时，必须设有废气处理设施，处理后废气排放应符合 GB 18484 的有关规定。

7.6.3 采用粉碎、分选方法处理废电线电缆时，应设有废气处理设施，处理后废气排放应符合 GB 16297 的有关规定。

7.6.4 采用水力摇床分选粉碎后的废电线电缆时，应设置废水处理及循环利用系统，处理后废水排放应符合 GB 8978 的控制要求，产生的污泥应按危险废物处置。

7.6.5 废电线电缆塑料外皮的再生利用应符合 HJ/T 364 的规定。

7.7 废弃冰箱绝热层及废弃压缩机的处理

7.7.1 禁止随意处理含有发泡剂的绝热层。

7.7.2 采取粉碎、分选方法处理废弃冰箱绝热层时，应在专用的负压密闭设备中进行，该设备应具有收集发泡剂的装置和废气处理系统，处理后废气排放应符合 GB 16297 的控制要求。

7.7.3 处理聚氨酯硬质发泡材料应采取防爆、阻燃措施。

7.7.4 处理压缩机应设排风和废气处理系统，处理后废气排放应符合 GB 16297 的控制要求。

7.7.5 压缩机切割前应清除机内的油脂类物质，清除的油脂应罐装单独贮存，并交危险废物处理厂处置。

7.7.6 使用火焰切割压缩机时，应采取消防措施。

7.7.7 使用机械切割压缩机时，切割场地及操作工位应设防护挡板。

7.8 废弃液晶显示屏的处理

7.8.1 在未解决废弃液晶显示屏的再生利用前，可先对废弃液晶显示屏进行封存或焚烧。

7.8.2 采用焚烧方法时，必须设有废气处理设施，处理后废气排放应符合 GB 18484 的有关规定。

7.9 废电机、废变压器的处理

7.9.1 当采用物理方法处理时，在拆解过程产生的废油等液态废物应通过有效的设施进行单独收集，并按照危险废物进行处置，对所产生的粉尘、废渣应按危险废物处置；

7.9.2 当采用焚烧方法处理时，对所产生的废气应设置废气处理系统，处理后废气排放应符合 GB 18484 的有关规定。

8 待处置废物污染控制技术要求

8.1 对附录 B 要求取出的、不能再生利用的物质及处理过程中产生的不能再生利用的粉尘、废液、污泥及废渣等应分别处置。

8.2 对废弃印制电路板处理后，不能再生利用的粉尘、污泥、废渣应按危险废物处置。

8.3 对含发泡剂的聚氨酯硬质发泡材料进行处理后，当发泡剂的残余量大于 2% （重量比）时，应交给危险废物处理厂处置。

8.4 含发泡剂的聚氨酯硬质发泡材料处理过程中收集的粉尘，应按 GB 5085.1～7 进行鉴别，经鉴别属于危险废物的应按危险废物处置。

8.5 用吸附法处理废弃冰箱溢出的制冷剂、发泡剂气体时，当吸附剂不能再使用时应密闭保存，应交给危险废物处理厂处置。

8.6 处理废弃阴极射线管（CRT）后的粉尘、废液、污泥及废渣应按危险废物处置。

8.7 清除废弃硒鼓上含有砷化硒或硫化镉涂层时产生的粉尘应按危险废物处置。

8.8 荧光粉应按危险废物处置。

8.9 含多溴联苯（PBB）和多溴联苯醚（PBDE）等阻燃剂的废塑料不能再生利用时，宜按危险废物处置。

8.10 凡采用化学方法处理废弃电器电子产品产生的废液和污泥，应根据 GB 5085.1～7 进行危险废物鉴别，经鉴别属于危险废物的应按危险废物处置。

8.11 拆解取出有害物的处置

8.11.1 含多氯联苯（PCBs）系列的电容器应按危险废物处置，并应符合 GB 13015 的有关规定。

8.11.2 含汞及其化合物的废物应按危险废物处置。

8.11.3 含有石棉的部件及其废物应按危险废物处置。

8.11.4 润湿处理耐火陶瓷纤维的部件时，应采取防止飞散的措施并进行固化处理。

9 管理要求

9.1 收集商、运输商、拆解或（和）处理企业应建立记录制度，记录内容应包括：

a）接收的废弃电器电子产品的名称、种类、重量和（或）数量、来源；

b）处理后各类部件和材料的种类、重量和（或）数量、处理方式与去向；

c）处理残余物的种类、重量或（和）数量、处置方式与去向。

9.2 收集商、运输商、拆解或（和）处理企业有关废弃电器电子产品收集处理的记录、污染物排放监测记录以及其他相关纪录应至少保存 3 年以上，并接受环保部门的检查。

9.3 宜对收集商、运输商、拆解或（和）处理过程可能造成的职业安全卫生风险进行评估。应遵守国家相关的职业安全卫生标准，并制定操作时突发事件的处理程序。对可能受到有害物质威胁的员工应提供完整的防护装备和措施。

9.4 操作人员在拆解、处理新的废物类型时，应有技术部门人员的指导或岗前培训。

9.5 处理企业应对排放的废气、废水及周边环境定期进行监测。

9.6 处理后含有危险物质的材料应有相应的安全检测和风险评估报告，确保无环境和人身健康风险才可再生利用。

9.7 处理企业应按 GB 5085.1～7 危险废物鉴别标准，对处理过程中产生的固体废物进行鉴别，经鉴别属于危险废物的，应交有危险废物经营许可证的单位处置。

10 实施与监督

本标准由县级以上人民政府环境保护主管部门负责监督实施。

附录 A（规范的附录）
废弃电器电子产品的类别及清单

A.1 废弃电器电子产品类别

废弃电器电子产品包括计算机产品、通信设备、视听产品及广播电视设备、家用及类似用途电器产品、仪器仪表及测量监控产品、电动工具和电线电缆共七类，并包括构成其产品的所有零（部）件、元（器）件和材料。

A.2 各类废弃电器电子产品清单

A.2.1 计算机产品

a) 电子计算机整机产品

b) 计算机网络产品

c) 电子计算机外部设备产品

d) 电子计算机配套产品及材料

e) 电子计算机应用产品

f) 办公设备及信息产品

A.2.2 通信设备

a) 通信传输设备

b) 通信交换设备

c) 通信终端设备

d) 移动通信设备及移动通信终端设备

e) 其他通信设备

A.2.3 视听产品及广播电视设备

a) 电视机

b) 摄录像、激光视盘机等影视产品

c) 音响产品

d) 其他电子视听产品

e) 广播电视制作、发射、传输设备

f) 广播电视接收设备及器材

g) 应用电视设备及其他广播电视设备

A.2.4 家用及类似用途电器产品

a) 制冷电器产品

b) 空气调节产品

c) 家用厨房电器产品

d) 家用清洁卫生电器产品

e) 家用美容、保健电器产品

f) 家用纺织加工、衣物护理电器产品

g) 家用通风电器产品

h) 运动和娱乐器械及电动玩具

i) 自动售卖机

j) 其他家用电动产品

A.2.5 仪器仪表及测量监控产品

a) 电工仪器仪表产品

b) 电子测量仪器产品

c) 监测控制产品

d) 绘图、计算及测量仪器产品

A.2.6 电动工具

a) 对木材、金属和其他材料进行加工的设备

b) 用于铆接、打钉或拧紧或除去铆钉、钉子、螺丝或类似用途的工具

c) 用于焊接或者类似用途的工具

d) 通过其他方式对液体或气体物质进行喷雾、涂敷、驱散或其他处理的设备

e) 用于割草或者其他园林活动的工具

A.2.7　电线电缆

a）电线电缆

b）光纤、光缆

附录 B（规范的附录）
预先取出的零（部）件、元（器）件及材料

废电器电子产品预先取出的零（部）件、元（器）件及材料中含有害物质种类及说明见下表：

序号	零部件、元(器)件及材料	有毒有害物质	说　明
1	含多氯联苯（PCBs）系列的电容器	PCBs、PCT	多氯二联苯（PCBs）和多氯三联苯（PCT）常作电容器绝缘散热介质。大的电容器用于功率因素校正和类似的功能的电器上，小的电容器用在荧光和其他放电照明器以及用于家用电器上的分马力电机。大型家用电器用电容器的较多
2	电池	Hg、Pb、Cd 及易燃物	含有重金属，如铅、汞和镉等的电池、氧化汞电池、镍镉电池以及锂电池等
3	含镉的继电器、传感器、开关等电接触件	Cd	触点材料为银氧化镉（AgCdO）的电器等电接触件
4	含汞的开关	Hg	利用汞（水银）位置变化，使电器倾倒时起断电保护的开关、电接触器、温度计、自动调温装置、位置传感器和继电器
5	印制电路板	Pb、Cr^{6+}、Cd、Br、Cl	印制电路板上含有各种元器件，其中 SMD 芯片电阻器、红外监测器和半导体中含有镉；封装电子组件用锡铅焊料中含有铅；印制电路板上含有溴化阻燃剂
6	阴极射线管（CRT）	Pb	阴极射线管上含铅的玻璃
7	气体放电灯等背投光源	背投光源里的 Hg	液晶显示器的背投光源及投影系统的高压汞灯
8	含有卤化阻燃剂的塑料	Br、Pb、Cd	既含有作阻燃剂的多溴联苯或多溴二苯醚，又有作稳定剂、脱模剂、颜料的铅与镉
9	氯氟氢（CFCs）、氢氯氟氢（HCFCs）等或含有碳氢化合物（HCs）的制冷剂	CFC、HCFC、HFC、HCs	制冷机、冰箱等的制冷回路中含有消耗臭氧层或温室效应潜能（GWP）大于 15 的制冷剂，如氯氟烃（CFC）、氢氯氟烃（HCFC）、氢氟烃（HFC）或碳氢化合物（HCs）
10	石棉废物及含有石棉废物的元件	粉尘	电器电子中用作保温，绝缘的石棉布、石棉绳、软板等石棉系列
11	调色墨盒、液体和膏体和彩色墨粉	Pb、Cd、特殊碳粉	在打印机、复印机和传真机中使用的调色墨盒、液体和膏体和彩色墨粉，含有铅、镉以及特殊碳粉
12	耐火陶瓷纤维（RCFs）的元件	玻璃状的硅酸盐纤维	用于家用电器中的加热器和干燥炉的内层。它们含有随意方向的碱性氧化物（$Na_2O + K_2O + CaO + MgO + BaO$），其含量小于或等于 18%（质量百分数）与石棉有相同的性质
13	含有放射性物质的部件	离子化辐射	一些类型的烟尘探测器含有放射性元素
14	硒鼓	Cd、Se	涂覆了砷化硒或硫化镉涂层的复印机硒鼓

注：随着科学技术的进步，电器电子产品的绿色设计、处理工艺和方法的改进，表中所列零（部）件、元（器）件及材料，应进行修订。

参考文献

[1] 张小平编著. 固体废物污染控制工程. 第 2 版. 北京：化学工业出版社，2010.

[2] 聂永丰主编. 三废处理工程技术手册—固体废物卷. 北京：化学工业出版社，2000.

[3] 赵由才主编. 环境化学工程. 北京：化学工业出版社，2003.

[4] 朱亦仁编著. 环境污染治理技术. 北京：中国环境科学出版社，1998.

[5] 芈振明，高忠爱，祁梦兰等. 固体废物的处理与处置. 北京：高等教育出版社，1997.

[6] 张益，赵由才主编. 生活垃圾焚烧技术. 北京：化学工业出版社，2000.

[7] 赵庆祥编著. 污泥资源化技术. 北京：化学工业出版社，2002.

[8] 吴文伟主编. 城市生活垃圾资源化. 北京：科学出版社，2003.

[9] 尹军，陈雷，王鹤立编著. 城市污水的资源再生及热能回收利用. 北京：化学工业出版社，2003.

[10] 吴绍文，梁富智，王纪曾编著. 固体废物资源化技术与应用. 北京：冶金工业出版社，2003.

[11] 李国学，张福锁编著. 固体废物堆肥化与有机复合肥生产. 北京：化学工业出版社，2000.

[12] 李国建. 固体废物处理与资源化工程. 北京：高等教育出版社，2001.

[13] 国家环境保护总局污染控制司. 城市固体废物管理与处理处置技术. 北京：中国石化出版社，1999.

[14] George Tchobanoglons, Hilary Theisen, Samucl Vigil. 固体废物的全过程管理——工程原理及管理问题. 北京：清华大学出版社，2000.

[15] 吴雷，魏彤宇. 废旧电池资源化、无害化. 城市环境与城市生态，2001，14 (5)：36-38.

[16] 曹本善编著. 垃圾焚化工厂兴建与操作实务. 北京：中国建筑工业出版社，2002.

[17] 罗斯（Ross S A）编. 全球废弃物调查. 孙克诚，钱姚南，王毅译. 北京：海洋出版社，2001.

[18] 陈明义，辛启家主编. 固体废弃物的法律控制. 西安：陕西人民出版社，1991.

[19] 卞有生主编. 生态农业中废弃物的处理与再生利用. 北京：化学工业出版社，2002.

[20] 李秀金主编. 固体废物工程. 北京：中国环境科学出版社，2003.

[21] 陈丹，何品晶，邵立明，李国建. 城市垃圾循环处理的概念与可行性研究. 环境保护，2001，(3)：26-38.

[22] 何品晶，冯肃伟，邵立明编著. 城市固体废物管理. 北京：科学出版社，2003.

[23] 钱易，唐孝炎主编. 环境保护与可持续发展. 北京：高等教育出版社，2000.

[24] 于秀娟主编. 工业与生态. 北京：化学工业出版社，2003.

[25] 庄永茂，施惠邦编著. 燃烧与污染控制. 上海：同济大学出版社，1998.

[26] 陈甘棠主编. 化学反应工程. 第 2 版. 北京：化学工业出版社，1990.

[27] 何品晶，邵立明. 城市废物流自然循环消纳及实现途径探讨. 上海环境科学，2000，19 (11)：508-510.

[28] 何品晶，邵立明，李国建，吴蔚萍. 城市污水厂污泥直接热化学液化制油过程研究. 同济大学学报，1995，23 (4)：382-386.

[29] 董庆士，党国锋. 固体废物资源化研究与探讨. 城市开发，2003，(6)：25-28.

[30] 程时捷. 废橡胶的回收利用. 橡胶工业，1996，34：307-308.

[31] 谢军安，郭苏智，王锡莲. 循环经济的理念与模式建构. 石家庄经济学院学报. 2003，26 (4)：494-498.

[32] 陈锐，牛文元. 循环经济：二十一世纪的理想经济模式. 中国经济信息. 2003，(18)：4-7.

[33] 杨多贵，陈劭锋. 循环经济大趋势. 辽宁科技参考，2003 (8)：26-29.

[34] 温志良，温琰茂，吴小锋. 广州市生活垃圾的综合处理与利用探讨. 资源开发与市场，2000，16 (2)：102-104.

[35] Forbes R. McDougall. Life Cycle Inventory Tools：Supporting the Development of Sustainable Solid Waste Management Systems. Corporate Environmental Strategy，2001，8 (2)：142-147.

[36] Dalos David E. Method for composting solid waste. Journal of Cleaner Production，1997，5 (3)：230.

[37] Charles R Rhyner. The effects on waste reduction and recycling rates when different components of the waste stream are counted. Resources，Conservation and Recycling，1998，24：349-361.

[38] Geoffrey Hamer. Solid waste treatment and disposal：effects on public health and environmental safety. Biotechnology Advances，2003，22：71-79.

[39] Taylor Robert A. Method for direct gasification of solid waste materials. Journal of Cleaner Production，1995，3 (4)：245-246.

[40] Ryunosuke Kikuchi. Recycling of municipal solid waste for cement production：pilot-scale test for transforming incineration ash of solid waste into cement clinker. Resources，Conservation and Recycling，2001，31：137-147.

[41] K. Suksankraisorn，S. Patumsawad，B. Fungtammasan. Combustion studies of high moisture content waste in a fluidized bed. Waste Management，2003，23：433-439.

[42] Katrina Smith Korfmacher. Solid waste collection systems in developing urban areas of south africa：an overview and case study. Waste Management & Research，1997，15：477-494.

[43] Kayabali Kamil. Engineering geological aspects of replacing a solid waste disposal site with a sanitary landfill. Engineering Geology Volume，1996，44：203-212.

[44] Mostafa Warith. Bioreactor landfills：experimental and field results. Waste Management，2002，22：7-17.

[45] C I Sainz-Diaz，A J Griffiths. Activated carbon from solid wastes using a pilot-scale batch flaming pyrolyser. Fuel，2000，79：1863-1871.

[46] Gordon McKay. Dioxin characterisation，formation and minimisation during municipal solid waste (MSW) incineration：review. Chemical Engineering Journal，2002，86：343-368.

[47] 梁翾翾，张小平，舒长河. 一款微型高速万能粉碎机粉碎废旧线路板性能分析. 矿冶，2009，18 (1)：72-77.

[48] 秦运铁，张小平. 循环经济理念下的电子废物处置. 中国资源综合利用，2007，25 (12)：36-37.

[49] 蔡慧华，张小平. 清洁生产及其在印制电路板制造业中的应用. 广东化工，2008，35 (10)：75-79.

[50] 舒长河，张小平，梁翾翾. 液-固流化床回收印刷线路板中金属的研究. 环境工程学报，2009，3 (5)：902-905.

[51] 夏睿全，张小平. 生物法去除城市污泥中重金属的分析与研究. 化学与生物工程，2008，25 (5)：8-26.

[52] 夏睿全，张小平. 聚四氟乙烯废料的热解实验. 化工进展，2008，27 (1)：98-103.

[53] 梁翾翾，张小平. 聚四氟乙烯热裂解研究. 化学工业与工程，2008，25 (4)：314-318.

[54] 邓艳文，张小平，杨波. 聚四氟乙烯废料的回收工艺. 塑料工业，2005，33 (6)：64-66.

[55] 张小平，廖聪. 一种硅橡胶裂解渣回收利用方法. 中国，200610035221. 8. 2009-1-14.

[56] 杜吴鹏，高庆先，张恩琛，廖启龙，吴建国. 中国城市生活垃圾排放现状及成分分析. 环境科学研究，2006，19 (5)：85-90.